ベクトル

1 ベクトルの加法
(1) $\vec{a} + \vec{b} = \vec{b} + \vec{a}$
(2) $(\vec{a} + \vec{b}) + \vec{c} = \vec{a} + (\vec{b} + \vec{c})$
(3) $\vec{a} + \vec{0} = \vec{a}$
(4) $\vec{a} + (-\vec{a}) = \vec{0}$

2 ベクトルの実数倍
(1) $k(l\vec{a}) = (kl)\vec{a}$
(2) $(k + l)\vec{a} = k\vec{a} + l\vec{a}$
(3) $k(\vec{a} + \vec{b}) = k\vec{a} + k\vec{b}$

3 ベクトルの成分
$\vec{a} = (a_1,\ a_2),\ \vec{b} = (b_1,\ b_2)$ のとき
(1) 大きさ $|\vec{a}| = \sqrt{a_1{}^2 + a_2{}^2}$
(2) 成分による演算
$\vec{a} + \vec{b} = (a_1 + b_1,\ a_2 + b_2)$
$\vec{a} - \vec{b} = (a_1 - b_1,\ a_2 - b_2)$
$k\vec{a} = (ka_1,\ ka_2)$ （k は実数）

4 座標と成分表示
$A(a_1,\ a_2),\ B(b_1,\ b_2)$ のとき
$$\vec{AB} = (b_1 - a_1,\ b_2 - a_2)$$
$$|\vec{AB}| = \sqrt{(b_1 - a_1)^2 + (b_2 - a_2)^2}$$

5 ベクトルの平行
$\vec{0}$ でない2つのベクトル $\vec{a} = (a_1,\ a_2)$,
$\vec{b} = (b_1,\ b_2)$ について
$\vec{a} \parallel \vec{b} \iff \vec{b} = k\vec{a}$ となる実数 k が存在する
$\iff a_1 b_2 - a_2 b_1 = 0$

6 ベクトルの内積
(1) 内積の定義
2つのベクトル $\vec{a}$ と $\vec{b}$ のなす角を θ とすると
$$\vec{a} \cdot \vec{b} = |\vec{a}||\vec{b}|\cos\theta$$
(2) 内積の性質
$\vec{a} \cdot \vec{b} = \vec{b} \cdot \vec{a}$
$\vec{a} \cdot (\vec{b} + \vec{c}) = \vec{a} \cdot \vec{b} + \vec{a} \cdot \vec{c}$
$(\vec{a} + \vec{b}) \cdot \vec{c} = \vec{a} \cdot \vec{c} + \vec{b} \cdot \vec{c}$
$(k\vec{a}) \cdot \vec{b} = k(\vec{a} \cdot \vec{b}) = \vec{a} \cdot (k\vec{b})$ （k は実数）
$\vec{a} \cdot \vec{a} = |\vec{a}|^2,\ |\vec{a} \cdot \vec{b}| \leqq |\vec{a}||\vec{b}|$
(3) 内積の成分表示
$\vec{a} = (a_1,\ a_2),\ \vec{b} = (b_1,\ b_2)$ のとき
$$\vec{a} \cdot \vec{b} = a_1 b_1 + a_2 b_2$$

(4) ベクトルの垂直と内積
$\vec{0}$ でない2つのベクトル $\vec{a} = (a_1,\ a_2)$,
$\vec{b} = (b_1,\ b_2)$ について
$$\vec{a} \perp \vec{b} \iff \vec{a} \cdot \vec{b} = 0$$
$$\iff a_1 b_1 + a_2 b_2 = 0$$

(5) ベクトルのなす角
$\vec{0}$ でない2つのベクトル $\vec{a} = (a_1,\ a_2)$,
$\vec{b} = (b_1,\ b_2)$ について，$\vec{a}$ と $\vec{b}$ のなす角を θ とすると
$$\cos\theta = \frac{\vec{a} \cdot \vec{b}}{|\vec{a}||\vec{b}|} = \frac{a_1 b_1 + a_2 b_2}{\sqrt{a_1{}^2 + a_2{}^2}\sqrt{b_1{}^2 + b_2{}^2}}$$

7 位置ベクトル
(1) 分点の位置ベクトル
2点 $A(\vec{a}),\ B(\vec{b})$ を結ぶ線分 AB を $m:n$ に内分する点 P，$m:n$ に外分する点 Q の位置ベクトル $\vec{p},\ \vec{q}$ は
$$\vec{p} = \frac{n\vec{a} + m\vec{b}}{m + n},\qquad \vec{q} = \frac{-n\vec{a} + m\vec{b}}{m - n}$$
(2) 2点 A，B が異なるとき
3点 A，B，C が一直線上にある
$\iff \vec{AC} = k\vec{AB}$ となる実数 k が存在する

8 △OAB の面積
$\vec{OA} = \vec{a},\ \vec{OB} = \vec{b}$，△OAB の面積を S とすると
$$S = \frac{1}{2}\sqrt{|\vec{a}|^2|\vec{b}|^2 - (\vec{a} \cdot \vec{b})^2}$$

9 ベクトル方程式
(1) 点 $A(\vec{a})$ を通り，$\vec{u}$ に平行な直線
$$\vec{p} = \vec{a} + t\vec{u}$$
(2) 2点 $A(\vec{a}),\ B(\vec{b})$ を通る直線
$$\vec{p} = (1 - t)\vec{a} + t\vec{b}$$
$$= s\vec{a} + t\vec{b}\quad (s + t = 1)$$
(3) 点 A を通り，$\vec{n}$ に垂直な直線
$$\vec{n} \cdot (\vec{p} - \vec{a}) = 0$$
(4) 点 $C(\vec{c})$ を中心とする半径 r の円
$$|\vec{p} - \vec{c}| = r$$

10 球の方程式
(1) 点 $C(a,\ b,\ c)$ を中心とする半径 r の球
$$(x - a)^2 + (y - b)^2 + (z - c)^2 = r^2$$
(2) 原点を中心とする半径 r の球
$$x^2 + y^2 + z^2 = r^2$$

平面上の曲線

11　放物線の性質

$y^2 = 4px$	$x^2 = 4py$
軸　x 軸 $(y = 0)$	軸　y 軸 $(x = 0)$
焦点 $(p,\ 0)$	焦点 $(0,\ p)$
準線　直線 $x = -p$	準線　直線 $y = -p$

12　楕円の性質

$\dfrac{x^2}{a^2} + \dfrac{y^2}{b^2} = 1$	$\dfrac{x^2}{a^2} + \dfrac{y^2}{b^2} = 1$
$\quad (a > b > 0$ のとき$)$	$\quad (b > a > 0$ のとき$)$
頂点 $(\pm a,\ 0), (0,\ \pm b)$	頂点 $(\pm a,\ 0), (0,\ \pm b)$
長軸の長さ $2a$	長軸の長さ $2b$
短軸の長さ $2b$	短軸の長さ $2a$
焦点 $(\pm\sqrt{a^2-b^2},\ 0)$	焦点 $(0,\ \pm\sqrt{b^2-a^2})$
2 つの焦点からの	2 つの焦点からの
距離の和 $2a$	距離の和 $2b$

13　双曲線の性質

$\dfrac{x^2}{a^2} - \dfrac{y^2}{b^2} = 1$	$\dfrac{x^2}{a^2} - \dfrac{y^2}{b^2} = -1$
$\quad (a > 0,\ b > 0)$	$\quad (a > 0,\ b > 0)$
頂点 $(\pm a,\ 0)$	頂点 $(0,\ \pm b)$
焦点 $(\pm\sqrt{a^2+b^2},\ 0)$	焦点 $(0,\ \pm\sqrt{a^2+b^2})$
2 つの焦点からの	2 つの焦点からの
距離の差 $2a$	距離の差 $2b$

$$\text{漸近線　直線 } y = \pm\frac{b}{a}x$$

14　2 次曲線の接線の方程式

接点が $(x_1,\ y_1)$ のとき

(1)　放物線 $y^2 = 4px$ の接線 $\cdots$ $y_1 y = 2p(x + x_1)$
　　　放物線 $x^2 = 4py$ の接線 $\cdots$ $x_1 x = 2p(y + y_1)$

(2)　楕円 $\dfrac{x^2}{a^2} + \dfrac{y^2}{b^2} = 1$ の接線 $\cdots$ $\dfrac{x_1 x}{a^2} + \dfrac{y_1 y}{b^2} = 1$

(3)　双曲線 $\dfrac{x^2}{a^2} - \dfrac{y^2}{b^2} = 1$ の接線 $\cdots$ $\dfrac{x_1 x}{a^2} - \dfrac{y_1 y}{b^2} = 1$

　　　双曲線 $\dfrac{x^2}{a^2} - \dfrac{y^2}{b^2} = -1$ の接線 $\cdots$ $\dfrac{x_1 x}{a^2} - \dfrac{y_1 y}{b^2} = -1$

15　2 次曲線と離心率

定点 F からの距離 PF と定直線 l からの距離 PH の比の値 e が一定である点 P の軌跡は，F を焦点の 1 つとする 2 次曲線であり

$$0 < e < 1 \text{ のとき}\quad\text{楕円}$$
$$e = 1 \text{ のとき}\quad\quad\text{放物線}$$
$$1 < e \text{ のとき}\quad\quad\text{双曲線}$$

16　直交座標と極座標

点 P の直交座標が $(x,\ y)$，極座標が $(r,\ \theta)$ であるとき

$$x = r\cos\theta,\ \ y = r\sin\theta$$

複素数平面

17　共役な複素数の性質

(1)　$\overline{\alpha + \beta} = \overline{\alpha} + \overline{\beta}$　　(2)　$\overline{\alpha - \beta} = \overline{\alpha} - \overline{\beta}$

(3)　$\overline{\alpha\beta} = \overline{\alpha}\ \overline{\beta}$　　(4)　$\overline{\left(\dfrac{\alpha}{\beta}\right)} = \dfrac{\overline{\alpha}}{\overline{\beta}}$

(5)　$\overline{(\overline{\alpha})} = \alpha$

18　複素数の絶対値

$z = a + bi$ $(a,\ b$ は実数$)$ のとき

$$|z| = \sqrt{a^2 + b^2}$$

(1)　$|z| \geqq 0$　特に　$|z| = 0 \iff z = 0$

(2)　$|z| = |-z| = |\overline{z}|$　　(3)　$|z|^2 = z\overline{z}$

19　複素数の極形式

$$z = a + bi = r(\cos\theta + i\sin\theta)$$

ただし　$r = \sqrt{a^2 + b^2} = |z|$，$\theta = \arg z$

20　複素数の積と商

(1)　$z_1 z_2 = r_1 r_2 \{\cos(\theta_1 + \theta_2) + i\sin(\theta_1 + \theta_2)\}$

　　　$|z_1 z_2| = |z_1||z_2|$，$\arg(z_1 z_2) = \arg z_1 + \arg z_2$

(2)　$\dfrac{z_1}{z_2} = \dfrac{r_1}{r_2}\{\cos(\theta_1 - \theta_2) + i\sin(\theta_1 - \theta_2)\}$

　　　$\left|\dfrac{z_1}{z_2}\right| = \dfrac{|z_1|}{|z_2|}$，$\arg\left(\dfrac{z_1}{z_2}\right) = \arg z_1 - \arg z_2$

21　ド・モアブルの定理

整数 n に対して

$$(\cos\theta + i\sin\theta)^n = \cos n\theta + i\sin n\theta$$

22　1 の n 乗根

1 の n 乗根は，次の n 個の複素数である。

$$z_k = \cos\frac{2k}{n}\pi + i\sin\frac{2k}{n}\pi$$

$$(k = 0,\ 1,\ 2,\ \cdots,\ n-1)$$

23　複素数と角

異なる 3 点 $P(z_1)$，$Q(z_2)$，$R(z_3)$ に対して

$$\angle QPR = \arg\left(\frac{z_3 - z_1}{z_2 - z_1}\right)$$

24　一直線上にある条件，垂直に交わる条件

3 点 P，Q，R が一直線上にある

$$\iff \frac{z_3 - z_1}{z_2 - z_1} \text{ が実数}$$

2 直線 PQ，PR が垂直に交わる

$$\iff \frac{z_3 - z_1}{z_2 - z_1} \text{ が純虚数}$$

みなさんへのメッセージ
～私たちの願い～

"矢印"はパッと見ただけで，矢先の示す方向に目的のものがあることを理解できる優れた記号ですが，"ベクトル"と呼ばれる矢印は，向きで方向を示すだけでなく，その長さが量の大きさを表しており，1つの矢印で2つの情報を表すことができます。ベクトルの概念は，中学校の理科や高校の物理で，物体に働く様々な力を表現するために用いられ，**数学や物理において，大切な道具の一つです。**さらに，空間座標や空間ベクトルは，3次元の世界や空間における点の位置を表現するために必要な概念で，3D技術やゲームプログラミングに不可欠なものです。また，平面（2次元）における様々な概念を，そのまま空間（3次元）に拡張できるという点は，ベクトルの有用性の一つです。

人工衛星を積んだロケットは，打ち上げられた後，切り離しを繰り返しながら上昇します。このとき，切り離されたロケットの一部は，放物線を描きながら落下しますが，人工衛星本体は再噴射を行って地球の周回軌道（楕円軌道）に入ります。しかし，ここで失敗すれば，人工衛星は双曲線を描きながら宇宙に飛び去ってしまうと言われています。ここに登場した「放物線」「楕円」「双曲線」は「2次曲線」と呼ばれ，互いに関連しあっていることが知られています。これらは，点や直線との「距離」という，**2次曲線の幾何学的な性質に着目すれば，統一的に定義することができます。**また，曲線を表すとき，これまで主に $y = f(x)$ という表現を用いてきましたが，「媒介変数表示」や「極方程式」などの方法をうまく使い分ければ，曲線の性質が見つけやすくなったり，計算処理を素早く行うことができるようになったり，**数学の幅がぐっと広がります。**

数学において，**別々に見えるものを1つの指標によって統一的に理解したり，式や計算の図形的な意味を考えることで理解を深めたりする**ことはとても大切なことです。

数学IIに登場した「複素数」は，新たに複素数平面を導入することで，計算を点の移動と捉えることができるようになります。さらに，ド・モアブルの定理を用いれば，複雑な計算が容易になり，高次方程式の解を複素数平面上に図示して様々な性質を導くことができます。実体がないと言われる「複素数」ですが，交流の電気回路で電流をコンデンサーやコイルに流す場合，電流と電圧の波形の間に生じた時間的なずれを複素数を用いて表現することで計算が容易になるなど，**私たちの実生活の中で大きな役割を果たしています。**

また，書名「NEW ACTION FRONTIER」の"FRONTIER"には**"新しい世界を切り拓く"**という意味があります。みなさんが歩み出す社会には，容易に答えが出せない問題やそもそも正解があるかどうかさえ分からない問題がたくさんあります。本書で学習したみなさんの「真の思考力」は，問題に直面したとき，具体的な事象に置き換えて考える力，様々な情報や結果から，得られる結論を見い出す力につながり，新しい世界を切り拓いてくれるはずです。

NEW ACTION FRONTIER編集委員会

目次

コラム一覧

Play Back

Go Ahead

【問題数】

Quick Check	32題
例題・練習・問題	各122題
チャレンジ(コラム)	3題
定期テスト攻略	47題
融合例題・練習・問題	各5題
共通テスト攻略例題	3題
入試攻略	18題
合計	484題

本書の構成

本書『NEW ACTION FRONTIER 数学 C』は，教科書の例題レベルから大学入試レベルの応用問題までを，**網羅的**に扱った参考書です。本書で扱う例題は，関連する内容を，"教科書レベルから大学入試レベルへ"と難易度が上がっていくように系統的に配列していますので

　① 日々の学習における，数学Cの内容の体系的な理解
　② 大学入試対策における，入試問題の基本となる内容の確認

を効率よく行うことができます。

本書は次のような内容で構成されています。

［例題集］

巻頭に，例題の問題文をまとめた冊子が付いています。本体から取り外して使用することができますので，解答を見ずに例題を考えることができます。

［例題MAP］［例題一覧］

章の初めに，例題，Play Back，Go Aheadについての情報をまとめています。例題MAPでは，例題間の関係を図で表しています。学習を進める際の地図として利用してください。

｜ まとめ ｜

教科書で学習した用語や公式・定理などの基本事項をまとめています。
例は，まとめの項目に対応した具体例で，理解を手助けします。

Quick Check

まとめ，例の内容を理解しているかどうかを確認するための簡単な問題です。学習を進める上で必要な基本事項の定着度を，短時間で確認できます。

例題 例題

例題は選りすぐられた良問ばかりです。例題をすべてマスターすれば，定期テストや大学入試問題にもしっかり対応できます。（詳細はp.6，7を参照）

Play Back **Go Ahead**

コラム「Play Back」では，学習した内容を総合的に整理したり，重要事項をより詳しく説明したりしています。

コラム「Go Ahead」では，それまでの学習から一歩踏み出し，より発展的な内容や解法を紹介しています。

| 問題編 |

節末に，例題・練習より少しレベルアップした類題「問題」をまとめています。

定期テスト攻略

節末にある，例題と同レベルか少し難しい確認問題です。定期テストと同じような構成・分量なので，テスト前の確認ができます。各問題には ◀ で対応する例題を示していますので，解けない問題はすぐに例題を復習できます。

融合例題

入試に頻出の重要問題で，複数の章の内容が組み合わされた問題です。本書をひと通り学習した後に取り組むことで，各例題の理解度を確認し，それらを応用する力を養います。

共通テスト攻略例題

大学入学共通テストを意識した例題です。共通テストへの準備として取り組むことができます。

入試攻略

巻末に設けた大学入試の過去問集です。学習の成果を総合的に確認しながら，実戦力を養うことができます。また，大学入試対策としても活用できます。

例題ページの構成

例題番号

例題番号

例題番号の色で例題の種類を表しています。
青　教科書レベル
黒　教科書の範囲外の内容や入試レベル

思考のプロセス

問題を理解し，解答の計画を立てるときの思考の流れを
記述しています。数学を得意な人が，
　　問題を解くときにどのようなことを考えているか
　　どうしてそのような解答を思い付くのか
を知ることができます。
これらをヒントに **自分で考える習慣** をつけましょう。

また，　図をかく　のように，多くの問題に共通した重要
な数学的思考法を**プロセスワード**として示しています。こ
れらの数学的思考法が身に付くと，難易度の高い問題に
対しても，解決の糸口を見つけることができるようになり
ます。(詳細はp.10を参照)

Action>>

思考のプロセスでの考え方を簡潔な言葉でまとめました。
その問題の解法の急所となる内容です。

≪ⓇAction

既習例題の Action>> を活用するときには，それを例題番
号と合わせて明示しています。登場回数が多いほど，様々
な問題に共通する大切な考え方となります。

解答

模範解答を示しています。
赤字の部分は Action>> や ≪ⓇAction に対応する箇所
です。

関連例題

この例題を理解するための前提となる内容を扱った例題
を示しています。復習に活用するとともに，例題と例題が
つながっていること，難しい例題も易しい例題を組み合わ
せたものであることを意識するようにしましょう。

例題 21 3点が一直線

平行四辺形 ABCD において，
3:1 に外分する点を F とする。
ことを示せ。また，AE：AF

思考のプロセス

結論の言い換え
結論「3点 A, E, F が一直線上」
基準を定める　1次独立
$\vec{0}$ でなく平行でない2つのベクト
$\overrightarrow{AB} = \vec{b}$ と $\overrightarrow{AD} = \vec{d}$ を導入

Action>> 3点 A, B, C が一

解 $\overrightarrow{AB} = \vec{b}$, $\overrightarrow{AD} = \vec{d}$ とする。

ABCD は平行四辺形であるから
点 E は辺 CD を 1:2 に内分する

$$\overrightarrow{AE} = \frac{2\overrightarrow{AC} + \overrightarrow{AD}}{1+2}$$

$$= \frac{2(\vec{b}+\vec{d}) + \vec{d}}{3}$$

$$= \frac{2\vec{b}+3\vec{d}}{3} \quad \cdots ①$$

点 F は辺 BC を 3:1 に外分す

$$\overrightarrow{AF} = \frac{(-1)\overrightarrow{AB} + 3\overrightarrow{AC}}{3+(-1)}$$

$$= \frac{-\vec{b}+3(\vec{b}+\vec{d})}{2} =$$

①，② より　　$\overrightarrow{AF} = \frac{3}{2}\overrightarrow{AE}$

よって，3点 A, E, F は一直
また，③ より　　AE：AF

Point....一直線上にある3点

3点 A, B, P が一直線上にある
さらに，$\overrightarrow{AP} = k\overrightarrow{AB}$ が成り立つ
比は　　AB：AP = 1：$|k|$

練習 21 △ABC において，辺 AB
を 2:1 に内分する点を
ことを示せ。また，DF

6

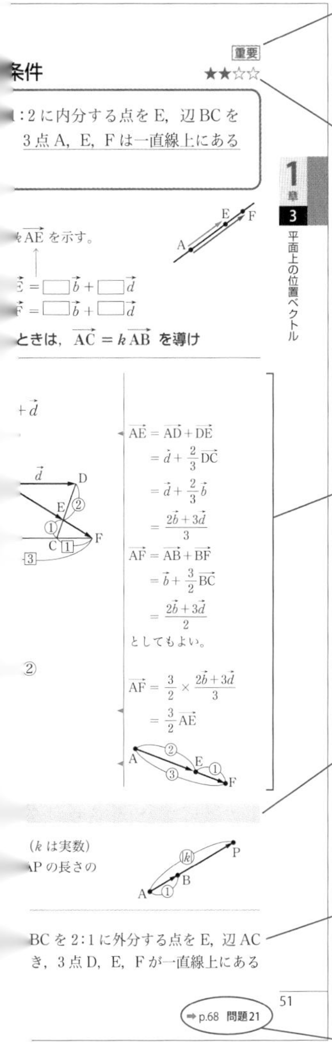

条件　　　　　　　　　　　　　重要

★★☆☆

:2 に内分する点を E, 辺 BC を
3 点 A, E, F は一直線上にある

AÉ を示す。

$\vec{e} = \boxed{}\vec{b} + \boxed{}\vec{d}$

$\vec{f} = \boxed{}\vec{b} + \boxed{}\vec{d}$

ときは，$\overrightarrow{AC} = k\overrightarrow{AB}$ を導け

$+\vec{d}$

$\overrightarrow{AE} = \overrightarrow{AD} + \overrightarrow{DE}$
$= \vec{d} + \dfrac{2}{3}\overrightarrow{DC}$
$= \vec{d} + \dfrac{2}{3}\vec{b}$
$= \dfrac{2\vec{b} + 3\vec{d}}{3}$

$\overrightarrow{AF} = \overrightarrow{AB} + \overrightarrow{BF}$
$= \vec{b} + \dfrac{3}{2}\overrightarrow{BC}$
$= \dfrac{2\vec{b} + 3\vec{d}}{2}$

としてもよい。

②

$\overrightarrow{AF} = \dfrac{3}{2} \times \dfrac{2\vec{b} + 3\vec{d}}{3}$
$= \dfrac{3}{2}\overrightarrow{AE}$

$(k$ は実数$)$
AP の長さの

BC を 2:1 に外分する点を E, 辺 AC
き，3 点 D, E, F が一直線上にある

51

⇒ p.68 問題 21

（縦書き）1 章　3　平面上の位置ベクトル

重要 マーク

定期考査などで出題されやすい，特に重要な例題です。
効率的に学習したいときは，まずこのマークが付いた例題
を解きましょう。

★マーク

★の数で例題の難易度を示しています。
★☆☆☆　　教科書の例レベル
★★☆☆　　教科書の例題レベル
★★★☆　　教科書の節末・章末レベル，入試の標準レベル
★★★★　　入試のやや難しいレベル

解説

解答の考え方や式変形，利用する公式などを補足説明し
ています。
ミスに注意!
うっかり忘れてしまう所や間違いやすい所に具体例を挙
げています。

Point....

例題に関連する内容を一般的にまとめたり，解答の補足
をしたり，注意事項をまとめたりしています。数学的な知
識をさらに深めることができます。

練習

例題と同レベルの類題で，例題の理解の確認や反復練習
に適しています。

問題

節末に，例題・練習より少しレベルアップした類題があり，
その掲載ページ数・問題番号を示しています。

学習の方法

1 「問題を解く」ということ

問題を解く力を養うには，「自力で考える時間をなるべく多くする」ことと，「自分の答案を振り返る」ことが大切です。次のような手順で例題に取り組むとよいでしょう。

1 [例題集] を利用して，まずは自分の力で解いてみる。すぐに解けなくても15分ほど考えてみる。
考えるときは，頭の中だけで考えるのではなく，図をかいてみる，具体的な数字を当てはめてみるなど，紙と鉛筆を使って手を動かして考える。

以降，各段階において自分で答案が書けたときは **5** へ，書けないときは次の段階へ

2 15分考えても分からないときは，思考のプロセス を読み，再び考える。

3 それでも手が動かないときに，初めて解答を読む。
解答を読む際は，**Action»** や **«ⓇAction** に関わる部分（赤文字の部分）に注意しながら読む。
また，解答右の [解説] に目を通したり，[関連例題] を振り返ったりして理解を深める。

4 ひと通り読んで理解したら，本を閉じ，解答を見ずに自分で答案を書く。解答を読んで理解することと，自分で答案を書けることは，全く違う技能であることを意識する。

5 自分の答案と参考書の解答を比べる。このとき，以下の点に注意する。
- 最終的な答の正誤だけに気を取られず，途中式や説明が書けているか確認する。
- **Action»** や **«ⓇAction** の部分を考えることができているか確認する。
- もう一度 思考のプロセス を読んで，考え方を理解する。
- **Point....** を読み，その例題のポイントを再整理する。
- [関連例題] や [例題MAP] を確認して，学んだことを体系化する。

2 参考書を問題解法の辞書として活用する

本書は，高校数学の内容を網羅した参考書です。教科書や問題集で分からない問題に出会ったときに，「数学の問題解法の辞書」として活用することができます。参考書からその問題の分野を絞り，ページをめくりながら例題タイトルや問題文を見比べて関連する問題を探し，考え方と解き方を調べましょう。

■3 参考書を究極の問題集として活用する

次の ❶～❸ のように活用することで, 様々な時期や目的に合わせた学習を, この1冊で効率的に完結することができます。

❶

時期	日々の学習, 週末や長期休暇の課題	目的	じっくり時間をかけて, 1題1題丁寧に理解したい！

まとめ Quick Check	まとめを読み, その分野の大事な用語や定理・公式を振り返る。 Quick Check を解いて, 学習内容を確認する。
例題 ★～★★★	**1**「問題を解く」ということの手順にしたがって, 問題を解く。
練習 問題編	① 「練習」➡「問題」と解いて, 段階的に実力アップを図る。 ② 日々の学習で「練習」を, 3年生の受験対策で「問題」を解く。 ③ 例題が解けなかったとき ➡「練習」で確実に反復練習！ 　 例題が解けたとき 　　　➡「問題」に挑んで実力アップ！
Play Back Go Ahead	Play Back で学習した内容をまとめ, 間違いやすい箇所を確認する。 また, Go Ahead で一歩進んだ内容を学習する。

❷

時期	定期テストの前	目的	基礎・基本は身に付いているのだろうか？ 確認して弱点を補いたい！

例題 ★★～★★★★★ 重要 が付いた例題	それぞれの例題でつまずいたときには, [関連例題]を確認したり, [例題MAP]の→を遡ったりして, 基礎から復習する。
例題 ★～★★★	さらに力をつけ, 高得点を狙うときは, 黒文字の例題にも挑戦する。 関連する Go Ahead があれば, 目を通して理解を深める。
定期テスト攻略	実際の定期テストを受けるつもりで, 問題を解いてみる。 解けないときは ◀ を利用して, 関連する例題を復習する。

❸

時期	大学入試の対策	目的	3年間の総まとめ, 効率よく学習し直したい！

重要 が付いた例題	1・2年生で学習した内容を確認するため, 重要 が付いた例題を見返し, 効率的にひと通り復習する。
例題 ★★★～★★★★★	数学を得点源にするためには, これらの例題にも挑戦する。 入試頻出の重要テーマを, 前後の例題との違いを意識しながら学習する。
融合 例題	入試で必要な総合力を養う。
共通 テスト 攻略 例題	大学入学共通テストを意識した問題に挑戦する。
入試攻略	入試攻略 で過去の入試問題に挑戦する。

数学的思考力への扉

皆さんは問題を解くとき，問題を見てすぐに答案を書き始めていませんか？
数学に限らず日常生活の場面においても，問題を解決するときには次の4つの段階があります。

$$\boxed{問題を理解する} \Rightarrow \boxed{計画を立てる} \Rightarrow \boxed{計画を実行する} \Rightarrow \boxed{振り返ってみる}$$

この4つの段階のうち「計画を立てる」段階が最も大切です。初めて見る問題で「計画を立てる」ときには，定理や公式のような知識だけでは不十分で，以下のような **数学的思考法** がなければ，とても歯が立ちません。

もちろん，これらの数学的思考法を使えばどのような問題でも解決できる，ということはありません。しかし，これらの数学的思考法を十分に意識し，紙と鉛筆を使って試行錯誤するならば，初めて見る問題に対しても，計画を立て，解決の糸口を見つけることができるようになるでしょう。

図をかく ／ 図で考える ／ 表で考える

道順を説明するとき，文章のみで伝えようとするよりも地図を見せた方が分かりやすい。
数学においても，特に図形の問題では，問題文で与えられた条件を図に表すことで，問題の状況や求めるものが見やすくなる。

○○の言い換え （○○ → 条件，求めるもの，目標，問題）

「n 人の生徒に10本ずつ鉛筆を配ると，1本余る」という条件は文章のままで扱わずに，「鉛筆は全部で $(10n+1)$ 本」と，式で扱った方が分かりやすい。
このように，「文章の条件」を「式の条件」に言い換えたり，「式の条件」を「グラフの条件」に言い換えたりすると，式変形やグラフの性質が利用でき，解答に近づくことができる。

○○を分ける （○○ → 問題，図，式，場合）

外出先を相談するときに，A「ピクニックに行きたい」 B「でも雨かもしれないから，買い物がいいかな」 A「天気予報では雨とは言ってなかったよ」 C「買い物するお金がない」などと話していては，決まるまでに時間がかかる。
天気が晴れの場合と雨の場合に分けて考え，天気と予算についても分けて考える必要がある。
数学においても，例えば複雑な図形はそのまま考えずに，一部分を抜き出してみると三角形や円のような単純な図形となって，考えやすい場合がある。このように，複雑な問題，図，式などは部分に分け，整理して考えることで，状況を把握しやすくなり，難しさを解きほぐすことができる。

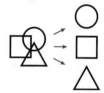

具体的に考える / 規則性を見つける

日常の問題でも、数学の問題でも、問題が抽象的であるほど、その状況を理解することが難しくなる。このようなときに、問題文をただ眺めて頭の中だけで考えていたのでは、解決の糸口は見つけにくい。

議論をしているときに、相手に「例えば?」と聞くように、抽象的な問題では具体例を考えると分かりやすくなる。また、具体的にいくつかの値を代入してみると、その問題がもつ規則性を発見できることもある。

段階的に考える

ジグソーパズルに挑戦するとき、やみくもに作り出すのは得策ではない。まずは、角や端になるピースを分類する。その次に、似た色ごとにピースを分類する。そして、端の部分や、特徴のある模様の部分から作る。このように、作業は複雑であるほど、作業の全体を見通し、段階に分けてそれぞれを正確に行うことが大切である。

数学においても、同時に様々なことを考えるのではなく、段階に分けて考えることによって、より正確に解決することができる。

逆向きに考える

友人と12時に待ち合わせをしている。徒歩でバス停まで行き、バスで駅まで行き、電車を2回乗り換えて目的地に到着するような場合、12時に到着するためには何時に家を出ればよいか? 11時ではどうか、11時10分ではどうか、と試行錯誤するのではなく、12時に到着するように、電車、バス、徒歩にかかる時間を逆算して考えるだろう。

数学においても、求めるものから出発して、そのためには何が分かればよいか、さらにそのためには何が分かればよいか、…と逆向きに考えることがある。

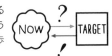

対応を考える

包み紙に1つずつ包装されたお菓子がある。満足するまでお菓子を食べた後、「自分は何個のお菓子を食べたのだろう」と気になったときには、どのように考えればよいか? 包み紙の数を数えればよい。お菓子と包み紙は1対1で対応しているので、包み紙の数を数えれば、食べたお菓子の数も分かる。

数学においても、直接考えにくいものは、それと対応関係がある考えやすいものに着目することで、問題を解きやすくすることがある。

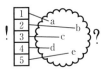

既知の問題に帰着 / 前問の結果の利用

日常の問題でこれまで経験したことのない問題に対して、どのようにアプローチするとよいか? まずは、考え方を知っている似た問題を探し出すことによって、その考え方が活用できないかを考える。

数学の問題でも、まったく解いたことのない問題に対して、似た問題に帰着したり、前問の結果を利用できないかを考えることは有効である。もちろん、必ず解答にたどり着くとは限らないが、解決の糸口を見つけるきっかけになることが多い。

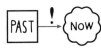

見方を変える

右の図は何に見えるだろうか？　白い部分に着目すれば壺であり，黒い部分に着目すれば向かい合った2人の顔である。このように，見方を変えると同じものでも違ったように見えることがある。

数学においても，全体のうちのAの方に着目するか，Aでない方に着目するかによって，解決が難しくなったり，簡単になったりすることがある。

未知のものを文字でおく ／ 複雑なものを文字でおく

これまで，「鉛筆の本数をx本とおく」のように，求めるものを文字でおいた経験があるだろう。それによって，他の値をxで表したり，方程式を立てたりすることができ，解答を導くことができるようになる。また，複雑な式はそのまま考えるのではなく，複雑な部分を文字でおくことで，構造を理解しやすくなることがある。

この考え方は高校数学でも活用でき，数学的思考法の代表例である。

○○を減らす （○○ ➡ 変数，文字）

友人と出かける約束をするとき，日時も，行き先も，メンバーも決まっていないのでは，計画を立てようもない。いずれか1つでも決めておくと，それに合うように他の条件も決めやすくなる。未知のものは1つでも少なくした方が考えやすい。

数学においても，例えば連立方程式を解くときには，一方の文字を消去することによって解くことができるように，定まっていないものを減らそうと考えることは重要である。

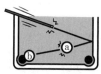

次元を下げる ／ 次数を下げる

空を飛び回るトンボの経路を説明するよりも，地面を歩く蟻の経路を説明する方が簡単である。荷物を床に並べるよりも，箱にしまう方が難しい。人間は3次元の中で生活をしているが，3次元よりも2次元のものの方が認識しやすい。

数学においても，3次元の立体のままでは考えることができないが，展開したり，切り取ったりして2次元にすると考えやすくなることがある。

候補を絞り込む

20人で集まって食事に行くとき，どういうお店に行くか？　20人全員にそれぞれ食べたいものを聞いてしまうと意見を集約させるのは難しい。まずは2，3人から寿司，ラーメンなどと意見を出してもらい，残りの人に寿司やラーメンが嫌いな人は？　と聞いた方がお店は決まりやすい。

数学においても，すべての条件を満たすものを探すのではなく，まずは候補を絞り，それが他の条件を満たすかどうかを考えることによって，解答を得ることがある。

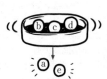

1つのものに着目

文化祭のお店で小銭がたくさん集まった。これが全部でいくらあるか考える
とき，硬貨を1枚拾っては分類していく方法と，まず500円玉を集め，次に
100円玉を集め，…と1種類の硬貨に着目して整理する方法がある。
数学においても，式に多くの文字が含まれていたり，要素が多く含まれてい
たりするときには，1つの文字や1つの要素に着目すると，整理して考えられ
るようになる。

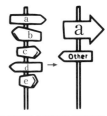

基準を定める

観覧車にあるゴンドラの数を数えるとき，何も考えずに数え始めると，どこか
ら数え始めたのか分からなくなる。「体操の隊形にひらけ」ではうまく広がれ
ないが，「Aさん基準，体操の隊形にひらけ」であれば素早く整列できる。
数学においても，基準を設定することで，同じものを重複して数えるのを防ぐ
ことができたり，相似の中心を明確にすることで，図形の大きさを考えやすく
できたりすることができる。

プロセスワード で学びを深める

「場合に分ける」って
前にも出てきたな…

分野を越えて共通する思考
法を意識できます。

問題文の
条件を
言い換えて

頂点が x 軸上に
あるから
頂点を $(p, 0)$
とおくと

人に伝える際，思考を表現
する共通言語となります。

数学的思考法はここまでに挙げたもの以外にはない，ということはありません。
皆さんも，問題を解きながら共通している思考法を見つけて，自らの手で，自
らの数学的思考法を創り上げていってください。

1章 ベクトル

例題MAP

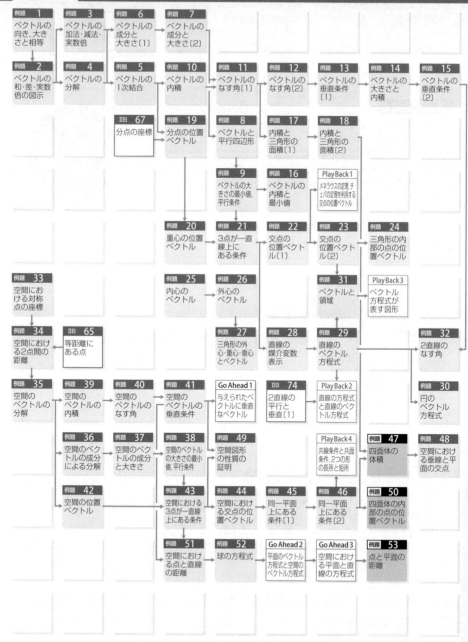

例題■は教科書の予習復習に，例題■は教科書学習後の実力 UP に適しています。
ある例題でつまずいたときは，→をたどって，基礎となる例題を復習しましょう。

例題一覧

PB…Play Back, GA…Go Ahead　D…内容の解説のためのデジタルコンテンツが付いています。
重…特に重要な例題です。限られた時間で学習するときに取り組むと効果的です。

15

1 ベクトルの意味

(1) 有向線分

平面上で，点 A から点 B までの移動は，線分 AB に向きを表す矢印をつけて表すことができる。このような向きのついた線分を **有向線分** という。

また，有向線分 AB において，A を **始点**，B を **終点** という。

(2) ベクトル

有向線分について，その位置を問題にせず，向きと大きさだけに着目したものを **ベクトル** という。

右の有向線分 AB の表すベクトルを $\overrightarrow{AB}$ と書く。

また，ベクトルを $\vec{a}$, $\vec{b}$, $\vec{c}$ などと表すこともある。

(3) ベクトルの大きさ（長さ）

有向線分 AB の長さをベクトル $\overrightarrow{AB}$ の **大きさ** または長さといい，$|\overrightarrow{AB}|$ で表す。

(4) ベクトルの相等

$\overrightarrow{AB}$ と $\overrightarrow{CD}$ において，2 つのベクトルの大きさと向きがともに一致するとき，2 つのベクトルは **等しい** といい，$\overrightarrow{AB} = \overrightarrow{CD}$ と表す。

(5) 逆ベクトル

ベクトル $\vec{a}$ と大きさが同じで向きが反対のベクトルを $\vec{a}$ の **逆ベクトル** といい，$-\vec{a}$ で表す。

特に，$\overrightarrow{BA} = -\overrightarrow{AB}$ である。

(6) 零ベクトル

始点と終点が一致したベクトル $\overrightarrow{AA}$ を **零ベクトル** といい，$\vec{0}$ で表す。

$\vec{0}$ の大きさは 0，$\vec{0}$ の向きは考えない。

例 AB = 3，AD = 4 の平行四辺形 ABCD において

① $\overrightarrow{AB}$, $\overrightarrow{AD}$ の大きさはそれぞれ

$$|\overrightarrow{AB}| = 3, \quad |\overrightarrow{AD}| = 4$$

② 線分 AB と DC は平行で，長さが等しい。

また，線分 AD と BC は平行で長さが等しい。

よって $\overrightarrow{AB} = \overrightarrow{DC}$, $\overrightarrow{AD} = \overrightarrow{BC}$

③ $\overrightarrow{CD} = -\overrightarrow{DC} = -\overrightarrow{AB}$

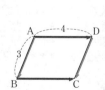

2 | ベクトルの加法・減法・実数倍

(1) ベクトルの加法

2つのベクトル $\vec{a}$, $\vec{b}$ に対して，1つの点 A をとり，次に，

$\vec{a} = \overrightarrow{AB}$, $\vec{b} = \overrightarrow{BC}$ となるように点 B，C をとる。

このとき，$\overrightarrow{AC}$ を $\vec{a}$ と $\vec{b}$ の **和** といい，$\vec{a}+\vec{b}$ と表す。

すなわち $\overrightarrow{AB}+\overrightarrow{BC}=\overrightarrow{AC}$

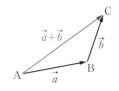

(2) ベクトルの加法の性質

(ア) $\vec{a}+\vec{b}=\vec{b}+\vec{a}$ （交換法則） (イ) $(\vec{a}+\vec{b})+\vec{c}=\vec{a}+(\vec{b}+\vec{c})$ （結合法則）

(ウ) $\vec{a}+\vec{0}=\vec{a}$ (エ) $\vec{a}+(-\vec{a})=\vec{0}$

■ 結合法則により，$(\vec{a}+\vec{b})+\vec{c}$ と $\vec{a}+(\vec{b}+\vec{c})$ は等しいから，括弧を省略して $\vec{a}+\vec{b}+\vec{c}$ と書くことができる。

(3) ベクトルの減法

2つのベクトル $\vec{a}$, $\vec{b}$ に対して **差** $\vec{a}-\vec{b}$ を $\vec{a}-\vec{b}=\vec{a}+(-\vec{b})$ と定める。

このことから $\overrightarrow{OA}-\overrightarrow{OB}=\overrightarrow{BA}$

(4) ベクトルの実数倍

ベクトル $\vec{a}$ と実数 k に対して，$\vec{a}$ の k 倍 $k\vec{a}$ を次のように定める。

(ア) $\vec{a} \neq \vec{0}$ のとき

(ⅰ) $k>0$ ならば，$\vec{a}$ と同じ向きで大きさが k 倍のベクトル

(ⅱ) $k<0$ ならば，$\vec{a}$ と反対向きで大きさが $|k|$ 倍のベクトル

(ⅲ) $k=0$ ならば，$\vec{0}$

(イ) $\vec{a}=\vec{0}$ のとき $k\vec{a}=\vec{0}$

このとき，$|k\vec{a}|=|k||\vec{a}|$ が成り立つ。また，$\dfrac{1}{k}\vec{a}$ を $\dfrac{\vec{a}}{k}$ と書くことがある。

(5) 単位ベクトル

大きさが1のベクトルを **単位ベクトル** という。 ← $\vec{e}$ が単位ベクトルのとき
$|\vec{e}|=1$

$\vec{a} \neq \vec{0}$ のとき，$\vec{a}$ と同じ向きの単位ベクトルは $\dfrac{\vec{a}}{|\vec{a}|}$ である。

(6) ベクトルの実数倍の性質

(ア) $k(l\vec{a})=(kl)\vec{a}$ (イ) $(k+l)\vec{a}=k\vec{a}+l\vec{a}$ (ウ) $k(\vec{a}+\vec{b})=k\vec{a}+k\vec{b}$

(7) ベクトルの平行

$\vec{0}$ でない2つのベクトル $\vec{a}$, $\vec{b}$ が同じ向きまたは反対向きであるとき，$\vec{a}$ と $\vec{b}$ は平行であるといい，$\vec{a} /\!/ \vec{b}$ と書く。

$\vec{a} \neq \vec{0}$, $\vec{b} \neq \vec{0}$ のとき

$$\vec{a} /\!/ \vec{b} \iff \vec{b}=k\vec{a} \text{ となる実数 } k \text{ が存在する}$$

例 (1) 右の $\vec{a}$, $\vec{b}$ に対して，$2\vec{a}+\vec{b}$, $\vec{a}-\dfrac{1}{2}\vec{b}$ を図示すると，

下のようになる。

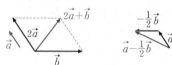

(2) ① $\overrightarrow{PQ}+\overrightarrow{QR}+\overrightarrow{RP} = (\overrightarrow{PQ}+\overrightarrow{QR})+\overrightarrow{RP}$

$\qquad\qquad\qquad\qquad = \overrightarrow{PR}+\overrightarrow{RP}$

$\qquad\qquad\qquad\qquad = \overrightarrow{PP} = \vec{0}$

② $\overrightarrow{OS}-\overrightarrow{OT} = \overrightarrow{OS}+(-\overrightarrow{OT})$

$\qquad\qquad\qquad = \overrightarrow{OS}+\overrightarrow{TO}$

$\qquad\qquad\qquad = \overrightarrow{TO}+\overrightarrow{OS} = \overrightarrow{TS}$

(3) ベクトルの加法，減法，実数倍の計算は，文字式の計算と同様に次のように行うことができる。

① $2\vec{a}+3\vec{a}-\vec{a} = (2+3-1)\vec{a}$

$\qquad\qquad\qquad = 4\vec{a}$

← $2a+3a-a = 4a$
と同様に考える。

② $5(\vec{a}-2\vec{b})-4(\vec{a}-3\vec{b})$

$\qquad = 5\vec{a}-10\vec{b}-4\vec{a}+12\vec{b}$

$\qquad = (5-4)\vec{a}+(-10+12)\vec{b}$

$\qquad = \vec{a}+2\vec{b}$

← $5(a-2b)-4(a-3b)$
$= 5a-10b-4a+12b$
$= (5-4)a+(-10+12)b$
$= a+2b$
と同様に考える。

---

3 | ベクトルの1次独立

$\vec{a} \neq \vec{0}$, $\vec{b} \neq \vec{0}$, $\vec{a}$ と $\vec{b}$ が平行でない $(\vec{a} \not\parallel \vec{b})$ とき，$\vec{a}$ と $\vec{b}$ は **1次独立** であるという。

$\vec{a}$ と $\vec{b}$ が1次独立のとき，平面上の任意のベクトル $\vec{p}$ は $\vec{p} = k\vec{a}+l\vec{b}$ の形にただ1通りに表される。ただし，k, l は実数である。

すなわち $\qquad k\vec{a}+l\vec{b} = k'\vec{a}+l'\vec{b} \Longleftrightarrow k = k', \ l = l'$

特に $\qquad k\vec{a}+l\vec{b} = \vec{0} \Longleftrightarrow k = l = 0$

例 $\vec{a}$ と $\vec{b}$ が1次独立のとき

$\qquad k\vec{a}+l\vec{b} = 3\vec{a}+4\vec{b}$ ならば $\qquad k = 3, \ l = 4$

Quick Check 1

ベクトルの意味

① 正方形 ABCD の辺 AB, CD の中点をそれぞれ E, F とする。
A, B, C, D, E, F の各点を，始点，終点とするベクトルのう
ちで，次のベクトルをすべて答えよ。

(1) $\overrightarrow{AD}$ と等しいベクトル

(2) $\overrightarrow{AC}$ と大きさが等しいベクトル

(3) $\overrightarrow{AE}$ と向きが同じベクトル

(4) $\overrightarrow{AF}$ の逆ベクトル

ベクトルの加法・減法・実数倍

② 〔1〕 次のベクトルについて，$\vec{a}+\vec{b},\ \vec{a}-\vec{b},\ 2\vec{a},\ -2\vec{b}$ を図示せよ。

(1)

(2)

〔2〕 次のベクトルの計算をせよ。

(1) $5\vec{a}+2(-\vec{a}+2\vec{b})$

(2) $2\vec{a}-3\vec{b}-(\vec{a}-2\vec{b})$

(3) $3(\vec{a}-2\vec{b})-2(2\vec{a}-4\vec{b})$

(4) $-\dfrac{1}{3}(2\vec{a}-3\vec{b})-\dfrac{1}{2}(3\vec{a}+2\vec{b})$

〔3〕 次のベクトルを求めよ。

(1) $\vec{a}$ の大きさが 5 であるとき，$\vec{a}$ と平行な単位ベクトル

(2) $\vec{e}$ を単位ベクトルとするとき，$\vec{e}$ と同じ向きで大きさが 2 のベクトル

ベクトルの1次独立

③ $\vec{a}\neq\vec{0},\ \vec{b}\neq\vec{0},\ \vec{a}$ と $\vec{b}$ が平行でないとき，次の等式を満たす実数 $k,\ l$ の値を求めよ。

(1) $3\vec{a}+k\vec{b}=l\vec{a}-\vec{b}$

(2) $\vec{c}=2\vec{a},\ \vec{d}=\vec{a}+\vec{b},\ 5\vec{a}+3\vec{b}=k\vec{c}+l\vec{d}$

ベクトルの向き，大きさと相等

★☆☆☆

右の図において，次の条件を満たすベクトルの組をすべて求めよ。

(1) 同じ向きのベクトル

(2) 大きさの等しいベクトル

(3) 等しいベクトル

(4) 互いに逆ベクトル

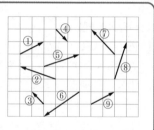

思考のプロセス

ベクトル …「大きさ」と「向き」をもつ量（位置は無関係）

定義に戻る

等しいベクトル $\Longrightarrow$ 「大きさ」が等しい / 「向き」が等しい

逆ベクトル $\Longrightarrow$ 「大きさ」が等しい / 「向き」が反対

❗ いずれも，位置はどこにあってもよい。

$\vec{a}$と等しい

$\vec{a}$

$\vec{a}$の逆ベクトル

Action≫ ベクトルは，向きと大きさを考えよ

解 (1) 大きさは考えずに，互いに平行で，矢印の向きが同じベクトルであるから

①と⑨，③と⑦

(2) 向きは考えずに，大きさが等しいベクトルであるから

①と⑨，③と④，②と⑤と⑧

(3) 互いに平行，矢印の向きが同じで，大きさも等しいベクトルであるから

①と⑨

(4) 互いに平行，矢印の向きが反対で，大きさが等しいベクトルであるから

③と④

◀ 向きは，各ベクトルを対角線とする四角形をもとに考える。

◀ (1)と(2)のどちらにも入っている組を求めればよい。

Point....ベクトルの意味とベクトルの相等

有向線分（向きのついた線分）について，その位置を問題にせず，向きと大きさだけに着目したものを **ベクトル** という。

2つのベクトルが等しいとき，これらのベクトルを表す有向線分の一方を平行移動して，他方に重ね合わせることができる。

$\vec{a}$

$\vec{b}$

練習 1 右の図のベクトル $\vec{a}$ と次の関係にあるベクトルをすべて求めよ。

(1) 同じ向きのベクトル

(2) 大きさの等しいベクトル

(3) 等しいベクトル

(4) 逆ベクトル

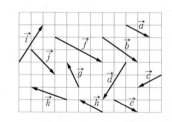

➡ p.25 問題1

例題 2 ベクトルの和・差・実数倍の図示　　★☆☆☆ Ｄ

> 右の図の 3 つのベクトル $\vec{a},\ \vec{b},\ \vec{c}$ について，次のベクトル
> を図示せよ。ただし，始点は O とせよ。
>
> (1) $\dfrac{1}{2}\vec{b}$　　(2) $\vec{a}+\dfrac{1}{2}\vec{b}$　　(3) $\vec{a}+\dfrac{1}{2}\vec{b}-2\vec{c}$

思考のプロセス

ベクトルは位置に無関係であるから，平行移動して考える。

例 和 $\vec{a}+\vec{b}\Longrightarrow$ $\vec{a}$ の終点と $\vec{b}$ の始点を重ねたとき，
　　　　始点を $\vec{a}$ の始点，終点を $\vec{b}$ の終点とするベクトル

式を分ける

(3)　$\vec{a}+\dfrac{1}{2}\vec{b}-2\vec{c}=\vec{a}+\dfrac{1}{2}\vec{b}+(-2\vec{c})\Longrightarrow\vec{a}+\dfrac{1}{2}\vec{b}$ の終点と $-2\vec{c}$ の始点を重ねる。

<u>この 2 つのベクトルの和と考える</u>

Action≫ ベクトルの図示は，和の形に直して終点に始点を重ねよ

解 (1) 　　(2)

(3)　$\vec{a}+\dfrac{1}{2}\vec{b}-2\vec{c}$

$=\left(\vec{a}+\dfrac{1}{2}\vec{b}\right)+(-2\vec{c})$

と考えて，(2) の結果を利用する
と，右の図になる。

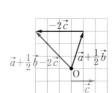

（別解）　$\vec{a}+\dfrac{1}{2}\vec{b}$ と $2\vec{c}$ の始点を O に重ねると，

$\vec{a}+\dfrac{1}{2}\vec{b}-2\vec{c}$ は $2\vec{c}$ の終点から $\vec{a}+\dfrac{1}{2}\vec{b}$ の終点へ向か

うベクトルである。
このベクトルを始点が
点 O と重なるように平
行移動すると，右の図
になる。

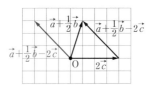

◀(1) において，$\dfrac{1}{2}\vec{b}$ は $\vec{b}$ と
同じ向きで大きさが $\dfrac{1}{2}$ 倍
のベクトルである。

◀(2) において，$\vec{a}$ の終点に
$\dfrac{1}{2}\vec{b}$ の始点を重ねると，
$\vec{a}+\dfrac{1}{2}\vec{b}$ は $\vec{a}$ の始点から
$\dfrac{1}{2}\vec{b}$ の終点へ向かうベク
トルである。

◀始点を重ねて差のベクト
ルをつくる。

練習 2　右の図の 3 つのベクトル $\vec{a},\ \vec{b},\ \vec{c}$ について，次のベ
クトルを図示せよ。ただし，始点は O とせよ。

(1) $\vec{a}+\dfrac{1}{2}\vec{b}$　　　(2) $\vec{a}+\dfrac{1}{2}\vec{b}-\vec{c}$

(3) $\vec{a}-\vec{b}-2\vec{c}$

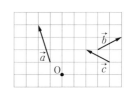

ベクトルの加法・減法・実数倍　★☆☆☆

> 平面上に 2 つのベクトル $\vec{a}$, $\vec{b}$ がある。
> (1) $\vec{p} = \vec{a} + \vec{b}$, $\vec{q} = \vec{a} + 2\vec{b}$ のとき，$3\vec{p} - 5(\vec{q} - 2\vec{p})$ を $\vec{a}$, $\vec{b}$ で表せ。
> (2) $2\vec{x} + 6\vec{a} = 5(3\vec{b} + \vec{x})$ を満たす $\vec{x}$ を $\vec{a}$, $\vec{b}$ で表せ。
> (3) $2\vec{x} + \vec{y} = 5\vec{a} + 7\vec{b}$, $\vec{x} + 2\vec{y} = 4\vec{a} + 2\vec{b}$ を同時に満たす $\vec{x}$, $\vec{y}$ を $\vec{a}$, $\vec{b}$ で表せ。

Action>> ベクトルの加法・減法・実数倍は，文字式と同様に行え

既知の問題に帰着

(1) $p = a + b$, $q = a + 2b$ のとき，$3p - 5(q - 2p)$ を a, b で表すことと同様に考える。

(2) 1 次方程式 $2x + 6a = 5(3b + x)$ と同様に考える。

(3) 連立方程式 $\begin{cases} 2x + y = 5a + 7b \\ x + 2y = 4a + 2b \end{cases}$ と同様に考える。

解 (1) $3\vec{p} - 5(\vec{q} - 2\vec{p}) = 3\vec{p} - 5\vec{q} + 10\vec{p} = 13\vec{p} - 5\vec{q}$

$\qquad = 13(\vec{a} + \vec{b}) - 5(\vec{a} + 2\vec{b}) = 13\vec{a} + 13\vec{b} - 5\vec{a} - 10\vec{b}$

$\qquad = \boldsymbol{8\vec{a} + 3\vec{b}}$

    ◀ まず $\vec{p}$ と $\vec{q}$ について式を整理し，その後 $\vec{p} = \vec{a} + \vec{b}$ と $\vec{q} = \vec{a} + 2\vec{b}$ を代入する。

(2) $2\vec{x} + 6\vec{a} = 5(3\vec{b} + \vec{x})$ より

$\qquad\qquad 2\vec{x} + 6\vec{a} = 15\vec{b} + 5\vec{x}$

$\qquad\qquad\quad -3\vec{x} = -6\vec{a} + 15\vec{b}$

$\quad$ よって　　$\boldsymbol{\vec{x} = 2\vec{a} - 5\vec{b}}$

    ◀ x に関する 1 次方程式 $2x + 6a = 5(3b + x)$ と同じ手順で解けばよい。

(3) $2\vec{x} + \vec{y} = 5\vec{a} + 7\vec{b}$ …①，$\vec{x} + 2\vec{y} = 4\vec{a} + 2\vec{b}$ …② とおく。

$\quad$ ①×2－② より　　$3\vec{x} = 6\vec{a} + 12\vec{b}$

$\quad$ よって　　$\boldsymbol{\vec{x} = 2\vec{a} + 4\vec{b}}$

$\quad$ ②×2－① より　　$3\vec{y} = 3\vec{a} - 3\vec{b}$

$\quad$ よって　　$\boldsymbol{\vec{y} = \vec{a} - \vec{b}}$

    ◀ $\vec{y}$ を消去する。

Point.... ベクトルの加法，減法，実数倍に関する計算法則

(1) $\vec{a} + \vec{b} = \vec{b} + \vec{a}$　（交換法則）　　(2) $(\vec{a} + \vec{b}) + \vec{c} = \vec{a} + (\vec{b} + \vec{c})$　（結合法則）

(3) $\vec{a} + \vec{0} = \vec{a}$, $\vec{a} + (-\vec{a}) = \vec{0}$　　(4) $k(l\vec{a}) = (kl)\vec{a}$

(5) $(k + l)\vec{a} = k\vec{a} + l\vec{a}$, $k(\vec{a} + \vec{b}) = k\vec{a} + k\vec{b}$

練習 3　平面上に 2 つのベクトル $\vec{a}$, $\vec{b}$ がある。

(1) $\vec{p} = \vec{a} + \vec{b}$, $\vec{q} = \vec{a} - \vec{b}$ のとき，$2(\vec{p} - 3\vec{q}) + 3(\vec{p} + 4\vec{q})$ を $\vec{a}$, $\vec{b}$ で表せ。

(2) $\vec{b} - 3\vec{x} + 5\vec{a} = 2(\vec{a} + 5\vec{b} - \vec{x})$ を満たす $\vec{x}$ を $\vec{a}$, $\vec{b}$ で表せ。

(3) $3\vec{x} + \vec{y} = 9\vec{a} - 7\vec{b}$, $2\vec{x} - \vec{y} = \vec{a} - 8\vec{b}$ を同時に満たす $\vec{x}$, $\vec{y}$ を $\vec{a}$, $\vec{b}$ で表せ。

➡ p.25 問題3

★★☆☆

右の図の正六角形 ABCDEF において，$\overrightarrow{AB} = \vec{a}$，$\overrightarrow{AF} = \vec{b}$ とするとき，次のベクトルを $\vec{a}$，$\vec{b}$ で表せ。

(1) $\overrightarrow{BC}$　　　(2) $\overrightarrow{EC}$　　　(3) $\overrightarrow{AE}$　　　(4) $\overrightarrow{FD}$

思考のプロセス

図を分ける

$$\overrightarrow{PQ} = \overrightarrow{P○} + \overrightarrow{○Q}$$
$$= \overrightarrow{P○} + \overrightarrow{○□} + \overrightarrow{□Q}$$

どこを経由してもよい

△OAB と合同な正三角形が 6 個あることに注意する。　←

① 図の中にある $\vec{a}$，$\vec{b}$ に等しいベクトルを探す。

② それらやその逆ベクトルをつないで，求めるベクトルを表す。

Action≫ ベクトルの分解は，平行な辺を探して $\overrightarrow{AB} = \overrightarrow{AC} + \overrightarrow{CB}$ を使え

解 (1) $\overrightarrow{BC} = \overrightarrow{BO} + \overrightarrow{OC}$

　　　ここで，$\overrightarrow{BO} = \overrightarrow{AF} = \vec{b}$，$\overrightarrow{OC} = \overrightarrow{AB} = \vec{a}$ より

　　　　　$\overrightarrow{BC} = \vec{b} + \vec{a} = \boldsymbol{\vec{a} + \vec{b}}$

(2) $\overrightarrow{EC} = \overrightarrow{EO} + \overrightarrow{OC}$

　　　ここで，$\overrightarrow{EO} = \overrightarrow{FA} = -\overrightarrow{AF} = -\vec{b}$，$\overrightarrow{OC} = \overrightarrow{AB} = \vec{a}$ より

　　　　　$\overrightarrow{EC} = -\vec{b} + \vec{a} = \boldsymbol{\vec{a} - \vec{b}}$

(3) $\overrightarrow{AE} = \overrightarrow{AF} + \overrightarrow{FE}$

　　　ここで，$\overrightarrow{FE} = \overrightarrow{FO} + \overrightarrow{OE} = \vec{a} + \vec{b}$ より

　　　　　$\overrightarrow{AE} = \vec{b} + (\vec{a} + \vec{b}) = \boldsymbol{\vec{a} + 2\vec{b}}$

◀ $\overrightarrow{BC} = \overrightarrow{AO} = \overrightarrow{AB} + \overrightarrow{AF}$
　　$= \vec{a} + \vec{b}$
としてもよい。

$\overrightarrow{AB} = \overrightarrow{FO} = \overrightarrow{OC} = \overrightarrow{ED} = \vec{a}$
$\overrightarrow{AF} = \overrightarrow{BO} = \overrightarrow{OE} = \overrightarrow{CD} = \vec{b}$
$\overrightarrow{AO} = \overrightarrow{BC} = \overrightarrow{FE} = \overrightarrow{OD}$

◀ $\overrightarrow{EC} = \overrightarrow{FB}$
　　$= \overrightarrow{AB} - \overrightarrow{AF} = \vec{a} - \vec{b}$
としてもよい。

◀ $\overrightarrow{AE} = \overrightarrow{AB} + \overrightarrow{BE}$
　　$= \vec{a} + 2\vec{b}$
としてもよい。

(1) 　　(2) 　　(3)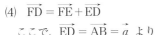

(4) $\overrightarrow{FD} = \overrightarrow{FE} + \overrightarrow{ED}$

　　　ここで，$\overrightarrow{ED} = \overrightarrow{AB} = \vec{a}$ より

　　　　　$\overrightarrow{FD} = (\vec{a} + \vec{b}) + \vec{a} = \boldsymbol{2\vec{a} + \vec{b}}$

◀ (3) より　$\overrightarrow{FE} = \vec{a} + \vec{b}$

練習 4 右の図の正六角形 ABCDEF において，$\overrightarrow{OA} = \vec{a}$，$\overrightarrow{OB} = \vec{b}$ とするとき，次のベクトルを $\vec{a}$，$\vec{b}$ で表せ。

(1) $\overrightarrow{BC}$　　　(2) $\overrightarrow{DE}$　　　(3) $\overrightarrow{FD}$　　　(4) $\overrightarrow{CE}$

➡ p.25 問題4

（縦書き）**1 章** **1** 平面上のベクトル

例題 5　ベクトルの１次結合

★★☆☆ D

> AB = 4，AD = 3 である平行四辺形 ABCD において，辺 CD の中点を M
> とする。$\overrightarrow{AB}$，$\overrightarrow{AD}$ と同じ向きの単位ベクトルをそれぞれ $\vec{a}$，$\vec{b}$ とするとき
> (1) $\overrightarrow{AC}$，$\overrightarrow{DB}$，$\overrightarrow{AM}$ を $\vec{a}$，$\vec{b}$ で表せ。
> (2) $\overrightarrow{AC} = \vec{p}$，$\overrightarrow{DB} = \vec{q}$ とするとき，$\overrightarrow{AM}$ を $\vec{p}$，$\vec{q}$ で表せ。

思考の
プロセス

$\left(\begin{array}{l}\vec{a} と \vec{b} は \\ ともに \vec{0} でなく，平行でない\end{array}\right) \Longrightarrow \left(\begin{array}{l}平面上のすべてのベクトルは \\ k\vec{a}+l\vec{b} の形で表すことができる。\end{array}\right)$

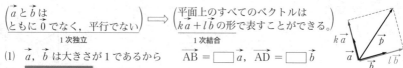

　　　　　　　　1次独立　　　　　　　　　　　　　　1次結合

(1) $\vec{a}$，$\vec{b}$ は大きさが 1 であるから　　$\overrightarrow{AB} = \boxed{}\,\vec{a}$，$\overrightarrow{AD} = \boxed{}\,\vec{b}$

(2) **文字を減らす** (1) より

$\begin{cases}\vec{p} = \boxed{}\,\vec{a} + \boxed{}\,\vec{b} \\ \vec{q} = \boxed{}\,\vec{a} + \boxed{}\,\vec{b}\end{cases} \Longrightarrow \begin{cases}\vec{a} = \boxed{}\,\vec{p} + \boxed{}\,\vec{q} \\ \vec{b} = \boxed{}\,\vec{p} + \boxed{}\,\vec{q}\end{cases}$

$\overrightarrow{AM} = \boxed{}\,\vec{a} + \boxed{}\,\vec{b} \longleftarrow$ 代入すると，$\overrightarrow{AM}$ が $\vec{p}$，$\vec{q}$ で表される。

≪ⓇAction ベクトルの加法・減法，実数倍は，文字式と同様に行え　◀例題 3

解 (1)　AB = 4，AD = 3 より

$\overrightarrow{AB} = 4\vec{a}$，$\overrightarrow{AD} = 3\vec{b}$

よって

$\overrightarrow{AC} = \overrightarrow{AB} + \overrightarrow{BC}$

$= \overrightarrow{AB} + \overrightarrow{AD} = 4\vec{a} + 3\vec{b}$

$\overrightarrow{DB} = \overrightarrow{AB} - \overrightarrow{AD} = 4\vec{a} - 3\vec{b}$

$\overrightarrow{AM} = \overrightarrow{AD} + \overrightarrow{DM} = \overrightarrow{AD} + \dfrac{1}{2}\overrightarrow{AB}$

$= 3\vec{b} + \dfrac{1}{2} \times 4\vec{a} = 2\vec{a} + 3\vec{b}$

◀ $\vec{a}$，$\vec{b}$ は単位ベクトルである。

◀ $\overrightarrow{DB} = \overrightarrow{DA} + \overrightarrow{AB}$
　　　　$= -\overrightarrow{AD} + \overrightarrow{AB}$
としてもよい。

◀ $k\vec{a}+l\vec{b}$ の形のベクトルを $\vec{a}$，$\vec{b}$ の **1次結合** という。

(2)　(1) より　$\begin{cases}\vec{p} = 4\vec{a} + 3\vec{b} & \cdots ① \\ \vec{q} = 4\vec{a} - 3\vec{b} & \cdots ②\end{cases}$

①＋② より　　$\vec{p} + \vec{q} = 8\vec{a}$　すなわち　$\vec{a} = \dfrac{1}{8}(\vec{p} + \vec{q})$

①－② より　　$\vec{p} - \vec{q} = 6\vec{b}$　すなわち　$\vec{b} = \dfrac{1}{6}(\vec{p} - \vec{q})$

よって　　$\overrightarrow{AM} = 2\vec{a} + 3\vec{b}$

$= \dfrac{1}{4}(\vec{p} + \vec{q}) + \dfrac{1}{2}(\vec{p} - \vec{q}) = \dfrac{3}{4}\vec{p} - \dfrac{1}{4}\vec{q}$

◀ ①，② から，$\vec{a}$，$\vec{b}$ を $\vec{p}$，$\vec{q}$ で表す。
x，y の連立方程式
$\begin{cases}p = 4x + 3y \\ q = 4x - 3y\end{cases}$
と同じ手順で解けばよい。

◀(1)の結果を利用する。

練習 5　AB = 3 であるひし形 ABCD において，辺 BC を 1:2 に内分する点を E とする。$\overrightarrow{AB}$，$\overrightarrow{AD}$ と同じ向きの単位ベクトルをそれぞれ $\vec{a}$，$\vec{b}$ とするとき
(1)　$\overrightarrow{AC}$，$\overrightarrow{BD}$，$\overrightarrow{AE}$ を $\vec{a}$，$\vec{b}$ で表せ。
(2)　$\overrightarrow{AC} = \vec{p}$，$\overrightarrow{BD} = \vec{q}$ とするとき，$\overrightarrow{AE}$ を $\vec{p}$，$\vec{q}$ で表せ。

24

➡ p.25　問題5

1
★☆☆☆
右の図において，次の条件を満たすベクトルの組をすべて求めよ。
(1) 大きさの等しいベクトル
(2) 互いに逆ベクトル

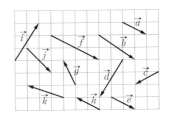

2
★☆☆☆
右の図の3つのベクトル $\vec{a}$, $\vec{b}$, $\vec{c}$ について，次のベクトルを図示せよ。ただし，始点は O とせよ。

(1) $\vec{d} = \dfrac{3}{2}(\vec{b}-\vec{a}) + \dfrac{1}{2}(3\vec{a}+2\vec{c}) + \dfrac{1}{2}\vec{b}$

(2) $\vec{e} = (2\vec{a}-\vec{b}) + (\vec{b}-\vec{c}) + (\vec{c}-\vec{a})$

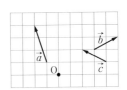

3
★★☆☆
次の等式を同時に満たす $\vec{x}$, $\vec{y}$, $\vec{z}$ を $\vec{a}$, $\vec{b}$ で表せ。
$$\vec{x}+\vec{y}+2\vec{z}=3\vec{a}, \quad 2\vec{x}-3\vec{y}-2\vec{z}=8\vec{a}+4\vec{b}, \quad -\vec{x}+2\vec{y}+6\vec{z}=-2\vec{a}-9\vec{b}$$

4
★★★☆
右の図の正六角形 ABCDEF において，辺 BC，DE の中点をそれぞれ点 P，Q とし，$\overrightarrow{AB}=\vec{a}$，$\overrightarrow{AF}=\vec{b}$ とするとき，次のベクトルを $\vec{a}$，$\vec{b}$ で表せ。

(1) $\overrightarrow{AP}$　　　(2) $\overrightarrow{AQ}$　　　(3) $\overrightarrow{PQ}$

5
★★★☆
1辺の長さが1の正五角形 ABCDE において，$\overrightarrow{AB}=\vec{a}$，$\overrightarrow{AE}=\vec{b}$ とする。対角線 AC と BE の交点を F とおくとき，$\overrightarrow{AF}$ を $\vec{a}$，$\vec{b}$ で表せ。

1 | ベクトルの成分

(1) 座標とベクトル

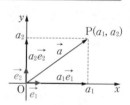

(ア) 基本ベクトル

x軸の正の向きと同じ向きの単位ベクトルおよびy軸の正の向きと同じ向きの単位ベクトルを **基本ベクトル** といい，それぞれ $\vec{e_1}$，$\vec{e_2}$ で表す。

(イ) 基本ベクトル表示と成分表示

$\vec{a} = a_1\vec{e_1} + a_2\vec{e_2}$ … **基本ベクトル表示**

$\vec{a} = (a_1,\ a_2)$ … **成分表示** (a_1 を **x 成分**，a_2 を **y 成分** という。)

(ウ) 成分とベクトルの相等

2つのベクトル $\vec{a} = (a_1,\ a_2)$，$\vec{b} = (b_1,\ b_2)$ に対して

$$\vec{a} = \vec{b} \iff a_1 = b_1,\ a_2 = b_2$$

(エ) 成分表示されたベクトルの大きさ

$\vec{a} = (a_1,\ a_2)$ のとき $|\vec{a}| = \sqrt{a_1{}^2 + a_2{}^2}$

(2) 成分による演算

(ア) $(a_1,\ a_2) + (b_1,\ b_2) = (a_1 + b_1,\ a_2 + b_2)$

(イ) $(a_1,\ a_2) - (b_1,\ b_2) = (a_1 - b_1,\ a_2 - b_2)$

(ウ) $k(a_1,\ a_2) = (ka_1,\ ka_2)$ （k は実数）

(3) 座標と成分表示

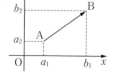

$A(a_1,\ a_2)$，$B(b_1,\ b_2)$ のとき

$$\overrightarrow{AB} = (b_1 - a_1,\ b_2 - a_2)$$
$$|\overrightarrow{AB}| = \sqrt{(b_1 - a_1)^2 + (b_2 - a_2)^2}$$

(4) ベクトルの平行

$\vec{0}$ でない2つのベクトル $\vec{a} = (a_1,\ a_2)$，$\vec{b} = (b_1,\ b_2)$ について

$$\vec{a} \parallel \vec{b} \iff (b_1,\ b_2) = k(a_1,\ a_2) \text{ となる実数 } k \text{ が存在する}$$

例 ① $A(5,\ 1)$，$B(2,\ 3)$ のとき，$\vec{a} = \overrightarrow{OA}$，$\vec{b} = \overrightarrow{OB}$ とすると

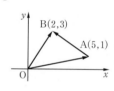

(1) $\vec{a} = (5,\ 1)$，$\vec{b} = (2,\ 3)$ であり，

$\vec{c} = 2\vec{a} - 3\vec{b}$ とすると

$\vec{c} = 2(5,\ 1) - 3(2,\ 3) = (10,\ 2) - (6,\ 9) = (4,\ -7)$

(2) $\overrightarrow{AB} = (2 - 5,\ 3 - 1) = (-3,\ 2)$ であるから

$$|\overrightarrow{AB}| = \sqrt{(-3)^2 + 2^2} = \sqrt{13}$$

② $\vec{a} = (2,\ -1)$，$\vec{b} = (6,\ -3)$ について

$\vec{b} = 3(2,\ -1) = 3\vec{a}$ となるから，$\vec{a} \parallel \vec{b}$ である。

2 | ベクトルの内積

(1) **内積の定義**

$\vec{0}$ でない 2 つのベクトル $\vec{a}$ と $\vec{b}$ のなす角を θ

$(0° \leqq \theta \leqq 180°)$ とするとき

$$\vec{a} \cdot \vec{b} = |\vec{a}||\vec{b}|\cos\theta$$

を $\vec{a}$ と $\vec{b}$ の **内積** という。

$(\vec{a} = \vec{0}$ または $\vec{b} = \vec{0}$ のときは $\vec{a} \cdot \vec{b} = 0$ と定める)

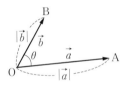

■ なす角は 2 つのベクトルの始点を合わせて考える。

(2) **ベクトルの垂直**

$\vec{a} \neq \vec{0}, \vec{b} \neq \vec{0}$ のとき $\quad \vec{a} \perp \vec{b} \iff \vec{a} \cdot \vec{b} = 0$

(3) **内積の基本性質〔1〕**

(ア) $\vec{a} \cdot \vec{b} = \vec{b} \cdot \vec{a}$ (イ) $\vec{a} \cdot \vec{a} = |\vec{a}|^2, |\vec{a}| = \sqrt{\vec{a} \cdot \vec{a}}$ (ウ) $|\vec{a} \cdot \vec{b}| \leqq |\vec{a}||\vec{b}|$

(4) **ベクトルの成分と内積**

$\vec{a} = (a_1, a_2), \vec{b} = (b_1, b_2)$ のとき

(ア) $\vec{a} \cdot \vec{b} = a_1 b_1 + a_2 b_2$

(イ) $\vec{a} \neq \vec{0}, \vec{b} \neq \vec{0}$ のとき, $\vec{a}$ と $\vec{b}$ のなす角を θ とすると

$$\cos\theta = \frac{\vec{a} \cdot \vec{b}}{|\vec{a}||\vec{b}|} = \frac{a_1 b_1 + a_2 b_2}{\sqrt{a_1{}^2 + a_2{}^2}\sqrt{b_1{}^2 + b_2{}^2}}$$

$\leftarrow \vec{a} \cdot \vec{b} = |\vec{a}||\vec{b}|\cos\theta$

より $\cos\theta = \dfrac{\vec{a} \cdot \vec{b}}{|\vec{a}||\vec{b}|}$

(5) **内積の基本性質〔2〕**

(ア) $(k\vec{a}) \cdot \vec{b} = k(\vec{a} \cdot \vec{b}) = \vec{a} \cdot (k\vec{b})$ (k は実数)

(イ) $\vec{a} \cdot (\vec{b} + \vec{c}) = \vec{a} \cdot \vec{b} + \vec{a} \cdot \vec{c}$ (ウ) $(\vec{a} + \vec{b}) \cdot \vec{c} = \vec{a} \cdot \vec{c} + \vec{b} \cdot \vec{c}$

例 ① $\vec{a}, \vec{b}$ について, $|\vec{a}| = 4$, $|\vec{b}| = 3$, $\vec{a}$ と $\vec{b}$ のなす角を θ とする。

(1) $\theta = 30°$ のとき

$$\vec{a} \cdot \vec{b} = 4 \times 3 \times \cos 30° = 12 \times \frac{\sqrt{3}}{2} = 6\sqrt{3}$$

(2) $\theta = 135°$ のとき

$$\vec{a} \cdot \vec{b} = 4 \times 3 \times \cos 135° = 12 \times \left(-\frac{1}{\sqrt{2}}\right) = -6\sqrt{2}$$

② $\vec{a} = (3, 1), \vec{b} = (1, 2)$ のとき

(1) $\vec{a} \cdot \vec{b} = 3 \times 1 + 1 \times 2 = 5$

(2) $\vec{a}$ と $\vec{b}$ のなす角を θ $(0° \leqq \theta \leqq 180°)$ とすると

$$\cos\theta = \frac{\vec{a} \cdot \vec{b}}{|\vec{a}||\vec{b}|} = \frac{3 \times 1 + 1 \times 2}{\sqrt{3^2 + 1^2}\sqrt{1^2 + 2^2}} = \frac{5}{\sqrt{10}\sqrt{5}} = \frac{5}{5\sqrt{2}} = \frac{1}{\sqrt{2}}$$

$0° \leqq \theta \leqq 180°$ であるから $\theta = 45°$

③ $|\vec{a} + \vec{b}|^2 = (\vec{a} + \vec{b}) \cdot (\vec{a} + \vec{b})$ ← 内積の基本性質〔1〕(イ)

           $= \vec{a} \cdot \vec{a} + \vec{a} \cdot \vec{b} + \vec{b} \cdot \vec{a} + \vec{b} \cdot \vec{b}$ ← 内積の基本性質〔2〕(イ), (ウ)

           $= |\vec{a}|^2 + 2\vec{a} \cdot \vec{b} + |\vec{b}|^2$ ← 内積の基本性質〔1〕(ア), (イ)

Quick Check 2

▶▶解答編 p.7

ベクトルの成分

① 〔1〕 $\vec{a} = (2,\ 3)$, $\vec{b} = (-1,\ 2)$ のとき, 次のベクトルを成分表示し, その大きさを求めよ。

(1) $\vec{a} + \vec{b}$

(2) $\vec{a} - \vec{b}$

(3) $2\vec{a}$

(4) $-3\vec{b}$

(5) $3\vec{a} - 2\vec{b}$

(6) $3\vec{a} - 3\vec{b} - (\vec{a} - 2\vec{b})$

〔2〕 A(3, −1), B(−1, 2), C(1, 5) について, 次のベクトルを成分表示し, その大きさを求めよ。

(1) $\overrightarrow{AB}$

(2) $\overrightarrow{BC}$

(3) $\overrightarrow{CA}$

〔3〕 2つのベクトル $\vec{a} = (2,\ 3)$, $\vec{b} = (x,\ 2x-3)$ が平行となるとき, x の値を求めよ。

ベクトルの内積

② 〔1〕 1辺の長さが2の正三角形 ABC において, 次の内積を求めよ。

(1) $\overrightarrow{AB} \cdot \overrightarrow{AC}$

(2) $\overrightarrow{AB} \cdot \overrightarrow{BC}$

(3) $\overrightarrow{AC} \cdot \overrightarrow{CB}$

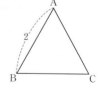

〔2〕 次の2つのベクトル $\vec{a}$, $\vec{b}$ のなす角 θ $(0° \leqq \theta \leqq 180°)$ を求めよ。

(1) $|\vec{a}| = 2$, $|\vec{b}| = 3$, $\vec{a} \cdot \vec{b} = 3$

(2) $\vec{a} = (3,\ -4)$, $\vec{b} = (7,\ -1)$

(3) $\vec{a} = (1,\ -2)$, $\vec{b} = (4,\ 2)$

〔3〕 $|\vec{a}| = 2$, $|\vec{b}| = 3$, $\vec{a} \cdot \vec{b} = 4$ のとき, 次の値を求めよ。

(1) $|\vec{a} + \vec{b}|^2$

(2) $|\vec{a} - \vec{b}|^2$

例題 6 ベクトルの成分と大きさ〔1〕 ★☆☆☆

> 2つのベクトル $\vec{a}$, $\vec{b}$ が $\vec{a}-\vec{b}=(-4,\ 6)$, $4\vec{a}+\vec{b}=(-1,\ 4)$ を満たすとき
> (1) $\vec{a}$, $\vec{b}$ を成分表示せよ。また、その大きさを求めよ。
> (2) $\vec{c}=(7,\ -10)$ を $k\vec{a}+l\vec{b}$ の形で表せ。

思考のプロセス

$\vec{a}=(a_1,\ a_2)$, $\vec{b}=(b_1,\ b_2)$ のとき

(ア) $k\vec{a}+l\vec{b}=(ka_1+lb_1,\ ka_2+lb_2)$

(イ) $|\vec{a}|=\sqrt{a_1{}^2+a_2{}^2}$

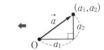

対応を考える

(ウ) $\vec{a}=\vec{b} \Longleftrightarrow \begin{cases} a_1=b_1 & \longleftarrow\ x\,成分が等しい \\ a_2=b_2 & \longleftarrow\ y\,成分が等しい \end{cases}$

Action≫ 2つのベクトルが等しいときは、x 成分、y 成分がともに等しいとせよ

解 (1) $\vec{a}-\vec{b}=(-4,\ 6)\cdots$①, $4\vec{a}+\vec{b}=(-1,\ 4)\cdots$② とおく。

①＋② より　　　　　$5\vec{a}=(-5,\ 10)$

よって　　　　　　　　$\vec{a}=(-1,\ 2)$

①×4－② より　　　$-5\vec{b}=(-15,\ 20)$

よって　　　　　　　　$\vec{b}=(3,\ -4)$

また　　$|\vec{a}|=\sqrt{(-1)^2+2^2}=\sqrt{5}$

　　　　$|\vec{b}|=\sqrt{3^2+(-4)^2}=\sqrt{25}=5$

(2) $k\vec{a}+l\vec{b}=k(-1,\ 2)+l(3,\ -4)$

　　　　　　　　$=(-k+3l,\ 2k-4l)$

これが $\vec{c}=(7,\ -10)$ に等しいから

$\begin{cases} -k+3l=7 & \cdots③ \\ 2k-4l=-10 & \cdots④ \end{cases}$

③, ④ を解くと　　$k=-1,\ l=2$

したがって　　　　$\vec{c}=-\vec{a}+2\vec{b}$

®Action 例題3
「ベクトルの加法・減法・実数倍は、文字式と同様に行え」

$\vec{a}=(-1,\ 2)$ を① に代入して $(-1,\ 2)-\vec{b}=(-4,\ 6)$
よって　$\vec{b}=(3,\ -4)$
と求めてもよい。

$\vec{a}=(a_1,\ a_2)$ のとき
　　$|\vec{a}|=\sqrt{a_1{}^2+a_2{}^2}$

$(-k+3l,\ 2k-4l)$
　　　　$=(7,\ -10)$

④ より
　$k-2l=-5\cdots④'$
③＋④' より　$l=2$

Point....ベクトルの1次結合

$\vec{a}\neq\vec{0}$, $\vec{b}\neq\vec{0}$, $\vec{a}\nparallel\vec{b}$ のとき、$\vec{a}$ と $\vec{b}$ は **1次独立** であるという。
$\vec{a}$ と $\vec{b}$ が1次独立のとき、平面上の任意のベクトル $\vec{p}$ は $\vec{p}=k\vec{a}+l\vec{b}$ の形に、
ただ1通りに表すことができる。ただし、k, l は実数である。
また、$k\vec{a}+l\vec{b}$ の形の式を $\vec{a}$ と $\vec{b}$ の **1次結合** という。

練習6　2つのベクトル $\vec{a}$, $\vec{b}$ が $\vec{a}-2\vec{b}=(-5,\ -8)$, $2\vec{a}-\vec{b}=(2,\ -1)$ を満たすとき
(1) $\vec{a}$, $\vec{b}$ を成分表示せよ。また、その大きさを求めよ。
(2) $\vec{c}=(6,\ 11)$ を $k\vec{a}+l\vec{b}$ の形で表せ。

→ p.42 問題6

重要
★☆☆☆

> 平面上に 3 点 A(5, −1), B(8, 0), C(1, 2) がある。
>
> (1) $\overrightarrow{AB}$, $\overrightarrow{AC}$ を成分表示せよ。また, その大きさをそれぞれ求めよ。
>
> (2) $\overrightarrow{AB}$ と平行な単位ベクトルを成分表示せよ。
>
> (3) $\overrightarrow{AC}$ と同じ向きで大きさが 3 のベクトルを成分表示せよ。

思考のプロセス

(1) $A(a_1, a_2)$, $B(b_1, b_2)$ のとき

$$\overrightarrow{AB} = \overrightarrow{OB} - \overrightarrow{OA} = (b_1 - a_1, b_2 - a_2) \longleftarrow (終点) - (始点)$$

$$|\overrightarrow{AB}| = \sqrt{(b_1 - a_1)^2 + (b_2 - a_2)^2}$$

(2) 「同じ向き」ではなく「平行な」単位ベクトルを求める。

大きさが 1 のベクトル

── 「同じ向き」である単位ベクトルの逆ベクトルも求めるベクトルである。

(3) 段階的に考える

大きさが 5 であるベクトル $\vec{a}$ (図の ①) を
同じ向きで大きさが 3 のベクトルにする。

$\Longrightarrow$ 同じ向きの単位ベクトルをつくる。(②)
　　　 単位ベクトルを 3 倍する。(③)

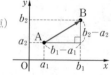

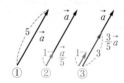

Action》 $\vec{a}$ **と同じ向きの単位ベクトルは,** $\dfrac{\vec{a}}{|\vec{a}|}$ **とせよ**

解 (1) $\overrightarrow{AB} = (8 - 5, \ 0 - (-1)) = (3, \ 1)$

　　　よって　　$|\overrightarrow{AB}| = \sqrt{3^2 + 1^2} = \sqrt{10}$

　　　同様に　　$\overrightarrow{AC} = (1 - 5, \ 2 - (-1)) = (-4, \ 3)$

　　　よって　　$|\overrightarrow{AC}| = \sqrt{(-4)^2 + 3^2} = 5$

(2) $\overrightarrow{AB}$ と平行な単位ベクトルは

$$\pm \frac{\overrightarrow{AB}}{|\overrightarrow{AB}|} = \pm \frac{\overrightarrow{AB}}{\sqrt{10}} = \pm \frac{\sqrt{10}}{10} \overrightarrow{AB} = \pm \frac{\sqrt{10}}{10}(3, \ 1)$$

　　すなわち　　$\left(\dfrac{3\sqrt{10}}{10}, \ \dfrac{\sqrt{10}}{10} \right), \ \left(-\dfrac{3\sqrt{10}}{10}, \ -\dfrac{\sqrt{10}}{10} \right)$

(3) $\overrightarrow{AC}$ と同じ向きの単位ベクトルは $\dfrac{\overrightarrow{AC}}{|\overrightarrow{AC}|}$ であるから,

$\overrightarrow{AC}$ と同じ向きで大きさが 3 のベクトルは

$$3 \times \frac{\overrightarrow{AC}}{|\overrightarrow{AC}|} = \frac{3}{5} \overrightarrow{AC} = \frac{3}{5}(-4, \ 3) = \left(-\frac{12}{5}, \ \frac{9}{5} \right)$$

$A(a_1, a_2)$, $B(b_1, b_2)$ のとき

$\overrightarrow{AB} = (b_1 - a_1, b_2 - a_2)$

$\vec{a}$ と平行な単位ベクトルは $\pm \dfrac{\vec{a}}{|\vec{a}|}$

$\vec{a}$ と同じ向きの単位ベクトルは $\dfrac{\vec{a}}{|\vec{a}|}$

符号の違いに注意する。

練習7 平面上に 3 点 A(1, −2), B(3, 1), C(−1, 2) がある。

(1) $\overrightarrow{AB}$, $\overrightarrow{AC}$ を成分表示せよ。また, その大きさをそれぞれ求めよ。

(2) $\overrightarrow{AB}$ と同じ向きの単位ベクトルを成分表示せよ。

(3) $\overrightarrow{AC}$ と平行で, 大きさが 5 のベクトルを成分表示せよ。

⇒ p.42 問題7

平面上に 3 点 A$(-1, 4)$, B$(3, -1)$, C$(6, 7)$ がある。

(1) 四角形 ABCD が平行四辺形となるとき，点 D の座標を求めよ。

(2) 4 点 A, B, C, D が平行四辺形の 4 つの頂点となるとき，点 D の座標をすべて求めよ。

思考のプロセス

<u>条件の言い換え</u>

(1) $\begin{pmatrix} \text{四角形ABCD} \\ \text{が平行四辺形} \end{pmatrix}$ $\Bigg\langle$ 　対角線がそれぞれの中点で交わる。
$\implies$ 線分 AC の中点と線分 BD の中点が一致
　向かい合う 1 組の辺が平行で長さが等しい。
$\implies \overrightarrow{AD} = \overrightarrow{BC}$

(2) 点 D の位置は $\boxed{}$ 通り考えられる。

Action≫ 平行四辺形は，向かい合う 1 組のベクトルが等しいとせよ

解 点 D の座標を (a, b) とおく。

(1) 四角形 ABCD が平行四辺形となるとき 　$\overrightarrow{AD} = \overrightarrow{BC}$

$\overrightarrow{AD} = (a-(-1), b-4) = (a+1, b-4)$

$\overrightarrow{BC} = (6-3, 7-(-1)) = (3, 8)$

よって 　$(a+1, b-4) = (3, 8)$

成分を比較すると $\begin{cases} a+1 = 3 \\ b-4 = 8 \end{cases}$

ゆえに，$a = 2$, $b = 12$ より 　**D(2, 12)**

$\blacktriangleleft \overrightarrow{AB} = \overrightarrow{DC}$ を用いてもよい。

⚡**ミスに注意!**
$\times \overrightarrow{AD} = \overrightarrow{CB}$
$\times \overrightarrow{AB} = \overrightarrow{CD}$
ベクトルの向きに気をつける。

(2) (ア) 四角形 ABCD が平行四辺形となるとき

(1) より 　D(2, 12)

$\blacktriangleleft$ 4 点 A, B, C, D の順序によって 3 つの場合がある。

(イ) 四角形 ABDC が平行四辺形となるとき 　$\overrightarrow{AC} = \overrightarrow{BD}$

$\overrightarrow{AC} = (6-(-1), 7-4) = (7, 3)$

$\overrightarrow{BD} = (a-3, b-(-1)) = (a-3, b+1)$

よって 　$(a-3, b+1) = (7, 3)$

ゆえに，$a = 10$, $b = 2$ より 　D(10, 2)

(ウ) 四角形 ADBC が平行四辺形となるとき 　$\overrightarrow{AD} = \overrightarrow{CB}$

$\overrightarrow{CB} = (3-6, -1-7) = (-3, -8)$

よって 　$(a+1, b-4) = (-3, -8)$

ゆえに，$a = -4$, $b = -4$ より 　D$(-4, -4)$

(ア)～(ウ) より，点 D の座標は

$(2, 12)$, $(10, 2)$, $(-4, -4)$

練習 8 平面上に 3 点 A$(2, 3)$, B$(5, -6)$, C$(-3, -4)$ がある。

(1) 四角形 ABCD が平行四辺形となるとき，点 D の座標を求めよ。

(2) 4 点 A, B, C, D が平行四辺形の 4 つの頂点となるとき，点 D の座標をすべて求めよ。

例題 9 ベクトルの大きさの最小値, 平行条件

3つのベクトル $\vec{a} = (1, -3)$, $\vec{b} = (-2, 1)$, $\vec{c} = (7, -6)$ について
(1) $\vec{a} + t\vec{b}$ の大きさの最小値, およびそのときの実数 t の値を求めよ。
(2) $\vec{a} + t\vec{b}$ と $\vec{c}$ が平行となるとき, 実数 t の値を求めよ。

思考のプロセス

(1) $|\vec{a} + t\vec{b}|$ は $\sqrt{}$ を含む式となる。

目標の言い換え

$|\vec{a} + t\vec{b}|$ の最小値 $\Longrightarrow$ $|\vec{a} + t\vec{b}|^2$ の最小値から考える。 ← $|\vec{a} + t\vec{b}| \geqq 0$ より $|\vec{a} + t\vec{b}|^2$ が最小のとき, $|\vec{a} + t\vec{b}|$ も最小となる。

(2) **条件の言い換え**

$\vec{0}$ でない2つのベクトル $\vec{a} = (a_1, a_2)$, $\vec{b} = (b_1, b_2)$ について
$\vec{a} /\!/ \vec{b} \Longleftrightarrow \vec{b} = k\vec{a}$ (k は実数)
$\Longleftrightarrow b_1 = ka_1$ かつ $b_2 = ka_2$ ┐ どちらを用いてもよい
$\Longleftrightarrow a_1 b_2 - a_2 b_1 = 0$ ┘

Action≫ $\vec{a} /\!/ \vec{b}$ のときは, $\vec{b} = k\vec{a}$ (k は実数) とおけ

解 (1) $\vec{a} + t\vec{b} = (1, -3) + t(-2, 1)$
$= (1 - 2t, -3 + t)$ … ①
よって $|\vec{a} + t\vec{b}|^2 = (1 - 2t)^2 + (-3 + t)^2$
$= 5t^2 - 10t + 10 = 5(t - 1)^2 + 5$
ゆえに, $|\vec{a} + t\vec{b}|^2$ は $t = 1$ のとき最小値5をとる。
このとき, $|\vec{a} + t\vec{b}|$ も最小となり, 最小値は $\sqrt{5}$
したがって **$t = 1$ のとき 最小値 $\sqrt{5}$**

◄ $|\vec{a} + t\vec{b}|^2$ を t の式で表す。t の2次式となるから, 平方完成して最小値を求める。

◄ $|\vec{a} + t\vec{b}| \geqq 0$

(2) $(\vec{a} + t\vec{b}) /\!/ \vec{c}$ のとき, k を実数として, $\vec{a} + t\vec{b} = k\vec{c}$ と表される。
① より $(1 - 2t, -3 + t) = k(7, -6)$
よって $\begin{cases} 1 - 2t = 7k \\ -3 + t = -6k \end{cases}$
これを連立して解くと $k = 1$, $t = -3$

◄ $k(\vec{a} + t\vec{b}) = \vec{c}$ と表しても よいが $\begin{cases} (1 - 2t)k = 7 \\ (-3 + t)k = -6 \end{cases}$ となり, 式が繁雑になってしまう。

Point....成分と平行条件

$\vec{a} = (a_1, a_2)$, $\vec{b} = (b_1, b_2)$ $(\vec{a} \neq \vec{0}, \vec{b} \neq \vec{0})$ のとき
$$\vec{a} /\!/ \vec{b} \Longleftrightarrow \vec{b} = k\vec{a} \text{ (k は実数)} \Longleftrightarrow \begin{cases} b_1 = ka_1 \\ b_2 = ka_2 \end{cases} \Longleftrightarrow a_1 b_2 = a_2 b_1$$

これを用いると, 例題9(2)は
$\vec{a} + t\vec{b} = (1 - 2t, -3 + t)$, $\vec{c} = (7, -6)$ より, $(\vec{a} + t\vec{b}) /\!/ \vec{c}$ のとき
$(1 - 2t)(-6) = (-3 + t)7$ $5t + 15 = 0$ より $t = -3$

練習 9 3つのベクトル $\vec{a} = (2, -4)$, $\vec{b} = (3, -1)$, $\vec{c} = (-2, 1)$ について
(1) $\vec{a} + t\vec{b}$ の大きさの最小値, およびそのときの実数 t の値を求めよ。
(2) $\vec{a} + t\vec{b}$ と $\vec{c}$ が平行となるとき, 実数 t の値を求めよ。

→p.42 問題9

例題 **10**　ベクトルの内積

$AB = 1$，$AD = \sqrt{3}$ の長方形 ABCD において，次の
内積を求めよ。

(1) $\overrightarrow{AB} \cdot \overrightarrow{AD}$　　　(2) $\overrightarrow{AB} \cdot \overrightarrow{AC}$　　　(3) $\overrightarrow{AD} \cdot \overrightarrow{DB}$

思考のプロセス

(内積) $\vec{a} \cdot \vec{b} = |\vec{a}||\vec{b}| \cos\theta$

$\vec{a}$ と $\vec{b}$ のなす角 θ … $\vec{a}$ と $\vec{b}$ の始点を一致させたときにできる角

$(0° \leqq \theta \leqq 180°)$

図で考える

　　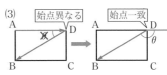

Action≫ 内積は，ベクトルの大きさと始点をそろえてなす角を調べよ

解 (1) $|\overrightarrow{AB}| = 1$，$|\overrightarrow{AD}| = \sqrt{3}$，$\overrightarrow{AB}$ と $\overrightarrow{AD}$ のなす角は $90°$
よって
$$\overrightarrow{AB} \cdot \overrightarrow{AD} = 1 \times \sqrt{3} \times \cos 90° = \mathbf{0}$$

◀ $\cos 90° = 0$

(2) $AB = 1$，$BC = \sqrt{3}$，$\angle B = 90°$ より　　$AC = 2$
△ABC は $\angle BCA = 30°$，$\angle CAB = 60°$
の直角三角形であるから，$|\overrightarrow{AB}| = 1$，
$|\overrightarrow{AC}| = 2$，$\overrightarrow{AB}$ と $\overrightarrow{AC}$ のなす角は $60°$
よって
$$\overrightarrow{AB} \cdot \overrightarrow{AC} = 1 \times 2 \times \cos 60° = \mathbf{1}$$

◀ $\cos 60° = \dfrac{1}{2}$

(3) △ABD は $\angle ABD = 60°$，
$\angle BDA = 30°$，$BD = 2$
の直角三角形であるから，
$|\overrightarrow{AD}| = \sqrt{3}$，$|\overrightarrow{DB}| = 2$，
$\overrightarrow{AD}$ と $\overrightarrow{DB}$ のなす角は $150°$
よって
$$\overrightarrow{AD} \cdot \overrightarrow{DB} = \sqrt{3} \times 2 \times \cos 150° = \mathbf{-3}$$

◀ $\overrightarrow{AD}$ を平行移動して $\overrightarrow{DB}$ と始点を一致させてなす角を考える。

◀ $\cos 150° = -\dfrac{\sqrt{3}}{2}$

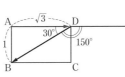

練習 **10**　1 辺の長さが 1 の正六角形 ABCDEF において，次の内積を求めよ。

(1) $\overrightarrow{AD} \cdot \overrightarrow{AF}$　　　(2) $\overrightarrow{AD} \cdot \overrightarrow{BC}$　　　(3) $\overrightarrow{DA} \cdot \overrightarrow{BE}$

→p.42　問題10

〔1〕 次の 2 つのベクトル $\vec{a}$, $\vec{b}$ のなす角 θ ($0° \leqq \theta \leqq 180°$) を求めよ。

(1) $|\vec{a}| = 3$, $|\vec{b}| = 4$, $\vec{a} \cdot \vec{b} = -6$　(2) $\vec{a} = (1,\ 2)$, $\vec{b} = (-1,\ 3)$

〔2〕 3 点 A(1, 2), B(2, 5), C(3, −2) について, ∠BAC の大きさを求めよ。

思考のプロセス

〔成分と内積〕 $\vec{a} = (a_1,\ a_2)$, $\vec{b} = (b_1,\ b_2)$ のとき　　$\vec{a} \cdot \vec{b} = a_1 b_1 + a_2 b_2$

目標の言い換え

〔1〕 $\vec{a}$ と $\vec{b}$ のなす角を θ とすると　　$\cos\theta = \dfrac{\vec{a} \cdot \vec{b}}{|\vec{a}||\vec{b}|}$　　← $\vec{a} \cdot \vec{b} = |\vec{a}||\vec{b}|\cos\theta$ より

(2) $\vec{a} = (1,\ 2)$, $\vec{b} = (-1,\ 3)$ から $|\vec{a}|$, $|\vec{b}|$, $\vec{a} \cdot \vec{b}$ を求める。

〔2〕 ∠BAC の大きさは, $\overrightarrow{AB}$ と $\overrightarrow{AC}$ のなす角に等しい。

Action≫ 2つのベクトルのなす角は, 内積の定義を利用せよ

解 〔1〕 (1) $\cos\theta = \dfrac{\vec{a} \cdot \vec{b}}{|\vec{a}||\vec{b}|} = \dfrac{-6}{3 \times 4} = -\dfrac{1}{2}$

$0° \leqq \theta \leqq 180°$ より　　$\theta = 120°$

(2) $\vec{a} \cdot \vec{b} = 1 \times (-1) + 2 \times 3 = 5$

$|\vec{a}| = \sqrt{1^2 + 2^2} = \sqrt{5}$, $|\vec{b}| = \sqrt{(-1)^2 + 3^2} = \sqrt{10}$ より

$\cos\theta = \dfrac{\vec{a} \cdot \vec{b}}{|\vec{a}||\vec{b}|} = \dfrac{5}{\sqrt{5} \times \sqrt{10}} = \dfrac{1}{\sqrt{2}}$

$0° \leqq \theta \leqq 180°$ より　　$\theta = 45°$

〔2〕 $\overrightarrow{AB} = (1,\ 3)$, $\overrightarrow{AC} = (2,\ -4)$

$\overrightarrow{AB} \cdot \overrightarrow{AC} = 1 \times 2 + 3 \times (-4) = -10$

$|\overrightarrow{AB}| = \sqrt{1^2 + 3^2} = \sqrt{10}$, $|\overrightarrow{AC}| = \sqrt{2^2 + (-4)^2} = 2\sqrt{5}$

よって

$\cos\angle BAC = \dfrac{\overrightarrow{AB} \cdot \overrightarrow{AC}}{|\overrightarrow{AB}||\overrightarrow{AC}|}$

$= \dfrac{-10}{\sqrt{10} \times 2\sqrt{5}} = -\dfrac{1}{\sqrt{2}}$

$0° \leqq \angle BAC \leqq 180°$ より　　∠**BAC** = **135°**

◀ $\vec{a} \cdot \vec{b} = |\vec{a}||\vec{b}|\cos\theta$ より
$\cos\theta = \dfrac{\vec{a} \cdot \vec{b}}{|\vec{a}||\vec{b}|}$

◀ $\vec{a} = (a_1,\ a_2)$,
$\vec{b} = (b_1,\ b_2)$ のとき
$\vec{a} \cdot \vec{b} = a_1 b_1 + a_2 b_2$
$|\vec{a}| = \sqrt{a_1{}^2 + a_2{}^2}$

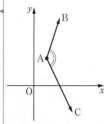

求める角は, $\overrightarrow{AB}$ と $\overrightarrow{AC}$ の
なす角である。

練習11 〔1〕 次の 2 つのベクトル $\vec{a}$, $\vec{b}$ のなす角 θ ($0° \leqq \theta \leqq 180°$) を求めよ。

(1) $|\vec{a}| = 2$, $|\vec{b}| = \sqrt{3}$, $\vec{a} \cdot \vec{b} = -3$　(2) $\vec{a} = (-1,\ 2)$, $\vec{b} = (2,\ -4)$

〔2〕 3 点 A(2, 3), B(−2, 6), C(1, 10) について, ∠BAC の大きさを求めよ。

➡ p.42 問題11

例題 **12**　ベクトルのなす角〔2〕　★★☆☆

> 平面上の 2 つのベクトル $\vec{a} = (1,\ 3)$, $\vec{b} = (x,\ -1)$ について，$\vec{a}$ と $\vec{b}$ のなす角が $135°$ であるとき，x の値を求めよ。

思考のプロセス

定義に戻る

内積の定義から

$$\vec{a} \cdot \vec{b} = |\vec{a}||\vec{b}|\cos 135° \Longrightarrow x \text{ の方程式}$$
$$\vec{a} = (1,\ 3),\ \vec{b} = (x,\ -1) \text{ から計算}$$

Action≫ 2 つのベクトルのなす角は，内積の定義を利用せよ

解 $\vec{a} = (1,\ 3)$, $\vec{b} = (x,\ -1)$ であるから

$$\vec{a} \cdot \vec{b} = 1 \times x + 3 \times (-1) = x - 3$$
$$|\vec{a}| = \sqrt{1^2 + 3^2} = \sqrt{10}, \quad |\vec{b}| = \sqrt{x^2 + 1}$$

よって，$\vec{a}$ と $\vec{b}$ のなす角が $135°$ であるから

$$x - 3 = \sqrt{10} \times \sqrt{x^2 + 1} \times \cos 135°$$
$$x - 3 = -\sqrt{5(x^2 + 1)} \quad \cdots ①$$

両辺を 2 乗すると　$(x - 3)^2 = 5(x^2 + 1)$

整理すると　　$2x^2 + 3x - 2 = 0$

$$(2x - 1)(x + 2) = 0$$

よって　$x = \dfrac{1}{2},\ -2$

これらはともに ① を満たすから　$\boldsymbol{x = \dfrac{1}{2},\ -2}$

▸ $\vec{a} = (a_1,\ a_2), \vec{b} = (b_1,\ b_2)$ のとき
$$\vec{a} \cdot \vec{b} = a_1 b_1 + a_2 b_2$$

▸ $\vec{a} \cdot \vec{b} = |\vec{a}||\vec{b}|\cos\theta$

▸ $\cos 135° = -\dfrac{1}{\sqrt{2}}$

◂ ① を 2 乗して求めているから，実際に代入して確かめる。
$A = B \Longrightarrow A^2 = B^2$ は成り立つが，逆は成り立たない。

（別解）

$\overrightarrow{OA} = (1,\ 3)$, $\overrightarrow{OB} = (x,\ -1)$

と考えると

$$\overrightarrow{AB} = \overrightarrow{OB} - \overrightarrow{OA} = (x - 1,\ -4)$$

$\triangle OAB$ において，余弦定理により

$$|\overrightarrow{AB}|^2 = |\overrightarrow{OA}|^2 + |\overrightarrow{OB}|^2 - 2|\overrightarrow{OA}||\overrightarrow{OB}|\cos 135°$$
$$(x-1)^2 + (-4)^2 = \left(\sqrt{10}\right)^2 + \left(\sqrt{x^2+1}\right)^2$$
$$\qquad\qquad - 2\sqrt{10} \times \sqrt{x^2+1} \times \cos 135°$$

整理すると　$-x + 3 = \sqrt{5(x^2 + 1)}$

これを解くと　$x = \dfrac{1}{2},\ -2$

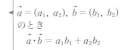

◂ $|\overrightarrow{OA}|$, $|\overrightarrow{OB}|$, $|\overrightarrow{AB}|$ が x の式で表され，
$\angle AOB = 135°$ より，余弦定理の適用を考える。

◂ 本解と同様に解く。

練習 12　平面上の 2 つのベクトル $\vec{a} = (1,\ x)$, $\vec{b} = (4,\ 2)$ について，$\vec{a}$ と $\vec{b}$ のなす角が $45°$ であるとき，x の値を求めよ。

➡ p.42　問題12

例題 13 ベクトルの垂直条件〔1〕

> (1) $\vec{a} = (1,\ x)$, $\vec{b} = (3,\ 2)$ について，$\vec{a}$ と $\vec{b}$ が垂直のとき x の値を求めよ。
>
> (2) $\vec{a} = (3,\ -4)$ に垂直な単位ベクトル $\vec{e}$ を求めよ。

思考のプロセス

条件の言い換え

$\vec{a}$ と $\vec{b}$ が垂直 $\Longrightarrow$ $\vec{a}$ と $\vec{b}$ のなす角が $90°$

$\Longrightarrow$ $\vec{a} \cdot \vec{b} = 0$

大きさに無関係

$\blacktriangleleft\ \vec{a} \cdot \vec{b} = |\vec{a}||\vec{b}| \cos 90° = 0$
$\qquad \qquad \qquad \qquad \underset{0}{\|}$

(2) **未知のものを文字でおく**

$\vec{e} = (x,\ y)$ とおくと $\begin{cases} \vec{a} \perp \vec{e} \longrightarrow (x と y の式) \\ |\vec{e}| = 1 \longrightarrow (x と y の式) \end{cases}$ 連立して，x, y を求める

Action≫ $\vec{a} \perp \vec{b}$ のときは，$\vec{a} \cdot \vec{b} = 0$ とせよ

解 (1) $\vec{a} \cdot \vec{b} = 1 \times 3 + x \times 2 = 2x + 3$

$\vec{a}$ と $\vec{b}$ が垂直のとき，$\vec{a} \cdot \vec{b} = 0$ であるから

$2x + 3 = 0$ より $\quad x = -\dfrac{3}{2}$

$\blacktriangleleft\ \vec{a} = (a_1,\ a_2), \vec{b} = (b_1,\ b_2)$
のとき
$\quad \vec{a} \cdot \vec{b} = a_1 b_1 + a_2 b_2$

(2) $\vec{e} = (x,\ y)$ とおく。

$\vec{a} \perp \vec{e}$ より $\quad \vec{a} \cdot \vec{e} = 3x - 4y = 0 \quad \cdots ①$

$|\vec{e}| = 1$ より $\quad |\vec{e}|^2 = x^2 + y^2 = 1 \quad \cdots ②$

$\blacktriangleleft\ \vec{a} \perp \vec{e}$ より $\vec{a} \cdot \vec{e} = 0$

$\blacktriangleleft\ \vec{e}$ が単位ベクトルより
$\quad |\vec{e}| = 1$

① より $\quad y = \dfrac{3}{4}x \quad \cdots ③$

② に代入すると，$x^2 = \dfrac{16}{25}$ より $\quad x = \pm\dfrac{4}{5}$

③ より，$x = \dfrac{4}{5}$ のとき $\quad y = \dfrac{3}{5}$

$\qquad\qquad x = -\dfrac{4}{5}$ のとき $\quad y = -\dfrac{3}{5}$

よって $\quad \vec{e} = \left(\dfrac{4}{5},\ \dfrac{3}{5}\right), \left(-\dfrac{4}{5},\ -\dfrac{3}{5}\right)$

$\blacktriangleleft\ \vec{e}$ は 2 つ存在する。

練習 13 (1) $\vec{a} = (2,\ x+1)$, $\vec{b} = (1,\ 1)$ について，$\vec{a}$ と $\vec{b}$ が垂直のとき x の値を求めよ。

(2) $\vec{a} = (-2,\ 3)$ に垂直で，大きさが 2 のベクトル $\vec{p}$ を求めよ。

⇒p.43 問題13

$\vec{a}$, $\vec{b}$ について，$|\vec{a}| = 2$, $|\vec{b}| = 3$, $\vec{a}$ と $\vec{b}$ のなす角が $120°$ のとき

(1) $2\vec{a} + \vec{b}$, $\vec{a} - 2\vec{b}$ の大きさをそれぞれ求めよ。

(2) $2\vec{a} + \vec{b}$ と $\vec{a} - 2\vec{b}$ のなす角を θ $(0° \leqq \theta \leqq 180°)$ とするとき，$\cos\theta$ の値を求めよ。

思考のプロセス

目標の言い換え

(1) $|2\vec{a} + \vec{b}|$ は，このままでは計算が進まない。

$\Longrightarrow$ 2乗すると　$|2\vec{a}+\vec{b}|^2 = 4|\vec{a}|^2 + 4\underbrace{\vec{a} \cdot \vec{b}}_{|\vec{a}||\vec{b}|\cos\theta} + |\vec{b}|^2$　　$\leftarrow (2\vec{a}+\vec{b}) \cdot (2\vec{a}+\vec{b})$

(2) $\cos\theta = \dfrac{(2\vec{a}+\vec{b}) \cdot (\vec{a}-2\vec{b})}{|2\vec{a}+\vec{b}||\vec{a}-2\vec{b}|}$　$\longleftarrow$ 分母・分子の値をそれぞれ求める

Action>> ベクトルの大きさは，2乗して内積を利用せよ

解 (1) $\vec{a} \cdot \vec{b} = |\vec{a}||\vec{b}|\cos 120° = 2 \times 3 \times \left(-\dfrac{1}{2}\right) = -3$　　｜まず $\vec{a}$ と $\vec{b}$ の内積を求める。

よって

$$|2\vec{a}+\vec{b}|^2 = 4|\vec{a}|^2 + 4\vec{a} \cdot \vec{b} + |\vec{b}|^2$$
$$= 4 \times 2^2 + 4 \times (-3) + 3^2 = 13$$

2乗して展開し，$|\vec{a}| = 2$, $|\vec{b}| = 3$, $\vec{a} \cdot \vec{b} = -3$ を代入する。

$|2\vec{a}+\vec{b}| \geqq 0$ であるから　$|2\vec{a}+\vec{b}| = \sqrt{13}$

また　$|\vec{a}-2\vec{b}|^2 = |\vec{a}|^2 - 4\vec{a} \cdot \vec{b} + 4|\vec{b}|^2$
$$= 2^2 - 4 \times (-3) + 4 \times 3^2 = 52$$

$|\vec{a}-2\vec{b}| \geqq 0$ であるから　$|\vec{a}-2\vec{b}| = 2\sqrt{13}$

(2) $(2\vec{a}+\vec{b}) \cdot (\vec{a}-2\vec{b}) = 2|\vec{a}|^2 - 3\vec{a} \cdot \vec{b} - 2|\vec{b}|^2$
$$= 2 \times 2^2 - 3 \times (-3) - 2 \times 3^2$$
$$= -1$$

文字式の計算式
$(2a+b)(a-2b)$
$= 2a^2 - 3ab - 2b^2$
と同じように展開する。

$2\vec{a}+\vec{b}$ と $\vec{a}-2\vec{b}$ のなす角が θ であるから

$$\cos\theta = \dfrac{(2\vec{a}+\vec{b}) \cdot (\vec{a}-2\vec{b})}{|2\vec{a}+\vec{b}||\vec{a}-2\vec{b}|}$$
$$= \dfrac{-1}{\sqrt{13} \times 2\sqrt{13}} = -\dfrac{1}{26}$$

$\vec{p}$ と $\vec{q}$ のなす角を θ とすると
$\cos\theta = \dfrac{\vec{p} \cdot \vec{q}}{|\vec{p}||\vec{q}|}$

練習 14 $\vec{a}$, $\vec{b}$ について，$|\vec{a}| = 4$, $|\vec{b}| = \sqrt{3}$, $\vec{a}$ と $\vec{b}$ のなす角が $150°$ のとき

(1) $\vec{a}+\vec{b}$, $\vec{a}+3\vec{b}$, $3\vec{a}+2\vec{b}$ の大きさをそれぞれ求めよ。

(2) $\vec{a}+\vec{b}$ と $\vec{a}+3\vec{b}$ のなす角を α $(0° \leqq \alpha \leqq 180°)$ とするとき，$\cos\alpha$ の値を求めよ。

(3) $\vec{a}+3\vec{b}$ と $3\vec{a}+2\vec{b}$ のなす角 β $(0° \leqq \beta \leqq 180°)$ を求めよ。

例題 **15** ベクトルの垂直条件〔2〕

$\vec{0}$ でない 2 つのベクトル $\vec{a}$, $\vec{b}$ について, $|\vec{b}| = \sqrt{2}\,|\vec{a}|$ が成り立っている。
$2\vec{a} - \vec{b}$ と $4\vec{a} + 3\vec{b}$ が垂直であるとき，次の問に答えよ。

(1) $\vec{a}$ と $\vec{b}$ のなす角 θ $(0° \leqq \theta \leqq 180°)$ を求めよ。

(2) $\vec{a}$ と $\vec{a} + t\vec{b}$ が垂直であるとき，t の値を求めよ。

≪**ReAction** $\vec{a} \perp \vec{b}$ のときは，$\vec{a} \cdot \vec{b} = 0$ とせよ ◀例題 13

条件の言い換え

$\underline{(2\vec{a} - \vec{b}) \perp (4\vec{a} + 3\vec{b})} \Longrightarrow (2\vec{a} - \vec{b}) \cdot (4\vec{a} + 3\vec{b}) = 0$
$\phantom{\underline{(2\vec{a} - \vec{b}) \perp (4\vec{a} + 3\vec{b})}} \Longrightarrow$ 計算して $|\vec{a}|$, $|\vec{b}|$, $\vec{a} \cdot \vec{b}$ の式をつくる。

(1) $\vec{a}$ と $\vec{b}$ のなす角 θ は，$\cos\theta$ から求める。(例題 11)

(2) $\vec{a} \perp (\vec{a} + t\vec{b}) \Longrightarrow \vec{a} \cdot (\vec{a} + t\vec{b}) = 0 \Longrightarrow$ 計算して t の方程式をつくる。

解 (1) $(2\vec{a} - \vec{b}) \perp (4\vec{a} + 3\vec{b})$ であるから

例題 13

$$(2\vec{a} - \vec{b}) \cdot (4\vec{a} + 3\vec{b}) = 0$$
$$8|\vec{a}|^2 + 2\vec{a} \cdot \vec{b} - 3|\vec{b}|^2 = 0 \quad \cdots ①$$

◀ $8\vec{a} \cdot \vec{a} + 2\vec{a} \cdot \vec{b} - 3\vec{b} \cdot \vec{b} = 0$

ここで，$|\vec{b}| = \sqrt{2}\,|\vec{a}|$ より $|\vec{b}|^2 = 2|\vec{a}|^2$
① に代入すると

$$8|\vec{a}|^2 + 2\vec{a} \cdot \vec{b} - 6|\vec{a}|^2 = 0$$

よって $\vec{a} \cdot \vec{b} = -|\vec{a}|^2 \quad \cdots ②$
ゆえに

例題 11

$$\cos\theta = \frac{\vec{a} \cdot \vec{b}}{|\vec{a}||\vec{b}|} = \frac{-|\vec{a}|^2}{|\vec{a}| \times \sqrt{2}\,|\vec{a}|} = -\frac{1}{\sqrt{2}}$$

◀**ReAction** 例題 11
「2 つのベクトルのなす角
は，内積の定義を利用せ
よ」

$0° \leqq \theta \leqq 180°$ より $\boldsymbol{\theta = 135°}$

(2) $\vec{a}$ と $\vec{a} + t\vec{b}$ が垂直であるとき

$$\vec{a} \cdot (\vec{a} + t\vec{b}) = 0$$

よって $|\vec{a}|^2 + t\vec{a} \cdot \vec{b} = 0$

◀ $\vec{a} \cdot \vec{a} = |\vec{a}|^2$

② を代入して $|\vec{a}|^2 - t|\vec{a}|^2 = 0$
$$(1 - t)|\vec{a}|^2 = 0$$

$|\vec{a}| \neq 0$ であるから $1 - t = 0$

◀ $\vec{a} \neq \vec{0}$ より $|\vec{a}| \neq 0$

したがって，求める t の値は $\boldsymbol{t = 1}$

練習 15 $\vec{0}$ でない 2 つのベクトル $\vec{a}$, $\vec{b}$ について，$|\vec{a}| = |\vec{b}|$ が成り立っている。
$3\vec{a} + \vec{b}$ と $\vec{a} - 3\vec{b}$ が垂直であるとき，$\vec{a}$ と $\vec{b}$ のなす角 θ $(0° \leqq \theta \leqq 180°)$ を求めよ。

➡ p.43 問題15

例題 16　ベクトルの内積と最小値　★★☆☆

$\vec{a}$, $\vec{b}$ が $|\vec{a}| = \sqrt{3}$, $|\vec{b}| = 2$, $\vec{a} \cdot \vec{b} = 1$ を満たすとき

(1) $\vec{a} + t\vec{b}$ の大きさの最小値，およびそのときの実数 t の値 t_0 を求めよ。

(2) $(\vec{a} + t_0\vec{b}) \perp \vec{b}$ を示せ。

思考のプロセス

例題 9 と同じく，$|\vec{a} + t\vec{b}|$ の最小値を求める問題である。

目標の言い換え

(1) $|\vec{a} + t\vec{b}|$ の最小値 $\Longrightarrow$ $|\vec{a} + t\vec{b}|^2$ の最小値から考える。

《ReAction ベクトルの大きさは，2乗して内積を利用せよ　◀例題 14

例題 9 と違い，$\vec{a}$, $\vec{b}$ は成分で与えられていないから，
内積の計算を利用して，$|\vec{a}|$, $|\vec{b}|$, $\vec{a} \cdot \vec{b}$ で表す。

(2) $(\vec{a} + t_0\vec{b}) \perp \vec{b} \Longleftrightarrow (\vec{a} + t_0\vec{b}) \cdot \vec{b} = \boxed{}$

解 (1) $|\vec{a}| = \sqrt{3}$, $|\vec{b}| = 2$, $\vec{a} \cdot \vec{b} = 1$ より

$$|\vec{a} + t\vec{b}|^2 = |\vec{a}|^2 + 2t\vec{a} \cdot \vec{b} + t^2|\vec{b}|^2$$
$$= 4t^2 + 2t + 3$$
$$= 4\left(t + \frac{1}{4}\right)^2 + \frac{11}{4}$$

◀ t についての 2 次関数とみて最小値を考える。

よって，$t = -\dfrac{1}{4}$ のとき $|\vec{a} + t\vec{b}|^2$ は最小値 $\dfrac{11}{4}$ をとる。

$|\vec{a} + t\vec{b}| > 0$ より，このとき $|\vec{a} + t\vec{b}|$ も最小となるから

$$t_0 = -\frac{1}{4} \text{ のとき　最小値 } \sqrt{\frac{11}{4}} = \frac{\sqrt{11}}{2}$$

(2) $\left(\vec{a} - \dfrac{1}{4}\vec{b}\right) \cdot \vec{b} = \vec{a} \cdot \vec{b} - \dfrac{1}{4}|\vec{b}|^2$

$$= 1 - \frac{1}{4} \cdot 4 = 0$$

$\vec{a} + t_0\vec{b} \neq \vec{0}$, $\vec{b} \neq \vec{0}$ より　$(\vec{a} + t_0\vec{b}) \perp \vec{b}$

◀ $\vec{a} \neq \vec{0}$, $\vec{b} \neq \vec{0}$ のとき
$\vec{a} \perp \vec{b} \Longleftrightarrow \vec{a} \cdot \vec{b} = 0$

練習 16 $\vec{a}$, $\vec{b}$ が $|\vec{a}| = 4$, $|\vec{b}| = \sqrt{3}$, $\vec{a} \cdot \vec{b} = -6$ を満たすとき

(1) $\vec{a} + t\vec{b}$ の大きさの最小値，およびそのときの実数 t の値 t_0 を求めよ。

(2) $(\vec{a} + t_0\vec{b}) \perp \vec{b}$ を示せ。

➡ p.43　問題 16

> △OAB において，$\overrightarrow{OA} = \vec{a}$，$\overrightarrow{OB} = \vec{b}$ とおくと，$|\vec{a}| = 3$，$|\vec{b}| = 2$，
> $|\vec{a} - 2\vec{b}| = 4$ である。$\angle AOB = \theta$ とするとき，次の値を求めよ。
> (1) $\vec{a} \cdot \vec{b}$ (2) $\cos\theta$ (3) △OAB の面積 S

思考のプロセス

(1) $|\vec{a}| = 3$，$|\vec{b}| = 2$，$|\vec{a} - 2\vec{b}| = 4$ から $\vec{a} \cdot \vec{b}$ を求める。

《®Action ベクトルの大きさは，2乗して内積を利用せよ ◀例題 14

$|\vec{a} - 2\vec{b}|^2 = 4^2 \implies |\vec{a}|^2 - 4\underbrace{\vec{a} \cdot \vec{b}}_{\text{求めるもの}} + 4|\vec{b}|^2 = 16$

(3) 前問の結果の利用

$$\triangle OAB = \frac{1}{2} \underbrace{OA}_{|\vec{a}|} \cdot \underbrace{OB}_{|\vec{b}|} \cdot \sin\theta$$

$\cos\theta$ から求める

解 (1) $|\vec{a} - 2\vec{b}| = 4$ の両辺を2乗すると

$$|\vec{a} - 2\vec{b}|^2 = 4^2$$
$$|\vec{a}|^2 - 4\vec{a} \cdot \vec{b} + 4|\vec{b}|^2 = 16$$

$|\vec{a}| = 3$，$|\vec{b}| = 2$ を代入すると

$$9 - 4\vec{a} \cdot \vec{b} + 16 = 16$$

よって $\vec{a} \cdot \vec{b} = \dfrac{9}{4}$

$|\vec{a} - 2\vec{b}|$ を2乗して，$\vec{a} \cdot \vec{b}$ をつくり出す。

$|\vec{a} - 2\vec{b}|^2$
$= (\vec{a} - 2\vec{b}) \cdot (\vec{a} - 2\vec{b})$
$= \vec{a} \cdot \vec{a} - 4\vec{a} \cdot \vec{b} + 4\vec{b} \cdot \vec{b}$
$= |\vec{a}|^2 - 4\vec{a} \cdot \vec{b} + 4|\vec{b}|^2$

(2) $\cos\theta = \dfrac{\vec{a} \cdot \vec{b}}{|\vec{a}||\vec{b}|} = \dfrac{\frac{9}{4}}{3 \times 2} = \dfrac{3}{8}$

(3) $0° < \theta < 180°$ より，$\sin\theta > 0$ であるから

$$\sin\theta = \sqrt{1 - \cos^2\theta}$$
$$= \sqrt{1 - \left(\frac{3}{8}\right)^2} = \frac{\sqrt{55}}{8}$$

したがって

$$S = \frac{1}{2}|\vec{a}||\vec{b}|\sin\theta$$
$$= \frac{1}{2} \times 3 \times 2 \times \frac{\sqrt{55}}{8} = \frac{3\sqrt{55}}{8}$$

△OAB の面積 S は $S = \dfrac{1}{2}OA \cdot OB\sin\theta$ で求められるから，まず，$\sin\theta$ を求める。

練習 **17** △OAB において，$\overrightarrow{OA} = \vec{a}$，$\overrightarrow{OB} = \vec{b}$ とおくと，$|\vec{a}| = 4$，$|\vec{b}| = 5$，
$|\vec{a} + \vec{b}| = 5$ である。$\angle AOB = \theta$ とするとき，次の値を求めよ。
(1) $\vec{a} \cdot \vec{b}$ (2) $\cos\theta$ (3) △OAB の面積 S

➡ p.43 問題17

> (1) $\triangle \text{ABC} = \dfrac{1}{2}\sqrt{|\overrightarrow{\text{AB}}|^2|\overrightarrow{\text{AC}}|^2 - (\overrightarrow{\text{AB}} \cdot \overrightarrow{\text{AC}})^2}$ であることを示せ。
>
> (2) $\overrightarrow{\text{AB}} = (x_1,\ y_1)$, $\overrightarrow{\text{AC}} = (x_2,\ y_2)$ のとき, $\triangle \text{ABC}$ の面積を x_1, y_1, x_2, y_2 を用いて表せ。

思考のプロセス

(1) 既知の問題に帰着

例題 17 で, 三角形の面積を求めた流れと同様に考える。

(2) 前問の結果の利用

$|\overrightarrow{\text{AB}}|^2$, $|\overrightarrow{\text{AC}}|^2$, $\overrightarrow{\text{AB}} \cdot \overrightarrow{\text{AC}}$ をそれぞれ x_1, x_2, y_1, y_2 で表して, 代入する。

Action》 三角形の面積は, $S = \dfrac{1}{2}|\overrightarrow{\text{AB}}||\overrightarrow{\text{AC}}|\sin\theta$ を利用せよ

解 (1) $\cos A = \dfrac{\overrightarrow{\text{AB}} \cdot \overrightarrow{\text{AC}}}{|\overrightarrow{\text{AB}}||\overrightarrow{\text{AC}}|}$ であり,

$0° < A < 180°$ より, $\sin A > 0$ であるから

$$\sin A = \sqrt{1 - \cos^2 A} = \sqrt{1 - \dfrac{(\overrightarrow{\text{AB}} \cdot \overrightarrow{\text{AC}})^2}{|\overrightarrow{\text{AB}}|^2|\overrightarrow{\text{AC}}|^2}}$$

$$= \dfrac{\sqrt{|\overrightarrow{\text{AB}}|^2|\overrightarrow{\text{AC}}|^2 - (\overrightarrow{\text{AB}} \cdot \overrightarrow{\text{AC}})^2}}{|\overrightarrow{\text{AB}}||\overrightarrow{\text{AC}}|}$$

したがって

$$\triangle \text{ABC} = \dfrac{1}{2}|\overrightarrow{\text{AB}}||\overrightarrow{\text{AC}}|\sin A$$

$$= \dfrac{1}{2}|\overrightarrow{\text{AB}}||\overrightarrow{\text{AC}}|\dfrac{\sqrt{|\overrightarrow{\text{AB}}|^2|\overrightarrow{\text{AC}}|^2 - (\overrightarrow{\text{AB}} \cdot \overrightarrow{\text{AC}})^2}}{|\overrightarrow{\text{AB}}||\overrightarrow{\text{AC}}|}$$

$$= \dfrac{1}{2}\sqrt{|\overrightarrow{\text{AB}}|^2|\overrightarrow{\text{AC}}|^2 - (\overrightarrow{\text{AB}} \cdot \overrightarrow{\text{AC}})^2}$$

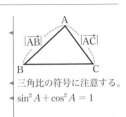

三角比の符号に注意する。

$\sin^2 A + \cos^2 A = 1$

$\triangle \text{ABC}$ の面積は, $\overrightarrow{\text{AB}}$, $\overrightarrow{\text{AC}}$ の大きさと内積で表すことができる。

(2) $|\overrightarrow{\text{AB}}|^2 = x_1{}^2 + y_1{}^2 \cdots ①$, $|\overrightarrow{\text{AC}}|^2 = x_2{}^2 + y_2{}^2 \cdots ②$

$\overrightarrow{\text{AB}} \cdot \overrightarrow{\text{AC}} = x_1 x_2 + y_1 y_2 \cdots ③$

(1) の公式に ①, ②, ③ を代入すると

$$\triangle \text{ABC} = \dfrac{1}{2}\sqrt{(x_1{}^2 + y_1{}^2)(x_2{}^2 + y_2{}^2) - (x_1 x_2 + y_1 y_2)^2}$$

$$= \dfrac{1}{2}\sqrt{x_1{}^2 y_2{}^2 - 2x_1 x_2 y_1 y_2 + x_2{}^2 y_1{}^2}$$

$$= \dfrac{1}{2}\sqrt{(x_1 y_2 - x_2 y_1)^2} = \dfrac{1}{2}|x_1 y_2 - x_2 y_1|$$

$|\overrightarrow{\text{AB}}|^2$, $|\overrightarrow{\text{AC}}|^2$, $\overrightarrow{\text{AB}} \cdot \overrightarrow{\text{AC}}$ を, $\overrightarrow{\text{AB}}$, $\overrightarrow{\text{AC}}$ の成分 x_1, y_1, x_2, y_2 を用いて表す。

$\sqrt{A^2} = |A|$

練習 18 $\triangle \text{ABC}$ の面積を S とするとき, 例題 18 の結果を用いて, 次の問に答えよ。

(1) $|\overrightarrow{\text{AB}}| = 2$, $|\overrightarrow{\text{AC}}| = 3$, $\overrightarrow{\text{AB}} \cdot \overrightarrow{\text{AC}} = 2$ であるとき, S の値を求めよ。

(2) 3 点 $\text{A}(0,\ 0)$, $\text{B}(1,\ 4)$, $\text{C}(2,\ 3)$ とするとき, S の値を求めよ。

→ p.43 問題18

6
★★☆☆
3つの単位ベクトル $\vec{a}$, $\vec{b}$, $\vec{c}$ が $\vec{a}+\vec{b}+\vec{c}=\vec{0}$ を満たしている。
$\vec{a}=(1,\ 0)$ のとき, $\vec{b}$, $\vec{c}$ を成分表示せよ。

7
★★☆☆
平面上に2点 $A(x+1,\ 3-x)$, $B(1-2x,\ 4)$ がある。$\overrightarrow{AB}$ の大きさが13となるとき, $\overrightarrow{AB}$ と平行な単位ベクトルを成分表示せよ。

8
★★★☆
平面上の4点 $A(1,\ 2)$, $B(-2,\ 7)$, $C(p,\ q)$, $D(r,\ r+3)$ について, 四角形 ABCD がひし形となるとき, 定数 p, q, r の値を求めよ。

9
★★☆☆
3つのベクトル $\vec{a}=(x,\ 2)$, $\vec{b}=(3,\ 1)$, $\vec{c}=(2,\ 3)$ について
(1) $2\vec{a}+\vec{b}$ の大きさが最小となるとき, 実数 x の値を求めよ。
(2) $2\vec{a}+\vec{b}$ と $\vec{c}$ が平行となるとき, 実数 x の値を求めよ。

10
★★☆☆
右の図において, 次の内積を求めよ。
(1) $\overrightarrow{AB}\cdot\overrightarrow{AC}$　　(2) $\overrightarrow{AD}\cdot\overrightarrow{CB}$　　(3) $\overrightarrow{DA}\cdot\overrightarrow{AC}$

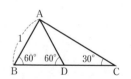

11
★★☆☆
3点 $A(3,\ 1)$, $B(4,\ -2)$, $C(5,\ 3)$ に対して, 次のものを求めよ。
(1) 内積 $\overrightarrow{AB}\cdot\overrightarrow{AC}$　　　(2) $\cos\angle BAC$　　　(3) $\triangle ABC$ の面積 S

12
★★☆☆
平面上のベクトル $\vec{a}=(7,\ -1)$ とのなす角が $45°$ で大きさが5であるようなベクトル $\vec{b}$ を求めよ。

13
★★★☆ 2つのベクトル $\vec{a} = (t+2,\ t^2-k)$, $\vec{b} = (t^2,\ -t-1)$ がどのような実数 t に対しても垂直にならないような，実数 k の値の範囲を求めよ。 （芝浦工業大）

14
★★★☆ $|\vec{a}+\vec{b}| = \sqrt{19}$, $|\vec{a}-\vec{b}| = 7$, $|\vec{a}| < |\vec{b}|$, $\vec{a}$ と $\vec{b}$ のなす角が $120°$ のとき
(1) 内積 $\vec{a}\cdot\vec{b}$ を求めよ。　　　　　　(2) $\vec{a}$, $\vec{b}$ の大きさをそれぞれ求めよ。
(3) $\vec{a}+\vec{b}$ と $\vec{a}-\vec{b}$ のなす角を θ $(0° \leqq \theta \leqq 180°)$ とするとき，$\cos\theta$ の値を求めよ。

15
★★☆☆ $|\vec{x}-\vec{y}| = 1$, $|\vec{x}-2\vec{y}| = 2$ で $\vec{x}+\vec{y}$ と $6\vec{x}-7\vec{y}$ が垂直であるとき，$\vec{x}$ と $\vec{y}$ の大きさ，および $\vec{x}$ と $\vec{y}$ のなす角 θ $(0° \leqq \theta \leqq 180°)$ を求めよ。

16
★★★☆ $\vec{0}$ でないベクトル $\vec{a}$, $\vec{b}$ が，$|\vec{a}-\vec{b}| = 2|\vec{a}|$, $|\vec{a}+\vec{b}| = 2\sqrt{2}\,|\vec{a}|$ を満たすとき，$\vec{a}+t\vec{b}$ と $t\vec{a}+\vec{b}$ が直交するような実数 t の値を求めよ。

17
★★☆☆ $\triangle$OAB において，$\overrightarrow{OA} = \vec{a}$, $\overrightarrow{OB} = \vec{b}$ とおくと，$\vec{a}\cdot\vec{b} = 3$, $|\vec{a}-\vec{b}| = 1$, $(\vec{a}-\vec{b})\cdot(\vec{a}+2\vec{b}) = -2$ である。
(1) $|\vec{a}|$, $|\vec{b}|$ を求めよ。　　　　　　(2) $\triangle$OAB の面積を求めよ。

18
★★☆☆ 3点 A$(-1,\ -2)$, B$(3,\ 0)$, C$(1,\ 1)$ に対して，$\triangle$ABC の面積を求めよ。

1 右の図において，次の条件を満たすベクトルを選べ。
(1) 同じ向きのベクトル
(2) 大きさの等しいベクトル
(3) 等しいベクトル
(4) 互いに逆ベクトル

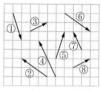

◀例題1

2 右の図の正六角形 ABCDEF において，O を中心，$\overrightarrow{\mathrm{OA}} = \vec{a}$，$\overrightarrow{\mathrm{OB}} = \vec{b}$ とする。次のベクトルを $\vec{a}$, $\vec{b}$ を用いて表せ。

(1) $\overrightarrow{\mathrm{AB}}$ (2) $\overrightarrow{\mathrm{AD}}$ (3) $\overrightarrow{\mathrm{CF}}$

(4) $\overrightarrow{\mathrm{BD}}$ (5) $\overrightarrow{\mathrm{CE}}$ (6) $\overrightarrow{\mathrm{DF}}$

◀例題4

3 $\vec{a} = (1, \ -2)$, $\vec{b} = (3, \ 1)$ とする。次の等式を満たす $\vec{x}$ の成分表示を求めよ。

(1) $\vec{a} = \vec{x} + \vec{b}$ (2) $2\vec{b} = \vec{a} - 3\vec{x}$ (3) $\dfrac{1}{3}(\vec{a} - \vec{x}) = \dfrac{1}{2}(\vec{x} - \vec{b})$

◀例題3, 6

4 3点 A(3, 3)，B(5, −1)，C(6, 2) があるとき
(1) $\overrightarrow{\mathrm{OC}}$ を $m\overrightarrow{\mathrm{OA}} + n\overrightarrow{\mathrm{OB}}$ の形で表せ。
(2) 四角形 ABCD が平行四辺形となるような点 D の座標を求めよ。

◀例題6, 8

5 次のベクトル $\vec{a}$, $\vec{b}$ のなす角 θ を求めよ。
(1) $\vec{a} = (2, \ 6)$, $\vec{b} = (-1, \ 2)$ (2) $\vec{a} = (3, \ 4)$, $\vec{b} = (-8, \ 6)$

◀例題11

6 $\vec{a} = (1, \ x), \ \vec{b} = (x, \ 2-x)$ のとき

(1) $\vec{a}$ と $\vec{b}$ が平行になるような実数 x の値を求めよ。

(2) $\vec{a}$ と $\vec{b}$ が垂直になるような実数 x の値を求めよ。

◀例題9, 13

7 $\vec{a} = (3, \ -2), \ \vec{b} = (1, \ -4), \ \vec{c} = (1, \ 2)$ のとき $\vec{p} = \vec{a} + t\vec{b}$ とする。ただし、t は実数とする。

(1) $\vec{p}$ と $\vec{c}$ が平行になるような t の値を求めよ。

(2) $\vec{p}$ と $\vec{c}$ が垂直になるような t の値を求めよ。

(3) $|\vec{a} + t\vec{b}|$ が最小となるような t の値を求めよ。

◀例題9, 13

8 $|\vec{a}| = 3, \ |\vec{b}| = 2$ で、$\vec{a}$ と $\vec{b}$ のなす角が $120°$ のとき、

(1) $|\vec{a} + 2\vec{b}|$ の値を求めよ。

(2) $|\vec{a} + t\vec{b}|$ の最小値とそのときの実数 t の値を求めよ。

◀例題14, 16

9 $\triangle$OAB において、$\overrightarrow{\mathrm{OA}} = \vec{a}, \ \overrightarrow{\mathrm{OB}} = \vec{b}$ とする。$|\vec{a}| = 4, \ |\vec{b}| = 3, \ |\vec{a} - \vec{b}| = 3$ のとき

(1) 内積 $\vec{a} \cdot \vec{b}$ の値を求めよ。　　　(2) $\cos\angle\mathrm{AOB}$ の値を求めよ。

(3) $\triangle$OAB の面積を求めよ。

◀例題17

1 | 位置ベクトル

(1) 位置ベクトル

平面上に定点 O をとると，この平面上の点 P の位置は，
$\overrightarrow{OP} = \vec{p}$ によって定まる。このとき，$\vec{p}$ を O を基準とする
点 P の **位置ベクトル** という。

点 P の位置ベクトルが $\vec{p}$ であることを $P(\vec{p})$ と表す。

2 点 $A(\vec{a})$，$B(\vec{b})$ に対して　　$\overrightarrow{AB} = \vec{b} - \vec{a}$

(2) 分点の位置ベクトル

2 点 $A(\vec{a})$，$B(\vec{b})$ について，

線分 AB を $m:n$ に内分する点 P の位置ベクトル $\vec{p}$ は

$$\vec{p} = \frac{n\vec{a} + m\vec{b}}{m+n}$$

特に，線分 AB の中点 M の位置ベクトル $\vec{m}$ は

$$\vec{m} = \frac{\vec{a} + \vec{b}}{2}$$

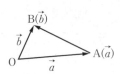

⚠ $m:n$ に外分する点のときは，$m:(-n)$ に内分すると考える。

(3) 三角形の重心の位置ベクトル

$\triangle ABC$ の頂点を $A(\vec{a})$，$B(\vec{b})$，$C(\vec{c})$ とするとき，

$\triangle ABC$ の重心を $G(\vec{g})$ とすると

$$\vec{g} = \frac{\vec{a} + \vec{b} + \vec{c}}{3}$$

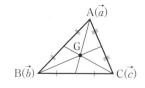

(4) 3 点が一直線上にあるための条件

2 点 A，B が異なるとき

3 点 A，B，C が一直線上にある

$\iff$ $\overrightarrow{AC} = k\overrightarrow{AB}$ となる実数 k が存在する

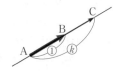

例 平面上の 2 点 $A(\vec{a})$，$B(\vec{b})$ について，

線分 AB を $2:1$ に内分する点を $P(\vec{p})$ とすると

$$\vec{p} = \frac{\vec{a} + 2\vec{b}}{2+1} = \frac{\vec{a} + 2\vec{b}}{3}$$

また，線分 AB を $2:1$ に外分する点を $Q(\vec{q})$ とすると，$2:(-1)$ に内分すると考えて

$$\vec{q} = \frac{(-1)\vec{a} + 2\vec{b}}{2+(-1)} = -\vec{a} + 2\vec{b}$$

2 | ベクトル方程式

(1) 直線の方向ベクトルとベクトル方程式

点 $A(\vec{a})$ を通り, $\vec{u}$ $(\neq \vec{0})$ に平行な直線 l のベクトル方程式は

$$\vec{p} = \vec{a} + t\vec{u} \quad (l \text{ は媒介変数})$$

このとき, $\vec{u}$ を直線 l の **方向ベクトル** という。

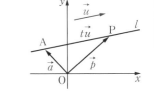

(2) 直線 l の媒介変数表示

$A(x_1, y_1)$, $P(x, y)$, $\vec{u} = (a, b)$ のとき

$$\begin{cases} x = x_1 + at \\ y = y_1 + bt \end{cases}$$

(3) 2 点を通る直線のベクトル方程式

2 点 $A(\vec{a})$, $B(\vec{b})$ を通る直線のベクトル方程式は

(ア) $\quad \vec{p} = (1-t)\vec{a} + t\vec{b}$

(イ) $\quad \vec{p} = s\vec{a} + t\vec{b}$, $s + t = 1$

(4) 直線の法線ベクトルとベクトル方程式

点 $A(\vec{a})$ を通り, $\vec{n}$ $(\neq \vec{0})$ に垂直な直線 l のベクトル方程式

は $\quad \vec{n} \cdot (\vec{p} - \vec{a}) = 0$

このとき, $\vec{n}$ を直線 l の **法線ベクトル** という。

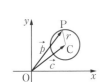

特に, $\vec{n} = (a, b)$, $A(x_1, y_1)$ とすると, 直線上の

点 $P(x, y)$ について $\quad a(x - x_1) + b(y - y_1) = 0$

$\vec{n} = (a, b)$ は直線 $ax + by + c = 0$ の法線ベクトルである。

(5) 円のベクトル方程式

点 $C(\vec{c})$ を中心とする半径 r の円のベクトル方程式は

$$|\vec{p} - \vec{c}| = r$$

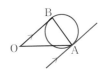

例 ① 平面上に $\triangle OAB$ がある。$A(\vec{a})$, $B(\vec{b})$, $AB = 2$ とするとき

(1) A を通り, OB に平行な直線のベクトル方程式は

$$\vec{p} = \vec{a} + t\vec{b}$$

(2) 線分 AB を直径とする円のベクトル方程式は

$$\left| \vec{p} - \frac{\vec{a} + \vec{b}}{2} \right| = 1$$

② 点 $(1, 2)$ を通り, $\vec{n} = (3, 4)$ に垂直な直線の方程式は

$$3(x-1) + 4(y-2) = 0 \quad \text{すなわち} \quad 3x + 4y = 11$$

また, 直線 $2x - 5y = 3$ は, $\vec{n} = (2, -5)$ に垂直な直線である。

Quick Check 3

▶▶解答編 p.26

位置ベクトル

① 〔1〕 平面上の 3 点 A($\vec{a}$), B($\vec{b}$), C($\vec{c}$) について，次のベクトルを $\vec{a}$, $\vec{b}$, $\vec{c}$ を用いて表せ。

(1) 線分 AB の中点 M の位置ベクトル

(2) 線分 AB を 3:2 に内分する点 D の位置ベクトル

(3) 線分 BC を 1:2 に内分する点 E の位置ベクトル

(4) 線分 AB を 2:3 に外分する点 F の位置ベクトル

(5) △OAB の重心 G の位置ベクトル

〔2〕 3 点 A(1, 5), B(4, 3), C(x, 9) が一直線上にあるとき，x の値を求めよ。

ベクトル方程式

② 〔1〕 平面上に △OAB がある。A($\vec{a}$), B($\vec{b}$), OA = 3, OB = 4 とするとき，次の図形のベクトル方程式を求めよ。

(1) 点 B を通り，OA に平行な直線

(2) 点 A を通り，OB に垂直な直線

(3) 点 A を中心とし，点 O を通る円

(4) 線分 OB を直径とする円

〔2〕 (1) 点 (3, 5) を通り，$\vec{u} = (1, -2)$ に平行な直線を媒介変数 t を用いて表せ。

(2) 点 (-4, 5) を通り，$\vec{v} = (3, 2)$ に垂直な直線の方程式を求めよ。

例題 19 分点の位置ベクトル ★☆☆☆

> 平面上に 3 点 A($\vec{a}$), B($\vec{b}$), C($\vec{c}$) がある。次の点の位置ベクトルを $\vec{a}$, $\vec{b}$, $\vec{c}$ を用いて表せ。
>
> (1) 線分 AB を 2:1 に内分する点 P($\vec{p}$)
>
> (2) 線分 BC の中点 M($\vec{m}$)
>
> (3) 線分 CA を 2:1 に外分する点 Q($\vec{q}$)
>
> (4) △PMQ の重心 G($\vec{g}$)

思考のプロセス

公式の利用 座標平面における内分点・外分点，重心の公式と似ている。

点A($\vec{a}$), B($\vec{b}$), C($\vec{c}$) に対して

線分 AB を $m:n$ に内分する点 P($\vec{p}$) は　　　$\vec{p} = \dfrac{n\vec{a}+m\vec{b}}{m+n}$

■ $m:n$ に外分する点は $m:(-n)$ に内分する点と考える。

△ABC の重心 G($\vec{g}$) は　　　$\vec{g} = \dfrac{\vec{a}+\vec{b}+\vec{c}}{3}$

Action>> 線分 AB を $m:n$ に分ける点 P は，$\overrightarrow{OP} = \dfrac{n\overrightarrow{OA}+m\overrightarrow{OB}}{m+n}$ とせよ

解 (1) $\vec{p} = \dfrac{1\vec{a}+2\vec{b}}{2+1} = \dfrac{\vec{a}+2\vec{b}}{3}$

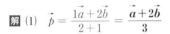

(2) $\vec{m} = \dfrac{\vec{b}+\vec{c}}{2}$

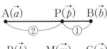

(3) 線分 CA を 2:(−1) に内分する
　　 点と考えて

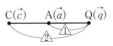

　　 $\vec{q} = \dfrac{(-1)\vec{c}+2\vec{a}}{2+(-1)} = 2\vec{a}-\vec{c}$

(4) $\vec{g} = \dfrac{\vec{p}+\vec{m}+\vec{q}}{3}$

$= \dfrac{1}{3}\left(\dfrac{\vec{a}+2\vec{b}}{3} + \dfrac{\vec{b}+\vec{c}}{2} + 2\vec{a}-\vec{c}\right)$

$= \dfrac{2\vec{a}+4\vec{b}+3\vec{b}+3\vec{c}+12\vec{a}-6\vec{c}}{18}$

$= \dfrac{14\vec{a}+7\vec{b}-3\vec{c}}{18}$

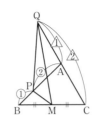

◀ A($\vec{a}$), B($\vec{b}$) に対し, 線分
AB を $m:n$ に内分する点
の位置ベクトルは
$\dfrac{n\vec{a}+m\vec{b}}{m+n}$
線分 AB の中点の位置ベ
クトルは　$\dfrac{\vec{a}+\vec{b}}{2}$

◀ 線分を $m:n$ に外分する点
の位置ベクトルは
$m:(-n)$ に内分する点と
考える。

◀ 重心の位置ベクトルは,
3 頂点の位置ベクトルの
和を 3 で割る。

練習 19 3 点 A($\vec{a}$), B($\vec{b}$), C($\vec{c}$) を頂点とする △ABC がある。次の点の位置ベクトル
を $\vec{a}$, $\vec{b}$, $\vec{c}$ を用いて表せ。

(1) 線分 BC を 3:2 に内分する点 P($\vec{p}$)　　(2) 線分 CA の中点 M($\vec{m}$)

(3) 線分 AB を 3:2 に外分する点 Q($\vec{q}$)　　(4) △PMQ の重心 G($\vec{g}$)

重心の位置ベクトル ★★☆☆

> 3点 A, B, C の位置ベクトルをそれぞれ $\vec{a}$, $\vec{b}$, $\vec{c}$ とする。△ABC の辺 BC,
> CA, AB を 1:2 に内分する点をそれぞれ点 P, Q, R とするとき, △ABC
> の重心 G と △PQR の重心 G′ は一致することを示せ。

思考のプロセス

始点を O に固定すると, 点とその位置ベクトルが対応する。　　　◆ 点 G′ ⟺ $\overrightarrow{OG'}$

① △PQR の重心 G′ ⟹ $\overrightarrow{OG'} = \dfrac{O\square + O\square + O\square}{3}$

② 結論の言い換え

　点 G と点 G′ が一致 ⟹ 2点 G, G′ の位置ベクトルが等しい。
　　　　　　　　　　　⟹ $\overrightarrow{OG} = \overrightarrow{OG'}$ を示す。

Action>> 2点の一致は, それぞれの位置ベクトルが等しいことを示せ

解 点 G は △ABC の重心であるから 　　$\overrightarrow{OG} = \dfrac{\vec{a}+\vec{b}+\vec{c}}{3}$

次に, BP:PC = 1:2 より

$$\overrightarrow{OP} = \frac{2\overrightarrow{OB}+\overrightarrow{OC}}{1+2} = \frac{2\vec{b}+\vec{c}}{3}$$

CQ:QA = 1:2 より

$$\overrightarrow{OQ} = \frac{2\overrightarrow{OC}+\overrightarrow{OA}}{1+2} = \frac{2\vec{c}+\vec{a}}{3}$$

AR:RB = 1:2 より

$$\overrightarrow{OR} = \frac{2\overrightarrow{OA}+\overrightarrow{OB}}{1+2} = \frac{2\vec{a}+\vec{b}}{3}$$

よって, 点 G′ は △PQR の重心であるから

$$\overrightarrow{OG'} = \frac{\overrightarrow{OP}+\overrightarrow{OQ}+\overrightarrow{OR}}{3}$$

$$= \frac{1}{3}\left(\frac{2\vec{b}+\vec{c}}{3} + \frac{2\vec{c}+\vec{a}}{3} + \frac{2\vec{a}+\vec{b}}{3}\right) = \frac{\vec{a}+\vec{b}+\vec{c}}{3}$$

ゆえに, $\overrightarrow{OG} = \overrightarrow{OG'}$ であるから, 2点 G と G′ は一致する。

◀ $\overrightarrow{OG'}$ を $\vec{a}$, $\vec{b}$, $\vec{c}$ で表すために, $\overrightarrow{OP}$, $\overrightarrow{OQ}$, $\overrightarrow{OR}$ をそれぞれ $\vec{a}$, $\vec{b}$, $\vec{c}$ で表す。

A($\vec{a}$), B($\vec{b}$) に対して, 線分 AB を $m:n$ に内分する点の位置ベクトルは
$$\frac{n\vec{a}+m\vec{b}}{m+n}$$

◀ $\overrightarrow{OG'}$ を $\vec{a}$, $\vec{b}$, $\vec{c}$ で表し, $\overrightarrow{OG}$ と一致することを示す。

Point.... 三角形の重心

一般に, △ABC の辺 BC, CA, AB をそれぞれ $m:n$ に内分する
点を P, Q, R としたとき, △ABC の重心と △PQR の重心は一
致する。

練習20　3点 A, B, C の位置ベクトルをそれぞれ $\vec{a}$, $\vec{b}$, $\vec{c}$ とする。△ABC の辺 BC,
　　　　CA, AB を 2:1 に外分する点をそれぞれ点 P, Q, R とするとき, △ABC の重
　　　　心 G と △PQR の重心 G′ は一致することを示せ。

➡ p.68 問題20

重要

例題 21　3点が一直線上にある条件　★★☆☆

平行四辺形 ABCD において，辺 CD を 1:2 に内分する点を E，辺 BC を 3:1 に外分する点を F とする。このとき，3 点 A, E, F は一直線上にある ことを示せ。また，AE:AF を求めよ。

思考の
プロセス

結論の言い換え

結論「3 点 A, E, F が一直線上」$\implies$ $\overrightarrow{\mathrm{AF}} = k\overrightarrow{\mathrm{AE}}$ を示す。

基準を定める　[1次独立]

$\begin{pmatrix} \vec{0} \text{ でなく平行でない 2 つのベクトル} \\ \overrightarrow{\mathrm{AB}} = \vec{b} \text{ と } \overrightarrow{\mathrm{AD}} = \vec{d} \text{ を導入} \end{pmatrix} \implies \begin{cases} \overrightarrow{\mathrm{AE}} = \boxed{}\vec{b} + \boxed{}\vec{d} \\ \overrightarrow{\mathrm{AF}} = \boxed{}\vec{b} + \boxed{}\vec{d} \end{cases}$

Action≫ 3 点 A, B, C が一直線上を示すときは，$\overrightarrow{\mathrm{AC}} = k\overrightarrow{\mathrm{AB}}$ を導け

解　$\overrightarrow{\mathrm{AB}} = \vec{b}$，$\overrightarrow{\mathrm{AD}} = \vec{d}$ とする。

ABCD は平行四辺形であるから　　$\overrightarrow{\mathrm{AC}} = \vec{b} + \vec{d}$

例題19　点 E は辺 CD を 1:2 に内分する点であるから

$$\overrightarrow{\mathrm{AE}} = \frac{2\overrightarrow{\mathrm{AC}} + \overrightarrow{\mathrm{AD}}}{1+2}$$

$$= \frac{2(\vec{b} + \vec{d}) + \vec{d}}{3}$$

$$= \frac{2\vec{b} + 3\vec{d}}{3} \quad \cdots ①$$

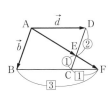

例題19　点 F は辺 BC を 3:1 に外分する点であるから

$$\overrightarrow{\mathrm{AF}} = \frac{(-1)\overrightarrow{\mathrm{AB}} + 3\overrightarrow{\mathrm{AC}}}{3 + (-1)}$$

$$= \frac{-\vec{b} + 3(\vec{b} + \vec{d})}{2} = \frac{2\vec{b} + 3\vec{d}}{2} \quad \cdots ②$$

①，② より　　$\overrightarrow{\mathrm{AF}} = \frac{3}{2}\overrightarrow{\mathrm{AE}} \quad \cdots ③$

よって，3 点 A, E, F は一直線上にある。
また，③ より　　AE:AF = 2:3

$\overrightarrow{\mathrm{AE}} = \overrightarrow{\mathrm{AD}} + \overrightarrow{\mathrm{DE}}$

$\quad = \vec{d} + \frac{2}{3}\overrightarrow{\mathrm{DC}}$

$\quad = \vec{d} + \frac{2}{3}\vec{b}$

$\quad = \frac{2\vec{b} + 3\vec{d}}{3}$

$\overrightarrow{\mathrm{AF}} = \overrightarrow{\mathrm{AB}} + \overrightarrow{\mathrm{BF}}$

$\quad = \vec{b} + \frac{3}{2}\overrightarrow{\mathrm{BC}}$

$\quad = \frac{2\vec{b} + 3\vec{d}}{2}$

としてもよい。

$\overrightarrow{\mathrm{AF}} = \frac{3}{2} \times \frac{2\vec{b} + 3\vec{d}}{3}$

$\quad = \frac{3}{2}\overrightarrow{\mathrm{AE}}$

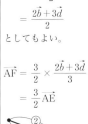

Point.... 一直線上にある3点

3 点 A, B, P が一直線上にある $\iff$ $\overrightarrow{\mathrm{AP}} = k\overrightarrow{\mathrm{AB}}$ （k は実数）
さらに，$\overrightarrow{\mathrm{AP}} = k\overrightarrow{\mathrm{AB}}$ が成り立つとき，線分 AB と AP の長さの
比は　　AB:AP = 1:|k|

練習21　△ABC において，辺 AB の中点を D，辺 BC を 2:1 に外分する点を E，辺 AC を 2:1 に内分する点を F とする。このとき，3 点 D, E, F が一直線上にある ことを示せ。また，DF:FE を求めよ。

⇒p.68 問題21

例題 22　交点の位置ベクトル〔1〕

△OAB において，辺 OA を 2:1 に内分する点を E，辺 OB を 3:2 に内分する点を F とする。また，線分 AF と線分 BE の交点を P とし，直線 OP と辺 AB の交点を Q とする。さらに，$\overrightarrow{OA} = \vec{a}$, $\overrightarrow{OB} = \vec{b}$ とおく。

(1) $\overrightarrow{OP}$ を $\vec{a}$, $\vec{b}$ を用いて表せ。　　　(2) $\overrightarrow{OQ}$ を $\vec{a}$, $\vec{b}$ を用いて表せ。

(3) AQ:QB，OP:PQ をそれぞれ求めよ。

思考のプロセス

見方を変える

(1) 点 P は線分 AF 上の点であり，線分 BE 上の点である。

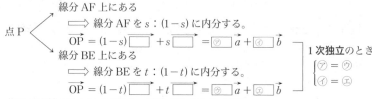

点 P $\Big\langle$ 　線分 AF 上にある

　　　　　⟹ 線分 AF を $s:(1-s)$ に内分する。

　　　　　$\overrightarrow{OP} = (1-s)\boxed{} + s\boxed{} = \boxed{⑦}\,\vec{a} + \boxed{④}\,\vec{b}$

　　　　線分 BE 上にある

　　　　　⟹ 線分 BE を $t:(1-t)$ に内分する。

　　　　　$\overrightarrow{OP} = (1-t)\boxed{} + t\boxed{} = \boxed{⑦}\,\vec{a} + \boxed{④}\,\vec{b}$

1 次独立のとき $\begin{cases} ⑦ = ⑨ \\ ④ = ⑤ \end{cases}$

(2) 点 Q は直線 OP 上の点であり，線分 AB 上の点である。

点 Q $\Big\langle$ 　直線 OP 上にある

　　　　　⟹ $\overrightarrow{OQ} = k\overrightarrow{OP} = \boxed{⑦}\,\vec{a} + \boxed{④}\,\vec{b}$

　　　　線分 AB 上にある

　　　　　⟹ 線分 AB を $u:(1-u)$ に内分する。

　　　　　$\overrightarrow{OQ} = (1-u)\boxed{} + u\boxed{} = \boxed{⑦}\,\vec{a} + \boxed{④}\,\vec{b}$

1 次独立のとき $\begin{cases} ⑦ = ⑨ \\ ④ = ⑤ \end{cases}$

Action≫ 2 直線の交点の位置ベクトルは，1 次独立なベクトルを用いて 2 通りに表せ

解 (1)　点 E は辺 OA を 2:1 に内分する点であるから　$\overrightarrow{OE} = \dfrac{2}{3}\vec{a}$

点 F は辺 OB を 3:2 に内分する点であるから　$\overrightarrow{OF} = \dfrac{3}{5}\vec{b}$

AP:PF $= s:(1-s)$ とおくと

$$\overrightarrow{OP} = (1-s)\overrightarrow{OA} + s\overrightarrow{OF} = (1-s)\vec{a} + \dfrac{3}{5}s\vec{b} \quad \cdots ①$$

BP:PE $= t:(1-t)$ とおくと

$$\overrightarrow{OP} = (1-t)\overrightarrow{OB} + t\overrightarrow{OE} = \dfrac{2}{3}t\vec{a} + (1-t)\vec{b} \quad \cdots ②$$

$\vec{a} \neq \vec{0}$, $\vec{b} \neq \vec{0}$ であり，$\vec{a}$ と $\vec{b}$ は平行でないから，

①，② より　$1-s = \dfrac{2}{3}t$ かつ $\dfrac{3}{5}s = 1-t$

これを解くと　$s = \dfrac{5}{9}$, $t = \dfrac{2}{3}$

よって　$\overrightarrow{OP} = \dfrac{4}{9}\vec{a} + \dfrac{1}{3}\vec{b}$

点 P を △OAF の辺 AF の内分点と考える。

点 P を △OBE の辺 BE の内分点と考える。

◀ 係数を比較するときには 1 次独立であることを述べる。

◀ ① または ② に代入する。

(2) 点 Q は直線 OP 上の点であるから

$$\overrightarrow{OQ} = k\overrightarrow{OP} = \frac{4}{9}k\vec{a} + \frac{1}{3}k\vec{b} \quad \cdots ③$$

▶ 3点 O, P, Q が一直線上
にある $\Longleftrightarrow \overrightarrow{OQ} = k\overrightarrow{OP}$

とおける。

また，AQ:QB $= u:(1-u)$ とおくと

$$\overrightarrow{OQ} = (1-u)\vec{a} + u\vec{b} \quad \cdots ④$$

$\vec{a} \neq \vec{0}$, $\vec{b} \neq \vec{0}$ であり，$\vec{a}$ と $\vec{b}$ は平行でないから，

③，④ より　　$1-u = \frac{4}{9}k$　かつ　$u = \frac{1}{3}k$

これを解くと　　$k = \frac{9}{7}$, $u = \frac{3}{7}$

よって　　$\overrightarrow{OQ} = \frac{4}{7}\vec{a} + \frac{3}{7}\vec{b}$

◀ ③ または ④ に代入する。

〔別解〕 点 Q は直線 OP 上の点であるから

$$\overrightarrow{OQ} = k\overrightarrow{OP} = \frac{4}{9}k\vec{a} + \frac{1}{3}k\vec{b} \quad \cdots ③$$

とおける。

点 Q は辺 AB 上の点であるから　　$\frac{4}{9}k + \frac{1}{3}k = 1$

▶ 点 P が直線 AB 上にある
$\Longleftrightarrow \overrightarrow{OP} = s\overrightarrow{OA} + t\overrightarrow{OB}$
$(s+t=1)$

$k = \frac{9}{7}$　より，③ に代入すると　　$\overrightarrow{OQ} = \frac{4}{7}\vec{a} + \frac{3}{7}\vec{b}$

(3) (2) より，$\overrightarrow{OQ} = \dfrac{4\vec{a}+3\vec{b}}{7}$ である

から　　**AQ:QB $= 3:4$**

また，(2) より　$\overrightarrow{OQ} = \dfrac{9}{7}\overrightarrow{OP}$

OP:OQ $= 7:9$ となるから

OP:PQ $= 7:2$

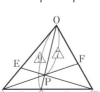

◀ $\overrightarrow{OQ} = \dfrac{4\overrightarrow{OA}+3\overrightarrow{OB}}{3+4}$
より点 Q は線分 AB を
$3:4$ に内分する。

Point....ベクトルと1次独立

2つのベクトル $\vec{a}$ と $\vec{b}$ が1次独立 $(\vec{a} \neq \vec{0}, \ \vec{b} \neq \vec{0}, \ \vec{a} \nparallel \vec{b})$ のとき
平面上の任意のベクトル $\vec{p}$ は，$\vec{p} = k\vec{a} + l\vec{b}$ の形にただ1通りに表される。

すなわち　　$k\vec{a} + l\vec{b} = k'\vec{a} + l'\vec{b} \Longleftrightarrow k = k'$　かつ　$l = l'$

特に　　$k\vec{a} + l\vec{b} = \vec{0} \Longleftrightarrow k = l = 0$

練習22 △OAB において，辺 OA を $3:1$ に内分する点を E，辺 OB を $2:3$ に内分する
点を F とする。また，線分 AF と線分 BE の交点を P，直線 OP と辺 AB の交
点を Q とする。さらに，$\overrightarrow{OA} = \vec{a}$, $\overrightarrow{OB} = \vec{b}$ とおく。

(1) $\overrightarrow{OP}$ を $\vec{a}$, $\vec{b}$ を用いて表せ。　　(2) $\overrightarrow{OQ}$ を $\vec{a}$, $\vec{b}$ を用いて表せ。

(3) AQ:QB，OP:PQ をそれぞれ求めよ。

例題 22 のような, 三角形の頂点や分点を結ぶ 2 直線の交点の位置ベクトルを求める問題では, 数学 A で学習したメネラウスの定理やチェバの定理を用いる解法も有効です。ここで紹介しましょう。

〈例題 22 の別解〉

△OAF と直線 BE について, メネラウスの定理により

$$\frac{AP}{PF} \cdot \frac{FB}{BO} \cdot \frac{OE}{EA} = 1$$

点 E, F はそれぞれ, 辺 OA を 2:1, 辺 OB を 3:2 に内分する点であるから

$$\frac{AP}{PF} \cdot \frac{2}{5} \cdot \frac{2}{1} = 1 \text{ より} \qquad \frac{AP}{PF} = \frac{5}{4}$$

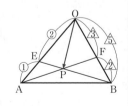

$$\leftarrow \frac{FB}{BO} = \frac{2}{2+3} = \frac{2}{5}$$
$$\frac{OE}{EA} = \frac{2}{1}$$

すなわち, AP:PF = 5:4 であるから

$$\overrightarrow{OP} = \frac{4\overrightarrow{OA} + 5\overrightarrow{OF}}{5+4} = \frac{4}{9}\overrightarrow{OA} + \frac{5}{9}\overrightarrow{OF}$$

ここで, $\overrightarrow{OA} = \vec{a}$, $\overrightarrow{OF} = \frac{3}{5}\overrightarrow{OB} = \frac{3}{5}\vec{b}$ より

$$\overrightarrow{OP} = \frac{4}{9}\vec{a} + \frac{5}{9} \cdot \frac{3}{5}\vec{b} = \frac{4}{9}\vec{a} + \frac{1}{3}\vec{b} \qquad \cdots ①$$

さらに, OP の延長線と辺 AB の交点が Q であるから △OAB において, チェバの定理により

$$\frac{AQ}{QB} \cdot \frac{BF}{FO} \cdot \frac{OE}{EA} = 1 \text{ より} \qquad \frac{AQ}{QB} \cdot \frac{2}{3} \cdot \frac{2}{1} = 1$$

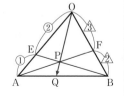

ゆえに $\qquad \frac{AQ}{QB} = \frac{3}{4}$

すなわち, **AQ:QB = 3:4** であるから

$$\overrightarrow{OQ} = \frac{4\overrightarrow{OA} + 3\overrightarrow{OB}}{3+4} = \frac{4}{7}\vec{a} + \frac{3}{7}\vec{b} \qquad \cdots ②$$

①, ② より $\overrightarrow{OP} = \frac{7}{9}\overrightarrow{OQ}$ であるから

　　　　OP:PQ = 7:2

OP:PQ = 7:2 は, △OAQ と直線 BE についてメネラウスの定理を利用して求めることもできます。

チャレンジ
〈1〉　　上のようにメネラウスの定理とチェバの定理を用いて, 練習 22 を解け。

（⇨ 解答編 p.29）

例題 **23** 交点の位置ベクトル〔2〕 ★★☆☆

△OAB において，辺 OA を $3:2$ に内分する点を C，辺 OB の中点を D とする。また，線分 CD の中点を E とし，直線 OE と線分 AB の交点を F とする。さらに，$\overrightarrow{\mathrm{OA}} = \vec{a}$，$\overrightarrow{\mathrm{OB}} = \vec{b}$ とおく。

(1) $\overrightarrow{\mathrm{OE}}$ を $\vec{a}$, $\vec{b}$ を用いて表せ。　　(2) $\overrightarrow{\mathrm{OF}}$ を $\vec{a}$, $\vec{b}$ を用いて表せ。

思考のプロセス

(2) 点 F は直線 OE 上にあるから　　$\overrightarrow{\mathrm{OF}} = k\overrightarrow{\mathrm{OE}} = \boxed{}k\overrightarrow{\mathrm{OA}} + \bigcirc k\overrightarrow{\mathrm{OB}}$

見方を変える

点 F が直線 AB 上にある $\Longleftrightarrow$ $\overrightarrow{\mathrm{OF}} = \boxed{}k\overrightarrow{\mathrm{OA}} + \bigcirc k\overrightarrow{\mathrm{OB}}$

係数の和 $\boxed{}k + \bigcirc k = 1$

Action≫ 点 P が直線 AB 上にあるときは，$\overrightarrow{\mathrm{OP}} = s\overrightarrow{\mathrm{OA}} + t\overrightarrow{\mathrm{OB}}$, $s + t = 1$ とせよ

解 (1) 点 C は辺 OA を $3:2$ に内分するから　　$\overrightarrow{\mathrm{OC}} = \dfrac{3}{5}\vec{a}$

点 D は辺 OB の中点であるから　　$\overrightarrow{\mathrm{OD}} = \dfrac{1}{2}\vec{b}$

点 E は線分 CD の中点であるから

$$\overrightarrow{\mathrm{OE}} = \frac{\overrightarrow{\mathrm{OC}} + \overrightarrow{\mathrm{OD}}}{2} = \frac{1}{2}\left(\frac{3}{5}\vec{a} + \frac{1}{2}\vec{b}\right) = \frac{3}{10}\vec{a} + \frac{1}{4}\vec{b}$$

(2) 点 F は直線 OE 上の点であるから

$$\overrightarrow{\mathrm{OF}} = k\overrightarrow{\mathrm{OE}} = \frac{3}{10}k\vec{a} + \frac{1}{4}k\vec{b} \qquad \cdots ①$$

とおける。

点 F は辺 AB 上の点であるから　　$\dfrac{3}{10}k + \dfrac{1}{4}k = 1$

これを解くと　　$k = \dfrac{20}{11}$

① に代入すると　　$\overrightarrow{\mathrm{OF}} = \dfrac{6}{11}\vec{a} + \dfrac{5}{11}\vec{b}$

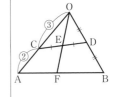

◀ 3 点 O, E, F が一直線上にある $\Longleftrightarrow$ $\overrightarrow{\mathrm{OF}} = k\overrightarrow{\mathrm{OE}}$

◀ AF:FB $= s:(1-s)$ とおいて $\overrightarrow{\mathrm{OF}} = (1-s)\vec{a} + s\vec{b}$ とし，$\vec{a}$ と $\vec{b}$ が 1 次独立であることを用いて $1 - s = \dfrac{3}{10}k$ かつ $s = \dfrac{1}{4}k$ から $\overrightarrow{\mathrm{OF}}$ を求めてもよい。

Point....3点が一直線上にある条件

3 点 A($\vec{a}$), B($\vec{b}$), P($\vec{p}$) が一直線上にあるとき
$\overrightarrow{\mathrm{AP}} = k\overrightarrow{\mathrm{AB}}$ より　　$\vec{p} - \vec{a} = k(\vec{b} - \vec{a})$
よって　　$\vec{p} = (1-k)\vec{a} + k\vec{b}$
　　　　　　係数の和が 1

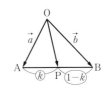

練習 23 △OAB において，辺 OA を $2:1$ に内分する点を C，辺 OB の中点を D とする。線分 CD の中点を E とするとき，直線 OE と線分 AB の交点を F とする。また，$\overrightarrow{\mathrm{OA}} = \vec{a}$，$\overrightarrow{\mathrm{OB}} = \vec{b}$ とおく。

(1) $\overrightarrow{\mathrm{OE}}$ を $\vec{a}$, $\vec{b}$ を用いて表せ。　　(2) $\overrightarrow{\mathrm{OF}}$ を $\vec{a}$, $\vec{b}$ を用いて表せ。

⇒ p.68 問題23

> △ABC の内部に点 P があり，等式 $3\overrightarrow{PA}+\overrightarrow{PB}+2\overrightarrow{PC}=\vec{0}$ が成り立っている。
> (1)　$\overrightarrow{AP}$ を $\overrightarrow{AB}$，$\overrightarrow{AC}$ を用いて表せ。
> (2)　点 P はどのような位置にあるか。

思考のプロセス

基準を定める　どこにあるか分からない点 P は基準にしにくい。

始点を A とし，2 つのベクトル $\underset{\text{1次独立}}{\underline{\overrightarrow{AB} \ と \ \overrightarrow{AC}}}$ で表す。
$\underset{\text{三角形の頂点の1つ}}{}$

条件式　$3\overrightarrow{PA}+\overrightarrow{PB}+2\overrightarrow{PC}=\vec{0} \longrightarrow \overrightarrow{AP}=\dfrac{\overrightarrow{AB}+2\overrightarrow{AC}}{6}$

求めるものの言い換え

点 P の位置 $\Longrightarrow$ 直線 AP と辺 BC との交点を D とおき，BD : DC，AP : PD を考える

$\Longrightarrow \overrightarrow{AP}=\boxed{} \times \underset{\overrightarrow{AD}}{\underline{\dfrac{\bigcirc\,\overrightarrow{AB}+\triangle\,\overrightarrow{AC}}{\triangle+\bigcirc}}}$ の形に導く

Action≫ $\vec{p}=n\vec{a}+m\vec{b}$ は，$\vec{p}=(m+n)\dfrac{n\vec{a}+m\vec{b}}{m+n}$ と変形せよ

解 (1)　$3\overrightarrow{PA}+\overrightarrow{PB}+2\overrightarrow{PC}=\vec{0}$ より

$\qquad 3\cdot(-\overrightarrow{AP})+(\overrightarrow{AB}-\overrightarrow{AP})+2(\overrightarrow{AC}-\overrightarrow{AP})=\vec{0}$

整理すると　　$-6\overrightarrow{AP}+\overrightarrow{AB}+2\overrightarrow{AC}=\vec{0}$

よって　　$\overrightarrow{AP}=\dfrac{\overrightarrow{AB}+2\overrightarrow{AC}}{6}$

◀ 点 A を始点とするベクトルで表す。

(2)　(1) より

$\overrightarrow{AP}=\dfrac{\overrightarrow{AB}+2\overrightarrow{AC}}{6}=\dfrac{2+1}{6}\cdot\dfrac{\overrightarrow{AB}+2\overrightarrow{AC}}{2+1}=\dfrac{1}{2}\cdot\dfrac{\overrightarrow{AB}+2\overrightarrow{AC}}{2+1}$

◀ $\overrightarrow{AP}=k\cdot\dfrac{n\overrightarrow{AB}+m\overrightarrow{AC}}{m+n}$
の形に変形する。

よって，$\overrightarrow{AD}=\dfrac{\overrightarrow{AB}+2\overrightarrow{AC}}{2+1}$ とお

くと，点 D は辺 BC を 2 : 1 に内
分する点である。
したがって，**点 P は，線分 BC**
を 2 : 1 に内分する点 D に対し，
線分 AD の中点 である。

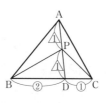

練習 **24** △ABC の内部に点 P があり，等式 $4\overrightarrow{PA}+2\overrightarrow{PB}+3\overrightarrow{PC}=\vec{0}$ が成り立っている。
(1)　$\overrightarrow{AP}$ を $\overrightarrow{AB}$，$\overrightarrow{AC}$ を用いて表せ。
(2)　点 P はどのような位置にあるか。
(3)　△PBC : △PCA : △PAB を求めよ。

→ p.68　問題24

例題 25   内心のベクトル

AB = 3，BC = 7，CA = 5 である △ABC の内心を I とする。このとき，$\overrightarrow{AI}$ を $\overrightarrow{AB}$ と $\overrightarrow{AC}$ を用いて表せ。

段階的に考える

内心 … 角の二等分線の交点

⟹ ① ∠A の二等分線と BC の交点を D

② ∠B の二等分線と AD の交点が I

⟹ $\begin{cases} ① BD : DC = \boxed{} : \boxed{} \ \text{より} & \overrightarrow{AD} = \boxed{}\overrightarrow{AB} + \boxed{}\overrightarrow{AC} \\ ② AI : ID = \boxed{} : \boxed{} \ \text{より} & \overrightarrow{AI} = \boxed{}\overrightarrow{AD} \end{cases}$

⟹ $\overrightarrow{AI} = \boxed{}\overrightarrow{AB} + \boxed{}\overrightarrow{AC}$

Action≫ 内心は，内角の二等分線の交点であることを用いよ

解 ∠BAC の二等分線と辺 BC の
交点を D とすると

$$BD : DC = AB : AC$$
$$= 3 : 5$$

◀ 三角形の角の二等分線の
性質

ゆえに　　$\overrightarrow{AD} = \dfrac{5\overrightarrow{AB} + 3\overrightarrow{AC}}{8}$

また　　$BD = \dfrac{3}{8}BC = \dfrac{21}{8}$

◀ 点 D は，線分 BC を 3:5
に内分する点である。

次に，線分 BI は ∠ABD の二等分線であるから

$$AI : ID = AB : BD = 3 : \dfrac{21}{8} = 8 : 7$$

◀ △ABD において ∠ABD
の二等分線が BI である。

よって　　$\overrightarrow{AI} = \dfrac{8}{15}\overrightarrow{AD} = \dfrac{8}{15} \times \dfrac{5\overrightarrow{AB} + 3\overrightarrow{AC}}{8}$

$$= \dfrac{5\overrightarrow{AB} + 3\overrightarrow{AC}}{15}$$

したがって　　$\overrightarrow{AI} = \dfrac{1}{3}\overrightarrow{AB} + \dfrac{1}{5}\overrightarrow{AC}$

Point….角の二等分線の性質

△ABC の ∠BAC の二等分線を AD とするとき
BD : DC = AB : AC = c : b であるから

$$\overrightarrow{AD} = \dfrac{b\overrightarrow{AB} + c\overrightarrow{AC}}{c + b}$$

練習 25　AB = 5，BC = 7，CA = 6 である △ABC の内心を I とする。このとき，$\overrightarrow{AI}$ を $\overrightarrow{AB}$ と $\overrightarrow{AC}$ を用いて表せ。

例題 **26** 外心のベクトル ★★☆☆

> AB = 3, AC = 5, ∠BAC = 120° の △ABC の外心を O とする。
>
> (1) 内積 $\overrightarrow{AB} \cdot \overrightarrow{AC}$ の値を求めよ。 (2) $\overrightarrow{AO}$ を $\overrightarrow{AB}$, $\overrightarrow{AC}$ を用いて表せ。

思考のプロセス

(2) **未知のものを文字でおく**

$\overrightarrow{AB} \neq \vec{0}$, $\overrightarrow{AC} \neq \vec{0}$, $\overrightarrow{AB} \nparallel \overrightarrow{AC}$ であるから

$\overrightarrow{AO} = s\overrightarrow{AB} + t\overrightarrow{AC}$ とおける。

点 O が △ABC の外心

$\Longrightarrow$ $\begin{cases} \overrightarrow{AB} \cdot \overrightarrow{MO} = 0 \\ \overrightarrow{AC} \cdot \overrightarrow{NO} = 0 \end{cases}$ $\Longrightarrow$ s, t の連立方程式

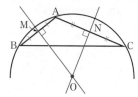

M, N はそれぞれ線分 AB, AC の中点

Action≫ 外心は，各辺の垂直二等分線の交点であることを用いよ

解 (1) $\overrightarrow{AB} \cdot \overrightarrow{AC} = |\overrightarrow{AB}||\overrightarrow{AC}|\cos 120° = 3 \times 5 \times \left(-\dfrac{1}{2}\right) = -\dfrac{15}{2}$

(2) $\overrightarrow{AO} = s\overrightarrow{AB} + t\overrightarrow{AC}$ とおく。

辺 AB, AC の中点をそれぞれ M, N とおくと

$\qquad$ MO ⊥ AB $\quad$ かつ $\quad$ NO ⊥ AC

$\qquad \overrightarrow{MO} = \overrightarrow{AO} - \overrightarrow{AM} = \left(s - \dfrac{1}{2}\right)\overrightarrow{AB} + t\overrightarrow{AC}$

$\qquad \overrightarrow{NO} = \overrightarrow{AO} - \overrightarrow{AN} = s\overrightarrow{AB} + \left(t - \dfrac{1}{2}\right)\overrightarrow{AC}$

AB ⊥ MO より，$\overrightarrow{AB} \cdot \overrightarrow{MO} = 0$ が成り立つから

$\qquad \overrightarrow{AB} \cdot \left\{\left(s - \dfrac{1}{2}\right)\overrightarrow{AB} + t\overrightarrow{AC}\right\} = 0$

$\left(s - \dfrac{1}{2}\right)|\overrightarrow{AB}|^2 + t\overrightarrow{AB} \cdot \overrightarrow{AC} = 0$ より

$\qquad 6s - 5t = 3 \qquad \cdots ①$

また，AC ⊥ NO より，$\overrightarrow{AC} \cdot \overrightarrow{NO} = 0$ が成り立つから

$\qquad \overrightarrow{AC} \cdot \left\{s\overrightarrow{AB} + \left(t - \dfrac{1}{2}\right)\overrightarrow{AC}\right\} = 0$

$s\overrightarrow{AB} \cdot \overrightarrow{AC} + \left(t - \dfrac{1}{2}\right)|\overrightarrow{AC}|^2 = 0$ より

$\qquad 3s - 10t = -5 \qquad \cdots ②$

①，② を解いて $\quad s = \dfrac{11}{9}$, $t = \dfrac{13}{15}$

よって $\quad \overrightarrow{AO} = \dfrac{11}{9}\overrightarrow{AB} + \dfrac{13}{15}\overrightarrow{AC}$

右側注釈:
辺 AB, AC の垂直二等分線の交点が O である。

$\overrightarrow{AM} = \dfrac{1}{2}\overrightarrow{AB}$

$\overrightarrow{AN} = \dfrac{1}{2}\overrightarrow{AC}$

$\left(s - \dfrac{1}{2}\right) \cdot 3^2 + t\left(-\dfrac{15}{2}\right) = 0$

$s\left(-\dfrac{15}{2}\right) + \left(t - \dfrac{1}{2}\right) \cdot 5^2 = 0$

練習 **26** AB = 5, AC = 6, ∠BAC = 60° の △ABC の外心を O とする。

$\qquad$ (1) 内積 $\overrightarrow{AB} \cdot \overrightarrow{AC}$ の値を求めよ。 (2) $\overrightarrow{AO}$ を $\overrightarrow{AB}$, $\overrightarrow{AC}$ を用いて表せ。

➡ p.69 問題 26

直角三角形でない △ABC の 外心をO, 重心をG とし, $\overrightarrow{OH} = 3\overrightarrow{OG}$ とする。このとき, 点 H は △ABC の垂心であることを示せ。
〔ア〕〔イ〕

思考のプロセス

H が △ABC の垂心 $\Longrightarrow$ $\overrightarrow{AH} \cdot \overrightarrow{BC} = 0,\ \overrightarrow{BH} \cdot \overrightarrow{CA} = 0,\ \overrightarrow{CH} \cdot \overrightarrow{AB} = 0$ を示す。

条件の言い換え

条件 ⑦ $\Longrightarrow$ $|\overrightarrow{OA}| = |\overrightarrow{OB}| = |\overrightarrow{OC}|$

条件 ④ $\Longrightarrow$ $\overrightarrow{OG} = \dfrac{\overrightarrow{OA} + \overrightarrow{OB} + \overrightarrow{OC}}{3}$

Action>> 三角形の五心は, その図形的性質を利用せよ

解 $\overrightarrow{OA} = \vec{a},\ \overrightarrow{OB} = \vec{b},\ \overrightarrow{OC} = \vec{c}$ とおくと

$$|\vec{a}| = |\vec{b}| = |\vec{c}| \quad \cdots ①$$

点 G は △ABC の重心であるから

$$\overrightarrow{OG} = \frac{\vec{a} + \vec{b} + \vec{c}}{3}$$

よって $\overrightarrow{OH} = 3\overrightarrow{OG} = \vec{a} + \vec{b} + \vec{c} \quad \cdots ②$

② より $\overrightarrow{AH} = \overrightarrow{OH} - \overrightarrow{OA} = \vec{b} + \vec{c}$

また $\overrightarrow{BC} = \overrightarrow{OC} - \overrightarrow{OB} = \vec{c} - \vec{b}$

① より $\overrightarrow{AH} \cdot \overrightarrow{BC} = (\vec{b} + \vec{c}) \cdot (\vec{c} - \vec{b})$

$$= |\vec{c}|^2 - |\vec{b}|^2 = 0$$

$\overrightarrow{AH} \neq \vec{0},\ \overrightarrow{BC} \neq \vec{0}$ より $\overrightarrow{AH} \perp \overrightarrow{BC}$

同様に, $\overrightarrow{BH} = \vec{a} + \vec{c}\ (\neq \vec{0}),\ \overrightarrow{CA} = \vec{a} - \vec{c}\ (\neq \vec{0})$ であり

$$\overrightarrow{BH} \cdot \overrightarrow{CA} = |\vec{a}|^2 - |\vec{c}|^2 = 0$$

$\overrightarrow{BH} \neq \vec{0},\ \overrightarrow{CA} \neq \vec{0}$ より $\overrightarrow{BH} \perp \overrightarrow{CA}$

また, $\overrightarrow{CH} = \vec{a} + \vec{b}\ (\neq \vec{0}),\ \overrightarrow{AB} = \vec{b} - \vec{a}\ (\neq \vec{0})$ であり

$$\overrightarrow{CH} \cdot \overrightarrow{AB} = |\vec{b}|^2 - |\vec{a}|^2 = 0$$

$\overrightarrow{CH} \neq \vec{0},\ \overrightarrow{AB} \neq \vec{0}$ より $\overrightarrow{CH} \perp \overrightarrow{AB}$

よって AH ⊥ BC, BH ⊥ CA, CH ⊥ AB
したがって, 点 H は, △ABC の垂心である。

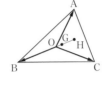

◀ 点 O は外心であるから
OA = OB = OC

◀ 3 点 O, G, H は一直線上にある。この直線をオイラー線という。

◀ AH ⊥ BC を示すために, $\overrightarrow{AH},\ \overrightarrow{BC}$ を考える。

◀ ① より $|\vec{b}| = |\vec{c}|$

◀ AH ⊥ BC, BH ⊥ CA の 2 つから点 H が垂心であると結論付けてもよい。

練習 27 直角三角形でない △ABC の外心を O, 重心を G, $\overrightarrow{OH} = \overrightarrow{OA} + \overrightarrow{OB} + \overrightarrow{OC}$ とする。ただし, O, G, H はすべて異なる点であるとする。
(1) 点 H は △ABC の垂心であることを示せ。
(2) 3 点 O, G, H は一直線上にあり, OG : GH = 1 : 2 であることを示せ。

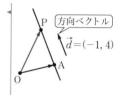
例題 28　直線の媒介変数表示

次の直線の方程式を媒介変数 t を用いて表せ。

(1) 点 A$(2, \ -3)$ を通り，方向ベクトルが $\vec{d} = (-1, \ 4)$ である直線

(2) 2 点 B$(-3, \ 1)$，C$(1, \ -2)$ を通る直線

思考のプロセス

媒介変数表示 … $\begin{cases} x = (t \text{ の式}) \\ y = (t \text{ の式}) \end{cases}$ … （＊）の形で表す。

段階的に考える

① 求める直線上の点を P$(\vec{p})$ とおき，ベクトル方程式を求める。

② $\vec{p} = (x, \ y)$ とおき，その他の位置ベクトルを成分表示する。

③ $(x, \ y) = (\boxed{t \text{ の式}}, \ \boxed{t \text{ の式}})$ にする。

④ （＊）の形で表す。

(2) 求める直線に平行なベクトル（方向ベクトル）を求める。

Action≫ 点 A$(\vec{a})$ を通り $\vec{d}$ に平行な直線は，$\vec{p} = \vec{a} + t\vec{d}$ とせよ

解 (1) A$(\vec{a})$ とし，直線上の点を P$(\vec{p})$ とすると，求める直線のベクトル方程式は　　$\vec{p} = \vec{a} + t\vec{d}$

ここで，$\vec{p} = (x, \ y)$ とおき，$\vec{a} = (2, \ -3)$，

$\vec{d} = (-1, \ 4)$ を代入すると

$(x, \ y) = (2, \ -3) + t(-1, \ 4) = (-t + 2, \ 4t - 3)$

よって，求める直線の方程式は $\begin{cases} x = -t + 2 \\ y = 4t - 3 \end{cases}$

この 2 式から t を消去すると $y = -4x + 5$ となる。

(2) B$(\vec{b})$ とする。求める直線の方向ベクトルは $\overrightarrow{BC}$ であるから，直線上の点を P$(\vec{p})$ とすると，求める直線のベクトル方程式は　　$\vec{p} = \vec{b} + t\overrightarrow{BC}$

ここで，$\vec{p} = (x, \ y)$ とおき，$\vec{b} = (-3, \ 1)$，

$\overrightarrow{BC} = (1 - (-3), \ -2 - 1) = (4, \ -3)$ を代入すると

$(x, \ y) = (-3, \ 1) + t(4, \ -3) = (4t - 3, \ -3t + 1)$

よって，求める直線の方程式は $\begin{cases} x = 4t - 3 \\ y = -3t + 1 \end{cases}$

方向ベクトルを $\overrightarrow{CB}$ として，$\vec{p} = \vec{c} + t\overrightarrow{CB}$ とおいてもよい。

この 2 式から t を消去すると $3x + 4y = -5$ となる。

Point....直線のベクトル方程式

(1) 点 A$(\vec{a})$ を通り，$\vec{d}$ に平行な直線 $\implies \vec{p} = \vec{a} + t\vec{d}$

(2) 点 A$(\vec{a})$ を通り，$\vec{n}$ に垂直な直線 $\implies \vec{n} \cdot (\vec{p} - \vec{a}) = 0$

(1)の $\vec{d}$ を直線の **方向ベクトル**，(2)の $\vec{n}$ を直線の **法線ベクトル** という。

練習 28　次の直線の方程式を媒介変数 t を用いて表せ。

(1) 点 A$(5, \ -4)$ を通り，方向ベクトルが $\vec{d} = (1, \ -2)$ である直線

(2) 2 点 B$(2, \ 4)$，C$(-3, \ 9)$ を通る直線

➡ p.69　問題28

例題 29 直線のベクトル方程式

D 重要
★★☆☆

平面上の異なる 3 点 O，A($\vec{a}$)，B($\vec{b}$) において，次の直線を表すベクトル方程式を求めよ。ただし，O，A，B は一直線上にないものとする。

(1) 線分 OB の中点を通り，直線 AB に平行な直線

(2) 線分 AB を 2：1 に内分する点を通り，直線 AB に垂直な直線

思考のプロセス

数学 II の「図形と方程式」では，直線の方程式は**傾き**と**通る点**から求めた。

Action>> 直線のベクトル方程式は，**通る点**と**方向（法線）ベクトル**を考えよ

図で考える

(ア) 点 C を通り，直線 AB に平行な直線上の
   点 P は $\overrightarrow{OP} = \overrightarrow{OC} + t\overrightarrow{AB}$

(イ) 点 C を通り，直線 AB に垂直な直線上の
   点 P は $\overrightarrow{CP} \cdot \overrightarrow{AB} = 0$
   $\Longrightarrow$ ベクトル方程式は $\vec{p}$，$\vec{a}$，$\vec{b}$，$\vec{c}$ で表す。

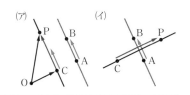

解 (1) 線分 OB の中点を M とする。

求める直線の方向ベクトルは $\overrightarrow{AB}$ であるから，求める直線上の点を P($\vec{p}$) とすると，t を媒介変数として
$$\overrightarrow{OP} = \overrightarrow{OM} + t\overrightarrow{AB} \quad \cdots ①$$

ここで $\overrightarrow{OP} = \vec{p}$，$\overrightarrow{OM} = \dfrac{1}{2}\vec{b}$，$\overrightarrow{AB} = \vec{b} - \vec{a}$

① に代入すると $\vec{p} = \dfrac{1}{2}\vec{b} + t(\vec{b} - \vec{a})$

すなわち $\vec{p} = -t\vec{a} + \dfrac{2t+1}{2}\vec{b}$

◀ 求める直線は，直線 AB に平行である。

◀ $\overrightarrow{OM} = \dfrac{1}{2}\overrightarrow{OB} = \dfrac{1}{2}\vec{b}$
$\overrightarrow{AB} = \overrightarrow{OB} - \overrightarrow{OA} = \vec{b} - \vec{a}$

(2) 線分 AB を 2：1 に内分する点を C とする。求める直線の法線ベクトルは $\overrightarrow{AB}$ であるから，求める直線上の点を P($\vec{p}$) とすると
$$\overrightarrow{CP} \cdot \overrightarrow{AB} = 0 \quad \cdots ②$$

ここで $\overrightarrow{CP} = \overrightarrow{OP} - \overrightarrow{OC} = \vec{p} - \dfrac{\vec{a} + 2\vec{b}}{3}$

$\overrightarrow{AB} = \overrightarrow{OB} - \overrightarrow{OA} = \vec{b} - \vec{a}$

② に代入すると $\left(\vec{p} - \dfrac{\vec{a} + 2\vec{b}}{3}\right) \cdot (\vec{b} - \vec{a}) = \vec{0}$

◀ 求める直線は，直線 AB に垂直である。

◀ $\overrightarrow{CP} \perp \overrightarrow{AB}$ または $\overrightarrow{CP} = \vec{0}$

◀ $(3\vec{p} - \vec{a} - 2\vec{b}) \cdot (\vec{b} - \vec{a}) = 0$ としてもよい。

練習 29 一直線にない異なる 3 点 A($\vec{a}$)，B($\vec{b}$)，C($\vec{c}$) がある。線分 AB の中点を通り，直線 BC に平行な直線と垂直な直線のベクトル方程式をそれぞれ求めよ。

→p.69 問題29

> 数学Ⅱの「図形と方程式」で学習した直線の方程式と，今回学習している直線のベクトル方程式はどう違うのですか。

> $y = 2x - 1$ や $2x + y - 7 = 0$ など，私たちがこれまで利用してきた直線の方程式は，その直線上の点 P の x 座標と y 座標の間に成り立つ関係を x と y の式で表したものです。
> 一方，ベクトル方程式は，直線上の点 P の位置ベクトル $\vec{p}$ が満たす式をベクトルを用いて表したものです。例えば，…

A(2, 3)，B(4, 7) を通る直線の方程式は

$y - 3 = \dfrac{7 - 3}{4 - 2}(x - 2)$ より $\boxed{y = 2x - 1}$ …①

> これが直線の方程式

この直線上の点 P($\vec{p}$) が満たす式を考えると，点 A($\vec{a}$) を通り，
$\overrightarrow{AB} = \vec{b} - \vec{a}$ に平行な直線であるから，
$\overrightarrow{OP} = \overrightarrow{OA} + t\overrightarrow{AB}$ より

$$\boxed{\vec{p} = \vec{a} + t(\vec{b} - \vec{a}) = (1 - t)\vec{a} + t\vec{b}} \quad \text{…②}$$

> これが直線のベクトル方程式

これを P(x, y) として成分表示すると，
$(x, y) = (2, 3) + t(2, 4)$ となり

$$\begin{cases} x = 2t + 2 \\ y = 4t + 3 \end{cases}$$

> これが直線の媒介変数表示

t を消去すると，$y = 2x - 1$ となり，上の直線の方程式と一致します。

また，A(2, 3) を通り，$\vec{n} = (2, 1)$ に垂直な直線の方程式は，
傾きが -2 であるから

$y - 3 = -2(x - 2)$ より $\boxed{2x + y - 7 = 0}$ …③

> これが直線の方程式

この直線上の点 P($\vec{p}$) が満たす式を考えると，
$\overrightarrow{AP} \perp \vec{n}$ または $\overrightarrow{AP} = \vec{0}$ であるから，
$\overrightarrow{AP} \cdot \vec{n} = 0$ より $\boxed{(\vec{p} - \vec{a}) \cdot \vec{n} = 0}$ …④

> これが直線のベクトル方程式

これを P(x, y) として，成分表示すると $2(x - 2) + 1(y - 3) = 0$
整理すると，$2x + y - 7 = 0$ となり，上の直線の方程式と一致します。

> このように，①と②，③と④はその直線上の点の x 座標，y 座標の関係式と，直線上の点の位置ベクトルの関係式という違いがありますが，どちらも同じ直線を表す式といえます。うまく使い分けましょう。

例題 **30** 円のベクトル方程式

3つの定点 O, A($\vec{a}$), B($\vec{b}$) と動点 P($\vec{p}$) がある。次のベクトル方程式で表される点 P はどのような図形をえがくか。

(1) $|3\vec{p} - \vec{a} - 2\vec{b}| = 6$ 　　　　(2) $(\vec{p} - \vec{a}) \cdot (\vec{p} + \vec{b}) = 0$

思考のプロセス

図で考える

円のベクトル方程式は 2 つの形がある。

(ア) 中心 C からの距離が一定 (r)
$\implies |\overrightarrow{CP}| = r \iff |\overrightarrow{OP} - \overrightarrow{OC}| = r$

(イ) 直径 AB に対する円周角は $90°$
$\implies \overrightarrow{AP} \cdot \overrightarrow{BP} = 0 \iff (\overrightarrow{OP} - \overrightarrow{OA}) \cdot (\overrightarrow{OP} - \overrightarrow{OB}) = 0$

これらの形になるように, 式変形する。

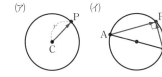

Action≫ 円のベクトル方程式は, 中心からの距離や円周角を考えよ

解 (1) $|3\vec{p} - \vec{a} - 2\vec{b}| = 6$ より　　$\left| \vec{p} - \dfrac{\vec{a} + 2\vec{b}}{3} \right| = 2$

例題 19

ここで, $\dfrac{\vec{a} + 2\vec{b}}{3} = \overrightarrow{OC}$ とすると, 点 C は線分 AB を $2:1$ に内分する点であり　　$|\overrightarrow{OP} - \overrightarrow{OC}| = 2$

すなわち, $|\overrightarrow{CP}| = 2$ であるから, 点 P は点 C からの距離が 2 の点である。

よって, 点 P は, **線分 AB を $2:1$ に内分する点を中心とする半径 2 の円** をえがく。

(2) $(\vec{p} - \vec{a}) \cdot (\vec{p} + \vec{b}) = 0$ より

$\qquad (\vec{p} - \vec{a}) \cdot \{\vec{p} - (-\vec{b})\} = 0$ 　　$\cdots$ ①

ここで, $-\vec{b} = \overrightarrow{OD}$ とすると,

点 D は線分 OB を $1:2$ に外分する点であり, ① より

$(\overrightarrow{OP} - \overrightarrow{OA}) \cdot (\overrightarrow{OP} - \overrightarrow{OD}) = 0$ となるから　　$\overrightarrow{AP} \cdot \overrightarrow{DP} = 0$

ゆえに, $\overrightarrow{AP} = \vec{0}$ 　または　 $\overrightarrow{DP} = \vec{0}$ 　または　 $\overrightarrow{AP} \perp \overrightarrow{DP}$

すなわち, 点 P は点 A または点 D に一致するか, $\angle APD = 90°$ である。

したがって, **点 P は, 線分 OB を $1:2$ に外分する点 D に対し, 線分 AD を直径とする円** をえがく。

$\left| \vec{p} - \Box \right| = r$ の形になるように変形する。
$\vec{p}$ の係数を 1 にするために, 両辺を 3 で割る。

$\overrightarrow{OC} = \dfrac{\vec{a} + 2\vec{b}}{2 + 1}$ より

$(\vec{p} - \bigcirc) \cdot (\vec{p} - \triangle) = 0$ の形をつくる。

$\vec{a} \cdot \vec{b} = 0$ となるのは, $\vec{a}$, $\vec{b}$ のどちらかが $\vec{0}$ となるときもあることを忘れないようにする。

練習 30 3つの定点 O, A($\vec{a}$), B($\vec{b}$) と動点 P($\vec{p}$) がある。次のベクトル方程式で表される点 P はどのような図形をえがくか。

(1) $|4\vec{p} - 3\vec{a} - \vec{b}| = 12$ 　　　　(2) $(2\vec{p} - \vec{a}) \cdot (\vec{p} + \vec{b}) = 0$

➡ p.69 問題30

例題 **31** ベクトルと領域　　　　　　　　　　　　★★☆☆

一直線上にない3点 O, A, B があり，実数 s, t が次の条件を満たすとき，
$\overrightarrow{\mathrm{OP}} = s\overrightarrow{\mathrm{OA}} + t\overrightarrow{\mathrm{OB}}$ で定められる点 P の存在する範囲を図示せよ。

(1) $3s + 2t = 6$ 　　　　　　　　(2) $s + 2t = 3$, $s \geqq 0$, $t \geqq 0$

(3) $s + \dfrac{1}{2}t \leqq 1$, $s \geqq 0$, $t \geqq 0$ 　　(4) $\dfrac{1}{2} \leqq s \leqq 1$, $0 \leqq t \leqq 2$

思考のプロセス

△OAB と点 P に対して，$\overrightarrow{\mathrm{OP}} = \bigcirc\overrightarrow{\mathrm{OA}} + \triangle\overrightarrow{\mathrm{OB}}$ を満たすとき，点 P の存在範囲は

(ア) $\bigcirc + \triangle = 1$ 　　　　　　　　　　　$\longrightarrow$ 直線 AB

(イ) $\bigcirc + \triangle = 1$, $\bigcirc \geqq 0$, $\triangle \geqq 0$ 　$\longrightarrow$ 線分 AB

(ウ) $\bigcirc + \triangle \leqq 1$, $\bigcirc \geqq 0$, $\triangle \geqq 0$ 　$\longrightarrow$ △OAB の周および内部

(エ) $0 \leqq \bigcirc \leqq 1$, $0 \leqq \triangle \leqq 1$ 　　$\longrightarrow$ 平行四辺形 OACB の周および内部

対応を考える 　　　　　　　　　　　　　　　　$(\overrightarrow{\mathrm{OC}} = \overrightarrow{\mathrm{OA}} + \overrightarrow{\mathrm{OB}})$

(1) $3s + 2t = 6$ より 　$\underbrace{\dfrac{1}{2}s + \dfrac{1}{3}t = 1}_{\text{右辺を1にする}}$

$s_1 = \dfrac{1}{2}s$, $t_1 = \dfrac{1}{3}t$ とおくと 　$s_1 + t_1 = 1$ $\longleftarrow$ (ア) の形

$\overrightarrow{\mathrm{OP}} = s\overrightarrow{\mathrm{OA}} + t\overrightarrow{\mathrm{OB}} = \underbrace{s_1(\boxed{}\overrightarrow{\mathrm{OA}}) + t_1(\boxed{}\overrightarrow{\mathrm{OB}})}_{\text{係数の和が1}}$

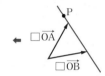

$\leftarrow \square\overrightarrow{\mathrm{OA}}$
$\square\overrightarrow{\mathrm{OB}}$

(2)も同様に 　$s + 2t = 3$, $s \geqq 0$, $t \geqq 0$ $\longleftarrow$ (イ) の形
　　　　　　　　　　$\underset{\text{1にしたい}}{\uparrow}$

(3) $s + \dfrac{1}{2}t \leqq 1$, $s \geqq 0$, $t \geqq 0$ 　　　　　$\longleftarrow$ (ウ) の形
　　　$\underset{\text{1なので変形不要}}{\uparrow}$

Action>> $\overrightarrow{\mathrm{OP}} = s\overrightarrow{\mathrm{OA}} + t\overrightarrow{\mathrm{OB}}$, $s + t = 1$ ならば，点 P は直線 AB 上にあることを使え

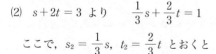

解 (1) $3s + 2t = 6$ より 　$\dfrac{1}{2}s + \dfrac{1}{3}t = 1$

ここで，$s_1 = \dfrac{1}{2}s$, $t_1 = \dfrac{1}{3}t$ とおくと 　$s_1 + t_1 = 1$

また，$s = 2s_1$, $t = 3t_1$ であるから
　$\overrightarrow{\mathrm{OP}} = 2s_1\overrightarrow{\mathrm{OA}} + 3t_1\overrightarrow{\mathrm{OB}} = s_1(2\overrightarrow{\mathrm{OA}}) + t_1(3\overrightarrow{\mathrm{OB}})$

ここで，$\overrightarrow{\mathrm{OA_1}} = 2\overrightarrow{\mathrm{OA}}$, $\overrightarrow{\mathrm{OB_1}} = 3\overrightarrow{\mathrm{OB}}$
とおくと
　　　$\overrightarrow{\mathrm{OP}} = s_1\overrightarrow{\mathrm{OA_1}} + t_1\overrightarrow{\mathrm{OB_1}}$
　　　　　　$(s_1 + t_1 = 1)$
よって，点 P の存在範囲は，
右の図の直線 A_1B_1 である。

$\blacktriangleleft$ 両辺を6で割り，右辺を
1にする。

$\blacktriangleleft$ 点 A_1 は線分 OA を $2:1$
に外分する点であり，点
B_1 は線分 OB を $3:2$ に外
分する点である。

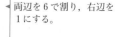

(2) $s + 2t = 3$ より 　$\dfrac{1}{3}s + \dfrac{2}{3}t = 1$

ここで，$s_2 = \dfrac{1}{3}s$, $t_2 = \dfrac{2}{3}t$ とおくと

$\blacktriangleleft$ 両辺を3で割り，右辺を
1にする。

64

$$s_2 + t_2 = 1, \quad s_2 \geqq 0, \quad t_2 \geqq 0$$

また, $s = 3s_2, \quad t = \dfrac{3}{2}t_2$ であるから

$$\overrightarrow{OP} = 3s_2\overrightarrow{OA} + \dfrac{3}{2}t_2\overrightarrow{OB} = s_2(3\overrightarrow{OA}) + t_2\left(\dfrac{3}{2}\overrightarrow{OB}\right)$$

ここで, $\overrightarrow{OA_2} = 3\overrightarrow{OA}, \quad \overrightarrow{OB_2} = \dfrac{3}{2}\overrightarrow{OB}$ とおくと

$$\overrightarrow{OP} = s_2\overrightarrow{OA_2} + t_2\overrightarrow{OB_2}$$
$$(s_2 + t_2 = 1, \quad s_2 \geqq 0, \quad t_2 \geqq 0)$$

よって, 点 P の存在範囲は,
右の図の線分 A_2B_2 である。

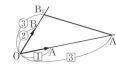

(3) $t_3 = \dfrac{1}{2}t$ とおくと, $s + \dfrac{1}{2}t \leqq 1, \quad s \geqq 0, \quad t \geqq 0$ より

$$s + t_3 \leqq 1, \quad s \geqq 0, \quad t_3 \geqq 0$$

また, $t = 2t_3$ であるから

$$\overrightarrow{OP} = s\overrightarrow{OA} + 2t_3\overrightarrow{OB} = s\overrightarrow{OA} + t_3(2\overrightarrow{OB})$$

ここで, $\overrightarrow{OB_3} = 2\overrightarrow{OB}$ とおくと

$$\overrightarrow{OP} = s\overrightarrow{OA} + t_3\overrightarrow{OB_3}$$
$$(s + t_3 \leqq 1, \quad s \geqq 0, \quad t_3 \geqq 0)$$

よって, 点 P の存在範囲は, **右の図の
△OAB_3 の周および内部** である。

(4) $\dfrac{1}{2} \leqq s \leqq 1$ である s に対して, $\overrightarrow{OA_s} = s\overrightarrow{OA}$ とすると

$$\overrightarrow{OP} = s\overrightarrow{OA} + t\overrightarrow{OB} = \overrightarrow{OA_s} + t\overrightarrow{OB} \quad (0 \leqq t \leqq 2)$$

よって, 点 P の存在範囲は, 点 A_s を通り $\overrightarrow{OB}$ を方向ベクトルとする直線のうち, $0 \leqq t \leqq 2$ の範囲の線分である。

さらに, $\dfrac{1}{2} \leqq s \leqq 1$ の範囲で s の値を変化させると,
求める点 P の存在範囲は

$$\overrightarrow{OA_4} = \dfrac{1}{2}\overrightarrow{OA}, \quad \overrightarrow{OB_4} = 2\overrightarrow{OB}, \quad \overrightarrow{OC} = \overrightarrow{OA} + \overrightarrow{OB_4},$$

$$\overrightarrow{OD} = \overrightarrow{OA_4} + \overrightarrow{OB_4}$$

とおくとき, **右の図の平行四辺
形 $ACDA_4$ の周および内部** である。

右側注釈:

$s \geqq 0, \quad t \geqq 0$ より $s_2 \geqq 0, \quad t_2 \geqq 0$

点 A_2 は線分 OA を 3:2 に外分する点であり, 点 B_2 は線分 OB を 3:1 に外分する点である。

$s_2 \geqq 0, \quad t_2 \geqq 0$ であるから, 線分となる。

点 B_3 は線分 OB を 2:1 に外分する点である。

まず, s を固定して考える。

$\overrightarrow{OP} = \overrightarrow{OA_s} + t\overrightarrow{OB}$ のとき, 点 P は点 A_s を通り $\overrightarrow{OB}$ に平行な直線上にある。

ある s に対する点 P の存在範囲を調べたから, 次に s を変化させて考える。

点 A_4 は線分 OA を 1:1 に内分する点(中点)であり, 点 B_4 は線分 OB を 2:1 に外分する点である。

練習 31 一直線上にない 3 点 O, A, B があり, 実数 s, t が次の条件を満たすとき,
$\overrightarrow{OP} = s\overrightarrow{OA} + t\overrightarrow{OB}$ で定められる点 P の存在する範囲を図示せよ。

(1) $2s + 5t = 10$

(2) $3s + 2t = 2, \quad s \geqq 0, \quad t \geqq 0$

(3) $2s + 3t \leqq 1, \quad s \geqq 0, \quad t \geqq 0$

(4) $2 \leqq s \leqq 3, \quad 3 \leqq t \leqq 4$

➡ p.70 問題31

ここで，平面におけるベクトル方程式が表す図形についてまとめておきましょう。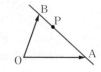

一直線上にない 3 点 O，A，B と点 P に対して
$\overrightarrow{OA} = \vec{a}$，$\overrightarrow{OB} = \vec{b}$，$\overrightarrow{OP} = \vec{p}$ とおくとき

(1) $\boxed{\vec{p} = s\vec{a} + t\vec{b}, \ s + t = 1 \Longleftrightarrow \text{点 P は直線 AB 上にある}}$

〔証明〕 $s + t = 1$ より $s = 1 - t$

これを代入して $\vec{p} = (1 - t)\vec{a} + t\vec{b}$

ゆえに $\vec{p} - \vec{a} = t(\vec{b} - \vec{a})$

よって $\overrightarrow{AP} = t\overrightarrow{AB}$

すなわち，点 P は直線 AB 上にある。これは逆も成り立つ。

(2) $\boxed{\vec{p} = s\vec{a} + t\vec{b}, \ s + t = 1, \ s \geqq 0, \ t \geqq 0 \Longleftrightarrow \text{点 P は線分 AB 上にある}}$

〔証明〕 (1)と同様に $\vec{p} = s\vec{a} + t\vec{b}, \ s + t = 1$ より $\overrightarrow{AP} = t\overrightarrow{AB}$

また，$s = 1 - t, \ s \geqq 0, \ t \geqq 0$ より $0 \leqq t \leqq 1$

よって $\overrightarrow{AP} = t\overrightarrow{AB}, \ 0 \leqq t \leqq 1$

すなわち，点 P は線分 AB 上にある。これは逆も成り立つ。

(3) $\boxed{\begin{array}{l} \vec{p} = s\vec{a} + t\vec{b}, \ s + t \leqq 1, \ s \geqq 0, \ t \geqq 0 \\ \qquad\qquad \Longleftrightarrow \text{点 P は } \triangle OAB \text{ の周および内部にある} \end{array}}$

〔証明〕 $s + t = k$ とおくと，$0 \leqq k \leqq 1$ である。

$k \neq 0$ のとき $\vec{p} = \dfrac{s}{k}(k\vec{a}) + \dfrac{t}{k}(k\vec{b}), \ \dfrac{s}{k} \geqq 0, \ \dfrac{t}{k} \geqq 0, \ \dfrac{s}{k} + \dfrac{t}{k} = 1$

$k\vec{a} = \overrightarrow{OA_k}, \ k\vec{b} = \overrightarrow{OB_k}$ とおくと，(2)より点 P は AB と平行な線分 $A_k B_k$ 上にある。

さらに，k は $0 < k \leqq 1$ の範囲で変化するから，点 A_k は O を除く線分 OA 上に，点 B_k は O を除く線分 OB 上にある。

また，$k = 0$ のとき点 P は点 O と一致する。

以上のことから，点 P は $\triangle OAB$ の周および内部にある。

これは逆も成り立つ。

(4) $\boxed{\begin{array}{l} \vec{p} = s\vec{a} + t\vec{b}, \ 0 \leqq s \leqq 1, \ 0 \leqq t \leqq 1 \\ \qquad\qquad \Longleftrightarrow \text{点 P は平行四辺形 OACB の周および内部にある} \end{array}}$

〔証明〕 $s\vec{a} = \overrightarrow{OA_s}$ とおくと $\vec{p} = \overrightarrow{OA_s} + t\vec{b}, \ 0 \leqq t \leqq 1$

より，点 P は点 A_s を通り $\vec{b}$ に平行な直線のうち

$0 \leqq t \leqq 1$ の範囲の線分上にある。

また，$0 \leqq s \leqq 1$ より点 A_s は線分 OA 上にあるから，

点 P は平行四辺形 OACB の周および内部にある。

これは逆も成り立つ。

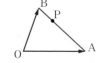
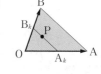
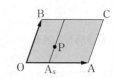

例題 **32**　2直線のなす角　★★☆☆

次の 2 直線 l_1, l_2 のなす角 θ $(0° \leqq \theta \leqq 90°)$ を求めよ。

(1) $l_1 : 3x - 2y + 1 = 0$　　　$l_2 : x - 5y = 0$

(2) $l_1 : \sqrt{3}\,x - y + 2 = 0$　　　$l_2 : -x + \sqrt{3}\,y - 3 = 0$

思考のプロセス

見方を変える

数学 II で学習したタンジェントの加法定理を用いて考えることも
できるが，法線ベクトルを利用することもできる。

$ax + by + c = 0$ の法線ベクトルの 1 つは $\vec{n} = (a,\ b)$

2 直線のなす角 θ $\Longrightarrow$ 2 つの法線ベクトルのなす角 α
　　　　　　　　　　　　　↳ 内積の利用

■ $\theta = \alpha$ のときと $\theta = 180° - \alpha$ の場合があり，$\begin{cases} 0 \leqq \alpha \leqq 90° \text{ のときは} & \theta = \alpha, \\ 90° < \alpha \quad\quad\ \text{ のときは} & \theta = 180° - \alpha \end{cases}$

Action>> 2直線のなす角は，2つの法線ベクトルのなす角を調べよ

解 (1)　l_1, l_2 の法線ベクトルの 1 つをそれぞれ $\vec{n_1}$, $\vec{n_2}$ とすると

$$\vec{n_1} = (3,\ -2), \quad\quad \vec{n_2} = (1,\ -5)$$

この 2 つのベクトルのなす角を α
$(0° \leqq \alpha \leqq 180°)$ とすると

$$\cos\alpha = \frac{3 \times 1 + (-2) \times (-5)}{\sqrt{3^2 + (-2)^2}\sqrt{1^2 + (-5)^2}}$$

$$= \frac{1}{\sqrt{2}}$$

$0° \leqq \alpha \leqq 180°$ より　　$\alpha = 45°$

よって　　$\boldsymbol{\theta = 45°}$

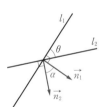

◀ 直線 $ax + by + c = 0$ の
法線ベクトルの 1 つは
$\vec{n} = (a,\ b)$

◀ $\cos\alpha = \dfrac{\vec{n_1} \cdot \vec{n_2}}{|\vec{n_1}||\vec{n_2}|}$

®Action 例題 11
「2 つのベクトルのなす角
は，内積の定義を利用せ
よ」

◀ $0° \leqq \alpha \leqq 90°$ より，
$\theta = \alpha$ となる。

(2)　l_1, l_2 の法線ベクトルの 1 つをそれぞれ $\vec{n_1}$, $\vec{n_2}$ とすると

$$\vec{n_1} = (\sqrt{3},\ -1), \quad\quad \vec{n_2} = (-1,\ \sqrt{3})$$

この 2 つのベクトルのなす角を α $(0° \leqq \alpha \leqq 180°)$ とす
ると

$$\cos\alpha = \frac{\sqrt{3} \times (-1) + (-1) \times \sqrt{3}}{\sqrt{(\sqrt{3})^2 + (-1)^2}\sqrt{(-1)^2 + (\sqrt{3})^2}}$$

$$= -\frac{\sqrt{3}}{2}$$

$0° \leqq \alpha \leqq 180°$ より　　$\alpha = 150°$

よって　　$\theta = 180° - \alpha = \boldsymbol{30°}$

◀ $90° < \alpha$ より
$\theta = 180° - \alpha$

練習 32　次の 2 直線 l_1, l_2 のなす角 θ $(0° \leqq \theta \leqq 90°)$ を求めよ。

(1)　$l_1 : 2x - 3y - 1 = 0$　　　$l_2 : 3x + 2y + 4 = 0$

(2)　$l_1 : x + 5y - 2 = 0$　　　$l_2 : -3x - 2y + 1 = 0$

➡ p.70　問題32

19
★★☆☆
四角形 ABCD において，辺 AD の中点を P，辺 BC の中点を Q とするとき，$\overrightarrow{PQ}$ を $\overrightarrow{AB}$ と $\overrightarrow{DC}$ を用いて表せ。

20
★★☆☆
△ABC の重心を G とするとき，次の等式が成り立つことを示せ。
$$\overrightarrow{GA} + \overrightarrow{GB} + \overrightarrow{GC} = \vec{0}$$

21
★★☆☆
3 点 A，B，C の位置ベクトルを $\vec{a}$，$\vec{b}$，$\vec{c}$ とし，2 つのベクトル $\vec{x}$，$\vec{y}$ を用いて，$\vec{a} = 3\vec{x} + 2\vec{y}$，$\vec{b} = \vec{x} - 3\vec{y}$，$\vec{c} = m\vec{x} + (m+2)\vec{y}$（$m$ は実数）と表せるとする。このとき，3 点 A，B，C が一直線上にあるような実数 m の値を求めよ。ただし，$\vec{x} \neq \vec{0}$，$\vec{y} \neq \vec{0}$ で，$\vec{x}$ と $\vec{y}$ は平行でない。

22
★★☆☆
平行四辺形 ABCD において，辺 BC を 1:2 に内分する点を E，辺 AD を 1:3 に内分する点を F とする。また，線分 BD と EF の交点を P，直線 AP と直線 CD の交点を Q とする。さらに，$\overrightarrow{AB} = \vec{b}$，$\overrightarrow{AD} = \vec{d}$ とおく。
(1) $\overrightarrow{AP}$ を $\vec{b}$，$\vec{d}$ を用いて表せ。　　(2) $\overrightarrow{AQ}$ を $\vec{b}$，$\vec{d}$ を用いて表せ。

23
★★★☆
正六角形 ABCDEF において，AE と BF の交点を P とする。$\overrightarrow{AB} = \vec{b}$，$\overrightarrow{AF} = \vec{f}$ とするとき，$\overrightarrow{AP}$ を $\vec{b}$，$\vec{f}$ で表せ。

24
★★★☆
△ABC において，等式 $3\overrightarrow{PA} + m\overrightarrow{PB} + 2\overrightarrow{PC} = \vec{0}$ を満たす点 P に対して，△PBC：△PAC：△PAB ＝ 3:5:2 であるとき，正の数 m を求めよ。

25
★★★☆
$\triangle$OAB において，OA $= a$，OB $= b$，AB $= c$，$\overrightarrow{\mathrm{OA}} = \vec{a}$，$\overrightarrow{\mathrm{OB}} = \vec{b}$ とし，内心を I とするとき，$\overrightarrow{\mathrm{OI}}$ を a，b，c および $\vec{a}$，$\vec{b}$ を用いて表せ。

26
★★★☆
AB $= 5$，AC $= 4$，BC $= 6$ の $\triangle$ABC の外心を O とする。
(1) 内積 $\overrightarrow{\mathrm{AB}} \cdot \overrightarrow{\mathrm{AC}}$ の値を求めよ。
(2) $\overrightarrow{\mathrm{AO}}$ を $\overrightarrow{\mathrm{AB}}$，$\overrightarrow{\mathrm{AC}}$ を用いて表せ。また，線分 AO の長さを求めよ。

27
★★★★
点 O を中心とする円に内接する $\triangle$ABC の 3 辺 AB，BC，CA をそれぞれ 2:3 に内分する点を P，Q，R とする。$\triangle$PQR の外心が点 O と一致するとき，$\triangle$ABC はどのような三角形か。 （京都大）

28
★★☆☆
点 A$(x_1,\ y_1)$ を通り，$\vec{d} = (1,\ m)$ に平行な直線 l の方程式を媒介変数 t を用いて表せ。また，この直線の方程式が $y - y_1 = m(x - x_1)$ で表されることを確かめよ。

29
★★★☆
平面上の異なる 3 点 O，A$(\vec{a})$，B$(\vec{b})$ において，次の直線を表すベクトル方程式を求めよ。ただし，O，A，B は一直線上にないものとする。
(1) 線分 OA の中点と線分 AB を 3:2 に内分する点を通る直線
(2) 点 A を中心とする円上の点 B における接線

30
★★★☆
3 つの定点 O，A$(\vec{a})$，B$(\vec{b})$ と動点 P$(\vec{p})$ がある。次のベクトル方程式で表される点 P はどのような図形上にあるか。
(1) $|2\vec{p} - \vec{b}| = |\vec{a} - \vec{b}|$
(2) $|\vec{p}|^2 = 2\vec{a} \cdot \vec{p}$

31 平面上の2つのベクトル $\vec{a}$, $\vec{b}$ が $|\vec{a}| = 3$, $|\vec{b}| = 4$, $\vec{a} \cdot \vec{b} = 8$ を満たし,
★★★☆ $\vec{p} = s\vec{a} + t\vec{b}$ (s, t は実数), A($\vec{a}$), B($\vec{b}$), P($\vec{p}$) とする。s, t が次の条件を満たすとき,点 P がえがく図形の面積を求めよ。

(1) $s + t \leqq 1$, $s \geqq 0$, $t \geqq 0$ (2) $0 \leqq s \leqq 2$, $1 \leqq t \leqq 2$

32 2直線 $l_1 : x + y + 1 = 0$, $l_2 : x + ay - 3 = 0$ のなす角が $60°$ であるとき,定数
★★★☆ a の値を求めよ。

1 平行四辺形 ABCD において，辺 AB を 2:1 に内分する点を E，対角線 BD を 1:3 に内分する点を F とする。

(1) $\overrightarrow{BA} = \vec{a}$，$\overrightarrow{BC} = \vec{c}$ とするとき，$\overrightarrow{EF}$ を $\vec{a}$，$\vec{c}$ で表せ。

(2) 3 点 E，F，C は一直線上にあることを証明せよ。

◀例題21

2 平行四辺形 ABCD において，対角線 BD を 3:4 に内分する点を E，辺 CD を 4:1 に外分する点を F，直線 AE と直線 CD の交点を G とする。$\overrightarrow{AB} = \vec{b}$，$\overrightarrow{AD} = \vec{d}$ とおくとき

(1) $\overrightarrow{AE}$ と $\overrightarrow{AF}$ を $\vec{b}$ と $\vec{d}$ を用いて表せ。

(2) $\overrightarrow{AG}$ を $\vec{b}$ と $\vec{d}$ を用いて表せ。

◀例題22

3 次の点 A を通り，$\vec{u}$ に平行な直線および垂直な直線の方程式を求めよ。

(1) A$(-3,\ 1)$，$\vec{u} = (2,\ -1)$ 　　　(2) A$(1,\ -4)$，$\vec{u} = (0,\ 2)$

◀例題28, 29

4 平面上の 2 定点 O，A と動点 P に対し，次のベクトル方程式で表される点 P はどのような図形をえがくか。

(1) $|2\overrightarrow{OP} - \overrightarrow{OA}| = 4$ 　　　(2) $\overrightarrow{OP} \cdot (\overrightarrow{OP} - 2\overrightarrow{OA}) = 0$

◀例題30

5 平面上に 3 点 O$(0,\ 0)$，A$(1,\ 2)$，B$(3,\ 1)$ がある。次の各場合に，$\overrightarrow{OP} = s\overrightarrow{OA} + t\overrightarrow{OB}$ で定められる点 P の存在する範囲を求めよ。

(1) $2s + 3t = 5$

(2) $2s + t \leqq 3$，$s \geqq 0$，$t \geqq 0$

◀例題31

(1) 空間の座標

空間の座標は，空間内の 1 点 O で互いに直交する 3 本の
座標軸 によって定められる。

これらは，O を原点とする数直線であり，それぞれを
x 軸，**y 軸**，**z 軸** といい，点 O を座標の **原点** という。
x 軸と y 軸によって定められる平面，y 軸と z 軸によっ
て定められる平面，z 軸と x 軸によって定められる平面
をそれぞれ **xy 平面**，**yz 平面**，**zx 平面** といい，
まとめて **座標平面** という。

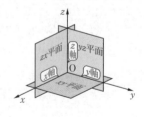

空間内の任意の点 P に対して，点 P を通り各座標平面に
平行な平面が，それぞれ x 軸，y 軸，z 軸と交わる点を A，
B，C とする。点 A，B，C の各座標軸上での座標がそれ
ぞれ a，b，c であるとき，この 3 つの実数の組 $(a,\ b,\ c)$
を点 P の **座標** という。点 P の座標が $(a,\ b,\ c)$ である
ことを，P$(a,\ b,\ c)$ と書く。

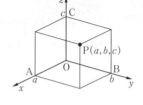

(2) 2 点間の距離

2 点 A$(x_1,\ y_1,\ z_1)$，B$(x_2,\ y_2,\ z_2)$ 間の距離は
$$\mathbf{AB} = \sqrt{(x_2 - x_1)^2 + (y_2 - y_1)^2 + (z_2 - z_1)^2}$$
特に，原点 O と点 P$(x,\ y,\ z)$ の距離は
$$\mathbf{OP} = \sqrt{x^2 + y^2 + z^2}$$

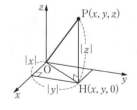

(3) 座標平面に平行な平面

x 軸との交点が $(a,\ 0,\ 0)$ で，yz 平面に平行な平面の
方程式は　　$x = a$
y 軸との交点が $(0,\ b,\ 0)$ で，zx 平面に平行な平面の
方程式は　　$y = b$
z 軸との交点が $(0,\ 0,\ c)$ で，xy 平面に平行な平面の
方程式は　　$z = c$

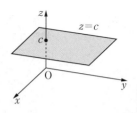

例　空間に 3 点 O$(0,\ 0,\ 0)$，A$(2,\ -1,\ 3)$，B$(1,\ -3,\ 1)$ がある。

① AB $= \sqrt{(1-2)^2 + \{-3-(-1)\}^2 + (1-3)^2} = 3$

　　OA $= \sqrt{2^2 + (-1)^2 + 3^2} = \sqrt{14}$

　である。

② 点 A を通り，xy 平面に平行な平面の方程式は　　$z = 3$

　　点 B を通り，yz 平面に平行な平面の方程式は　　$x = 1$

　である。

2 | 空間におけるベクトル

平面上で考えたのと同様に，空間における有向線分について，その位置を問題にせず，向きと長さだけに着目したものを **空間のベクトル** という。

ベクトルの加法や実数倍の定義や法則などは，平面の場合と同様である。

(1) ベクトルの平行

$$\vec{a} \neq \vec{0},\ \vec{b} \neq \vec{0}\ \text{のとき} \qquad \vec{a} \parallel \vec{b} \iff \vec{b} = k\vec{a}\ \text{となる実数}\ k\ \text{が存在する}$$

(2) ベクトルの1次独立

異なる4点 O，A，B，C が同一平面上にないとき，ベクトル $\vec{a} = \overrightarrow{OA}$，$\vec{b} = \overrightarrow{OB}$，$\vec{c} = \overrightarrow{OC}$ は **1次独立** であるという。

このとき，空間の任意のベクトル $\vec{p}$ は $\vec{p} = l\vec{a} + m\vec{b} + n\vec{c}$ の形にただ1通りに表される。ただし，l，m，n は実数である。

(3) ベクトルの成分

x 軸，y 軸，z 軸の正の向きと同じ向きの単位ベクトルを **基本ベクトル** といい，それぞれ $\vec{e_1}$，$\vec{e_2}$，$\vec{e_3}$ で表す。

A$(a_1,\ a_2,\ a_3)$ のとき，$\vec{a} = \overrightarrow{OA}$ は次のように表される。

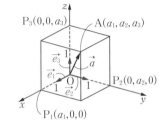

$$\vec{a} = a_1\vec{e_1} + a_2\vec{e_2} + a_3\vec{e_3} \quad \cdots\ \text{基本ベクトル表示}$$
$$\vec{a} = (a_1,\ a_2,\ a_3) \qquad \cdots\ \text{成分表示}$$

(4) 成分とベクトルの相等

2つのベクトル $\vec{a} = (a_1,\ a_2,\ a_3)$，$\vec{b} = (b_1,\ b_2,\ b_3)$ に対して

$$\vec{a} = \vec{b} \iff a_1 = b_1,\ a_2 = b_2,\ a_3 = b_3$$

(5) ベクトルの大きさ

$\vec{a} = (a_1,\ a_2,\ a_3)$ のとき $\quad |\vec{a}| = \sqrt{a_1{}^2 + a_2{}^2 + a_3{}^2}$

(6) 成分による演算

(ア) $(a_1,\ a_2,\ a_3) + (b_1,\ b_2,\ b_3) = (a_1 + b_1,\ a_2 + b_2,\ a_3 + b_3)$

(イ) $(a_1,\ a_2,\ a_3) - (b_1,\ b_2,\ b_3) = (a_1 - b_1,\ a_2 - b_2,\ a_3 - b_3)$

(ウ) $k(a_1,\ a_2,\ a_3) = (ka_1,\ ka_2,\ ka_3)$ $\quad$(k は実数)

(7) 空間座標とベクトルの成分

A$(a_1,\ a_2,\ a_3)$，B$(b_1,\ b_2,\ b_3)$ のとき

$$\overrightarrow{AB} = (b_1 - a_1,\ b_2 - a_2,\ b_3 - a_3)$$
$$|\overrightarrow{AB}| = \sqrt{(b_1 - a_1)^2 + (b_2 - a_2)^2 + (b_3 - a_3)^2}$$

$|\overrightarrow{AB}|$ は線分 AB の長さを表している。

① $\vec{a} = (1,\ 1,\ -4)$, $\vec{b} = (2,\ -3,\ 6)$ について

$|\vec{a}| = \sqrt{1^2 + 1^2 + (-4)^2} = 3\sqrt{2}$, $|\vec{b}| = \sqrt{2^2 + (-3)^2 + 6^2} = 7$ である。

また，$2\vec{a} - \vec{b}$ を成分表示すると

$$2\vec{a} - \vec{b} = 2(1,\ 1,\ -4) - (2,\ -3,\ 6)$$
$$= (2,\ 2,\ -8) - (2,\ -3,\ 6) = (0,\ 5,\ -14)$$

② $A(2,\ 1,\ -2)$, $B(5,\ -3,\ -2)$ について

$\overrightarrow{AB} = (5-2,\ -3-1,\ -2-(-2)) = (3,\ -4,\ 0)$ であるから

$|\overrightarrow{AB}| = \sqrt{3^2 + (-4)^2 + 0^2} = 5$ である。

3 | 空間のベクトルの内積

(1) ベクトルの内積

空間の $\vec{0}$ でない 2 つのベクトル $\vec{a}$ と $\vec{b}$ のなす角を θ $(0° \leqq \theta \leqq 180°)$ とするとき

$$\vec{a} \cdot \vec{b} = |\vec{a}||\vec{b}|\cos\theta \quad (\vec{a} = \vec{0} \text{ または } \vec{b} = \vec{0} \text{ のときは } \vec{a} \cdot \vec{b} = 0 \text{ と定める})$$

(2) 空間のベクトルの成分と内積

$\vec{a} = (a_1,\ a_2,\ a_3)$, $\vec{b} = (b_1,\ b_2,\ b_3)$ のとき

(ア) $\vec{a} \cdot \vec{b} = a_1 b_1 + a_2 b_2 + a_3 b_3$

(イ) $\vec{a} \neq \vec{0}$, $\vec{b} \neq \vec{0}$ のとき，$\vec{a}$ と $\vec{b}$ のなす角を θ $(0° \leqq \theta \leqq 180°)$ とすると

$$\cos\theta = \frac{\vec{a} \cdot \vec{b}}{|\vec{a}||\vec{b}|} = \frac{a_1 b_1 + a_2 b_2 + a_3 b_3}{\sqrt{a_1^2 + a_2^2 + a_3^2}\sqrt{b_1^2 + b_2^2 + b_3^2}}$$

また $\vec{a} \perp \vec{b} \iff \vec{a} \cdot \vec{b} = a_1 b_1 + a_2 b_2 + a_3 b_3 = 0$

例 $\vec{a} = (1,\ 2,\ 5)$, $\vec{b} = (3,\ 1,\ -1)$ のとき

$$\vec{a} \cdot \vec{b} = 1 \times 3 + 2 \times 1 + 5 \times (-1) = 0$$

また，$\vec{a} \neq \vec{0}$, $\vec{b} \neq \vec{0}$ であるから，$\vec{a} \perp \vec{b}$ である。

4 | 位置ベクトル

(1) 位置ベクトル

平面のときと同様に，空間においても定点 O をとると，点 P の位置は $\overrightarrow{OP} = \vec{p}$ によって定まる。このとき，$\vec{p}$ を点 O を基準とする点 P の **位置ベクトル** といい，$P(\vec{p})$ と表す。2 点 $A(\vec{a})$, $B(\vec{b})$ に対して $\overrightarrow{AB} = \vec{b} - \vec{a}$

(2) 分点の位置ベクトル

2 点 $A(\vec{a})$, $B(\vec{b})$ について，線分 AB を $m:n$ に内分する点を $P(\vec{p})$ とすると

$$\vec{p} = \frac{n\vec{a} + m\vec{b}}{m + n}$$

■ $m:n$ に外分する点のときは，$m:(-n)$ に内分すると考える。

(3) 一直線上にあるための条件

3点 A, B, C が一直線上にある

$\iff$ $\overrightarrow{\mathrm{AC}} = k\overrightarrow{\mathrm{AB}}$ となる実数 k が存在する

(4) 同一平面上にあるための条件

4点 A, B, C, D が同一平面上にある

$\iff$ $\overrightarrow{\mathrm{AD}} = k\overrightarrow{\mathrm{AB}} + l\overrightarrow{\mathrm{AC}}$ となる実数 k, l が存在する

> 例 空間上の3点 A(1, -2, 0), B(4, 1, -3), C(0, -3, 1) について
>
> (1) AB を $2:1$ に内分する点を P とすると
>
> $$\overrightarrow{\mathrm{OP}} = \frac{1 \cdot \overrightarrow{\mathrm{OA}} + 2\overrightarrow{\mathrm{OB}}}{2+1} = \frac{1}{3}\{(1,\ -2,\ 0) + 2(4,\ 1,\ -3)\}$$
>
> $$= \frac{1}{3}(9,\ 0,\ -6) = (3,\ 0,\ -2)$$
>
> となるから P(3, 0, -2)
>
> (2) $\overrightarrow{\mathrm{AB}} = (4-1,\ 1-(-2),\ -3-0) = (3,\ 3,\ -3)$
>
> $\overrightarrow{\mathrm{AC}} = (0-1,\ -3-(-2),\ 1-0) = (-1,\ -1,\ 1)$
>
> よって, $\overrightarrow{\mathrm{AC}} = -\dfrac{1}{3}\overrightarrow{\mathrm{AB}}$ が成り立つから, 3点 A, B, C は一直線上にある。

---

5 | 空間図形へのベクトルの応用

(1) 空間の直線の方程式

点 $\mathrm{A}(\vec{a})$ を通り, $\vec{u}$ ($\neq \vec{0}$) に平行な直線 l のベクトル方

程式は $\vec{p} = \vec{a} + t\vec{u}$ (t は媒介変数)

$\vec{u}$ を直線 l の **方向ベクトル** という。

(2) 球の方程式

(ア) 点 $\mathrm{C}(\vec{c})$ を中心とし, 半径 r の球のベクトル方程式

は $|\vec{p} - \vec{c}| = r$

(イ) 点 C(a, b, c) を中心とする半径 r の球の方程式は

$$(x-a)^2 + (y-b)^2 + (z-c)^2 = r^2$$

特に, 原点 O を中心とする半径 r の球の方程式は

$$x^2 + y^2 + z^2 = r^2$$

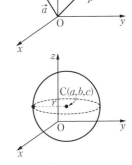

> 例 原点 O を中心とする半径 1 の球の方程式は
>
> $$x^2 + y^2 + z^2 = 1$$
>
> 点 (1, -2, -3) を中心とする半径 $\sqrt{5}$ の球の方程式は
>
> $$(x-1)^2 + (y+2)^2 + (z+3)^2 = 5$$

Quick Check 4

▶▶解答編 p.50

空間における座標

① 右の図のような直方体 OABC−DEFG がある。頂点 A, C, D の座標がそれぞれ A(2, 0, 0), C(0, 3, 0), D(0, 0, 4) のとき，次のものを求めよ。

(1) 頂点 B, E, F, G の座標

(2) 線分 OF の長さ

(3) 平面 ABFE, 平面 FBCG, 平面 DEFG の方程式

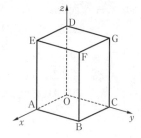

空間におけるベクトル

② $\vec{a} = (1, -1, 2)$, $\vec{b} = (2, -3, 1)$, $\vec{c} = (x, y, 6)$ について

(1) $\vec{a}$ および $\vec{b}$ の大きさを求めよ。

(2) $\vec{a} + \vec{b}$, $3\vec{a} - 2\vec{b}$ を成分表示せよ。また，その大きさをそれぞれ求めよ。

(3) $\vec{a} \parallel \vec{c}$ となるような x, y の値をそれぞれ求めよ。

空間のベクトルの内積

③ (1) $\vec{a} = (1, 2, 3)$, $\vec{b} = (3, -2, 2)$, $\vec{c} = (-1, 4, -2)$ について，内積 $\vec{a} \cdot \vec{b}$, $\vec{b} \cdot \vec{c}$, $\vec{c} \cdot \vec{a}$ の値をそれぞれ求めよ。

(2) $\vec{a} = (1, 0, 1)$, $\vec{b} = (-1, 1, 0)$ のなす角 θ $(0° \leq \theta \leq 180°)$ を求めよ。

(3) $\vec{a} = (5, -3, 4)$, $\vec{b} = (x, x-2, 1)$ について，$\vec{a} \perp \vec{b}$ のとき，x の値を求めよ。

位置ベクトル

④ 空間上の 3 点 A(2, 1, −3), B(−1, 4, 2), C(5, 4, −2) に対して，次の点の座標を求めよ。

(1) 線分 AB の中点 M

(2) 線分 AB を 1:2 に内分する点 D

(3) 線分 AB を 2:1 に外分する点 E

(4) △ABC の重心 G

空間図形へのベクトルの応用

⑤ 次の球の方程式を求めよ。

(1) 原点 O を中心とし，半径 3 の球

(2) 点 A(1, 2, 3) を中心とし，点 B(2, 0, −1) を通る球

点 A(2, 3, 4) に対して，次の点の座標を求めよ。
(1) yz 平面，zx 平面に関してそれぞれ対称な点 B，C
(2) x 軸，y 軸に関してそれぞれ対称な点 D，E
(3) 原点に関して対称な点 F
(4) 平面 $x = 1$ に関して対称な点 G

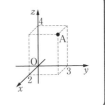

思考のプロセス

対応を考える

(1) xy 平面に関して対称

x, y 座標の符号は変わらない。

(2) y 軸に関して対称

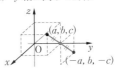

y 座標の符号は変わらない。

(3) 原点に関して対称

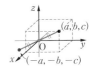

Action≫ 座標軸，座標平面に関しての対称点は，各座標の符号に注意せよ

解 (1) 点 A から yz 平面，zx 平面に垂線 AP，AQ を下ろすと，
P(0, 3, 4)，Q(2, 0, 4) であるから
B(−2, 3, 4)，C(2, −3, 4)

◀ yz 平面 ⟺ 平面 $x = 0$
◀ yz 平面に関して対称な点
⇒ x 座標の符号が変わる。
zx 平面に関して対称な点
⇒ y 座標の符号が変わる。

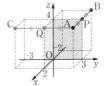

(2) 点 A から x 軸，y 軸に垂線 AR，AS を下ろすと，
R(2, 0, 0)，S(0, 3, 0) であるから
D(2, −3, −4)，E(−2, 3, −4)

◀ x 軸に関して対称な点
⇒ y, z 座標の符号が変わる。
y 軸に関して対称な点
⇒ x, z 座標の符号が変わる。

(3) AO = FO であるから **F(−2, −3, −4)**

◀ 原点に関して対称な点
⇒ x, y, z 座標すべての符号が変わる。

(4) 点 A から平面 $x = 1$ に垂線 AT を下ろすと，
T(1, 3, 4) であるから
G(0, 3, 4)

◀ y, z 座標は変わらない。求める x 座標を p とおくと $\dfrac{2+p}{2} = 1$

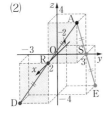

練習 **33** 次の平面，直線，点に関して，点 A(4, −2, 3) と対称な点の座標を求めよ。
(1) xy 平面　　(2) yz 平面　　(3) x 軸
(4) z 軸　　　(5) 原点　　　　(6) 平面 $z = 1$

D
★☆☆☆

> 3点 O$(0,\ 0,\ 0)$, A$(1,\ 2,\ 2)$, B$(-1,\ 2,\ 3)$ に対して，次の点の座標を求めよ。
>
> (1) 2点 A，B から等距離にある z 軸上の点 P
>
> (2) 3点 O，A，B から等距離にある平面 $z = 1$ 上にある点 Q

思考のプロセス

数学Ⅱの「図形と方程式」で学習した考え方を空間にも応用して考える。

未知のものを文字でおく

(1) 点 P は z 軸上の点 $\Longrightarrow$ P$(\boxed{},\ \boxed{},\ z)$ とおける。

　　点 P は A，B から等距離 $\Longrightarrow$ AP $=$ BP

Action>> 距離に関する条件は，距離の２乗を利用せよ

(2) 点 Q は平面 $z = 1$ の点 $\Longrightarrow$ Q$(x,\ y,\ \boxed{})$ とおける。

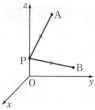

解 (1) 点 P は z 軸上にあるから，P$(0,\ 0,\ z)$ とおける。

　　AP $=$ BP であるから　　AP$^2 =$ BP^2　　$\cdots$①

　　　　AP$^2 = (0-1)^2 + (0-2)^2 + (z-2)^2$

　　　　　　$= z^2 - 4z + 9$

　　　　BP$^2 = \{0-(-1)\}^2 + (0-2)^2 + (z-3)^2$

　　　　　　$= z^2 - 6z + 14$

　　① より　　$z^2 - 4z + 9 = z^2 - 6z + 14$

　　よって，$z = \dfrac{5}{2}$ であるから　　P$\left(0,\ 0,\ \dfrac{5}{2}\right)$

　　◀ AP > 0, BP > 0 より
　　　AP $=$ BP $\Longleftrightarrow$ AP$^2 =$ BP^2

　　◀ $z^2 - 4z + 9 = z^2 - 6z + 14$
　　　より　$2z = 5$
　　　よって　$z = \dfrac{5}{2}$

(2) 点 Q は平面 $z = 1$ 上にあるから，Q$(x,\ y,\ 1)$ とおける。

　　OQ $=$ AQ $=$ BQ であるから　　OQ$^2 =$ AQ$^2 =$ BQ^2

　　　　OQ$^2 = x^2 + y^2 + 1^2 = x^2 + y^2 + 1$

　　　　AQ$^2 = (x-1)^2 + (y-2)^2 + (1-2)^2$

　　　　　　$= x^2 + y^2 - 2x - 4y + 6$

　　　　BQ$^2 = (x+1)^2 + (y-2)^2 + (1-3)^2$

　　　　　　$= x^2 + y^2 + 2x - 4y + 9$

　　OQ$^2 =$ AQ^2 より　　$2x + 4y - 5 = 0$　　$\cdots$②

　　AQ$^2 =$ BQ^2 より　　$4x + 3 = 0$　　　　　$\cdots$③

　　②，③ より　　$x = -\dfrac{3}{4}$,　$y = \dfrac{13}{8}$

　　よって　　Q$\left(-\dfrac{3}{4},\ \dfrac{13}{8},\ 1\right)$

　　◀ OQ$^2 =$ AQ$^2 =$ BQ^2
　　　$\Longleftrightarrow \begin{cases} \text{OQ}^2 = \text{AQ}^2 \\ \text{AQ}^2 = \text{BQ}^2 \end{cases}$

　　◀ ③ より　$x = -\dfrac{3}{4}$

　　◀ ② に代入して　$y = \dfrac{13}{8}$

練習 **34**　3点 A$(2,\ -3,\ 1)$, B$(-1,\ -2,\ 5)$, C$(0,\ 1,\ 3)$ について

　　(1) 2点 A，B から等距離にある y 軸上の点 P の座標を求めよ。

　　(2) 3点 A，B，C から等距離にある zx 平面上の点 Q の座標を求めよ。

➡ p.105　問題34

★☆☆☆

平行六面体 ABCD－EFGH において，
$\overrightarrow{AB} = \vec{a}$, $\overrightarrow{AD} = \vec{b}$, $\overrightarrow{AE} = \vec{c}$ とする。

(1) $\overrightarrow{FH}$, $\overrightarrow{AG}$, $\overrightarrow{FD}$ を，それぞれ $\vec{a}$, $\vec{b}$, $\vec{c}$ で表せ。

(2) $\overrightarrow{AG} + \overrightarrow{CE} = \overrightarrow{DF} + \overrightarrow{BH}$ が成り立つことを証明せよ。

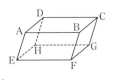

思考のプロセス

既知の問題に帰着

(1) 例題 4 の内容を空間に拡張した問題である。

　3 組の向かい合う面が平行である六面体を**平行六面体**という。

① 図の中にある $\vec{a}$, $\vec{b}$, $\vec{c}$ に等しいベクトルを探す。

② それらやその逆ベクトルをつないで，求めるベクトルを表す。

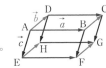

«ReAction　ベクトルの分解は，平行な辺を探して $\overrightarrow{AB} = \overrightarrow{AC} + \overrightarrow{CB}$ を使え　◀例題 4

(2) 平面ベクトル … $\vec{0}$ でなく平行でない　　2 つのベクトルですべてのベクトルを表す。
　　空間ベクトル … $\vec{0}$ でなく同一平面にない 3 つのベクトルですべてのベクトルを表す。
　　　　　　　　　　　　　　1 次独立

（左辺）$= \overrightarrow{AG} + \overrightarrow{CE} = (\vec{a}, \vec{b}, \vec{c}$ の式$)$ ◀──
（右辺）$= \overrightarrow{DF} + \overrightarrow{BH} = (\vec{a}, \vec{b}, \vec{c}$ の式$)$ ◀── 一致することを示す。

解 (1) $\overrightarrow{FH} = \overrightarrow{FE} + \overrightarrow{EH}$

$= (-\overrightarrow{AB}) + \overrightarrow{AD}$

$= -\vec{a} + \vec{b}$

◀ $\overrightarrow{FH} = \overrightarrow{BD} = \overrightarrow{AD} - \overrightarrow{AB}$
$= \vec{b} - \vec{a}$
としてもよい。

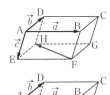

$\overrightarrow{AG} = \overrightarrow{AB} + \overrightarrow{BC} + \overrightarrow{CG}$

$= \overrightarrow{AB} + \overrightarrow{AD} + \overrightarrow{AE}$

$= \vec{a} + \vec{b} + \vec{c}$

$\overrightarrow{FD} = \overrightarrow{FE} + \overrightarrow{EH} + \overrightarrow{HD}$

◀ $\overrightarrow{FD} = \overrightarrow{AD} - \overrightarrow{AF}$
$= \vec{b} - (\vec{a} + \vec{c})$
としてもよい。

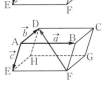

$= (-\overrightarrow{AB}) + \overrightarrow{AD} + (-\overrightarrow{AE})$

$= -\vec{a} + \vec{b} - \vec{c}$

◀ $\overrightarrow{FE} = \overrightarrow{BA} = -\overrightarrow{AB}$
$\overrightarrow{HD} = \overrightarrow{EA} = -\overrightarrow{AE}$

(2) $\overrightarrow{CE} = \overrightarrow{CD} + \overrightarrow{DA} + \overrightarrow{AE}$

$= -\vec{a} - \vec{b} + \vec{c}$

◀ $\overrightarrow{CE}$ を $\vec{a}$, $\vec{b}$, $\vec{c}$ で表して，
$\overrightarrow{AG} + \overrightarrow{CE}$ を考える。

よって，(1) より

$\overrightarrow{AG} + \overrightarrow{CE} = (\vec{a} + \vec{b} + \vec{c}) + (-\vec{a} - \vec{b} + \vec{c}) = 2\vec{c}$

また　　$\overrightarrow{BH} = \overrightarrow{BA} + \overrightarrow{AD} + \overrightarrow{DH} = -\vec{a} + \vec{b} + \vec{c}$

◀ $\overrightarrow{BH}$ を $\vec{a}$, $\vec{b}$, $\vec{c}$ で表して，
$\overrightarrow{DF} + \overrightarrow{BH}$ を考える。

よって，(1) より

$\overrightarrow{DF} + \overrightarrow{BH} = -(-\vec{a} + \vec{b} - \vec{c}) + (-\vec{a} + \vec{b} + \vec{c}) = 2\vec{c}$

◀ $\overrightarrow{DF} = -\overrightarrow{FD}$

したがって　　$\overrightarrow{AG} + \overrightarrow{CE} = \overrightarrow{DF} + \overrightarrow{BH}$

練習 35　平行六面体 ABCD－EFGH において，$\overrightarrow{AB} = \vec{a}$, $\overrightarrow{AD} = \vec{b}$, $\overrightarrow{AE} = \vec{c}$ とする。
このとき，次のベクトルを $\vec{a}$, $\vec{b}$, $\vec{c}$ で表せ。

(1) $\overrightarrow{CF}$　　　　　　　(2) $\overrightarrow{HB}$　　　　　　　(3) $\overrightarrow{EC} + \overrightarrow{AG}$

➡ p.105 問題35

例題 **36**　空間のベクトルの成分による分解　★★☆☆

3つのベクトル $\vec{a} = (1,\ 2,\ -1)$, $\vec{b} = (-2,\ -3,\ 1)$, $\vec{c} = (-1,\ 2,\ 3)$ について, $\vec{p} = (1,\ 13,\ 6)$ を $l\vec{a} + m\vec{b} + n\vec{c}$ の形で表せ。

思考のプロセス

例題6(2)の内容を空間に拡張した問題である。

対応を考える

$\vec{a} = (a_1,\ a_2,\ a_3)$, $\vec{b} = (b_1,\ b_2,\ b_3)$ のとき　$\vec{a} = \vec{b} \iff \begin{cases} a_1 = b_1 \\ a_2 = b_2 \\ a_3 = b_3 \end{cases}$

Action≫ 2つのベクトルが等しいときは, x, y, z 成分がそれぞれ等しいとせよ

解　$l\vec{a} + m\vec{b} + n\vec{c}$
$= l(1,\ 2,\ -1) + m(-2,\ -3,\ 1) + n(-1,\ 2,\ 3)$
$= (l - 2m - n,\ 2l - 3m + 2n,\ -l + m + 3n)$

これが $\vec{p}$ に等しいから
　$(1,\ 13,\ 6) = (l - 2m - n,\ 2l - 3m + 2n,\ -l + m + 3n)$

成分を比較すると

$$\begin{cases} l - 2m - n = 1 & \cdots ① \\ 2l - 3m + 2n = 13 & \cdots ② \\ -l + m + 3n = 6 & \cdots ③ \end{cases}$$

①×2−② より　　$-m - 4n = -11$　　$\cdots ④$
①+③ より　　　$-m + 2n = 7$　　$\cdots ⑤$
⑤−④ より　　　$6n = 18$
よって　　　　　$n = 3$
⑤ に代入すると　　$m = -1$
$n = 3$, $m = -1$ を ① に代入すると　　$l = 2$
したがって　　$\vec{p} = 2\vec{a} - \vec{b} + 3\vec{c}$

ベクトルの相等
$(a_1,\ a_2,\ a_3) = (b_1,\ b_2,\ b_3)$
$\iff \begin{cases} a_1 = b_1 \\ a_2 = b_2 \\ a_3 = b_3 \end{cases}$

文字を1つずつ消去する。
ここではまず l を消去した。

Point....ベクトルの1次結合

空間において, 3つのベクトル $\vec{a}$, $\vec{b}$, $\vec{c}$ がいずれも $\vec{0}$ でなく, 同一平面上にないとき, $\vec{a}$, $\vec{b}$, $\vec{c}$ は **1次独立** であるという。
$\vec{a}$, $\vec{b}$, $\vec{c}$ が1次独立のとき, 空間の任意のベクトル $\vec{p}$ は $\vec{p} = l\vec{a} + m\vec{b} + n\vec{c}$ の形に, ただ1通りに表すことができる。また, $l\vec{a} + m\vec{b} + n\vec{c}$ の形の式を **$\vec{a}$, $\vec{b}$, $\vec{c}$ の1次結合** という。

練習**36**　3つのベクトル $\vec{a} = (2,\ 0,\ 1)$, $\vec{b} = (-1,\ 3,\ 4)$, $\vec{c} = (3,\ -2,\ 2)$ について, $\vec{p} = (-10,\ 10,\ 3)$ を $l\vec{a} + m\vec{b} + n\vec{c}$ の形で表せ。

⇒ p.105　問題36

例題 **37**　空間のベクトルの成分と大きさ　★☆☆☆

3 点 A(3, -2, 2), B(5, 1, -4), C(-1, 3, 1) において

(1) $\overrightarrow{AB}$ を成分表示し，その大きさ $|\overrightarrow{AB}|$ を求めよ。また，$\overrightarrow{AB}$ と同じ向きの単位ベクトルを成分表示せよ。

(2) $\overrightarrow{AD} = \overrightarrow{BC}$ となる点 D の座標を求めよ。

思考のプロセス

例題 7 の内容を空間に拡張した問題である。

(1) A(a_1, a_2, a_3), B(b_1, b_2, b_3) のとき

$\overrightarrow{AB} = \overrightarrow{OB} - \overrightarrow{OA} = (b_1 - a_1,\ b_2 - a_2,\ b_3 - a_3)$ ←──（終点）−（始点）

$|\overrightarrow{AB}| = \sqrt{(b_1 - a_1)^2 + (b_2 - a_2)^2 + (b_3 - a_3)^2}$

(2) 未知のものを文字でおく

D(x, y, z) とおき，$\overrightarrow{AD}$, $\overrightarrow{BC}$ を成分で表す。

Action≫ 成分表示されたベクトルの相等は，各成分がそれぞれ等しいとせよ

解 (1) $\overrightarrow{AB} = (5 - 3,\ 1 - (-2),\ -4 - 2)$

$= (2,\ 3,\ -6)$

よって　$|\overrightarrow{AB}| = \sqrt{2^2 + 3^2 + (-6)^2} = 7$

また，$\overrightarrow{AB}$ と同じ向きの単位ベクトルは

$\dfrac{\overrightarrow{AB}}{|\overrightarrow{AB}|} = \dfrac{1}{7}(2,\ 3,\ -6) = \left(\dfrac{2}{7},\ \dfrac{3}{7},\ -\dfrac{6}{7} \right)$

◀**Action** 例題 7

「$\vec{a}$ と同じ向きの単位ベクトルは，$\dfrac{\vec{a}}{|\vec{a}|}$ とせよ」

(2) 点 D の座標を (x, y, z) とおく。

$\overrightarrow{AD} = (x - 3,\ y - (-2),\ z - 2)$

$= (x - 3,\ y + 2,\ z - 2)$

$\overrightarrow{BC} = (-1 - 5,\ 3 - 1,\ 1 - (-4))$

$= (-6,\ 2,\ 5)$

$\overrightarrow{AD} = \overrightarrow{BC}$ より

$(x - 3,\ y + 2,\ z - 2) = (-6,\ 2,\ 5)$

成分を比較すると　$\begin{cases} x - 3 = -6 \\ y + 2 = 2 \\ z - 2 = 5 \end{cases}$

$x = -3$, $y = 0$, $z = 7$ より　**D(-3, 0, 7)**

◀ベクトルの相等

$(a_1, a_2, a_3) = (b_1, b_2, b_3)$

$\iff \begin{cases} a_1 = b_1 \\ a_2 = b_2 \\ a_3 = b_3 \end{cases}$

練習 37　3 点 A(-2, -1, 3), B(1, 0, 1), C(2, -3, 2) において

(1) $\overrightarrow{AB} + \overrightarrow{AC}$ を成分表示し，その大きさ $|\overrightarrow{AB} + \overrightarrow{AC}|$ を求めよ。

(2) $\overrightarrow{AB} = \overrightarrow{CD}$ となる点 D の座標を求めよ。

➡ p.105　問題37

$\vec{a} = (-1, \ 2, \ 3)$, $\vec{b} = (1, \ -1, \ -1)$, $\vec{c} = (2, \ 3, \ 8)$ のとき

(1) $|\vec{a} + t\vec{b}|$ の最小値，およびそのときの実数 t の値を求めよ。

(2) $\vec{a} + t\vec{b}$ と $\vec{c}$ が平行となるとき，実数 t の値を求めよ。

思考のプロセス

例題 9 の内容を空間に拡張した問題である。

既知の問題に帰着

(1) $|\vec{a} + t\vec{b}|$ は $\sqrt{\ }$ を含む式となる。$\Longrightarrow$ $|\vec{a} + t\vec{b}|^2$ の最小値から考える。

(2) 空間ベクトル … （成分は 1 つ増えるが）**平面ベクトルと同様の性質をもつ**

≪⒭Action $\vec{a} \ /\!/ \ \vec{b}$ **のときは，** $\vec{b} = k\vec{a}$ （k **は実数**）**とおけ** ◀例題 9

解 (1) $\vec{a} + t\vec{b} = (-1, \ 2, \ 3) + t(1, \ -1, \ -1)$
$= (-1+t, \ 2-t, \ 3-t)$

よって $|\vec{a} + t\vec{b}|^2 = (-1+t)^2 + (2-t)^2 + (3-t)^2$
$= 3t^2 - 12t + 14$
$= 3(t-2)^2 + 2$

ゆえに，$t = 2$ のとき，$|\vec{a} + t\vec{b}|^2$ は最小値 2 をとる。

このとき $|\vec{a} + t\vec{b}|$ も最小となり，最小値は $\sqrt{2}$

したがって，$|\vec{a} + t\vec{b}|$ は

$t = 2$ **のとき 最小値** $\sqrt{2}$

▶ 2 乗して根号を外し，t の 2 次式 $|\vec{a} + t\vec{b}|^2$ の最小値を考える。

◀ $|\vec{a} + t\vec{b}| \geqq 0$ であるから，$|\vec{a} + t\vec{b}|^2$ が最小となるとき $|\vec{a} + t\vec{b}|$ も最小となる。

(2) $(\vec{a} + t\vec{b}) \ /\!/ \ \vec{c}$ となるとき，$\vec{a} + t\vec{b} = k\vec{c}$ （k は実数）とおける。

よって $(-1+t, \ 2-t, \ 3-t) = (2k, \ 3k, \ 8k)$

成分を比較すると $\begin{cases} -1+t = 2k & \cdots ① \\ 2-t = 3k & \cdots ② \\ 3-t = 8k & \cdots ③ \end{cases}$

①，② より $t = \dfrac{7}{5}$, $k = \dfrac{1}{5}$

これらは ③ を満たす。

したがって $t = \dfrac{7}{5}$

①，②，③ の 3 つの方程式をすべて満たす t, k の組を求めるから，①，② の 2 式から得られた t, k の値が ③ を満たすか確認しなければならない。

練習 38 $\vec{a} = (2, \ 3, \ 4)$, $\vec{b} = (3, \ 2, \ 1)$, $\vec{c} = (1, \ -1, \ -3)$ のとき

(1) $|\vec{a} + t\vec{b}|$ の最小値，およびそのときの実数 t の値を求めよ。

(2) $\vec{a} + t\vec{b}$ と $\vec{c}$ が平行となるとき，実数 t の値を求めよ。

→ p.105 問題38

1辺の長さが a の立方体 ABCD－EFGH において，次の内積を求めよ。

(1) $\overrightarrow{\mathrm{AB}} \cdot \overrightarrow{\mathrm{AC}}$ (2) $\overrightarrow{\mathrm{BD}} \cdot \overrightarrow{\mathrm{BG}}$

(3) $\overrightarrow{\mathrm{AH}} \cdot \overrightarrow{\mathrm{EB}}$ (4) $\overrightarrow{\mathrm{EC}} \cdot \overrightarrow{\mathrm{EG}}$

思考のプロセス

図で考える

例題 10 の内容を空間に拡張した問題である。

〔内積の定義〕平面と同様

$$\vec{a} \cdot \vec{b} = |\vec{a}||\vec{b}|\cos\theta$$

$\longleftarrow$ $\vec{a}$ と $\vec{b}$ のなす角

≪ReAction 内積は，ベクトルの大きさと始点をそろえてなす角を調べよ ◀例題 10

(3) 始点がそろっていないことに注意。

解 (1) $|\overrightarrow{\mathrm{AB}}| = a$, $|\overrightarrow{\mathrm{AC}}| = \sqrt{2}\,a$,

$\angle \mathrm{BAC} = 45°$ であるから

$\overrightarrow{\mathrm{AB}} \cdot \overrightarrow{\mathrm{AC}} = a \times \sqrt{2}\,a \times \cos 45°$
$= a^2$

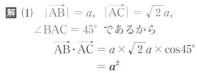

◀△ABC は
$\angle \mathrm{B} = 90°$
の直角二等
辺三角形

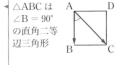

(2) $|\overrightarrow{\mathrm{BD}}| = |\overrightarrow{\mathrm{BG}}| = \sqrt{2}\,a$,

$\angle \mathrm{DBG} = 60°$ であるから

$\overrightarrow{\mathrm{BD}} \cdot \overrightarrow{\mathrm{BG}} = \sqrt{2}\,a \times \sqrt{2}\,a \times \cos 60°$
$= a^2$

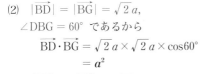

◀△BGD は
正三角形

(3) $|\overrightarrow{\mathrm{AH}}| = |\overrightarrow{\mathrm{EB}}| = \sqrt{2}\,a$,

$\overrightarrow{\mathrm{AH}}$ と $\overrightarrow{\mathrm{EB}}$ のなす角は $120°$ であるから

$\overrightarrow{\mathrm{AH}} \cdot \overrightarrow{\mathrm{EB}} = \sqrt{2}\,a \times \sqrt{2}\,a \times \cos 120°$
$= -a^2$

◀$\overrightarrow{\mathrm{EB}} = \overrightarrow{\mathrm{HC}}$ であり，
△AHC は正三角形より
$\angle \mathrm{AHC} = 60°$
よって，$\overrightarrow{\mathrm{AH}}$ と $\overrightarrow{\mathrm{EB}}$ のなす角は $120°$ である。

(4) $|\overrightarrow{\mathrm{EG}}| = \sqrt{2}\,a$,

$|\overrightarrow{\mathrm{EC}}| = \sqrt{\mathrm{EG}^2 + \mathrm{GC}^2} = \sqrt{3}\,a$

△CEG において

$\cos \angle \mathrm{CEG} = \dfrac{\sqrt{2}\,a}{\sqrt{3}\,a} = \dfrac{\sqrt{6}}{3}$

よって $\overrightarrow{\mathrm{EC}} \cdot \overrightarrow{\mathrm{EG}} = \sqrt{3}\,a \times \sqrt{2}\,a \times \cos \angle \mathrm{CEG} = \boldsymbol{2a^2}$

◀△CEG で $\angle \mathrm{EGC} = 90°$ より，三平方の定理を利用する。

◀△CEG は直角三角形であるから
$\cos \angle \mathrm{CEG} = \dfrac{\mathrm{EG}}{\mathrm{EC}}$

練習**39** $\mathrm{AB} = \sqrt{3}$, $\mathrm{AE} = 1$, $\mathrm{AD} = 1$ の直方体

ABCD－EFGH において，次の内積を求めよ。

(1) $\overrightarrow{\mathrm{AB}} \cdot \overrightarrow{\mathrm{AF}}$ (2) $\overrightarrow{\mathrm{AD}} \cdot \overrightarrow{\mathrm{HG}}$ (3) $\overrightarrow{\mathrm{ED}} \cdot \overrightarrow{\mathrm{GF}}$

(4) $\overrightarrow{\mathrm{EB}} \cdot \overrightarrow{\mathrm{DG}}$ (5) $\overrightarrow{\mathrm{AC}} \cdot \overrightarrow{\mathrm{AF}}$

→ p.105 問題39

〔1〕 次の 2 つのベクトルのなす角 θ $(0° \leqq \theta \leqq 180°)$ を求めよ。

(1) $\vec{a} = (1, \ -1, \ 2), \ \vec{b} = (-1, \ -2, \ 1)$

(2) $\vec{a} = (2, \ 1, \ 2), \ \vec{b} = (-1, \ -1, \ 0)$

〔2〕 3 点 A$(1, \ -2, \ 3)$, B$(-2, \ -1, \ 1)$, C$(2, \ 0, \ 6)$ について, $\angle$BAC の大きさを求めよ。

思考のプロセス

例題 11 の内容を空間に拡張した問題である。

定義に戻る

≪®Action 2つのベクトルのなす角は，内積の定義を利用せよ ◀例題 11

〔1〕 $\vec{a}$ と $\vec{b}$ のなす角を θ とおくと $\qquad \cos\theta = \dfrac{\vec{a} \cdot \vec{b}}{|\vec{a}||\vec{b}|}$

解 〔1〕 (1) $\vec{a} \cdot \vec{b} = 1 \times (-1) + (-1) \times (-2) + 2 \times 1 = 3$

$\qquad |\vec{a}| = \sqrt{1^2 + (-1)^2 + 2^2} = \sqrt{6}$

$\qquad |\vec{b}| = \sqrt{(-1)^2 + (-2)^2 + 1^2} = \sqrt{6}$

よって $\quad \cos\theta = \dfrac{\vec{a} \cdot \vec{b}}{|\vec{a}||\vec{b}|} = \dfrac{3}{\sqrt{6}\sqrt{6}} = \dfrac{1}{2}$

$0° \leqq \theta \leqq 180°$ より $\qquad \boldsymbol{\theta = 60°}$

(2) $\vec{a} \cdot \vec{b} = 2 \times (-1) + 1 \times (-1) + 2 \times 0 = -3$

$\qquad |\vec{a}| = \sqrt{2^2 + 1^2 + 2^2} = 3$

$\qquad |\vec{b}| = \sqrt{(-1)^2 + (-1)^2 + 0^2} = \sqrt{2}$

よって $\quad \cos\theta = \dfrac{\vec{a} \cdot \vec{b}}{|\vec{a}||\vec{b}|} = \dfrac{-3}{3\sqrt{2}} = -\dfrac{1}{\sqrt{2}}$

$0° \leqq \theta \leqq 180°$ より $\qquad \boldsymbol{\theta = 135°}$

〔2〕 $\overrightarrow{AB} = (-2-1, \ -1+2, \ 1-3) = (-3, \ 1, \ -2)$

$\qquad \overrightarrow{AC} = (2-1, \ 0+2, \ 6-3) = (1, \ 2, \ 3)$ より

$\qquad \overrightarrow{AB} \cdot \overrightarrow{AC} = (-3) \times 1 + 1 \times 2 + (-2) \times 3 = -7$

$\qquad |\overrightarrow{AB}| = \sqrt{(-3)^2 + 1^2 + (-2)^2} = \sqrt{14}$

$\qquad |\overrightarrow{AC}| = \sqrt{1^2 + 2^2 + 3^2} = \sqrt{14}$

よって $\quad \cos\angle BAC = \dfrac{\overrightarrow{AB} \cdot \overrightarrow{AC}}{|\overrightarrow{AB}||\overrightarrow{AC}|} = \dfrac{-7}{\sqrt{14}\sqrt{14}} = -\dfrac{1}{2}$

$0° \leqq \angle BAC \leqq 180°$ より $\qquad \boldsymbol{\angle BAC = 120°}$

右側注釈:
$\vec{a} = (a_1, \ a_2, \ a_3)$, $\vec{b} = (b_1, \ b_2, \ b_3)$ のとき $\vec{a} \cdot \vec{b} = a_1b_1 + a_2b_2 + a_3b_3$ $|\vec{a}| = \sqrt{a_1{}^2 + a_2{}^2 + a_3{}^2}$

ベクトルのなす角 θ は $0° \leqq \theta \leqq 180°$ で答える。

$\angle$BAC は $\overrightarrow{AB}$ と $\overrightarrow{AC}$ のなす角であるから，まず $\overrightarrow{AB}$, $\overrightarrow{AC}$ を求める。

練習40 〔1〕 次の 2 つのベクトルのなす角 θ $(0° \leqq \theta \leqq 180°)$ を求めよ。

(1) $\vec{a} = (-3, \ 1, \ 2), \ \vec{b} = (2, \ -3, \ 1)$

(2) $\vec{a} = (1, \ -1, \ 2), \ \vec{b} = (2, \ 0, \ -1)$

〔2〕 3 点 A$(2, \ 3, \ 1)$, B$(4, \ 5, \ 5)$, C$(4, \ 3, \ 3)$ について, $\triangle$ABC の面積を求めよ。

⇒ p.105 問題40

例題 41　空間のベクトルの垂直条件

> 2 つのベクトル $\vec{a} = (2, -1, 4)$, $\vec{b} = (1, 0, 1)$ の両方に垂直で，大きさ
> が 6 のベクトルを求めよ。

思考のプロセス

例題 13 の内容を空間に拡張した問題である。

未知のものを文字でおく

$\vec{p} = (x, y, z)$ とおくと $\left. \begin{array}{c} \vec{a} \perp \vec{p} \\ \vec{b} \perp \vec{p} \\ |\vec{p}| = 6 \end{array} \right\}$ 連立して，x, y, z を求める。

垂直条件も，平面ベクトルと同様である。

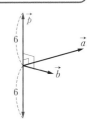

≪®Action $\vec{a} \perp \vec{b}$ のときは，$\vec{a} \cdot \vec{b} = 0$ とせよ ◀例題 13

解 求めるベクトルを $\vec{p} = (x, y, z)$ とおく。

$\vec{a} \perp \vec{p}$ より　　$\vec{a} \cdot \vec{p} = 2x - y + 4z = 0$　　$\cdots$①

$\vec{b} \perp \vec{p}$ より　　$\vec{b} \cdot \vec{p} = x + z = 0$　　　　　$\cdots$②

$|\vec{p}| = 6$ より　　$|\vec{p}|^2 = x^2 + y^2 + z^2 = 36$　$\cdots$③

② より　　$z = -x$　　$\cdots$④

これを ① に代入して整理すると　　$y = -2x$　　$\cdots$⑤

④，⑤ を ③ に代入すると

$$x^2 + (-2x)^2 + (-x)^2 = 36$$

$x^2 = 6$ より　　$x = \pm\sqrt{6}$

④，⑤ より

$x = \sqrt{6}$ のとき　　$y = -2\sqrt{6}$, $z = -\sqrt{6}$

$x = -\sqrt{6}$ のとき　　$y = 2\sqrt{6}$, $z = \sqrt{6}$

したがって，求めるベクトルは

$$\left(\sqrt{6}, -2\sqrt{6}, -\sqrt{6}\right), \left(-\sqrt{6}, 2\sqrt{6}, \sqrt{6}\right)$$

◀ $\vec{a} \neq \vec{0}$, $\vec{p} \neq \vec{0}$ のとき
　$\vec{a} \perp \vec{p} \Longleftrightarrow \vec{a} \cdot \vec{p} = 0$

◀ $|\vec{p}| = \sqrt{x^2 + y^2 + z^2}$

◀ ①，②から，x, y, z の
いずれか 1 文字で残りの
2 文字を表す。ここでは，
y と z をそれぞれ x の式
で表した。

◀ 2つのベクトルは互いに
逆ベクトルである。

Point....直線と平面の垂直

直線 l が平面 α 上のすべての直線と垂直であるとき，直線 l
は平面 α に垂直であるといい，$l \perp \alpha$ と表す。

一般に，直線 l が平面 α 上の平行でない 2 直線 m, n に垂直
ならば，l は α と垂直である。

例題 41 では，$\vec{a} = \overrightarrow{OA}$, $\vec{b} = \overrightarrow{OB}$ とすると，$\vec{p}$ は平面 OAB に
垂直なベクトルである。

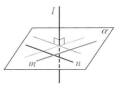

練習41　2 つのベクトル $\vec{a} = (1, 2, 4)$, $\vec{b} = (2, 1, -1)$ の両方に垂直で，大きさが
$2\sqrt{7}$ のベクトルを求めよ。

➡ p.106　問題41

Go Ahead 1　与えられたベクトルに垂直なベクトル

例題 41 のような，与えられたベクトルに垂直なベクトルを求める問題はよく目にします。ここでは，この垂直なベクトルの簡単な求め方について学習しましょう。

まず，平面ベクトルについて次のことが成り立ちます。

> $\vec{p} = (a, \ b) \ (\vec{p} \neq \vec{0})$ に垂直なベクトルの 1 つは　　$\vec{n} = (b, \ -a)$

実際，$\vec{p} \cdot \vec{n} = a \times b + b \times (-a) = 0$ となり，$\vec{p} \perp \vec{n}$ であることが分かります。
このことを利用すると，次のような問題を簡単に解くことができます。($\Rightarrow$ 例題 13 参照)

> **問題** $\vec{a} = (3, \ -4)$ に垂直な単位ベクトルを求めよ。
>
> **解答** $\vec{a} = (3, \ -4)$ に垂直なベクトルの 1 つは　　$\vec{n} = (-4, \ -3)$
> $|\vec{n}| = \sqrt{(-4)^2 + (-3)^2} = 5$ であるから，求める単位ベクトルは
> $$\pm \frac{\vec{n}}{|\vec{n}|} = \pm \frac{1}{5}(-4, \ -3) = \pm \left(-\frac{4}{5}, \ -\frac{3}{5} \right)$$

次に，空間におけるベクトルについて次のことが成り立ちます。

> 平行でない 2 つのベクトル $\vec{a} = (a_1, \ a_2, \ a_3)$, $\vec{b} = (b_1, \ b_2, \ b_3)$ $(\vec{a} \neq \vec{0}, \ \vec{b} \neq \vec{0})$ の両方に垂直なベクトルの 1 つは　　$\vec{n} = (a_2 b_3 - a_3 b_2, \ a_3 b_1 - a_1 b_3, \ a_1 b_2 - a_2 b_1)$

実際，内積 $\vec{a} \cdot \vec{n}$, $\vec{b} \cdot \vec{n}$ を計算すると
$$\vec{a} \cdot \vec{n} = a_1(a_2 b_3 - a_3 b_2) + a_2(a_3 b_1 - a_1 b_3) + a_3(a_1 b_2 - a_2 b_1)$$
$$= a_1 a_2 b_3 - a_1 a_3 b_2 + a_2 a_3 b_1 - a_1 a_2 b_3 + a_1 a_3 b_2 - a_2 a_3 b_1 = 0$$
$$\vec{b} \cdot \vec{n} = b_1(a_2 b_3 - a_3 b_2) + b_2(a_3 b_1 - a_1 b_3) + b_3(a_1 b_2 - a_2 b_1)$$
$$= a_2 b_1 b_3 - a_3 b_1 b_2 + a_3 b_1 b_2 - a_1 b_2 b_3 + a_1 b_2 b_3 - a_2 b_1 b_3 = 0$$
となり，$\vec{a} \perp \vec{n}$, $\vec{b} \perp \vec{n}$ であることが分かります。
このことを利用すると，$\vec{a} = (1, \ 2, \ 3)$, $\vec{b} = (4, \ 5, \ 6)$ の両方に垂直なベクトルの 1 つは
$$\vec{n} = (2 \cdot 6 - 3 \cdot 5, \ 3 \cdot 4 - 1 \cdot 6, \ 1 \cdot 5 - 2 \cdot 4) = (-3, \ 6, \ -3)$$

> $\vec{n}$ を $\vec{a}$, $\vec{b}$ の **外積** といい，$\vec{n} = \vec{a} \times \vec{b}$ と書くこともあります。

$\vec{n}$ の各成分は，右のようにすると覚えやすいです。
なお，このことは解答で用いるのではなく，検算に利用するようにしましょう。

x 成分 $\begin{pmatrix} a_1 & b_1 \\ a_2 & b_2 \\ a_3 & b_3 \end{pmatrix}$　y 成分 $\begin{pmatrix} a_1 & b_1 \\ a_2 & b_2 \\ a_3 & b_3 \end{pmatrix}$　z 成分 $\begin{pmatrix} a_1 & b_1 \\ a_2 & b_2 \\ a_3 & b_3 \end{pmatrix}$

$\downarrow$　　　$\downarrow$　　　$\downarrow$

$a_2 b_3 - a_3 b_2$　$a_3 b_1 - a_1 b_3$　$a_1 b_2 - a_2 b_1$

D 重要
★☆☆☆

例題 42　空間の位置ベクトル

3 点 A$(2,\ 3,\ -3)$, B$(5,\ -3,\ 3)$, C$(-1,\ 0,\ 6)$ に対して,
線分 AB, BC, CA を $2:1$ に内分する点をそれぞれ P, Q, R とする。

(1) 点 P, Q, R の座標を求めよ。

(2) △PQR の重心 G の座標を求めよ。

思考の
プロセス
例題 19 の内容を空間に拡張した問題である。

公式の利用

内分・外分・重心の位置ベクトルの公式は**平面でも空間でも変わらない**。

≪ⓡⒶction　線分 AB を $m:n$ に分ける点 P は, $\overrightarrow{\mathrm{OP}} = \dfrac{n\overrightarrow{\mathrm{OA}} + m\overrightarrow{\mathrm{OB}}}{m+n}$ とせよ　◀例題 19

解 (1) $\overrightarrow{\mathrm{OP}} = \dfrac{\overrightarrow{\mathrm{OA}} + 2\overrightarrow{\mathrm{OB}}}{2+1} = \dfrac{1}{3}\{(2,\ 3,\ -3) + 2(5,\ -3,\ 3)\}$

$= (4,\ -1,\ 1)$

$\overrightarrow{\mathrm{OQ}} = \dfrac{\overrightarrow{\mathrm{OB}} + 2\overrightarrow{\mathrm{OC}}}{2+1} = \dfrac{1}{3}\{(5,\ -3,\ 3) + 2(-1,\ 0,\ 6)\}$

$= (1,\ -1,\ 5)$

$\overrightarrow{\mathrm{OR}} = \dfrac{\overrightarrow{\mathrm{OC}} + 2\overrightarrow{\mathrm{OA}}}{2+1} = \dfrac{1}{3}\{(-1,\ 0,\ 6) + 2(2,\ 3,\ -3)\}$

$= (1,\ 2,\ 0)$

よって　**P$(4,\ -1,\ 1)$, Q$(1,\ -1,\ 5)$, R$(1,\ 2,\ 0)$**

◀ A$(2,\ 3,\ -3)$ より
$\overrightarrow{\mathrm{OA}} = (2,\ 3,\ -3)$

◀ $\overrightarrow{\mathrm{OP}}$, $\overrightarrow{\mathrm{OQ}}$, $\overrightarrow{\mathrm{OR}}$ の成分表示が点 P, Q, R の座標と一致する。

(2) $\overrightarrow{\mathrm{OG}} = \dfrac{\overrightarrow{\mathrm{OP}} + \overrightarrow{\mathrm{OQ}} + \overrightarrow{\mathrm{OR}}}{3}$

$= \dfrac{1}{3}\{(4,\ -1,\ 1) + (1,\ -1,\ 5) + (1,\ 2,\ 0)\}$

$= (2,\ 0,\ 2)$

よって　**G$(2,\ 0,\ 2)$**

◀ 重心の位置ベクトルを表す式である。

Point.... 各辺の分点を結んだ三角形の重心

△ABC において, 3 辺 AB, BC, CA を $m:n$ に分ける点を
それぞれ P, Q, R とするとき,

△ABC の重心と △PQR の重心は一致する。

例題 42 において, △ABC の重心の座標は

$$\left(\dfrac{2+5+(-1)}{3},\ \dfrac{3+(-3)+0}{3},\ \dfrac{(-3)+3+6}{3}\right)$$

すなわち, $(2,\ 0,\ 2)$ であり, △PQR の重心と一致する。

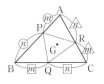

練習 42　3 点 A$(1,\ -1,\ 3)$, B$(-2,\ 3,\ 1)$, C$(4,\ 0,\ -2)$ に対して, 線分 AB, BC, CA を $3:2$ に外分する点をそれぞれ P, Q, R とする。

(1) 点 P, Q, R の座標を求めよ。　(2) △PQR の重心 G の座標を求めよ。

→ p.106　問題 42

例題 43　空間における３点が一直線上にある条件 ★★☆☆

平行六面体 OADB−CEFG において，△OAB，△OBC，△OCA の重心を
それぞれ P，Q，R とする。さらに，△ABC，△PQR の重心をそれぞれ S，T
とするとき，4 点 O，T，S，F は一直線上にあることを示せ。
また，OT : TS : SF を求めよ。

思考のプロセス

例題 21 の内容を空間に拡張した問題である。
３点が一直線上にある条件も，平面ベクトルと同様である。

《ReAction》　3点 A，B，C が一直線上を示すときは，$\overrightarrow{AC} = k\overrightarrow{AB}$ を導け ◀例題 21

基準を定める　$\vec{0}$ でなく同一平面上にない $\overrightarrow{OA} = \vec{a}$，$\overrightarrow{OB} = \vec{b}$，$\overrightarrow{OC} = \vec{c}$ を導入

4 点 O，T，S，F が
一直線上にある $\implies$ $\begin{cases} \overrightarrow{OS} = (\vec{a},\ \vec{b},\ \vec{c}\ \text{の式}) \\ \overrightarrow{OT} = (\vec{a},\ \vec{b},\ \vec{c}\ \text{の式}) \\ \overrightarrow{OF} = (\vec{a},\ \vec{b},\ \vec{c}\ \text{の式}) \end{cases}$ より $\begin{cases} \overrightarrow{OS} = \boxed{}^{実数}\ \overrightarrow{OF} \\ \overrightarrow{OT} = \boxed{}\ \overrightarrow{OF} \end{cases}$

解　$\overrightarrow{OA} = \vec{a}$，$\overrightarrow{OB} = \vec{b}$，$\overrightarrow{OC} = \vec{c}$ とおく。

P，Q，R，S はそれぞれ △OAB，△OBC，△OCA，
△ABC の重心であるから

$$\overrightarrow{OP} = \frac{\vec{a}+\vec{b}}{3}, \qquad \overrightarrow{OQ} = \frac{\vec{b}+\vec{c}}{3}, \qquad \overrightarrow{OR} = \frac{\vec{c}+\vec{a}}{3}$$

$$\overrightarrow{OS} = \frac{\vec{a}+\vec{b}+\vec{c}}{3} \qquad \cdots ①$$

さらに，点 T は △PQR の重心であるから

$$\overrightarrow{OT} = \frac{\overrightarrow{OP}+\overrightarrow{OQ}+\overrightarrow{OR}}{3}$$

$$= \frac{1}{3}\left(\frac{\vec{a}+\vec{b}}{3} + \frac{\vec{b}+\vec{c}}{3} + \frac{\vec{c}+\vec{a}}{3} \right)$$

$$= \frac{2}{9}(\vec{a}+\vec{b}+\vec{c}) \qquad \cdots ②$$

また　$\overrightarrow{OF} = \overrightarrow{OA}+\overrightarrow{AD}+\overrightarrow{DF} = \vec{a}+\vec{b}+\vec{c} \qquad \cdots ③$

①，②，③ より

$$\overrightarrow{OS} = \frac{1}{3}\overrightarrow{OF}, \qquad \overrightarrow{OT} = \frac{2}{9}\overrightarrow{OF}$$

よって，4 点 O，T，S，F は一直線上にある。
また　**OT : TS : SF = 2 : 1 : 6**

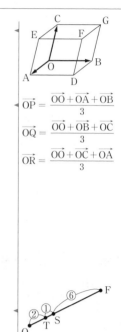

$\overrightarrow{OP} = \dfrac{\overrightarrow{OO}+\overrightarrow{OA}+\overrightarrow{OB}}{3}$

$\overrightarrow{OQ} = \dfrac{\overrightarrow{OO}+\overrightarrow{OB}+\overrightarrow{OC}}{3}$

$\overrightarrow{OR} = \dfrac{\overrightarrow{OO}+\overrightarrow{OC}+\overrightarrow{OA}}{3}$

練習 43　直方体 OADB−CEFG において，△ABC，△EDG の重心をそれぞれ S，T と
する。このとき，点 S，T は対角線 OF 上にあり，OF を 3 等分することを示
せ。

88

➡ p.106　問題 43

例題 44 空間における交点の位置ベクトル ★★☆☆

四面体 OABC の辺 AB, OC の中点をそれぞれ M, N, △ABC の重心を G とし, 線分 OG, MN の交点を P とする. $\overrightarrow{OA} = \vec{a}$, $\overrightarrow{OB} = \vec{b}$, $\overrightarrow{OC} = \vec{c}$ とするとき, $\overrightarrow{OP}$ を $\vec{a}$, $\vec{b}$, $\vec{c}$ で表せ.

思考のプロセス

例題 22 (1) の内容を空間に拡張した問題である.

≪ⓇeAction 2直線の交点の位置ベクトルは, 1次独立なベクトルを用いて2通りに表せ ◀例題22

見方を変える

点 P $\begin{cases} \text{線分 OG 上にある} \\ \implies \overrightarrow{OP} = k\overrightarrow{OG} \\ \\ \text{線分 MN 上にある} \\ \implies \overrightarrow{OP} = (1-t)\boxed{} + t\boxed{} \end{cases}$ $\begin{aligned} &= \boxed{ア}\vec{a} + \boxed{イ}\vec{b} + \boxed{ウ}\vec{c} \\ &= \boxed{ア}\vec{a} + \boxed{イ}\vec{b} + \boxed{ウ}\vec{c} \end{aligned}$ $\begin{array}{l}\text{1次独立のとき}\\ \begin{cases} \boxed{ア} = \boxed{ア} \\ \boxed{イ} = \boxed{イ} \\ \boxed{ウ} = \boxed{ウ} \end{cases}\end{array}$

解 $\overrightarrow{OM} = \dfrac{\vec{a}+\vec{b}}{2}$, $\overrightarrow{ON} = \dfrac{1}{2}\vec{c}$, $\overrightarrow{OG} = \dfrac{\vec{a}+\vec{b}+\vec{c}}{3}$

点 P は線分 OG 上にあるから,
$\overrightarrow{OP} = k\overrightarrow{OG}$ (k は実数) とおくと

$\overrightarrow{OP} = \dfrac{1}{3}k\vec{a} + \dfrac{1}{3}k\vec{b} + \dfrac{1}{3}k\vec{c}$ ··· ①

また, 点 P は線分 MN 上にあるから,
MP:PN $= t:(1-t)$ とおくと

$\overrightarrow{OP} = (1-t)\overrightarrow{OM} + t\overrightarrow{ON}$

$= \dfrac{1}{2}(1-t)\vec{a} + \dfrac{1}{2}(1-t)\vec{b} + \dfrac{1}{2}t\vec{c}$ ··· ②

$\vec{a}$, $\vec{b}$, $\vec{c}$ はいずれも $\vec{0}$ でなく, また同一平面上にないから, ①, ② より

$\dfrac{1}{3}k = \dfrac{1}{2}(1-t)$ かつ $\dfrac{1}{3}k = \dfrac{1}{2}t$

これらを連立して解くと $k = \dfrac{3}{4}$, $t = \dfrac{1}{2}$

したがって $\overrightarrow{OP} = \dfrac{1}{4}\vec{a} + \dfrac{1}{4}\vec{b} + \dfrac{1}{4}\vec{c}$

◀ 点 G は △ABC の重心であるから, 中線 CM 上にある. よって, G, N はそれぞれ △OMC の辺 CM, OC 上にあるから, 線分 OG と MN は1点で交わる.

◀ 点 P を △OMN の辺 MN の内分点と考える.

◀ 係数を比較するときは必ず1次独立であることを述べる.

Point.... 空間のベクトルと1次独立

空間における3つのベクトル $\vec{a}$, $\vec{b}$, $\vec{c}$ が1次独立のとき (いずれも $\vec{0}$ でなく, 同一平面上にないとき), 任意のベクトル $\vec{p}$ は $\vec{p} = l\vec{a} + m\vec{b} + n\vec{c}$ の形に, ただ1通りに表すことができる. すなわち

$l\vec{a} + m\vec{b} + n\vec{c} = l'\vec{a} + m'\vec{b} + n'\vec{c} \Longleftrightarrow l = l'$ かつ $m = m'$ かつ $n = n'$

練習 44 四面体 OABC において, 辺 AB, BC, CA を 2:3, 3:2, 1:4 に内分する点をそれぞれ L, M, N とし, 線分 CL と MN の交点を P とする. $\overrightarrow{OA} = \vec{a}$, $\overrightarrow{OB} = \vec{b}$, $\overrightarrow{OC} = \vec{c}$ とするとき, $\overrightarrow{OP}$ を $\vec{a}$, $\vec{b}$, $\vec{c}$ で表せ.

➡ p.106 問題44

3点 A$(-1, -1, 3)$, B$(0, -3, 4)$, C$(1, -2, 5)$ があり，xy 平面上に点 P を，z 軸上に点 Q をとる。

(1) 3点 A，B，P が一直線上にあるとき，点 P の座標を求めよ。

(2) 4点 A，B，C，Q が同一平面上にあるとき，点 Q の座標を求めよ。

思考のプロセス

基準を定める　条件＿＿について

(1) ⎰ 始点を A とする … $\overrightarrow{AP} = k\overrightarrow{AB}$
　　⎱ 始点を O とする … $\overrightarrow{OP} = s\overrightarrow{OA} + t\overrightarrow{OB}$ $(s+t=1)$

(2) ⎰ 始点を A とする … $\overrightarrow{AQ} = s\overrightarrow{AB} + t\overrightarrow{AC}$
　　⎱ 始点を O とする … $\overrightarrow{OQ} = s\overrightarrow{OA} + t\overrightarrow{OB} + u\overrightarrow{OC}$
　　　　　　　　　　　　　　　　　　　　　　　$(s+t+u=1)$

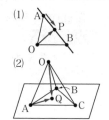

文字を減らす　ここでは，文字が少なくなるように，始点を A にして考える。

Action≫ 平面 ABC 上の点 P は，$\overrightarrow{AP} = s\overrightarrow{AB} + t\overrightarrow{AC}$ とおけ

解 $\overrightarrow{AB} = (1, -2, 1)$，$\overrightarrow{AC} = (2, -1, 2)$

(1) 点 P は xy 平面上にあるから，P$(x, y, 0)$ とおける。

3点 A，B，P が一直線上にあるとき，$\overrightarrow{AP} = k\overrightarrow{AB}$ となる実数 k が存在するから

$$(x+1, y+1, -3) = (k, -2k, k)$$

成分を比較すると

$$x+1 = k, \quad y+1 = -2k, \quad -3 = k$$

$k = -3$ より　$x = -4, y = 5$

したがって　**P$(-4, 5, 0)$**

(2) 点 Q は z 軸上にあるから，Q$(0, 0, z)$ とおける。

$\overrightarrow{AB} \neq \vec{0}$，$\overrightarrow{AC} \neq \vec{0}$ であり，$\overrightarrow{AB}$ と $\overrightarrow{AC}$ は平行でない。

よって，4点 A，B，C，Q が同一平面上にあるとき，$\overrightarrow{AQ} = s\overrightarrow{AB} + t\overrightarrow{AC}$ となる実数 s，t が存在するから

$$(1, 1, z-3) = s(1, -2, 1) + t(2, -1, 2)$$
$$= (s+2t, -2s-t, s+2t)$$

成分を比較すると

$$1 = s+2t, \quad 1 = -2s-t, \quad z-3 = s+2t$$

これを解くと　$s = -1, t = 1, z = 4$

したがって　**Q$(0, 0, 4)$**

傍注（右側）

$\overrightarrow{AB}$
$= (0+1, -3+1, 4-3)$
$= (1, -2, 1)$

$\overrightarrow{AC}$
$= (1+1, -2+1, 5-3)$
$= (2, -1, 2)$

$\overrightarrow{AP} = (x+1, y+1, -3)$
$k\overrightarrow{AB} = k(1, -2, 1)$
$= (k, -2k, k)$

◀ $\overrightarrow{AB}$ と $\overrightarrow{AC}$ は1次独立である。

◀ $\overrightarrow{AQ} = (1, 1, z-3)$

◀ **Play Back** 4 参照。

練習 45 3点 A$(-2, 1, 3)$, B$(-1, 3, 4)$, C$(1, 4, 5)$ があり，yz 平面上に点 P を，x 軸上に点 Q をとる。

(1) 3点 A，B，P が一直線上にあるとき，点 P の座標を求めよ。

(2) 4点 A，B，C，Q が同一平面上にあるとき，点 Q の座標を求めよ。

→ p.106 問題45

例題 **46** 同一平面上にある条件〔2〕 ★★☆☆

四面体 OABC において, 辺 OA の中点を M, 辺 BC を 1:2 に内分する点を Q, 線分 MQ の中点を R とし, 直線 OR と平面 ABC の交点を P とする。$\overrightarrow{OA} = \vec{a}$, $\overrightarrow{OB} = \vec{b}$, $\overrightarrow{OC} = \vec{c}$ とするとき

(1) $\overrightarrow{OR}$ を $\vec{a}$, $\vec{b}$, $\vec{c}$ で表せ。　　(2) $\overrightarrow{OP}$ を $\vec{a}$, $\vec{b}$, $\vec{c}$ で表せ。

思考のプロセス

(2) **既知の問題に帰着** 例題 22(2) の内容を空間に拡張した問題である。

〔平面〕P … A($\vec{a}$), B($\vec{b}$) を通る直線上

$\overrightarrow{OP}$
$= k\overrightarrow{OR}$
$= \boxed{} k\vec{a} + \boxed{} k\vec{b}$
└─ 和が 1 ─┘

〔空間〕P … A($\vec{a}$), B($\vec{b}$), C($\vec{c}$) を通る平面上

$\overrightarrow{OP}$
$= k\overrightarrow{OR}$
$= \boxed{} k\vec{a} + \boxed{} k\vec{b} + \boxed{} k\vec{c}$
└────── 和が 1 ──────┘

Action≫ 平面 ABC 上の点 P は, $\overrightarrow{OP} = s\overrightarrow{OA} + t\overrightarrow{OB} + u\overrightarrow{OC}$, $s+t+u=1$ とせよ

解 (1) 点 Q は辺 BC を 1:2 に内分する
点であるから

$$\overrightarrow{OQ} = \frac{2\overrightarrow{OB} + \overrightarrow{OC}}{1+2} = \frac{2\vec{b} + \vec{c}}{3}$$

点 R は線分 MQ の中点であるから

$$\overrightarrow{OR} = \frac{\overrightarrow{OM} + \overrightarrow{OQ}}{2}$$

$$= \frac{1}{2}\left(\frac{1}{2}\vec{a} + \frac{2\vec{b} + \vec{c}}{3} \right) = \frac{1}{4}\vec{a} + \frac{1}{3}\vec{b} + \frac{1}{6}\vec{c}$$

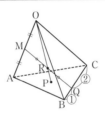

(2) 点 P は直線 OR 上にあるから, $\overrightarrow{OP} = k\overrightarrow{OR}$ (k は実数)

とおくと　　$\overrightarrow{OP} = \frac{1}{4}k\vec{a} + \frac{1}{3}k\vec{b} + \frac{1}{6}k\vec{c}$

点 P は平面 ABC 上にあるから　$\frac{1}{4}k + \frac{1}{3}k + \frac{1}{6}k = 1$

$k = \frac{4}{3}$ より　　$\overrightarrow{OP} = \frac{1}{3}\vec{a} + \frac{4}{9}\vec{b} + \frac{2}{9}\vec{c}$

◀ **ReAction** 例題 19
「線分 AB を $m:n$ に分ける点 P は,
$\overrightarrow{OP} = \frac{n\overrightarrow{OA} + m\overrightarrow{OB}}{m+n}$ と
せよ」

◀ $\overrightarrow{OM} = \frac{1}{2}\overrightarrow{OA}$

◀ 点 P が平面 ABC 上にあるから
$\overrightarrow{OP} = s\overrightarrow{OA} + t\overrightarrow{OB} + u\overrightarrow{OC}$
のとき　$s+t+u=1$

Point.... 4点が同一平面上にある条件

点 P が平面 ABC 上にあるとき, 次の等式を満たす実数 s, t, u が存在する。

(ア) $\overrightarrow{AP} = s\overrightarrow{AB} + t\overrightarrow{AC}$ 　　　　　　　(⇨例題 45)

(イ) $\overrightarrow{OP} = s\overrightarrow{OA} + t\overrightarrow{OB} + u\overrightarrow{OC}$, $s+t+u=1$ (⇨例題 46)

練習 46 四面体 OABC において, 辺 AC の中点を M, 辺 OB を 1:2 に内分する点を Q, 線分 MQ を 3:2 に内分する点を R とし, 直線 OR と平面 ABC との交点を P とする。$\overrightarrow{OA} = \vec{a}$, $\overrightarrow{OB} = \vec{b}$, $\overrightarrow{OC} = \vec{c}$ とするとき

(1) $\overrightarrow{OR}$ を $\vec{a}$, $\vec{b}$, $\vec{c}$ で表せ。　　(2) $\overrightarrow{OP}$ を $\vec{a}$, $\vec{b}$, $\vec{c}$ で表せ。

⇨p.106 問題46

Play Back 4 共線条件と共面条件, 2つの形の長所と短所

例題 43, 45, 46 で学習した 3 点 P, A, B が一直線上にある条件（共線条件），4 点 P, A, B, C が同一平面上にある条件（共面条件）は, 始点を与えられた点にするかどうかで 2 つの形がありました。

この 2 つは変形すると, 結果的に同じであることが分かります。

〔1〕 点 P が直線 AB 上にある $\Longleftrightarrow \overrightarrow{\mathrm{AP}} = t\overrightarrow{\mathrm{AB}}$

始点を O に変えると

$$\overrightarrow{\mathrm{OP}} - \overrightarrow{\mathrm{OA}} = t(\overrightarrow{\mathrm{OB}} - \overrightarrow{\mathrm{OA}})$$

よって　$\overrightarrow{\mathrm{OP}} = (1-t)\overrightarrow{\mathrm{OA}} + t\overrightarrow{\mathrm{OB}}$

$1-t = s$ とおくと

$$\overrightarrow{\mathrm{OP}} = s\overrightarrow{\mathrm{OA}} + t\overrightarrow{\mathrm{OB}}, \quad s+t = 1$$

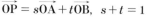

〔2〕 点 P が平面 ABC 上にある $\Longleftrightarrow \overrightarrow{\mathrm{AP}} = t\overrightarrow{\mathrm{AB}} + u\overrightarrow{\mathrm{AC}}$

始点を O に変えると

$$\overrightarrow{\mathrm{OP}} - \overrightarrow{\mathrm{OA}} = t(\overrightarrow{\mathrm{OB}} - \overrightarrow{\mathrm{OA}}) + u(\overrightarrow{\mathrm{OC}} - \overrightarrow{\mathrm{OA}})$$

よって

$$\overrightarrow{\mathrm{OP}} = (1-t-u)\overrightarrow{\mathrm{OA}} + t\overrightarrow{\mathrm{OB}} + u\overrightarrow{\mathrm{OC}}$$

$1-t-u = s$ とおくと

$$\overrightarrow{\mathrm{OP}} = s\overrightarrow{\mathrm{OA}} + t\overrightarrow{\mathrm{OB}} + u\overrightarrow{\mathrm{OC}}, \quad s+t+u = 1$$

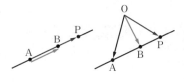

下の表の長所と短所を参考に, 与えられたベクトルや座標などの条件により使い分けを考えてみましょう。

	与えられた点 A を始点とする場合	始点を O とする場合
点 P が直線 AB 上にある条件	$\overrightarrow{\mathrm{AP}} = t\overrightarrow{\mathrm{AB}}$	$\overrightarrow{\mathrm{OP}} = s\overrightarrow{\mathrm{OA}} + t\overrightarrow{\mathrm{OB}}$ $s+t = 1$
点 P が平面 ABC 上にある条件	$\overrightarrow{\mathrm{AP}} = s\overrightarrow{\mathrm{AB}} + t\overrightarrow{\mathrm{AC}}$	$\overrightarrow{\mathrm{OP}} = s\overrightarrow{\mathrm{OA}} + t\overrightarrow{\mathrm{OB}} + u\overrightarrow{\mathrm{OC}}$ $s+t+u = 1$
長所と短所	文字が少なくてすむが, 座標と成分は異なる。	文字は多くなるが, 座標と成分が一致する。

例題 45(2) は, 図形の中の点 A を始点とした解答でしたが, 始点を O として次のように解くこともできます。

例題 45(2) の **(別解)**

点 Q が平面 ABC 上にあるとき　$\overrightarrow{\mathrm{OQ}} = s\overrightarrow{\mathrm{OA}} + t\overrightarrow{\mathrm{OB}} + u\overrightarrow{\mathrm{OC}}$

ただし　$s+t+u = 1$　…①

よって　$(0, 0, z) = s(-1, -1, 3) + t(0, -3, 4) + u(1, -2, 5)$

成分を比較すると

$0 = -s+u$ …②,　$0 = -s-3t-2u$ …③,　$z = 3s+4t+5u$ …④

①〜④を解くと, $s=1$, $t=-1$, $u=1$, $z=4$ より　Q(0, 0, 4)

四面体の体積　　　　　　　　　　★★★☆

4 点 A(1, 1, 0), B(2, 3, 3), C(−1, 2, 1), D(0, −6, 5) がある。

(1) △ABC の面積を求めよ。

(2) 直線 AD は平面 ABC に垂直であることを示せ。

(3) 四面体 ABCD の体積 V を求めよ。

思考のプロセス

(1)

$$\cos \angle BAC = \frac{\overrightarrow{AB} \cdot \overrightarrow{AC}}{|\overrightarrow{AB}||\overrightarrow{AC}|} \Longrightarrow S = \frac{1}{2}|\overrightarrow{AB}||\overrightarrow{AC}|\sin \angle BAC$$

△ABC の面積 S

$\cos \angle BAC$ より求める

$$S = \frac{1}{2}\sqrt{|\overrightarrow{AB}|^2|\overrightarrow{AC}|^2 - (\overrightarrow{AB} \cdot \overrightarrow{AC})^2}$$ の利用 (例題 18 参照)

(2) **目標の言い換え**

AD ⊥ 平面 ABC を示す $\Longrightarrow$ AD ⊥ ☐ かつ AD ⊥ ☐ を示す

平面 ABC 上の交わる 2 直線

Action≫ 直線 l と平面 α の垂直は，α 上の交わる 2 直線と l の垂直を考えよ

解 (1) $\overrightarrow{AB} = (1, 2, 3)$, $\overrightarrow{AC} = (-2, 1, 1)$ より

$$|\overrightarrow{AB}|^2 = 1^2 + 2^2 + 3^2 = 14$$

$$|\overrightarrow{AC}|^2 = (-2)^2 + 1^2 + 1^2 = 6$$

$$\overrightarrow{AB} \cdot \overrightarrow{AC} = 1 \times (-2) + 2 \times 1 + 3 \times 1 = 3$$

よって △ABC $= \frac{1}{2}\sqrt{|\overrightarrow{AB}|^2|\overrightarrow{AC}|^2 - (\overrightarrow{AB} \cdot \overrightarrow{AC})^2}$

$$= \frac{1}{2}\sqrt{14 \times 6 - 9} = \frac{5\sqrt{3}}{2}$$

◀ $\overrightarrow{AB} = (2-1, 3-1, 3-0)$
　$= (1, 2, 3)$
　$\overrightarrow{AC} = (-1-1, 2-1, 1-0)$
　$= (-2, 1, 1)$

◀ 例題 18 参照。
平面における三角形の面積公式は，空間における三角形にも適用できる。

(2) $\overrightarrow{AD} = (-1, -7, 5)$

平面 ABC 上の平行でない 2 つのベクトル $\overrightarrow{AB}$, $\overrightarrow{AC}$ について

$$\overrightarrow{AD} \cdot \overrightarrow{AB} = -1 \times 1 + (-7) \times 2 + 5 \times 3 = 0$$

$$\overrightarrow{AD} \cdot \overrightarrow{AC} = -1 \times (-2) + (-7) \times 1 + 5 \times 1 = 0$$

$\overrightarrow{AD} \neq \vec{0}$, $\overrightarrow{AB} \neq \vec{0}$, $\overrightarrow{AC} \neq \vec{0}$ より $\overrightarrow{AD} \perp \overrightarrow{AB}$, $\overrightarrow{AD} \perp \overrightarrow{AC}$

ゆえに，直線 AD は平面 ABC に垂直である。

◀ 直線 $l \perp$ 平面 $\alpha \Longleftrightarrow$
平面 α 上の平行でない 2 直線 m, n に対して
$l \perp m$, $l \perp n$
(例題 41 Point 参照)

(3) (2)より，線分 AD は △ABC を底面としたときの四面体 ABCD の高さになる。

$$AD = |\overrightarrow{AD}| = \sqrt{(-1)^2 + (-7)^2 + 5^2} = 5\sqrt{3}$$

よって $V = \frac{1}{3} \cdot \frac{5\sqrt{3}}{2} \cdot 5\sqrt{3} = \frac{25}{2}$

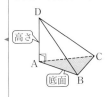

練習 47 4 点 A(3, −3, 4), B(1, −1, 3), C(−1, −3, 3), D(−2, −2, 7) がある。

(1) △BCD の面積を求めよ。

(2) 直線 AB は平面 BCD に垂直であることを示せ。

(3) 四面体 ABCD の体積を求めよ。

➡ p.106 問題 47

空間における垂線と平面の交点 ★★★☆

> 4点 O$(0, 0, 0)$, A$(3, 0, 0)$, B$(0, 3, 1)$, C$(1, 1, 2)$ において，点 C から平面 OAB に下ろした垂線を CH とするとき，点 H の座標を求めよ。

思考のプロセス

求める点 H は平面 OAB 上の点である。
$\implies \overrightarrow{OH} = s\overrightarrow{OA} + t\overrightarrow{OB}$ とおける。

Action≫ 平面 ABC 上の点 P は，$\overrightarrow{AP} = s\overrightarrow{AB} + t\overrightarrow{AC}$ とおけ

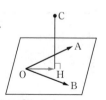

条件の言い換え

CH ⊥ (平面 OAB) $\implies \begin{cases} \overrightarrow{CH} \perp \overrightarrow{OA} \\ \overrightarrow{CH} \perp \overrightarrow{OB} \end{cases} \implies s, t$ の連立方程式

($\overrightarrow{OA}$, $\overrightarrow{OB}$ は平面 OAB 上のベクトル)

解 点 H は平面 OAB 上にあるから

$$\overrightarrow{OH} = s\overrightarrow{OA} + t\overrightarrow{OB} \quad (s, t \text{ は実数})$$

とおける。

これより $\quad \overrightarrow{OH} = s(3, 0, 0) + t(0, 3, 1) = (3s, 3t, t)$ $\quad\blacktriangleleft \overrightarrow{OA} = (3, 0, 0)$
$\overrightarrow{CH}$ は平面 OAB に垂直であるから $\qquad\qquad\qquad\qquad\qquad\qquad \overrightarrow{OB} = (0, 3, 1)$

$$\overrightarrow{CH} \perp \overrightarrow{OA} \quad \text{かつ} \quad \overrightarrow{CH} \perp \overrightarrow{OB}$$

よって $\quad \overrightarrow{CH} \cdot \overrightarrow{OA} = 0 \cdots ① \qquad \overrightarrow{CH} \cdot \overrightarrow{OB} = 0 \cdots ②$

ここで

$$\overrightarrow{CH} = \overrightarrow{OH} - \overrightarrow{OC} = (3s, 3t, t) - (1, 1, 2)$$
$$= (3s-1, 3t-1, t-2)$$

よって

① より $\quad 3(3s-1) = 0$ $\qquad\qquad\qquad\qquad\blacktriangleleft 3 \cdot (3s-1) + 0 \cdot (3t-1)$
② より $\quad 3(3t-1) + (t-2) = 0$ $\qquad\qquad\qquad\qquad\qquad + 0 \cdot (t-2) = 0$

これを解くと $\quad s = \dfrac{1}{3}, \ t = \dfrac{1}{2}$

ゆえに $\quad \overrightarrow{OH} = \left(1, \dfrac{3}{2}, \dfrac{1}{2}\right)$

したがって $\quad$ H$\left(1, \dfrac{3}{2}, \dfrac{1}{2}\right)$

練習 48 4点 O$(0, 0, 0)$, A$(0, 2, 2)$, B$(1, 0, 2)$, C$(3, 2, 1)$ において，点 C から平面 OAB に下ろした垂線を CH とするとき，点 H の座標を求めよ。

➡ p.107 問題48

> 四面体 ABCD において $AC^2 + BD^2 = AD^2 + BC^2$ が成り立つとき，
> $AB \perp CD$ であることを証明せよ。

思考のプロセス

基準を定める

$$\left(\begin{array}{l} \text{始点をAとして,} \\ \overrightarrow{AB} = \vec{b}, \ \overrightarrow{AC} = \vec{c}, \ \overrightarrow{AD} = \vec{d} \text{ を導入} \end{array}\right) \Longrightarrow \left(\begin{array}{l} \text{すべてのベクトルを} \\ \vec{b}, \ \vec{c}, \ \vec{d} \text{ で表すことができる} \end{array}\right)$$

逆向きに考える

$AB \perp CD \Longrightarrow \overrightarrow{AB} \cdot \overrightarrow{CD} = 0$ を示したい。

$\Longrightarrow \vec{b} \cdot (\vec{d} - \vec{c}) = 0$ を示したい。

$\Longrightarrow \vec{b} \cdot \vec{d} - \vec{b} \cdot \vec{c} = 0$ を示したい。 ◀── 条件＿＿＿から示すことを考える。

Action>> $AB \perp CD$ を示すときは，$\overrightarrow{AB} \cdot \overrightarrow{CD} = 0$ を導け

解 $\overrightarrow{AB} = \vec{b}, \ \overrightarrow{AC} = \vec{c}, \ \overrightarrow{AD} = \vec{d}$ とおく。

$AC^2 + BD^2 = AD^2 + BC^2$ であるから

$|\overrightarrow{AC}|^2 + |\overrightarrow{BD}|^2 = |\overrightarrow{AD}|^2 + |\overrightarrow{BC}|^2$

$\overrightarrow{BD} = \vec{d} - \vec{b}, \ \overrightarrow{BC} = \vec{c} - \vec{b}$ より

$|\vec{c}|^2 + |\vec{d} - \vec{b}|^2 = |\vec{d}|^2 + |\vec{c} - \vec{b}|^2$

$|\vec{c}|^2 + |\vec{d}|^2 - 2\vec{b} \cdot \vec{d} + |\vec{b}|^2 = |\vec{d}|^2 + |\vec{c}|^2 - 2\vec{b} \cdot \vec{c} + |\vec{b}|^2$

よって $\vec{b} \cdot \vec{d} = \vec{b} \cdot \vec{c}$ …①

このとき $\overrightarrow{AB} \cdot \overrightarrow{CD} = \vec{b} \cdot (\vec{d} - \vec{c}) = \vec{b} \cdot \vec{d} - \vec{b} \cdot \vec{c}$

① より $\overrightarrow{AB} \cdot \overrightarrow{CD} = 0$

$\overrightarrow{AB} \neq \vec{0}, \ \overrightarrow{CD} \neq \vec{0}$ であるから $\overrightarrow{AB} \perp \overrightarrow{CD}$

すなわち $AB \perp CD$

◀ $AC = |\overrightarrow{AC}|, \ BD = |\overrightarrow{BD}|$
$AD = |\overrightarrow{AD}|, \ BC = |\overrightarrow{BC}|$
と考える。

◀ $|\vec{d} - \vec{b}|^2$
$= |\vec{d}|^2 - 2\vec{d} \cdot \vec{b} + |\vec{b}|^2$

◀ $\overrightarrow{CD} = \overrightarrow{AD} - \overrightarrow{AC} = \vec{d} - \vec{c}$

◀ $\vec{b} \cdot \vec{d} = \vec{b} \cdot \vec{c}$ より
$\vec{b} \cdot \vec{d} - \vec{b} \cdot \vec{c} = 0$

Point.... 図形の性質の証明

平面図形と同様，空間図形の性質を証明するときは $AB = |\overrightarrow{AB}|$ を利用する。

さらに，異なる点 A，B，C，D に対して

(1) A，B，C が一直線上にある $\Longleftrightarrow \overrightarrow{AC} = k\overrightarrow{AB}$ を満たす実数 k が存在する

(2) A，B，C，D が同一平面上にある

$\Longleftrightarrow \overrightarrow{AD} = s\overrightarrow{AB} + t\overrightarrow{AC}$ を満たす実数 s，t が存在する

(3) $AB \perp CD \Longleftrightarrow \overrightarrow{AB} \cdot \overrightarrow{CD} = 0$

練習49 正四面体 OABC において，$\overrightarrow{OA} = \vec{a}, \ \overrightarrow{OB} = \vec{b}, \ \overrightarrow{OC} = \vec{c}$ とする。

△OAB の重心を G とするとき，次の問に答えよ。

(1) $\overrightarrow{OG}$ をベクトル $\vec{a}$，$\vec{b}$ を用いて表せ。

(2) $OG \perp GC$ であることを示せ。

(宮崎大)

➡p.107 問題49

1辺の長さが 1 の正四面体 OABC の内部に点 P があり,

等式 $2\overrightarrow{\mathrm{OP}}+\overrightarrow{\mathrm{AP}}+2\overrightarrow{\mathrm{BP}}+3\overrightarrow{\mathrm{CP}}=\vec{0}$ が成り立っている。

(1) $\overrightarrow{\mathrm{OP}}$ を $\overrightarrow{\mathrm{OA}}$, $\overrightarrow{\mathrm{OB}}$, $\overrightarrow{\mathrm{OC}}$ を用いて表せ。

(2) 直線 OP と底面 ABC の交点を Q とするとき, OP:PQ を求めよ。

(3) 2 つの四面体 OABC, PABC の体積比を求めよ。

(4) 線分 OP の長さを求めよ。

思考のプロセス

(1) 等式を, 点 O を始点とするベクトルで表す。

(2) 3 点 O, P, Q は一直線上にあるから $\overrightarrow{\mathrm{OQ}}=k\overrightarrow{\mathrm{OP}}$

見方を変える

点 Q は平面 ABC 上の点 $\iff$ $\overrightarrow{\mathrm{OQ}}=\boxed{}k\overrightarrow{\mathrm{OA}}+\boxed{}k\overrightarrow{\mathrm{OB}}+\boxed{}k\overrightarrow{\mathrm{OC}}$

3つの係数の和は1

《®Action 平面 ABC 上の点 P は, $\overrightarrow{\mathrm{OP}}=s\overrightarrow{\mathrm{OA}}+t\overrightarrow{\mathrm{OB}}+u\overrightarrow{\mathrm{OC}}$, $s+t+u=1$ とせよ ◀例題 46

解 (1) $2\overrightarrow{\mathrm{OP}}+\overrightarrow{\mathrm{AP}}+2\overrightarrow{\mathrm{BP}}+3\overrightarrow{\mathrm{CP}}=\vec{0}$ より

$2\overrightarrow{\mathrm{OP}}+(\overrightarrow{\mathrm{OP}}-\overrightarrow{\mathrm{OA}})+2(\overrightarrow{\mathrm{OP}}-\overrightarrow{\mathrm{OB}})+3(\overrightarrow{\mathrm{OP}}-\overrightarrow{\mathrm{OC}})=\vec{0}$ ◀ 始点を O にそろえる。

整理すると $8\overrightarrow{\mathrm{OP}}=\overrightarrow{\mathrm{OA}}+2\overrightarrow{\mathrm{OB}}+3\overrightarrow{\mathrm{OC}}$

よって $\overrightarrow{\mathrm{OP}}=\dfrac{\overrightarrow{\mathrm{OA}}+2\overrightarrow{\mathrm{OB}}+3\overrightarrow{\mathrm{OC}}}{8}$

(2) 点 Q は直線 OP 上にあるから, $\overrightarrow{\mathrm{OQ}}=k\overrightarrow{\mathrm{OP}}$ (k は実数)

とおくと

$\overrightarrow{\mathrm{OQ}}=k\cdot\dfrac{\overrightarrow{\mathrm{OA}}+2\overrightarrow{\mathrm{OB}}+3\overrightarrow{\mathrm{OC}}}{8}=\dfrac{k}{8}\overrightarrow{\mathrm{OA}}+\dfrac{k}{4}\overrightarrow{\mathrm{OB}}+\dfrac{3k}{8}\overrightarrow{\mathrm{OC}}$

Q は平面 ABC 上にあるから $\dfrac{k}{8}+\dfrac{k}{4}+\dfrac{3k}{8}=1$ ◀ 同一平面上にある条件 例題 46 **Point** 参照。

よって, $\dfrac{3}{4}k=1$ より $k=\dfrac{4}{3}$

ゆえに, $\overrightarrow{\mathrm{OQ}}=\dfrac{4}{3}\overrightarrow{\mathrm{OP}}$ であるから OQ:OP = 4:3

したがって **OP:PQ = 3:1**

(3) 点 O, P から底面 ABC に

下ろした垂線をそれぞれ

OH, PH′ とすると

OH:PH′ = OQ:PQ

= 4:1

よって, 求める体積比は

OABC:PABC

= OH:PH′ = **4:1**

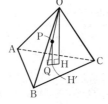

◀ 底面を △ABC と考える と体積比は高さである OH と PH′ の比で表され る。

(4) $|\overrightarrow{\mathrm{OA}}| = |\overrightarrow{\mathrm{OB}}| = |\overrightarrow{\mathrm{OC}}| = 1,$

$\overrightarrow{\mathrm{OA}}\cdot\overrightarrow{\mathrm{OB}} = \overrightarrow{\mathrm{OB}}\cdot\overrightarrow{\mathrm{OC}} = \overrightarrow{\mathrm{OC}}\cdot\overrightarrow{\mathrm{OA}} = 1\times 1\times\cos 60° = \dfrac{1}{2}$ より

$$|\overrightarrow{\mathrm{OP}}|^2 = \left|\dfrac{\overrightarrow{\mathrm{OA}} + 2\overrightarrow{\mathrm{OB}} + 3\overrightarrow{\mathrm{OC}}}{8}\right|^2$$

$$= \dfrac{1}{64}(|\overrightarrow{\mathrm{OA}}|^2 + 4|\overrightarrow{\mathrm{OB}}|^2 + 9|\overrightarrow{\mathrm{OC}}|^2$$
$$+ 4\overrightarrow{\mathrm{OA}}\cdot\overrightarrow{\mathrm{OB}} + 12\overrightarrow{\mathrm{OB}}\cdot\overrightarrow{\mathrm{OC}} + 6\overrightarrow{\mathrm{OC}}\cdot\overrightarrow{\mathrm{OA}})$$

$$= \dfrac{1}{64}\left(1^2 + 4\times 1^2 + 9\times 1^2 + 4\times\dfrac{1}{2} + 12\times\dfrac{1}{2} + 6\times\dfrac{1}{2}\right)$$

$$= \dfrac{25}{64}$$

$|\overrightarrow{\mathrm{OP}}| \geqq 0$ より $\quad |\overrightarrow{\mathrm{OP}}| = \dfrac{5}{8}$

したがって $\quad \mathrm{OP} = \dfrac{5}{8}$

◀ OABC は 1 辺の長さが 1
の正四面体より
OA = OB = OC = 1,
∠AOB = ∠BOC
= ∠COA = 60°

◀ $(a+b+c)^2$
$= a^2 + b^2 + c^2$
$\qquad + 2ab + 2bc + 2ca$

1章

4

空間におけるベクトル

Point....四面体と点の位置関係

四面体 OABC に対して，$\overrightarrow{\mathrm{OP}} = s\overrightarrow{\mathrm{OA}} + t\overrightarrow{\mathrm{OB}} + u\overrightarrow{\mathrm{OC}}$ を満たす点を P とすると

(1) $s+t+u = 1$

のとき

点 P は平面 ABC 上
にある。

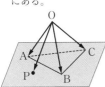

(2) $s+t+u = 1,$

$s \geqq 0,\ t \geqq 0,\ u \geqq 0$

のとき

点 P は △ABC の内部
または周上にある。

(3) $0 \leqq s+t+u \leqq 1,$

$s \geqq 0,\ t \geqq 0,\ u \geqq 0$

のとき

点 P は四面体 OABC の
内部または面上にある。

練習 50 　1 辺の長さが 1 の正四面体の内部に点 P があり，
等式 $2\overrightarrow{\mathrm{OP}} + 4\overrightarrow{\mathrm{AP}} + 2\overrightarrow{\mathrm{BP}} + \overrightarrow{\mathrm{CP}} = \vec{0}$ が成り立っている。
(1) $\overrightarrow{\mathrm{OP}}$ を $\overrightarrow{\mathrm{OA}},\ \overrightarrow{\mathrm{OB}},\ \overrightarrow{\mathrm{OC}}$ を用いて表せ。
(2) 直線 OP と底面 ABC との交点を Q とするとき，OP：PQ を求めよ。
(3) 四面体の体積比 OABC：PABC を求めよ。
(4) 線分 OP の長さを求めよ。

→ p.107 問題50

例題 **51**　空間における点と直線の距離

Ⓓ
★★☆☆

> 2 点 A(2, 1, 3)，B(4, 3, −1) を通る直線 AB 上の点のうち，原点 O に最も近い点 P の座標を求めよ。また，そのときの線分 OP の長さを求めよ。

思考のプロセス

空間における直線であるから，ベクトル方程式で考える。

《ReAction　直線のベクトル方程式は，通る点と方向ベクトルを考えよ　◀例題 29

未知のものを文字でおく

⟹ 媒介変数 t を用いて
$$\overrightarrow{OP} = \overrightarrow{OA} + t\overrightarrow{AB} = (\ \boxed{\ }\ ,\ \boxed{\ }\ ,\ \boxed{\ }\ ) \longleftarrow 各成分は\ t\ の式$$
$|\overrightarrow{OP}|$ が最小となるような t の値を求める。

解　点 P は直線 AB 上にあるから，$\overrightarrow{OP} = \overrightarrow{OA} + t\overrightarrow{AB}$ （t は実数）とおける。

$\overrightarrow{OA} = (2,\ 1,\ 3)$，$\overrightarrow{AB} = (2,\ 2,\ -4)$ であるから

$$\overrightarrow{OP} = (2,\ 1,\ 3) + t(2,\ 2,\ -4)$$
$$= (2+2t,\ 1+2t,\ 3-4t) \qquad \cdots ①$$

よって

例題9

$$|\overrightarrow{OP}|^2 = (2+2t)^2 + (1+2t)^2 + (3-4t)^2$$
$$= 24t^2 - 12t + 14$$
$$= 24\left(t - \frac{1}{4}\right)^2 + \frac{25}{2}$$

$|\overrightarrow{OP}|^2$ は $t = \dfrac{1}{4}$ のとき，最小値 $\dfrac{25}{2}$ をとる。

このとき $|\overrightarrow{OP}|$ も最小となり，OP の最小値は

$$\frac{5}{\sqrt{2}} = \frac{5\sqrt{2}}{2}$$

また，$t = \dfrac{1}{4}$ のとき，① より　$\overrightarrow{OP} = \left(\dfrac{5}{2},\ \dfrac{3}{2},\ 2\right)$

したがって　$\mathrm{P}\left(\dfrac{5}{2},\ \dfrac{3}{2},\ 2\right)$

〔別解〕（解答 6 行目まで同じ）

直線 AB 上の点のうち，原点 O に最も近い点 P は
$\overrightarrow{OP} \perp \overrightarrow{AB}$ を満たすから　$\overrightarrow{OP} \cdot \overrightarrow{AB} = 0$
よって　$2(2+2t) + 2(1+2t) - 4(3-4t) = 0$

これを解くと　$t = \dfrac{1}{4}$ 　　　　　（以降同様）

▸ 直線 AB は点 A を通り，その方向ベクトルは $\overrightarrow{AB}$ である。

◀ $|\overrightarrow{OP}|$ の最小値は $|\overrightarrow{OP}|^2$ の最小値から考える。

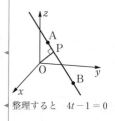

◀ 整理すると　$4t - 1 = 0$

練習 **51**　2 点 A(−1, 2, 1)，B(2, 1, 3) を通る直線 AB 上の点のうち，原点 O に最も近い点 P の座標を求めよ。

98

➡p.107　**問題51**

次の球の方程式を求めよ。

(1) 点 $(2, 1, -3)$ を中心とし，半径 5 の球

(2) 点 C$(3, -2, 4)$ を中心とし，点 P$(2, 0, 3)$ を通る球

(3) 2 点 A$(-2, 1, 5)$，B$(4, -3, -1)$ を直径の両端とする球

(4) 点 $(4, -3, 5)$ を中心とし，yz 平面に接する球

思考のプロセス

未知のものを文字でおく

球の表し方は，次の 2 つがある。

(ア) $(x-a)^2 + (y-b)^2 + (z-c)^2 = r^2$ （標準形）⟵ 中心や半径が分かる式 中心 (a, b, c)，半径 r

(イ) $x^2 + y^2 + z^2 + kx + ly + mz + n = 0$ （一般形）

ここでは，中心や半径に関する条件が与えられているから，標準形を用いる。

Action≫ 球の方程式は，まず中心と半径に着目せよ

解 (1) 求める球の方程式は
$$(x-2)^2 + (y-1)^2 + (z+3)^2 = 25$$

(2) 半径を r とすると
$$r = \sqrt{(2-3)^2 + \{0-(-2)\}^2 + (3-4)^2}$$
$$= \sqrt{6}$$

よって，求める球の方程式は
$$(x-3)^2 + (y+2)^2 + (z-4)^2 = 6$$

◀ 半径 r は，2 点 C, P 間の距離である。

(3) 球の中心 C は線分 AB の中点であるから
$$C\left(\frac{-2+4}{2}, \frac{1+(-3)}{2}, \frac{5+(-1)}{2} \right)$$

すなわち C$(1, -1, 2)$

また，半径は AC であり
$$AC = \sqrt{\{1-(-2)\}^2 + (-1-1)^2 + (2-5)^2}$$
$$= \sqrt{22}$$

よって，求める球の方程式は
$$(x-1)^2 + (y+1)^2 + (z-2)^2 = 22$$

◀ 線分 AB が直径であり，線分 AC が半径である。

(4) 中心の x 座標が 4 であり，yz 平面に接することから球の半径は 4 である。よって，求める球の方程式は
$$(x-4)^2 + (y+3)^2 + (z-5)^2 = 16$$

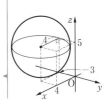

練習 52 次の球の方程式を求めよ。

(1) 点 $(-3, -2, 1)$ を中心とし，半径 4 の球

(2) 点 C$(-3, 1, 2)$ を中心とし，点 P$(-2, 5, 4)$ を通る球

(3) 2 点 A$(2, -3, 1)$，B$(-2, 3, -1)$ を直径の両端とする球

(4) 点 $(5, 5, -2)$ を通り，3 つの座標平面に同時に接する球

➡ p.107 問題 52

ここでは，平面における直線や円のベクトル方程式をもとにして，空間における3つの図形のベクトル方程式を考えてみましょう。

1. 空間における直線のベクトル方程式

xy 平面に点 $A(\vec{a})$ を通り $\vec{u}$ に平行な直線 l があるとき，l 上の任意の点 P に対して $\overrightarrow{AP} \,/\!/\, \vec{u}$ が成り立つから，実数 t を用いて $\overrightarrow{AP} = t\vec{u}$ と表すことができます。

このことから，$\vec{p} - \vec{a} = t\vec{u}$ より $\vec{p} = \vec{a} + t\vec{u}$

すなわち，点 $A(\vec{a})$ を通り $\vec{u}$ に平行な直線のベクトル方程式は $\vec{p} = \vec{a} + t\vec{u}$

となることは既に学習しました（図1）。

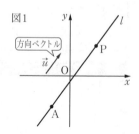
図1

ここで，空間における直線について考えてみましょう。xyz 空間に点 $A(\vec{a})$ を通り $\vec{u}$ に平行な直線 l があるとき，平面における直線の場合と全く同様に，空間における直線 l 上の任意の点 P に対して $\overrightarrow{AP} \,/\!/\, \vec{u}$ が成り立つことが分かります（図2）。よって，xyz 空間において点 $A(\vec{a})$ を通り $\vec{u}$ に平行な直線のベクトル方程式は $\vec{p} = \vec{a} + t\vec{u}$

となります。（このとき，$\vec{u}$ を直線 l の**方向ベクトル**といいます。）

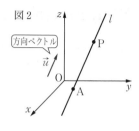
図2

2. 空間における平面のベクトル方程式

次に，xy 平面に点 $A(\vec{a})$ を通り $\vec{n}$ に垂直な直線 l があるとき，l 上の任意の点 P に対して $\vec{n} \perp \overrightarrow{AP}$ が成り立つから，$\vec{n} \cdot \overrightarrow{AP} = 0$ より $\vec{n} \cdot (\vec{p} - \vec{a}) = 0$

すなわち，点 $A(\vec{a})$ を通り $\vec{n}$ に垂直な直線のベクトル方程式は $\vec{n} \cdot (\vec{p} - \vec{a}) = 0$

となることも既に学習しました（図3）。

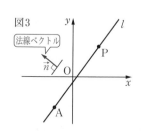
図3

ここで，空間における平面について考えてみましょう。xyz 空間に点 $A(\vec{a})$ を通り $\vec{n}$ に垂直な平面 α があるとき，平面における直線の場合と全く同様に，平面 α 上の任意の点 P に対して $\vec{n} \perp \overrightarrow{AP}$ が成り立つことが分かります（図4）。よって，xyz 空間において点 $A(\vec{a})$ を通り $\vec{n}$ に垂直な平面のベクトル方程式は

$$\vec{n} \cdot (\vec{p} - \vec{a}) = 0$$

となります。（このとき，$\vec{n}$ を平面 α の**法線ベクトル**といいます。）

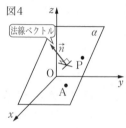
図4

3．空間における球のベクトル方程式

　最後に，xy 平面に点 $C(\vec{c})$ を中心とする半径 r の円 C があるとき，円 C 上の任意の点 P に対して $|\overrightarrow{CP}| = r$ が成り立つから　　$|\vec{p} - \vec{c}| = r$

　すなわち，点 $C(\vec{c})$ を中心とする半径 r の円 C のベクトル方程式は　　$|\vec{p} - \vec{c}| = r$

となることも，既に学習しました（図5）。

　ここで，空間における球について考えてみましょう。xyz 空間に点 $C(\vec{c})$ を中心とする半径 r の球があるとき，平面における円の場合と全く同様に，この球上の任意の点 P に対して $|\overrightarrow{CP}| = r$ が成り立つことが分かります（図6）。よって，xyz 空間において点 $C(\vec{c})$ を中心とする半径 r の球のベクトル方程式は

$$|\vec{p} - \vec{c}| = r$$

となります。

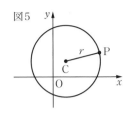

図5

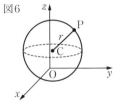

図6

> 平面における図形のベクトル方程式は，空間においてもそれぞれに対応する図形を表すんですね。

> その通り。ベクトルの次元が変わってもベクトル方程式は変わらないのです。

まとめると，次のようになります。

ベクトル方程式	表す図形		備　考
	平面のベクトル	空間のベクトル	
$\vec{p} = \vec{a} + t\vec{u}$	直線	直線	$\vec{u}$ を方向ベクトルとし，点 $A(\vec{a})$ を通る
$\vec{n} \cdot (\vec{p} - \vec{a}) = 0$	直線	平面	$\vec{n}$ を法線ベクトルとし，点 $A(\vec{a})$ を通る
$|\vec{p} - \vec{c}| = r$	円	球	点 $C(\vec{c})$ を中心とし，半径は r

チャレンジ〈2〉　次の平面におけるベクトル方程式は，どのような図形を表すか。また，空間におけるベクトル方程式の場合には，どのような図形を表すか。

ただし，$A(\vec{a})$，$B(\vec{b})$ は定点であるとする。

(1) $3\vec{p} - (3t+2)\vec{a} - (3t+1)\vec{b} = \vec{0}$

(2) $(\vec{p} - \vec{a}) \cdot (\vec{p} - \vec{b}) = 0$

（⇒ 解答編 p.63）

xy 平面において，直線は（例えば，$3x-5y=4$ のように）x と y の1次方程式 $ax+by+c=0$ の形で表すことができます。ここでは，xyz 空間における平面と直線がどのような方程式で表されるかについて学習してみましょう。

1．空間における平面の方程式

xyz 空間において，点 $A(x_1,\ y_1,\ z_1)$ を通り $\vec{n}=(a,\ b,\ c)$ に垂直な平面 α の方程式を考えましょう。**Go Ahead** 2 で学習したように，この平面 α 上の任意の点 $P(x,\ y,\ z)$ に対して $\vec{n}\perp\overrightarrow{AP}$ が成り立つことから，平面 α のベクトル方程式は $\vec{n}\cdot(\vec{p}-\vec{a})=0$ …① となります。ここで $\vec{n}=(a,\ b,\ c)$，$\vec{p}-\vec{a}=(x-x_1,\ y-y_1,\ z-z_1)$ より， ① は　$a(x-x_1)+b(y-y_1)+c(z-z_1)=0$　…②

さらに，② を整理すると　$ax+by+cz-(ax_1+by_1+cz_1)=0$ $d=-(ax_1+by_1+cz_1)$ とおくと，② は $ax+by+cz+d=0$ となります。

空間における平面の方程式

(1)　xyz 空間において，点 $A(x_1,\ y_1,\ z_1)$ を通りベクトル $\vec{n}=(a,\ b,\ c)$ に垂直な平面の方程式は　　　$a(x-x_1)+b(y-y_1)+c(z-z_1)=0$

(2)　xyz 空間において，平面は $x,\ y,\ z$ の1次方程式 $ax+by+cz+d=0$ の形に表すことができる。また，この平面は $\vec{n}=(a,\ b,\ c)$ に垂直である。

［例］（1）　点 $A(3,\ 5,\ -2)$ を通り $\vec{n}=(2,\ 3,\ -2)$ に垂直な平面の方程式は $2(x-3)+3(y-5)-2(z+2)=0$　すなわち　$2x+3y-2z-25=0$

（2）　方程式 $4x-y-2z=3$ は $\vec{n}=(4,\ -1,\ -2)$ に垂直な平面を表す。

2．空間における直線の方程式

次に，xyz 空間において，点 $A(x_1,\ y_1,\ z_1)$ を通り $\vec{u}=(a,\ b,\ c)$ に平行な直線 l の方程式を考えましょう。**Go Ahead** 2 で学習したように，この直線 l 上の任意の点 $P(x,\ y,\ z)$ に対して $\overrightarrow{AP}\ /\!/\ \vec{u}$ が成り立つことから，直線 l のベクトル方程式は実数 t を用いて $\vec{p}=\vec{a}+t\vec{u}$ …③ となります。ここで，$\vec{p}=(x,\ y,\ z)$，$\vec{u}=(a,\ b,\ c)$，$\vec{a}=(x_1,\ y_1,\ z_1)$ であるから，③ は

$$(x,\ y,\ z)=(x_1,\ y_1,\ z_1)+t(a,\ b,\ c)$$
$$=(x_1+at,\ y_1+bt,\ z_1+ct)$$

すなわち
$$\begin{cases} x=x_1+at \\ y=y_1+bt \\ z=z_1+ct \end{cases}$$
…④ が成り立ちます。

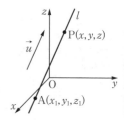

これを，空間における直線の媒介変数表示，t を媒介変数といいます。

さらに，④ は $abc \neq 0$ のとき $\dfrac{x-x_1}{a} = \dfrac{y-y_1}{b} = \dfrac{z-z_1}{c} = t$ と変形できます。

空間における直線の方程式

xyz 空間において，点 $A(x_1,\ y_1,\ z_1)$ を通りベクトル $\vec{u} = (a,\ b,\ c)$ に平行な直線 l がある。

(1) この直線 l を，媒介変数 t を用いて表すと
$$\begin{cases} x = x_1 + at \\ y = y_1 + bt \\ z = z_1 + ct \end{cases}$$

(2) $abc \neq 0$ のとき，この直線の方程式は $\quad \dfrac{x-x_1}{a} = \dfrac{y-y_1}{b} = \dfrac{z-z_1}{c}$

［例］ (1) 点 $A(3,\ 2,\ -1)$ を通り $\vec{u} = (5,\ 6,\ -4)$ に平行な直線を，媒介変数表示すると

$\begin{cases} x = 3 + 5t \\ y = 2 + 6t \\ z = -1 - 4t \end{cases}$ よって，この直線の方程式は $\quad \dfrac{x-3}{5} = \dfrac{y-2}{6} = \dfrac{z+1}{-4}$

(2) 点 $A(-2,\ -4,\ 3)$ を通り $\vec{u} = (1,\ -3,\ 0)$ に平行な直線を，媒介変数表示すると

$\begin{cases} x = -2 + t \\ y = -4 - 3t \\ z = 3 \end{cases}$ よって，この直線の方程式は $\quad x + 2 = \dfrac{y+4}{-3},\ z = 3$

例題 空間に，$\vec{n} = (2,\ 3,\ -1)$ を法線ベクトルとし点 $A(-1,\ 2,\ 5)$ を通る平面 α と，$\vec{u} = (1,\ -1,\ 2)$ を方向ベクトルとし点 $B(3,\ 2,\ -2)$ を通る直線 l がある。

(1) 平面 α と直線 l の方程式を求めよ。

(2) 平面 α と直線 l の交点 P の座標を求めよ。

解答 (1) 平面 α の方程式は

$\quad 2(x+1) + 3(y-2) + (-1)(z-5) = 0$ より

$\quad \boldsymbol{2x + 3y - z + 1 = 0} \quad \cdots ①$

直線 l の方程式は $\dfrac{x-3}{1} = \dfrac{y-2}{-1} = \dfrac{z+2}{2}$ より

$\quad \boldsymbol{x - 3 = -y + 2 = \dfrac{z+2}{2}}$

(2) $x - 3 = -y + 2 = \dfrac{z+2}{2} = t$ とおくと　　　←　直線 l を媒介変数 t を用いて表す。

$\quad x = t + 3,\ y = -t + 2,\ z = 2t - 2 \quad \cdots ②$

②を①に代入して解くと $\quad t = 5$　　　←　①，②を連立させる。

②より $\quad x = 8,\ y = -3,\ z = 8$

よって，求める交点 P の座標は $\quad \boldsymbol{P(8,\ -3,\ 8)}$

空間に $\vec{n} = (1,\ 2,\ -3)$ を法線ベクトルとし，点 A$(-1,\ 2,\ -1)$ を通る平面 α がある。

(1) 平面 α の方程式を求めよ。

(2) 点 P$(3,\ 5,\ -7)$ から平面 α に下ろした垂線を PH とする。点 H の座標を求めよ。また，点 P と平面 α の距離を求めよ。

思考のプロセス

(1) 点 A$(x_1,\ y_1,\ z_1)$ を通り，
法線ベクトルが $\vec{n} = (a,\ b,\ c)$ である
平面の方程式は
$$a(x-x_1) + b(y-y_1) + c(z-z_1) = 0$$

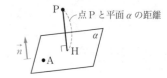

(2) 見方を変える

点 H
・点 P を通り，$\vec{n}$ に平行な直線上にある。
$$\implies \overrightarrow{\mathrm{OH}} = \overrightarrow{\mathrm{OP}} + t\vec{n} = (\boxed{},\ \boxed{},\ \boxed{}) \quad \longleftarrow \text{各成分 } t \text{ の式}$$
H の座標とみて代入
・平面 α 上にある $\implies$ (1)の平面 α の方程式を満たす。

Action>> 平面の方程式は，$a(x-x_1) + b(y-y_1) + c(z-z_1) = 0$ とせよ

解 (1) $1(x+1) + 2(y-2) - 3(z+1) = 0$ より
$$x + 2y - 3z - 6 = 0 \quad \cdots ①$$

(2) 直線 PH は $\vec{n}$ に平行であるから，
$\overrightarrow{\mathrm{OH}} = \overrightarrow{\mathrm{OP}} + t\vec{n}$（$t$ は実数）とおける。

$\quad\overrightarrow{\mathrm{OH}} = (3,\ 5,\ -7) + t(1,\ 2,\ -3)$
$\quad\quad\quad = (t+3,\ 2t+5,\ -3t-7)$

よって
$\quad$ H$(t+3,\ 2t+5,\ -3t-7)$

点 H は平面 α 上にあるから
$$(t+3) + 2(2t+5) - 3(-3t-7) - 6 = 0$$
$$14t + 28 = 0$$

ゆえに $\quad t = -2$

したがって $\quad$ H$(1,\ 1,\ -1)$

また，点 P と平面 α の距離は，線分 PH の長さであるから
$$\mathrm{PH} = \sqrt{(1-3)^2 + (1-5)^2 + (-1+7)^2} = 2\sqrt{14}$$

▸ 点 H は点 P を通り，$\vec{n}$ に平行な直線上にある。

▸ ① に $x = t+3$，
$y = 2t+5$，$z = -3t-7$
を代入する。

▸ H$(t+3,\ 2t+5,\ -3t-7)$ に $t = -2$ を代入する。

練習 53 空間に $\vec{n} = (2,\ 1,\ -3)$ を法線ベクトルとし，点 A$(1,\ -4,\ 2)$ を通る平面 α がある。

(1) 平面 α の方程式を求めよ。

(2) 点 P$(4,\ -3,\ 9)$ から平面 α に下ろした垂線を PH とする。点 H の座標を求めよ。また，点 P と平面 α の距離を求めよ。

→p.107 問題53

33
★★☆☆
点 A$(x,\ y,\ -4)$ を y 軸に関して対称移動し，さらに，zx 平面に関して対称移動すると，点 B$(2,\ -1,\ z)$ となる。このとき，$x,\ y,\ z$ の値を求めよ。

34
★★☆☆
正四面体 ABCD の 3 つの頂点が A$(2,\ 1,\ 1)$，B$(3,\ 2,\ -1)$，C$(1,\ 3,\ 0)$ であるとき，頂点 D の座標を求めよ。

35
★★☆☆
平行六面体 ABCD$-$EFGH において，次の等式が成り立つことを証明せよ。
(1)　$\overrightarrow{\mathrm{AC}}+\overrightarrow{\mathrm{AH}}+\overrightarrow{\mathrm{AF}}=2\overrightarrow{\mathrm{AG}}$　　　　　　(2)　$\overrightarrow{\mathrm{AG}}+\overrightarrow{\mathrm{BH}}+\overrightarrow{\mathrm{CE}}+\overrightarrow{\mathrm{DF}}=4\overrightarrow{\mathrm{AE}}$

36
★★☆☆
5 点 A$(2,\ -1,\ 1)$，B$(-1,\ 2,\ 3)$，C$(3,\ 0,\ -1)$，D$(1,\ -1,\ 2)$，E$(0,\ 6,\ 0)$ がある。$\overrightarrow{\mathrm{AE}}$ を $\overrightarrow{\mathrm{AB}}$，$\overrightarrow{\mathrm{AC}}$，$\overrightarrow{\mathrm{AD}}$ を用いて表せ。

37
★★☆☆
4 点 A$(-1,\ 2,\ 3)$，B$(2,\ 5,\ 4)$，C$(3,\ -3,\ -2)$，D$(a,\ b,\ c)$ を頂点とする四角形 ABCD が平行四辺形となるとき，点 D の座標を求めよ。

38
★★★☆
4 点 O$(0,\ 0,\ 0)$，A$(3,\ 3,\ 0)$，B$(0,\ 3,\ -3)$，C$(3,\ 0,\ -3)$ を頂点とする正四面体 OABC がある。2 点 P，Q がそれぞれ線分 OC，線分 AB 上を動くとき，PQ の最小値を求めよ。

（福井大・改）

39
★★☆☆
1 辺の長さが 2 の正四面体 ABCD で，CD の中点を M とする。次の内積を求めよ。
(1)　$\overrightarrow{\mathrm{AB}}\cdot\overrightarrow{\mathrm{AC}}$　　　(2)　$\overrightarrow{\mathrm{BC}}\cdot\overrightarrow{\mathrm{CD}}$
(3)　$\overrightarrow{\mathrm{AB}}\cdot\overrightarrow{\mathrm{CD}}$　　　(4)　$\overrightarrow{\mathrm{MA}}\cdot\overrightarrow{\mathrm{MB}}$

40
★★☆☆
3 点 A$(0,\ 5,\ 5)$，B$(2,\ 3,\ 4)$，C$(6,\ -2,\ 7)$ について，△ABC の面積を求めよ。

41
★★☆☆ $\vec{a} = (1,\ 3,\ -2)$ となす角が $60°$, $\vec{b} = (1,\ -1,\ -1)$ と垂直で，大きさが $\sqrt{14}$ であるベクトルを求めよ。

42
★★☆☆ $\triangle$ABC の辺 AB，BC，CA の中点を P$(-1,\ 5,\ 2)$, Q$(-2,\ 2,\ -2)$, R$(1,\ 1,\ -1)$ とする。

(1) 頂点 A，B，C の座標を求めよ。　　(2) $\triangle$ABC の重心の座標を求めよ。

43
★★☆☆ 四面体 ABCD において，辺 AB を 2:3 に内分する点を L，辺 CD の中点を M，線分 LM を 4:5 に内分する点を N，$\triangle$BCD の重心を G とするとき，線分 AG は N を通ることを示せ。また，AN:NG を求めよ。

44
★★★☆ 正四面体 OABC において，$\overrightarrow{OA} = \vec{a}$, $\overrightarrow{OB} = \vec{b}$, $\overrightarrow{OC} = \vec{c}$ とする。線分 AB を 1:2 に内分する点を L，線分 BC の中点を M，線分 OC を $t:(1-t)$ に内分する点を N とする。さらに，線分 AM と CL の交点を P とし，線分 OP と LN の交点を Q とする。ただし，$0 < t < 1$ である。このとき，$\overrightarrow{OP}$, $\overrightarrow{OQ}$ を t, $\vec{a}$, $\vec{b}$, $\vec{c}$ を用いて表せ。

45
★★☆☆ 4 点 A$(1,\ 1,\ 1)$, B$(2,\ 3,\ 2)$, C$(-1,\ -2,\ -3)$, D$(m+6,\ 1,\ m+10)$ が同一平面上にあるとき，m の値を求めよ。

46
★★☆☆ 平行六面体 ABCD−EFGH において，辺 CD を 2:1 に内分する点を P，辺 FG を 1:2 に内分する点を Q とし，直線 CE と平面 APQ との交点を R とする。$\overrightarrow{AB} = \vec{a}$, $\overrightarrow{AD} = \vec{b}$, $\overrightarrow{AE} = \vec{c}$ として，$\overrightarrow{AR}$ を $\vec{a}$, $\vec{b}$, $\vec{c}$ で表せ。

47
★★★☆ 4 点 O$(0,\ 0,\ 0)$, A$(-1,\ -1,\ 3)$, B$(1,\ 0,\ 4)$, C$(0,\ 1,\ 4)$ がある。$\triangle$ABC の面積および四面体 OABC の体積を求めよ。

48 4点 O(0, 0, 0), A(1, 2, 1), B(2, 0, 0), C(−2, 1, 3) を頂点とする四面体
★★★☆ において，点 C から平面 OAB に下ろした垂線を CH とする。
    (1) △OAB の面積を求めよ。   (2) 点 H の座標を求めよ。
    (3) 四面体 OABC の体積を求めよ。

49 四面体 ABCD において，次のことを証明せよ。
★★★☆ (1) AB ⊥ CD, AC ⊥ BD ならば AD ⊥ BC
    (2) AB ⊥ CD ならば $AC^2 + BD^2 = AD^2 + BC^2$

50 OA = 2, OB = 3, OC = 4, ∠AOB = ∠BOC = ∠COA = 60° である四面体
★★★☆ OABC の内部に点 P があり，等式 $3\overrightarrow{PO} + 3\overrightarrow{PA} + 2\overrightarrow{PB} + \overrightarrow{PC} = \vec{0}$ が成り立って
いる。
    (1) 直線 OP と底面 ABC の交点を Q，直線 AQ と辺 BC の交点を R とすると
       き，BR：RC，AQ：QR，OP：PQ を求めよ。
    (2) 4つの四面体 PABC，POBC，POCA，POAB の体積比を求めよ。
    (3) 線分 OQ の長さを求めよ。

51 2点 A(3, 4, 2)，B(4, 3, 2) を通る直線 l 上に点 P を，2点 C(2, −3, 4)，
★★★☆ D(1, −2, 3) を通る直線 m 上に点 Q をとる。線分 PQ の長さが最小となるよ
うな 2点 P，Q の座標を求めよ。

52 点 (−5, 1, 4) を通り，3つの座標平面に同時に接する球の方程式を求めよ。
★★★☆

53 原点 O から平面 $\alpha : x + 2y - 2z + 18 = 0$ に下ろした垂線を OH とする。
★★★☆ (1) 点 H の座標を求めよ。
    (2) 平面 α に関して，点 O と対称な点 P の座標を求めよ。

1 $\vec{a} = \left(-1,\ \dfrac{1}{5},\ \dfrac{4}{5}\right),\ \vec{b} = \left(-1,\ \dfrac{8}{5},\ -\dfrac{3}{5}\right)$ とする。

(1) $\vec{c} = \vec{a} - 2\vec{b},\ \vec{d} = 2\vec{a} + \vec{b}$ のとき, $\vec{c},\ \vec{d}$ を成分で表せ。

(2) $|\vec{c}|,\ |\vec{d}|$ を求めよ。

(3) $\vec{c} \cdot \vec{d}$ を求めよ。

(4) $\vec{c}$ と $\vec{d}$ のなす角 θ $(0° \leqq \theta \leqq 180°)$ を求めよ。

◀例題37, 40

2 $\vec{a} = (6,\ -3,\ 2)$ について

(1) $\vec{a}$ と $\vec{b} = (3,\ y,\ z)$ が平行のとき, $\vec{b}$ を求めよ。

(2) $\vec{a}$ と $\vec{c} = (x,\ 2,\ 7)$ が垂直のとき, $\vec{c}$ を求めよ。

◀例題38, 41

3 2つのベクトル $\vec{a} = (1,\ 2,\ 3),\ \vec{b} = (2,\ 0,\ -1)$ がある。実数 t に対し $\vec{c} = \vec{a} + t\vec{b}$ とする。

(1) $\vec{b}$ と $\vec{c}$ が直交するような実数 t の値を求めよ。

(2) $|\vec{c}|$ の最小値, およびそのときの実数 t の値を求めよ。

◀例題38, 41

4 直方体 OADB−CEGF において, 辺 DG を 2:1 に外分する点を H とし, 直線 OH と平面 ABC の交点を P とする。

(1) $\overrightarrow{\text{OP}}$ を $\overrightarrow{\text{OA}},\ \overrightarrow{\text{OB}},\ \overrightarrow{\text{OC}}$ を用いて表せ。

(2) OP：OH を求めよ。

◀例題46

5 次の球の方程式を求めよ。

(1) 点 A$(-1,\ 2,\ -3)$ を中心とし, 点 B$(-2,\ 4,\ 2)$ を通る球

(2) 2点 A$(-4,\ -2,\ 1)$, B$(2,\ 0,\ 5)$ を直径の両端とする球

(3) 点 A$(1,\ -2,\ 4)$ を中心とし, z 軸に接する球

◀例題52

6 花子さんと太郎さんと先生は，テレビのニュースについて話をしている。

> 花子：テレビでニュースになっていた「ニアミス」って知ってる？
> 太郎：「ニアミス」とは，航空用語の一種で，空中を移動中の飛行機どうしが
> 　　　異常に接近する状態のことを示すんだ。ものすごい速さの飛行機が接
> 　　　近するんだから，かなり危険なことだよね。
> 花子：二機の飛行機が最も接近する状態とはどういうときなんだろう？
> 先生：数学的に考えてみよう。まず，二機の飛行機の航路をそれぞれ直線と
> 　　　仮定します。そして，それぞれの直線上に飛行機の位置を表す動点 P，
> 　　　Q をとります。二機の飛行機が最も接近するときというのは，この線
> 　　　分 PQ の長さが最も小さくなるときだといえるね。では，2 直線の間
> 　　　の最短距離を求める次の問題に取り組んでみよう。

> 問題　空間座標において，2 点 A(3, 0, 2)，B(4, 1, 1) を通る直線と，
> 　　　2 点 C(−2, 1, −3)，D(0, 0, 1) を通る直線の最短距離を求めよ。

> 太郎：ベクトルを使って解いてみよう。直線 AB 上を動く点を P とすると，
> 　　　$\overrightarrow{AB} = (\boxed{ア}, \boxed{イ}, \boxed{ウエ})$ だから，実数 s を用いて
> 　　　$\overrightarrow{OP} = \overrightarrow{OA} + s\overrightarrow{AB} = (\boxed{オ}+s, s, \boxed{カ}-s)$
> 　　　と表せるよ。
> 花子：同じようにして，直線 CD 上を動く点を Q とすると，実数 t を用いて
> 　　　$\overrightarrow{OQ} = \overrightarrow{OD} + t\overrightarrow{CD} = (\boxed{キ}t, -t, \boxed{ク}+\boxed{ケ}t)$
> 　　　と表せるね。
> 太郎：あとは，$|\overrightarrow{PQ}|^2$ を求めてみよう。
> 花子：　$|\overrightarrow{PQ}|^2 = \boxed{コ}\left(s+t+\dfrac{\boxed{サ}}{\boxed{シ}}\right)^2 + \boxed{スセ}\left(t-\dfrac{\boxed{ソ}}{\boxed{タ}}\right)^2 + \dfrac{\boxed{チ}}{\boxed{ツ}}$
> 　　　になるね。
> 太郎：この式より，$s = \dfrac{\boxed{テト}}{\boxed{ナ}}$，$t = \dfrac{\boxed{ソ}}{\boxed{タ}}$ のとき，2 直線の間の最短距離
> 　　　の値は，$\sqrt{\dfrac{\boxed{チ}}{\boxed{ツ}}}$ となることが求められたね。
> 花子：この条件で，二機の飛行機がそれぞれ点 P と点 Q に同時に存在する
> 　　　とき，最も接近するといえるね。

$\boxed{ア} \sim \boxed{ナ}$ に当てはまる数を求めよ。

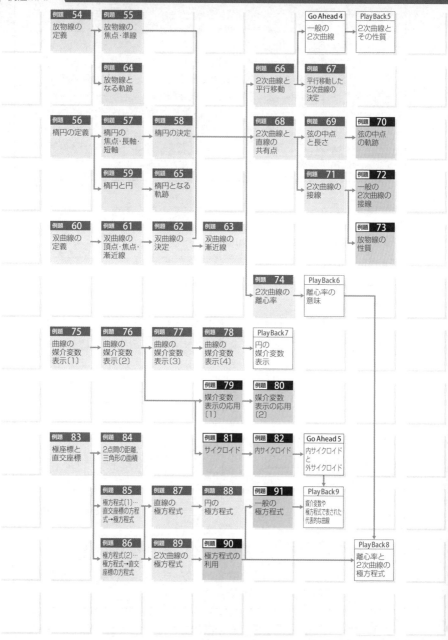

例題 54 放物線の定義	例題 55 放物線の焦点・準線			Go Ahead 4 一般の2次曲線	Play Back 5 2次曲線とその性質
	例題 64 放物線となる軌跡		例題 66 2次曲線と平行移動	例題 67 平行移動した2次曲線の決定	
例題 56 楕円の定義	例題 57 楕円の焦点・長軸・短軸	例題 58 楕円の決定	例題 68 2次曲線と直線の共有点	例題 69 弦の中点と長さ	例題 70 弦の中点の軌跡
	例題 59 楕円と円	例題 65 楕円となる軌跡		例題 71 2次曲線の接線	例題 72 一般の2次曲線の接線
例題 60 双曲線の定義	例題 61 双曲線の頂点・焦点・漸近線	例題 62 双曲線の決定	例題 63 双曲線の漸近線		例題 73 放物線の性質
			例題 74 2次曲線の離心率	Play Back 6 離心率の意味	
例題 75 曲線の媒介変数表示[1]	例題 76 曲線の媒介変数表示[2]	例題 77 曲線の媒介変数表示[3]	例題 78 曲線の媒介変数表示[4]	Play Back 7 円の媒介変数表示	
			例題 79 媒介変数表示の応用[1]	例題 80 媒介変数表示の応用[2]	
例題 83 極座標と直交座標	例題 84 2点間の距離，三角形の面積		例題 81 サイクロイド	例題 82 内サイクロイド	Go Ahead 5 内サイクロイドと外サイクロイド
	例題 85 極方程式[1]…直交座標の方程式→極方程式	例題 87 直線の極方程式	例題 88 円の極方程式	例題 91 一般の極方程式	Play Back 9 媒介変数や極方程式で表された代表的な曲線
	例題 86 極方程式[2]…極方程式→直交座標の方程式	例題 89 2次曲線の極方程式	例題 90 極方程式の利用		Play Back 8 離心率と2次曲線の極方程式

例題■は教科書の予習復習に，例題■は教科書学習後の実力 UP に適しています。
ある例題でつまずいたときは，→をたどって，基礎となる例題を復習しましょう。

この章の解説動画と
デジタルコンテンツは
こちら　　　→

例題一覧

PB…Play Back, GA…Go Ahead　D…内容の解説のためのデジタルコンテンツが付いています。
重…特に重要な例題です。限られた時間で学習するときに取り組むと効果的です。

1 | 放物線の定義

定点 F と，F を通らない定直線 l から等距離にある点 P の軌跡を
放物線 といい，点 F を放物線の **焦点**，直線 l を **準線** という。

2 | 放物線の方程式（標準形）

(1) 焦点が $(p,\ 0)$，準線が $x = -p$ で
ある放物線の方程式は

$$y^2 = 4px$$

この放物線の頂点は $(0,\ 0)$，
軸は x 軸 $(y = 0)$

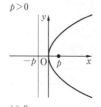 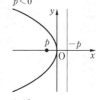

(2) 焦点が $(0,\ p)$，準線が $y = -p$ で
ある放物線の方程式は

$$x^2 = 4py$$

この放物線の頂点は $(0,\ 0)$，
軸は y 軸 $(x = 0)$

 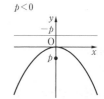

例 ① 放物線 $y^2 = 8x$ は，$y^2 = 4 \cdot 2x$ と表すことができるから

焦点は $(2,\ 0)$，準線は $x = -2$ である。

また，放物線 $x^2 = -6y$ は，$x^2 = 4 \cdot \left(-\dfrac{3}{2}\right)y$ と表すことができるから

焦点は $\left(0,\ -\dfrac{3}{2}\right)$，準線は $y = \dfrac{3}{2}$ である。

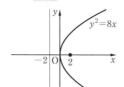 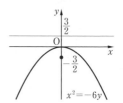

② 焦点が $(-1,\ 0)$，準線が $x = 1$ である放物線の方程式は

$y^2 = 4 \cdot (-1)x$ より $y^2 = -4x$

また，焦点が $(0,\ 2)$，準線が $y = -2$ である放物線の方程式は

$x^2 = 4 \cdot 2y$ より $x^2 = 8y$

3 | 楕円の定義

2定点 F，F′ からの距離の和が一定である点 P の軌跡を **楕円** といい，点 F，F′ を楕円の **焦点**，線分 FF′ の中点 O を楕円の **中心** という。

直線 FF′ と楕円の交点を A，A′，中心 O を通り直線 FF′ と垂直な直線と楕円の交点を B，B′ とするとき，4点 A，A′，B，B′ を楕円の **頂点** といい，線分 AA′ を **長軸**，線分 BB′ を **短軸** という。

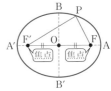

4 | 楕円の方程式（標準形）

(1) 原点を中心とし，x 軸上に焦点をもつ楕円の方程式は

$$\frac{x^2}{a^2} + \frac{y^2}{b^2} = 1 \quad (a > b > 0)$$

頂点は A$(a, 0)$，A′$(-a, 0)$，B$(0, b)$，B′$(0, -b)$
長軸 AA′ の長さは $2a$，短軸 BB′ の長さは $2b$
焦点は F$(\sqrt{a^2 - b^2}, 0)$，F′$(-\sqrt{a^2 - b^2}, 0)$
楕円上の点 P について　　PF + PF′ = $2a$

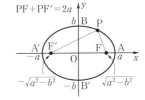

(2) 原点を中心とし，y 軸上に焦点をもつ楕円の方程式は

$$\frac{x^2}{a^2} + \frac{y^2}{b^2} = 1 \quad (b > a > 0)$$

頂点は A$(a, 0)$，A′$(-a, 0)$，B$(0, b)$，B′$(0, -b)$
長軸 BB′ の長さは $2b$，短軸 AA′ の長さは $2a$
焦点は F$(0, \sqrt{b^2 - a^2})$，F′$(0, -\sqrt{b^2 - a^2})$
楕円上の点 P について　　PF + PF′ = $2b$

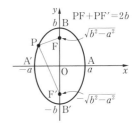

例 ① 楕円 $\dfrac{x^2}{16} + \dfrac{y^2}{4} = 1$ の頂点は

$$(4, 0), (-4, 0), (0, 2), (0, -2)$$

で，長軸の長さは 8，短軸の長さは 4 である。
また，$\sqrt{16 - 4} = 2\sqrt{3}$ より，焦点は

$$(2\sqrt{3}, 0), (-2\sqrt{3}, 0)$$

である。

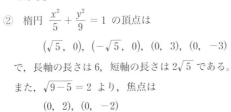

② 楕円 $\dfrac{x^2}{5} + \dfrac{y^2}{9} = 1$ の頂点は

$$(\sqrt{5}, 0), (-\sqrt{5}, 0), (0, 3), (0, -3)$$

で，長軸の長さは 6，短軸の長さは $2\sqrt{5}$ である。
また，$\sqrt{9 - 5} = 2$ より，焦点は

$$(0, 2), (0, -2)$$

である。

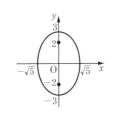

2定点 F, F′ からの距離の差が一定である点 P の軌跡を **双曲線** といい, 点 F, F′ を双曲線の **焦点**, 線分 FF′ の中点 O を双曲線の **中心** という。

直線 FF′ と双曲線の交点 A, A′ を双曲線の **頂点**, 直線 AA′ を **主軸** という。

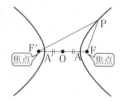

(1) 原点を中心とし, x 軸上に焦点をもつ双曲線の方程式は

$$\frac{x^2}{a^2} - \frac{y^2}{b^2} = 1 \quad (a > 0,\ b > 0)$$

頂点は A$(a,\ 0)$, A′$(-a,\ 0)$, 主軸は x 軸 $(y = 0)$

焦点は F$(\sqrt{a^2 + b^2},\ 0)$, F′$(-\sqrt{a^2 + b^2},\ 0)$

双曲線上の点 P について $\quad |PF - PF′| = 2a$

漸近線は $\quad y = \pm \dfrac{b}{a}x$

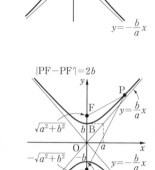

(2) 原点を中心とし, y 軸上に焦点をもつ双曲線の方程式は

$$\frac{x^2}{a^2} - \frac{y^2}{b^2} = -1 \quad (a > 0,\ b > 0)$$

頂点は B$(0,\ b)$, B′$(0,\ -b)$, 主軸は y 軸 $(x = 0)$

焦点は F$(0,\ \sqrt{a^2 + b^2})$, F′$(0,\ -\sqrt{a^2 + b^2})$

双曲線上の点 P について $\quad |PF - PF′| = 2b$

漸近線は $\quad y = \pm \dfrac{b}{a}x$

例 ① 双曲線 $\dfrac{x^2}{16} - \dfrac{y^2}{9} = 1$ の頂点は $(4,\ 0)$, $(-4,\ 0)$

また, $\sqrt{16 + 9} = 5$ より焦点は $(5,\ 0)$, $(-5,\ 0)$

漸近線は $y = \pm \dfrac{3}{4}x$ である。

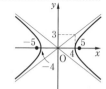

② 双曲線 $x^2 - \dfrac{y^2}{4} = -1$ の頂点は $(0,\ 2)$, $(0,\ -2)$

また, $\sqrt{1 + 4} = \sqrt{5}$ より焦点は $(0,\ \sqrt{5})$, $(0,\ -\sqrt{5})$

漸近線は $y = \pm 2x$ である。

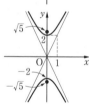

7 | 2次曲線の平行移動

曲線 $f(x, y) = 0$ を x 軸方向に p, y 軸方向に q だけ平行移動して得られる曲線の
方程式は　　$f(x - p, y - q) = 0$

> 例　楕円 $\dfrac{x^2}{9} + \dfrac{y^2}{4} = 1$ を x 軸方向に 2, y 軸方向に -1 だけ平行移動した楕円を表す
>
> 方程式は　　$\dfrac{(x-2)^2}{9} + \dfrac{(y+1)^2}{4} = 1$

Quick Check 5

▶▶解答編 p.83

放物線

① 〔1〕　次の放物線の焦点の座標，準線の方程式を求め，その概形をかけ。

(1)　$y^2 = 12x$ 　　　　　(2)　$x^2 = 4y$ 　　　　　(3)　$y^2 = x$

〔2〕　次の条件を満たす放物線の方程式を求めよ。

(1)　焦点 $(1, 0)$, 準線 $x = -1$ 　　　　　(2)　焦点 $(0, -2)$, 準線 $y = 2$

楕円

② 〔1〕　次の楕円の頂点，焦点の座標を求め，その概形をかけ。また，長軸，短軸の長
さを求めよ。

(1)　$\dfrac{x^2}{25} + \dfrac{y^2}{9} = 1$ 　　　　　　　　(2)　$x^2 + \dfrac{y^2}{4} = 1$

〔2〕　次の条件を満たす楕円の方程式を求めよ。

(1)　4 つの頂点の座標が $(2, 0)$, $(-2, 0)$, $(0, 3)$, $(0, -3)$

(2)　焦点が $(4, 0)$, $(-4, 0)$ で，長軸の長さが 10

双曲線

③ 〔1〕　次の双曲線の頂点，焦点の座標および漸近線の方程式を求め，その概形をかけ。

(1)　$\dfrac{x^2}{9} - \dfrac{y^2}{16} = 1$ 　　　　　　　　(2)　$x^2 - y^2 = -1$

〔2〕　次の条件を満たす双曲線の方程式を求めよ。

(1)　頂点が $(2, 0)$, $(-2, 0)$ で，焦点が $(3, 0)$, $(-3, 0)$

(2)　焦点が $(0, 2)$, $(0, -2)$ で，漸近線が $y = \pm x$

2次曲線の平行移動

④ 次の曲線を x 軸方向に 2, y 軸方向に -3 だけ平行移動した曲線の方程式を求めよ。

(1)　$y^2 = 4x$ 　　　　　(2)　$x^2 + \dfrac{y^2}{4} = 1$ 　　　　　(3)　$\dfrac{x^2}{4} - \dfrac{y^2}{9} = 1$

例題 54　放物線の定義

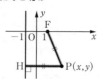

★☆☆☆

> 点 F$(1,\ 0)$ からの距離と直線 $x = -1$ からの距離が等しい点 P の軌跡を求めよ。

思考のプロセス

段階的に考える　数学 II で学習した**軌跡**の問題である。

Action>> 点 P の軌跡は，P$(x,\ y)$ とおいて $x,\ y$ の関係式を導け

1 軌跡を求める点 P を $(x,\ y)$ とおく。

2 与えられた条件を $x,\ y$ の式で表す。
$\implies$ $\underline{\text{PF}} = \underline{\text{PH}}$ $\longrightarrow$ $x,\ y$ の式で表す。

3 2 の式を整理して，軌跡を求める。

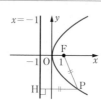

解　点 P の座標を $(x,\ y)$ とおくと
$$\text{PF} = \sqrt{(x-1)^2 + y^2}$$
点 P から直線 $x = -1$ へ垂線 PH を下ろすと，H$(-1,\ y)$ であるから
$$\text{PH} = |x+1|$$
PF = PH より　　　$\text{PF}^2 = \text{PH}^2$
よって　　$(x-1)^2 + y^2 = (x+1)^2$
これを整理すると，求める軌跡は
　　　　放物線 $y^2 = 4x$

（別解）
定点 F$(1, 0)$ と，F を通らない直線 $x = -1$ からの距離が等しい点 P の軌跡は放物線であり，その焦点は F$(1,\ 0)$，準線は $x = -1$ である。
よって，この放物線の方程式は
$$y^2 = 4 \cdot 1 \cdot x$$
すなわち，求める軌跡は　　　放物線 $y^2 = 4x$

◀2 点間の距離の公式

◀点と直線の距離とは，点から直線に下ろした垂線の長さである。
$$\text{PH} = |x - (-1)|$$

◀$\text{PH}^2 = |x+1|^2$
　　　　$= (x+1)^2$

◀Point 参照。

◀放物線の頂点は，焦点 F から準線に下ろした垂線 FG の中点，軸は直線 FG である。

Point....放物線の定義

定点 F と F を通らない直線 l からの距離が等しい点の軌跡を **放物線** という。
また，点 F を放物線の **焦点**，直線 l を放物線の **準線** という。

(1) **放物線 $y^2 = 4px$** は原点を頂点，x 軸を軸とする放物線で，焦点は $(p,\ 0)$，準線は $x = -p$

(2) **放物線 $x^2 = 4py$** は原点を頂点，y 軸を軸とする放物線で，焦点は $(0,\ p)$，準線は $y = -p$

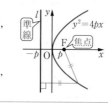
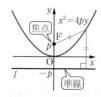

練習 54　点 F$(-2,\ 0)$ からの距離と直線 $x = 2$ からの距離が等しい点 P の軌跡を求めよ。

116

➡ p.133　問題 54

例題 55　放物線の焦点・準線

〔1〕　次の放物線の焦点の座標，準線の方程式を求め，その概形をかけ。
　　(1)　$y^2 = 2x$ 　　　　　　　　　　　(2)　$x^2 = -8y$

〔2〕　次の条件を満たす放物線の方程式を求めよ。
　　(1)　焦点 $(3,\ 0)$，準線 $x = -3$ 　　(2)　焦点 $(0,\ -4)$，準線 $y = 4$

Action>> 放物線は，準線が x 軸と y 軸のどちらに垂直かに注意せよ

(ア)　放物線 $y^2 = 4px$（図1）
　　　$\longrightarrow$ 軸は x 軸　　頂点は原点
　　　　　　　焦点 $(p,\ 0)$　　準線 $x = -p$

図1

(イ)　放物線 $x^2 = 4py$（図2）
　　　$\longrightarrow$ 軸は y 軸　　頂点は原点
　　　　　　　焦点 $(0,\ p)$　　準線 $y = -p$

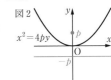
図2

公式の利用

〔1〕　(1)　$y^2 = 4 \cdot \boxed{}\, x$ 　　$\left.\rule{0pt}{18pt}\right\}$
　　　　(2)　$x^2 = 4 \cdot \boxed{}\, y$ 　　　　$\longrightarrow$ 軸は $\boxed{}$ 軸上にある。焦点・準線は？

〔2〕　(1)

　　　　　$\longrightarrow$ 方程式は「$y^2 = $ 」の形？　「$x^2 = $ 」の形？

解　〔1〕　(1)　$y^2 = 4 \cdot \dfrac{1}{2}x$ より

　　　　焦点 $\left(\dfrac{1}{2},\ 0\right)$，準線 $x = -\dfrac{1}{2}$

　　　　概形は **右の図**。

　　　　(2)　$x^2 = 4 \cdot (-2)y$ より
　　　　焦点 $(0,\ -2)$，準線 $y = 2$
　　　　概形は **右の図**。

$\blacktriangleleft$ $y^2 = 4px$ の形に変形する。このとき
焦点 $(p, 0)$，準線 $x = -p$

$\blacktriangleleft$ $x^2 = 4py$ の形に変形する。このとき
焦点 $(0, p)$，準線 $y = -p$

　　　〔2〕　(1)　焦点 $(3,\ 0)$，準線 $x = -3$ であるから，
　　　　　　求める放物線の方程式は　　　$y^2 = 4 \cdot 3x$
　　　　　　すなわち　　　$\boldsymbol{y^2 = 12x}$

　　　　　(2)　焦点 $(0,\ -4)$，準線 $y = 4$ であるから，
　　　　　　求める放物線の方程式は　　$x^2 = 4 \cdot (-4)y$
　　　　　　すなわち　　　$\boldsymbol{x^2 = -16y}$

$\blacktriangleleft$ 頂点が原点であり，焦点が x 軸上にあるから
$y^2 = 4px$

$\blacktriangleleft$ 頂点が原点であり，焦点が y 軸上にあるから
$x^2 = 4py$

練習 55　〔1〕　次の放物線の焦点の座標，準線の方程式を求め，その概形をかけ。

　　　　(1)　$y^2 = -x$ 　　　　　　　　　　(2)　$x^2 = \dfrac{1}{2}y$

　　　〔2〕　次の条件を満たす放物線の方程式を求めよ。
　　　　(1)　焦点 $(0,\ \sqrt{2})$，準線 $y = -\sqrt{2}$ 　　(2)　焦点 $(-2,\ 0)$，準線 $x = 2$

→ p.133　問題55

例題 56　楕円の定義

D
★★☆☆

2点 $F(4, 0)$, $F'(-4, 0)$ からの距離の和が 10 である点 P の軌跡を求めよ。

思考のプロセス

段階的に考える　　軌跡の問題である。

《ReAction 点 P の軌跡は，$P(x, y)$ とおいて x, y の関係式を導け　◀例題 54

1 軌跡を求める点 P を (x, y) とおく。

2 与えられた条件を x, y の式で表す。
$\implies \mathrm{PF} + \mathrm{PF}' = 10 \longrightarrow x, y$ の式で表す。

3 2 の式を整理して，軌跡を求める。

　■ $\sqrt{}$ がうまく消えるように，変形を工夫する。

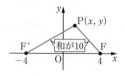

解 点 P の座標を (x, y) とおくと

$$\mathrm{PF} = \sqrt{(x-4)^2 + y^2}, \quad \mathrm{PF}' = \sqrt{(x+4)^2 + y^2}$$

$\mathrm{PF} + \mathrm{PF}' = 10$ より

$$\sqrt{(x-4)^2 + y^2} + \sqrt{(x+4)^2 + y^2} = 10$$

これより　　$\sqrt{(x-4)^2 + y^2} = 10 - \sqrt{(x+4)^2 + y^2}$

両辺を 2 乗すると

$$(x-4)^2 + y^2 = 100 - 20\sqrt{(x+4)^2 + y^2} + (x+4)^2 + y^2$$

$$4x + 25 = 5\sqrt{(x+4)^2 + y^2}$$

さらに，両辺を 2 乗して整理すると

$$9x^2 + 25y^2 = 225$$

よって，求める軌跡は

楕円 $\dfrac{x^2}{25} + \dfrac{y^2}{9} = 1$

◀ 2 点間の距離の公式

◀ $\sqrt{A} + \sqrt{B} = k$ の形のまま両辺を 2 乗すると $A + 2\underset{\smile}{\sqrt{AB}} + B = k^2$ となり，計算がとても複雑になる。
$\sqrt{A} = k - \sqrt{B}$
としてから 2 乗する方が簡単である。

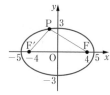

〔別解〕

2 定点 F，F' からの距離の和が一定であるから，点 P の軌跡は 2 点 F，F' を焦点とする楕円である。

楕円の中心は，FF' の中点 $O(0, 0)$ であり，焦点 F，F' はともに x 軸上にあるから，求める楕円の方程式を

$$\frac{x^2}{a^2} + \frac{y^2}{b^2} = 1 \ (a > b > 0)$$

とおくと　$\mathrm{PF} + \mathrm{PF}' = 10$ より　　$2a = 10$

よって　$a = 5$　　…①

焦点が $F(4, 0)$, $F'(-4, 0)$ であるから

$$\sqrt{a^2 - b^2} = 4 \quad \text{すなわち} \quad a^2 - b^2 = 16$$

① を代入すると，$25 - b^2 = 16$ より　　$b = 3$

これは，$a > b > 0$ を満たす。

よって，求める軌跡は　　楕円 $\dfrac{x^2}{25} + \dfrac{y^2}{9} = 1$

◀ 楕円の定義

例題 58

◀ 焦点は x 軸上にあるから $a > b$

◀ $\mathrm{PF} + \mathrm{PF}' = 2a$

◀ 焦点が x 軸上にある楕円 $\dfrac{x^2}{a^2} + \dfrac{y^2}{b^2} = 1$ の焦点の座標は $(\pm\sqrt{a^2 - b^2}, 0)$

練習 56　　2 点 $F(0, 2)$, $F'(0, -2)$ からの距離の和が 8 である点 P の軌跡を求めよ。

→p.133　問題 56

次の楕円の頂点と焦点の座標，長軸と短軸の長さを求め，その概形をかけ。

(1) $\dfrac{x^2}{9} + \dfrac{y^2}{3} = 1$

(2) $2x^2 + y^2 = 8$

思考のプロセス

楕円 $\dfrac{x^2}{a^2} + \dfrac{y^2}{b^2} = 1$

$\longrightarrow$ 頂点 $(\pm a,\ 0),\ (0,\ \pm b)$

焦点 (ア) $a > b$ のとき

$(\pm\sqrt{a^2 - b^2},\ 0)$

(イ) $a < b$ のとき

$(0,\ \pm\sqrt{b^2 - a^2})$

公式の利用

(ア) $a > b$ のとき

(イ) $a < b$ のとき

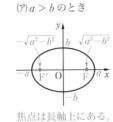

焦点は長軸上にある。

(1) $\dfrac{x^2}{9} + \dfrac{y^2}{3} = 1$

⊛ ⊙ $\longrightarrow$ 焦点は $\boxed{}$ 軸上

(2) $2x^2 + y^2 = 8$

1 になるように変形

Action>> 楕円 $\dfrac{x^2}{a^2} + \dfrac{y^2}{b^2} = 1$ は，焦点が x 軸上か y 軸上かに注意せよ

解 (1) 楕円 $\dfrac{x^2}{9} + \dfrac{y^2}{3} = 1$ の頂点は

$(3,\ 0),\ (-3,\ 0),\ (0,\ \sqrt{3}),\ (0,\ -\sqrt{3})$

また，$\sqrt{9 - 3} = \sqrt{6}$ より

焦点は $(\sqrt{6},\ 0),\ (-\sqrt{6},\ 0)$

長軸の長さは $2 \times 3 = 6$

短軸の長さは $2 \times \sqrt{3} = 2\sqrt{3}$

概形は **右の図**。

$a^2 = 9$ より $a = 3$
$b^2 = 3$ より $b = \sqrt{3}$
$a > b$ であるから
焦点 $(\pm\sqrt{a^2 - b^2},\ 0)$
長軸の長さ $2a$
短軸の長さ $2b$

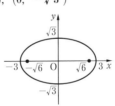

(2) 与式の両辺を 8 で割ると，$\dfrac{x^2}{4} + \dfrac{y^2}{8} = 1$ であるから

この楕円の頂点は

$(2,\ 0),\ (-2,\ 0),\ (0,\ 2\sqrt{2}),\ (0,\ -2\sqrt{2})$

また，$\sqrt{8 - 4} = 2$ より

焦点は $(0,\ 2),\ (0,\ -2)$

長軸の長さは $2 \times 2\sqrt{2} = 4\sqrt{2}$

短軸の長さは $2 \times 2 = 4$

概形は **右の図**。

右辺を 1 にする。
$a^2 = 4$ より $a = 2$
$b^2 = 8$ より $b = 2\sqrt{2}$
$a < b$ であるから
焦点 $(0,\ \pm\sqrt{b^2 - a^2})$
長軸の長さ $2b$
短軸の長さ $2a$

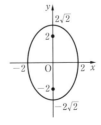

練習 57 次の楕円の頂点と焦点の座標，長軸と短軸の長さを求め，その概形をかけ。

(1) $\dfrac{x^2}{5} + y^2 = 1$

(2) $3x^2 + 2y^2 = 6$

119

→ p.133 問題57

例題 58　楕円の決定

次の条件を満たす楕円の方程式を求めよ。

(1) ① 2点 $(3, \ 0)$, $(-3, \ 0)$ を焦点とし，② 長軸の長さが 10 である。

(2) 中心が原点，焦点が y 軸上にあり，① 焦点間の距離が 8 で，

② 点 $(\sqrt{3}, \ \sqrt{5})$ を通る。

≪®Action 楕円 $\dfrac{x^2}{a^2}+\dfrac{y^2}{b^2}=1$ は，焦点が x 軸上か y 軸上かに注意せよ　◀例題 57

思考のプロセス

未知のものを文字でおく

求める楕円の方程式を $\dfrac{x^2}{a^2}+\dfrac{y^2}{b^2}=1$ とおく。

(1) 条件① ⟹ 焦点は x 軸上にあるから　$\boxed{} = 3$　(2) 条件① ⟹ $\boxed{} = 8$

　　条件② ⟹ $\boxed{} = 10$　　　　　　　　　　　　　　条件② ⟹ $\boxed{} = 1$

解 (1) 求める楕円の中心は原点で，焦点が x 軸上にあるから，

方程式を $\dfrac{x^2}{a^2}+\dfrac{y^2}{b^2}=1 \ (a>b>0)$ とおく。

焦点が $(\pm 3, \ 0)$ であるから

$$\sqrt{a^2-b^2}=3 \quad \text{すなわち} \quad a^2-b^2=9 \quad \cdots ①$$

長軸の長さが 10 であるから

$$2a=10 \quad \cdots ②$$

①，② より　$a=5, \ b=4$

よって，求める方程式は

$$\frac{x^2}{25}+\frac{y^2}{16}=1$$

右注：
中心 (2つの焦点を結んだ線分の中点) は原点である。
また，焦点が x 軸上にあるから，$a>b$ である。

b の値を求めずに，$b^2=16$ から方程式を求めてもよい。

(2) 求める楕円の中心は原点で，焦点が y 軸上にあるから，

方程式を $\dfrac{x^2}{a^2}+\dfrac{y^2}{b^2}=1 \ (b>a>0)$ とおく。

焦点間の距離が 8 であるから

$$2\sqrt{b^2-a^2}=8 \quad \text{すなわち} \quad b^2-a^2=4^2 \quad \cdots ①$$

点 $(\sqrt{3}, \ \sqrt{5})$ を通るから

$$\frac{3}{a^2}+\frac{5}{b^2}=1 \quad \cdots ②$$

①，② より　$a=2, \ b=2\sqrt{5}$

よって，求める方程式は

$$\frac{x^2}{4}+\frac{y^2}{20}=1$$

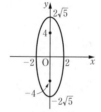

右注：
中心は原点である。
焦点が y 軸上にあるから，$b>a$ である。

$\dfrac{(\sqrt{3})^2}{a^2}+\dfrac{(\sqrt{5})^2}{b^2}=1$

$a, \ b$ の値を求めずに，$a^2=4, \ b^2=20$ から方程式を求めてもよい。

練習 58 次の条件を満たす楕円の方程式を求めよ。

(1) 2点 $(0, \ \sqrt{2})$, $(0, \ -\sqrt{2})$ を焦点とし，長軸の長さが $2\sqrt{3}$ である。

(2) 焦点が $(\sqrt{6}, \ 0)$, $(-\sqrt{6}, \ 0)$ で，長軸の長さが短軸の長さの 2 倍である。

(3) 焦点の座標が $(0, \ 3)$, $(0, \ -3)$ で，点 $(1, \ 2\sqrt{2})$ を通る。

➡p.133　問題58

> 円 $C : x^2 + y^2 = 9$ 上の点 P の座標を次のように拡大または縮小した点を Q とする。<u>点 P が円 C 上を動くとき，点 Q の軌跡を求めよ。</u>
>
> (1)　y 座標を $\dfrac{2}{3}$ 倍に縮小　　　　(2)　x 座標を 2 倍に拡大

思考のプロセス

段階的に考える　**軌跡**の問題である。

Action≫　動点 P に連動する点の軌跡は，$\mathrm{P}(s,\ t)$ とおいて $s,\ t$ を消去せよ

1　軌跡を求める点を $(X,\ Y)$ とおく。 $\Longrightarrow$ 点 $\mathrm{Q}(X,\ Y)$ とおく。
　それ以外の動点を $(s,\ t)$ とおく。 $\Longrightarrow$ 点 $\mathrm{P}(s,\ t)$ とおく。

2　与えられた条件を $X,\ Y,\ s,\ t$ の式で表す。

　(1)　条件____ $\Longrightarrow$ $\mathrm{P}(s,\ t)$ が円 $C : x^2 + y^2 = 9$ 上にある。

　　　条件____ $\Longrightarrow$ $\mathrm{Q}(X,\ Y)$ は P の $\begin{cases} y\ \text{座標を}\ \dfrac{2}{3}\ \text{倍に縮小。} \\ x\ \text{座標は\textbf{そのまま}。} \end{cases}$ ⎱ $X,\ Y,\ s,\ t$ の式で表す。

3　2の式から $s,\ t$ を消去して，$X,\ Y$ の式を導く。

解　点 P の座標を $(s,\ t)$，点 Q の座標を $(X,\ Y)$ とおく。
　点 $\mathrm{P}(s,\ t)$ は円 C 上にあるから　　　$s^2 + t^2 = 9$　　　$\cdots$ ①

◀ 軌跡を求める点は Q
　$\Rightarrow \mathrm{Q}(X,\ Y)$ とおく。
　図形上を動く点 P
　$\Rightarrow \mathrm{P}(s,\ t)$ とおく。

(1)　点 Q は点 P の y 座標を $\dfrac{2}{3}$ 倍した点であるから

$$X = s,\ Y = \frac{2}{3}t$$

よって　　　$s = X,\ t = \dfrac{3}{2}Y$

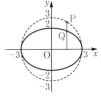

これらを ① に代入すると

$$X^2 + \left(\frac{3}{2}Y\right)^2 = 9$$

◀ $s,\ t$ を消去する。

◀ $X^2 + \dfrac{9Y^2}{4} = 9$ の両辺を 9 で割る。

したがって，求める軌跡は　**楕円** $\dfrac{x^2}{9} + \dfrac{y^2}{4} = 1$

(2)　点 Q は点 P の x 座標を 2 倍した点であるから
　　　$X = 2s,\ Y = t$
よって　　　$s = \dfrac{X}{2},\ t = Y$

これらを ① に代入すると
$$\left(\frac{X}{2}\right)^2 + Y^2 = 9$$

◀ $s,\ t$ を消去する。

◀ $\dfrac{X^2}{4} + Y^2 = 9$ の両辺を 9 で割る。

したがって，求める軌跡は　**楕円** $\dfrac{x^2}{36} + \dfrac{y^2}{9} = 1$

練習 59　円 $C : x^2 + y^2 = 4$ 上の点 P の座標を次のように拡大または縮小した点を Q とする。点 P が円 C 上を動くとき，点 Q の軌跡を求めよ。

　(1)　y 座標を 3 倍に拡大　　　　(2)　x 座標を $\dfrac{1}{2}$ 倍に縮小

2点 $F(5,\ 0)$, $F'(-5,\ 0)$ からの距離の差が 6 である点 P の軌跡を求めよ。

思考のプロセス

段階的に考える　軌跡の問題である。

《ReAction 点 P の軌跡は，$P(x,\ y)$ とおいて $x,\ y$ の関係式を導け　◀例題 54

1　軌跡を求める点 P を $(x,\ y)$ とおく。

2　与えられた条件を $x,\ y$ の式で表す。

$\implies |PF - PF'| = 6 \longrightarrow x,\ y$ の式で表す。

■　距離の「差」であるから，絶対値を忘れないようにする。

3　2 の式を整理して，軌跡を求める。

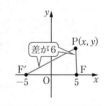

解　点 P の座標を $(x,\ y)$ とおくと

$$PF = \sqrt{(x-5)^2 + y^2}, \quad PF' = \sqrt{(x+5)^2 + y^2}$$

$|PF - PF'| = 6$ より，$PF - PF' = \pm 6$ であるから

$$\sqrt{(x-5)^2 + y^2} - \sqrt{(x+5)^2 + y^2} = \pm 6$$

これより　$\sqrt{(x-5)^2 + y^2} = \pm 6 + \sqrt{(x+5)^2 + y^2}$

両辺を 2 乗すると

$$(x-5)^2 + y^2 = 36 \pm 12\sqrt{(x+5)^2 + y^2} + (x+5)^2 + y^2$$

$$-5x - 9 = \pm 3\sqrt{(x+5)^2 + y^2}$$

さらに両辺を 2 乗して整理すると

$$16x^2 - 9y^2 = 144$$

よって，求める軌跡は

双曲線 $\dfrac{x^2}{9} - \dfrac{y^2}{16} = 1$

◀2 定点からの距離の差は
$|PF - PF'|$
絶対値に注意する。

◀$\sqrt{A} - \sqrt{B} = k$ の形のまま両辺を 2 乗すると $A - 2\sqrt{AB} + B = k^2$ となり計算がとても複雑になる。
$\sqrt{A} = k + \sqrt{B}$
としてから 2 乗する方が簡単である。

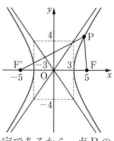

（別解）

2 定点 F，F' からの距離の差が一定であるから，点 P の軌跡は 2 点 F，F' を焦点とする双曲線である。

焦点は x 軸上にあるから，求める双曲線の方程式を

$$\frac{x^2}{a^2} - \frac{y^2}{b^2} = 1 \ (a > 0,\ b > 0)$$

とおくと，$|PF - PF'| = 6$ より　　$2a = 6$

よって　　　　　$a = 3$　　…①

焦点が $F(5,\ 0)$，$F'(-5,\ 0)$ であるから

$$\sqrt{a^2 + b^2} = 5 \quad \text{すなわち} \quad a^2 + b^2 = 25$$

① を代入すると，$9 + b^2 = 25$ より　　$b = 4$

よって，求める軌跡は　　双曲線 $\dfrac{x^2}{9} - \dfrac{y^2}{16} = 1$

◀双曲線の定義

◀焦点が x 軸上にあるから，右辺は 1 である。

◀$|PF - PF'| = 2a$

◀焦点が x 軸上にある双曲線 $\dfrac{x^2}{a^2} - \dfrac{y^2}{b^2} = 1$ の焦点の座標は $(\pm\sqrt{a^2 + b^2},\ 0)$

◀$b > 0$

例題 62

練習 60　2点 $F(0,\ \sqrt{5})$，$F'(0,\ -\sqrt{5})$ からの距離の差が 4 である点 P の軌跡を求めよ。

⇒ p.133　問題 60

例題 **61** 双曲線の頂点・焦点・漸近線

★☆☆☆

> 次の双曲線の頂点と焦点の座標，漸近線の方程式を求め，その概形をかけ。
> (1) $4x^2 - 9y^2 = 36$ 　　　　　(2) $4x^2 - y^2 = -4$

思考のプロセス

(ア) 双曲線 $\dfrac{x^2}{a^2} - \dfrac{y^2}{b^2} = \underline{1}$

　　$\longrightarrow$ 頂点 $(\pm a,\ 0)$，焦点 $(\pm\sqrt{a^2+b^2},\ 0)$

(イ) 双曲線 $\dfrac{x^2}{a^2} - \dfrac{y^2}{b^2} = \underline{\underline{-1}}$

　　$\longrightarrow$ 頂点 $(0,\ \pm b)$，焦点 $(0,\ \pm\sqrt{a^2+b^2})$

(ア)，(イ) どちらも漸近線は　　$y = \pm\dfrac{b}{a}x$

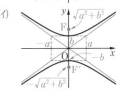

公式の利用

(1) $4x^2 - 9y^2 = 36 \longrightarrow \dfrac{x^2}{9} - \dfrac{y^2}{4} = \underline{1}$　$\Big\}$ 焦点は $\boxed{}$ 軸上

(2) $4x^2 - y^2 = -4 \longrightarrow x^2 - \dfrac{y^2}{4} = \underline{\underline{-1}}$　$x\,?\,y\,?$

Action≫ 双曲線 $\dfrac{x^2}{a^2} - \dfrac{y^2}{b^2} = \pm 1$ は，焦点が x 軸上か y 軸上かに注意せよ

解 (1) $\dfrac{x^2}{9} - \dfrac{y^2}{4} = 1$ であるから，頂点は $(3,\ 0),\ (-3,\ 0)$

また，$\sqrt{9+4} = \sqrt{13}$ より

焦点は $(\sqrt{13},\ 0),\ (-\sqrt{13},\ 0)$

漸近線は $y = \pm\dfrac{2}{3}x$

概形は **右の図**。

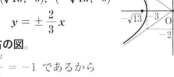

◀ 両辺を 36 で割って，右辺を 1 にする。

$a^2 = 9$ より $a = 3$
$b^2 = 4$ より $b = 2$

◀ 双曲線 $\dfrac{x^2}{a^2} - \dfrac{y^2}{b^2} = 1$ は
頂点 $(\pm a,\ 0)$
焦点 $(\pm\sqrt{a^2+b^2},\ 0)$

(2) $x^2 - \dfrac{y^2}{4} = -1$ であるから

頂点は $(0,\ 2),\ (0,\ -2)$

また，$\sqrt{1+4} = \sqrt{5}$ より

焦点は $(0,\ \sqrt{5}),\ (0,\ -\sqrt{5})$

漸近線は $y = \pm 2x$

概形は **右の図**。

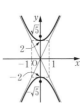

◀ 両辺を 4 で割って，右辺を -1 にする。

$a^2 = 1$ より $a = 1$
$b^2 = 4$ より $b = 2$

◀ 双曲線 $\dfrac{x^2}{a^2} - \dfrac{y^2}{b^2} = -1$ は
頂点 $(0,\ \pm b)$
焦点 $(0,\ \pm\sqrt{a^2+b^2})$

Point....双曲線の頂点・漸近線と焦点の位置関係

双曲線 $\dfrac{x^2}{a^2} - \dfrac{y^2}{b^2} = \pm 1$ の頂点と漸近線は右の図のようになるから，点 A の座標は $(a,\ b)$ であり

$$OA = \sqrt{a^2+b^2}$$

よって，2 焦点を F，F′ とすると

$$OF = OF' = OA$$

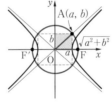

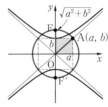

練習61 次の双曲線の頂点と焦点の座標，漸近線の方程式を求め，その概形をかけ。
(1) $5x^2 - 3y^2 = 15$ 　　　　　(2) $3x^2 - 4y^2 = -12$

➡ p.134 問題61

例題 **62** 双曲線の決定

次の条件を満たす双曲線の方程式を求めよ。

(1) 2 点 $(2, \ 0)$, $(-2, \ 0)$ を頂点とし，点 $(4, \ 3)$ を通る。

(2) 2 点 $(0, \ \sqrt{3}\,)$, $(0, \ -\sqrt{3}\,)$ を焦点とし，2 本の漸近線の傾きがそれぞれ $\sqrt{2}$, $-\sqrt{2}$ である。

思考のプロセス

≪®Action 双曲線 $\dfrac{x^2}{a^2} - \dfrac{y^2}{b^2} = \pm 1$ は，焦点が x 軸上か y 軸上かに注意せよ ◀例題 61

未知のものを文字でおく

(1) 頂点が x 軸上（焦点が x 軸上）$\Longrightarrow \dfrac{x^2}{a^2} - \dfrac{y^2}{b^2} = \boxed{}$ とおく。

(2) 焦点が y 軸上（頂点が y 軸上）$\Longrightarrow \dfrac{x^2}{a^2} - \dfrac{y^2}{b^2} = \boxed{}$ とおく。

解 (1) 求める双曲線の中心は原点で，頂点が x 軸上にあるから，方程式を $\dfrac{x^2}{a^2} - \dfrac{y^2}{b^2} = 1$ $(a > 0, \ b > 0)$ とおく。

頂点の座標が $(\pm 2, \ 0)$ であるから $a = 2$

点 $(4, \ 3)$ を通るから

$\dfrac{16}{4} - \dfrac{9}{b^2} = 1$ より $b = \sqrt{3}$

よって，求める方程式は

$$\dfrac{x^2}{4} - \dfrac{y^2}{3} = 1$$

◀頂点が x 軸上にあるから，焦点も x 軸上にあり，右辺は 1 である。

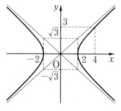

◀b の値を求めずに，$b^2 = 3$ から方程式を求めてもよい。

◀漸近線の方程式は
$y = \pm \dfrac{\sqrt{3}}{2} x$

(2) 求める双曲線の中心は原点で，焦点が y 軸上にあるから，方程式を $\dfrac{x^2}{a^2} - \dfrac{y^2}{b^2} = -1$ $(a > 0, \ b > 0)$ とおく。

焦点が $(0, \ \pm\sqrt{3}\,)$ であるから

$\sqrt{a^2 + b^2} = \sqrt{3}$ すなわち $a^2 + b^2 = 3$ $\cdots$ ①

漸近線の傾きが $\pm\sqrt{2}$ であるから

$\dfrac{b}{a} = \sqrt{2}$ $\cdots$ ②

①，② より $a = 1, \ b = \sqrt{2}$

よって，求める方程式は

$$x^2 - \dfrac{y^2}{2} = -1$$

◀焦点が y 軸上にあるから，右辺は -1 である。

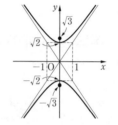

◀漸近線の方程式は
$y = \pm \dfrac{b}{a} x$

◀$a, \ b$ の値を求めずに，$a^2 = 1, \ b^2 = 2$ から方程式を求めてもよい。

練習 62 次の条件を満たす双曲線の方程式を求めよ。

(1) 2 点 $(0, \ 3)$, $(0, \ -3)$ を頂点とし，点 $(4\sqrt{3}, \ 6)$ を通る。

(2) 2 点 $(\sqrt{10}, \ 0)$, $(-\sqrt{10}, \ 0)$ を焦点とし，2 本の漸近線の傾きがそれぞれ $\dfrac{1}{2}$, $-\dfrac{1}{2}$ である。

➡p.134 問題62

双曲線 $\dfrac{x^2}{4} - \dfrac{y^2}{9} = 1$ 上の点 P を通り，x 軸に平行な直線と 2 つの漸近線との交点をそれぞれ Q, R とすると，$\underline{PQ \cdot PR \text{ は一定である}}$ ことを証明せよ。

思考のプロセス

未知のものを文字でおく

点 P を $(p,\ q)$ とおく。
3 点 P, Q, R の y 座標はすべて等しいことに注意して，PQ, PR をそれぞれ p, q を用いて表す。

結論の言い換え

結論＿＿ $\Longrightarrow$ PQ · PR = (p, q を含まない式) となる

Action>> 双曲線 $\dfrac{x^2}{a^2} - \dfrac{y^2}{b^2} = \pm 1$ の漸近線は，$y = \pm \dfrac{b}{a} x$ とせよ

解 点 P の座標を $(p,\ q)$ とすると，
点 P は双曲線上にあるから

$$\frac{p^2}{4} - \frac{q^2}{9} = 1 \quad \cdots ①$$

2 つの漸近線の方程式は

$$y = \frac{3}{2}x, \quad y = -\frac{3}{2}x$$

点 P を通り，x 軸に平行な直線の
方程式は $y = q$ であるから，
2 点 Q, R の座標は

$$Q\left(\frac{2}{3}q,\ q\right),\ R\left(-\frac{2}{3}q,\ q\right)$$

よって $\quad PQ \cdot PR = \left| p - \dfrac{2}{3}q \right| \cdot \left| p + \dfrac{2}{3}q \right|$

$$= \left| p^2 - \frac{4}{9}q^2 \right|$$

$$= \left| 4\left(\frac{p^2}{4} - \frac{q^2}{9}\right) \right|$$

① を代入すると

$$PQ \cdot PR = |4 \cdot 1| = 4$$

したがって，PQ · PR は一定である。

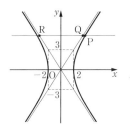

◀ 双曲線 $\dfrac{x^2}{a^2} - \dfrac{y^2}{b^2} = \pm 1$
の漸近線の方程式は
$\quad y = \pm \dfrac{b}{a} x$

◀ 3 点 P, Q, R の y 座標は
すべて q

練習 63 双曲線 $x^2 - \dfrac{y^2}{4} = -1$ 上の任意の点 P から 2 つの漸近線に垂線 PQ, PR を下ろすと，PQ · PR は一定であることを証明せよ。

➡ p.134 問題 63

$\underset{①}{\underline{\text{直線 } l : x = -2 \text{ に接し}}}$，$\underset{②}{\underline{\text{円 } C_1 : (x-1)^2 + y^2 = 1 \text{ に外接する円 } C_2}}$ の中心 P の軌跡を求めよ。

思考のプロセス

| 段階的に考える | **軌跡** の問題である。|

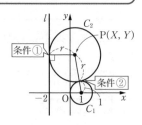

□1 軌跡を求める点 P を $(X,\ Y)$ とおく。

□2 与えられた条件を $X,\ Y$ の式で表す。

条件 ① $\Longrightarrow$ 円 C_2 が直線 l に接する

条件 ② $\Longrightarrow$ 円 C_1 と C_2 が外接する

$X,\ Y,\ r$ の式で表す。

□3 □2 の式から r を消去して，$X,\ Y$ の式を導く。

Action>> 外接する 2 円は，(中心間の距離) = (2 円の半径の和) とせよ

解 中心 P の座標を $(X,\ Y)$ とおく。
円 C_2 の半径を r とすると，r は点
P と直線 $x = -2$ の距離に等しい
から

$$r = |X - (-2)| = |X + 2|$$

図より，$X \geqq -2$ であるから

$$r = X + 2$$

2 円 $C_1,\ C_2$ の中心間の距離は

$$\sqrt{(X-1)^2 + Y^2}$$

2 円 $C_1,\ C_2$ は外接するから

$$\sqrt{(X-1)^2 + Y^2} = 1 + r$$

よって $\quad \sqrt{(X-1)^2 + Y^2} = X + 3$

両辺を 2 乗すると

$$(X-1)^2 + Y^2 = (X+3)^2$$

ゆえに $\qquad Y^2 = 8(X+1)$

したがって，求める軌跡は **放物線 $y^2 = 8(x+1)$**

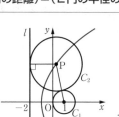

◀ 円 C_2 が円 C_1 と直線 l の両方に接するから，中心 P は直線 l より右側にある。

◀ C_1 の中心は $(1,\ 0)$

◀ 2 円が外接するとき，2 つの円の半径を $r_1,\ r_2$，中心間の距離を d とすると $\quad d = r_1 + r_2$

Point.... 定直線と定円に接する円の中心の軌跡

例題 64 において，補助線 $x = -3$ を引くと，点 P は点 $(1,\ 0)$ からと直線 $x = -3$ から等距離になっている。

すなわち，点 P の軌跡は点 $(1,\ 0)$ を焦点，直線 $x = -3$ を準線とする放物線である。

一般に，円と直線の両方に接する円の中心の軌跡は，与えられた円の中心を焦点とする放物線になる。

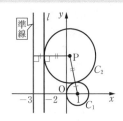

練習 **64** 直線 $y = 2$ に接し，円 $C_1 : x^2 + (y+1)^2 = 1$ に外接する円 C_2 の中心 P の軌跡を求めよ。

⇒ p.134 問題64

例題 65　楕円となる軌跡

D ★★☆☆

x 軸上の点 A と y 軸上の点 B が AB = 6 を満たしながら動くとき，線分 AB を $1:2$ に内分する点 C の軌跡を求めよ。

点 A，B が AB = 6 を満たしながら動くとき，それに連動して点 C が動く。

Action>> 動点 A，B に連動する点 C の軌跡は，A，B の座標を文字でおいてそれを消去せよ

段階的に考える

1　軌跡を求める点を $(X,\ Y)$ とおく。　$\Longrightarrow$　C$(X,\ Y)$ とおく。
　　それ以外の動点の座標を文字でおく。$\Longrightarrow$　A$(a,\ 0)$，B$(0,\ b)$ とおく。
2　与えられた条件を X，Y，a，b の式で表す。
　　$\Longrightarrow$　条件 3，4 を X，Y，a，b の式で表す。
3　2 の式から a，b を消去して，X，Y の式を導く。

解 点 A，B の座標をそれぞれ
A$(a,\ 0)$，B$(0,\ b)$，点 C の座標
を $(X,\ Y)$ とおく。
AB = 6 より　$\sqrt{a^2+b^2}=6$
よって　$a^2+b^2=36$　…①
また，C は線分 AB を $1:2$ に内
分する点であるから　$X=\dfrac{2}{3}a,\ Y=\dfrac{b}{3}$
a，b について解くと　$a=\dfrac{3}{2}X,\ b=3Y$
① に代入すると
$$\left(\dfrac{3}{2}X\right)^2+(3Y)^2=36$$
$$\dfrac{X^2}{16}+\dfrac{Y^2}{4}=1$$
よって，点 C の軌跡は
楕円 $\dfrac{x^2}{16}+\dfrac{y^2}{4}=1$

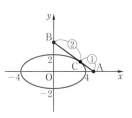

◀ 軌跡を求める点 C
　⇨ C$(X,\ Y)$ とおく。
　図形上を動く点 A，B
　⇨ A$(a,\ 0)$，B$(0,\ b)$ とおく。

◀ C$\left(\dfrac{2a+1\cdot 0}{1+2},\ \dfrac{2\cdot 0+1\cdot b}{1+2}\right)$
　より　C$\left(\dfrac{2}{3}a,\ \dfrac{b}{3}\right)$
　よって $\begin{cases} X=\dfrac{2}{3}a \\ Y=\dfrac{b}{3} \end{cases}$

◀ 式の形から楕円になることを見越して，両辺を 36 で割り，右辺を 1 にする。

Point....楕円となる軌跡

x 軸上の点 A と y 軸上の点 B が AB = c を満たしながら
動くとき，線分 AB を $t:(1-t)$ に分ける点 C の軌跡は，
楕円　$\dfrac{x^2}{\{c(1-t)\}^2}+\dfrac{y^2}{(ct)^2}=1$

となる。例題 65 は $c=6$，$t=\dfrac{1}{3}$ のときである。

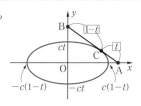

練習 65 x 軸上の点 A と y 軸上の点 B が AB = 7 を満たしながら動くとき，線分 AB を $5:2$ に内分する点 C の軌跡を求めよ。

➡ p.134　問題65

(1) 放物線 $y^2 - 3x + 3 = 0$ の頂点，焦点の座標および準線の方程式を求め，その概形をかけ。

(2) 楕円 $9x^2 + 4y^2 - 36x + 8y + 4 = 0$ の中心，焦点の座標を求め，その概形をかけ。

(3) 双曲線 $9x^2 - 4y^2 - 18x - 16y - 43 = 0$ の中心，焦点の座標および漸近線の方程式を求め，その概形をかけ。

思考のプロセス

既知の問題に帰着　　与式の＿＿の部分が，これまでの式の形と異なる。

放物線　$y^2 = 4px$ 　　　　　　　　　　　　　$(y - \beta)^2 = 4p(x - \alpha)$

楕円　$\dfrac{x^2}{a^2} + \dfrac{y^2}{b^2} = 1$ 　$\xrightarrow[\substack{y \text{軸方向に} \beta \\ \text{平行移動}}]{x \text{軸方向に} \alpha}$ 　$\dfrac{(x-\alpha)^2}{a^2} + \dfrac{(y-\beta)^2}{b^2} = 1$

双曲線　$\dfrac{x^2}{a^2} - \dfrac{y^2}{b^2} = \pm 1$ 　　　　　　　$\dfrac{(x-\alpha)^2}{a^2} - \dfrac{(y-\beta)^2}{b^2} = \pm 1$

与式をこの形に変形して，平行移動の量を考え，焦点，準線，漸近線も同様に平行移動する。

Action≫ x, y の2次式は，x, y を別々に平方完成せよ

解 (1) $y^2 - 3x + 3 = 0$ …① を変形すると　　$y^2 = 3(x - 1)$

これは，放物線 $y^2 = 3x$ …② を x 軸方向に 1 だけ平行移動したものである。放物線②の頂点は $(0, 0)$，焦点は $\left(\dfrac{3}{4},\ 0\right)$，準線は $x = -\dfrac{3}{4}$

であるから，求める放物線①の

頂点は $(1,\ 0)$**，焦点は** $\left(\dfrac{7}{4},\ 0\right)$**，**

準線は $x = \dfrac{1}{4}$

概形は **右の図**。

$◁$ $y^2 = 4 \cdot \dfrac{3}{4} x$

$◁$ 放物線 $y^2 = 4px$ の焦点は $(p, 0)$，準線は $x = -p$

$◁$ ①の
頂点は $(0 + 1,\ 0)$
焦点は $\left(\dfrac{3}{4} + 1,\ 0\right)$
準線は $x = -\dfrac{3}{4} + 1$

(2) $9x^2 + 4y^2 - 36x + 8y + 4 = 0$ …③ を変形すると

$$9(x - 2)^2 + 4(y + 1)^2 = 36$$

$$\dfrac{(x - 2)^2}{4} + \dfrac{(y + 1)^2}{9} = 1$$

これは，楕円 $\dfrac{x^2}{4} + \dfrac{y^2}{9} = 1$ …④ を x 軸方向に 2，y 軸方向に -1 だけ平行移動したものである。

楕円④の中心は $(0, 0)$，焦点は $(0,\ \sqrt{5}\,)$，$(0,\ -\sqrt{5}\,)$ であるから，求める楕円③の

中心は $(2,\ -1)$**，**

焦点は $(2,\ \sqrt{5} - 1)$**，** $(2,\ -\sqrt{5} - 1)$

概形は **右の図**。

$◁$ $9(x^2 - 4x) + 4(y^2 + 2y) = -4$
$9\{(x - 2)^2 - 2^2\}$
　$+ 4\{(y + 1)^2 - 1^2\} = -4$
$9(x - 2)^2 + 4(y + 1)^2$
　　$- 36 - 4 = -4$

$◁$ 楕円
$\dfrac{x^2}{a^2} + \dfrac{y^2}{b^2} = 1\ (b > a > 0)$
の焦点は $(0,\ \pm\sqrt{b^2 - a^2}\,)$

$◁$ 頂点 $(2, 0)$，$(-2, 0)$，$(0, 3)$，$(0, -3)$ はそれぞれ $(4, -1)$，$(0, -1)$，$(2, 2)$，$(2, -4)$ に移動する。

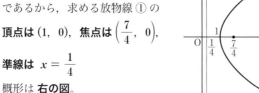

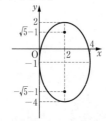

(3) $9x^2 - 4y^2 - 18x - 16y - 43 = 0$ … ⑤ を変形すると

$$9(x-1)^2 - 4(y+2)^2 = 36$$

$$\frac{(x-1)^2}{4} - \frac{(y+2)^2}{9} = 1$$

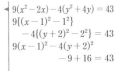
$9(x^2 - 2x) - 4(y^2 + 4y) = 43$
$9\{(x-1)^2 - 1^2\}$
　$-4\{(y+2)^2 - 2^2\} = 43$
$9(x-1)^2 - 4(y+2)^2$
　　$-9 + 16 = 43$

これは，双曲線 $\dfrac{x^2}{4} - \dfrac{y^2}{9} = 1$ … ⑥ を x 軸方向に 1,

y 軸方向に -2 だけ平行移動したものである。

双曲線 ⑥ の中心は $(0,\ 0)$,

焦点は $(\sqrt{13},\ 0)$, $(-\sqrt{13},\ 0)$,

漸近線は $y = \pm\dfrac{3}{2}x$ である

から，求める双曲線 ⑤ の

中心は $(1,\ -2)$,

焦点は

$(1+\sqrt{13},\ -2)$, $(1-\sqrt{13},\ -2)$

漸近線は　　$y+2 = \pm\dfrac{3}{2}(x-1)$

すなわち　　$\boldsymbol{y = \dfrac{3}{2}x - \dfrac{7}{2},\ \ y = -\dfrac{3}{2}x - \dfrac{1}{2}}$

概形は **右の図**。

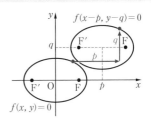

直線 $y = \pm\dfrac{3}{2}x$ を x 軸方向に 1, y 軸方向に -2 だけ平行移動する。

Point....2次曲線の平行移動

曲線 $f(x,\ y) = 0$ を x 軸方向に p, y 軸方向に q だけ平行移動した曲線の方程式は

$$\boldsymbol{f(x-p,\ y-q) = 0}$$

このことを利用すると，$\dfrac{(x-p)^2}{a^2} + \dfrac{(y-q)^2}{b^2} = 1$

$(a > b > 0)$ は，楕円 $\dfrac{x^2}{a^2} + \dfrac{y^2}{b^2} = 1$ を x 軸方向に p,

y 軸方向に q だけ平行移動した楕円であり，焦点は

$\left(\pm\sqrt{a^2 - b^2} + p,\ q\right)$

練習 66 〔1〕　次の放物線の頂点，焦点の座標および準線の方程式を求め，その概形を
かけ。

(1) $y^2 + 2x - 4 = 0$　　　　　　　(2) $y^2 = 6y + 2x - 7$

〔2〕　次の楕円の中心，焦点の座標を求め，その概形をかけ。

(1) $x^2 + 5y^2 - 10y = 0$　　　　(2) $9x^2 + 4y^2 + 18x - 24y + 9 = 0$

〔3〕　次の双曲線の中心，焦点の座標および漸近線の方程式を求め，その概形
をかけ。

(1) $9x^2 - 4y^2 + 16y - 52 = 0$　　(2) $4x^2 - y^2 - 8x - 4y + 4 = 0$

➡ p.134　問題66

放物線，楕円，双曲線は２次曲線とよばれ，これらは一般に，x, y の２次方程式 $ax^2 + by^2 + cxy + dx + ey + f = 0$ … ① の形で表されます。

ここでは，方程式 ① の各係数の値によって，曲線がどのような形になるかを調べてみましょう。

〈例〉 (1) $a = -1$, $b = c = 0$, $d = 2$, $e = 1$, $f = 0$ のとき

　　　　① は　　　$-x^2 + 2x + y = 0$

　　　　よって，放物線 $y = x^2 - 2x$ を表す。

　　(2) $a = 0$, $b = 1$, $c = 0$, $d = -1$, $e = 0$, $f = 1$ のとき

　　　　① は　　　$y^2 - x + 1 = 0$

　　　　よって，放物線 $x = y^2 + 1$ を表す。

　　(3) $a = 4$, $b = 9$, $c = d = e = 0$, $f = -36$ のとき

　　　　① は　　　$4x^2 + 9y^2 - 36 = 0$

　　　　よって，楕円 $\dfrac{x^2}{9} + \dfrac{y^2}{4} = 1$ を表す。

　　(4) $a = 1$, $b = -4$, $c = d = e = 0$, $f = -4$ のとき

　　　　① は　　　$x^2 - 4y^2 - 4 = 0$

　　　　よって，双曲線 $\dfrac{x^2}{4} - y^2 = 1$ を表す。

　　(5) $a = b = 0$, $c = 1$, $d = 0$, $e = -2$, $f = -1$ のとき

　　　　① は　　　$xy - 2y - 1 = 0$

　　　　よって，双曲線 $y = \dfrac{1}{x - 2}$ を表す。

(1)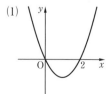

(2)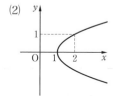

(3)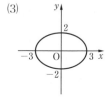

(4)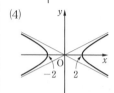

(5)

‼ $a = 1$, $b = -1$, $c = d = e = f = 0$ のとき

　　① は　　$x^2 - y^2 = 0$　すなわち　$(x + y)(x - y) = 0$

　　よって，２直線 $y = x$, $y = -x$ を表すから，このとき ① が

　　表す図形は放物線，楕円，双曲線のいずれでもない。

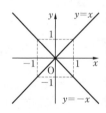

次の２次曲線の方程式を求めよ。
(1) 頂点 $(-1,\ 2)$，準線 $x = 2$ の放物線
(2) 焦点の座標が $(2,\ 1)$，$(2,\ -3)$ で点 $(2,\ 0)$ を通る双曲線

基準を定める

放物線の頂点や双曲線の中心が原点になるように平行移動した曲線で考える。

(1) $\begin{pmatrix} 頂点\ (-1,\ 2) \\ 準線\ x = 2 \end{pmatrix}$ ──頂点を原点に──▶ $\begin{pmatrix} 頂点\ (0,\ 0) \\ 準線\ x = \boxed{} \end{pmatrix}$

$\boxed{求める方程式}$ ◀──逆の平行移動── $\boxed{曲線の方程式}$

(2) $\begin{pmatrix} 中心\ (2,\ -1) \\ 焦点\ (2,\ 1),\ (2,\ -3) \end{pmatrix}$ ──中心を原点に──▶ $\begin{pmatrix} 中心\ (0,\ 0) \\ 焦点\ (\boxed{},\ \boxed{}),\ (\boxed{},\ \boxed{}) \end{pmatrix}$

$\boxed{求める方程式}$ ◀──逆の平行移動── $\boxed{曲線の方程式}$

Action≫ 平行移動した２次曲線は，中心や頂点を原点に移動して考えよ

解 (1) 求める放物線の頂点 $(-1,\ 2)$ が原点と一致するように
x 軸方向に 1，y 軸方向に -2 だけ平行移動した放物線の
方程式を $y^2 = 4px$ とおくと，準線は $x = 3$ であるか
ら $p = -3$

よって，求める放物線は $y^2 = -12x$ を x 軸方向に -1，
y 軸方向に 2 だけ平行移動したものであるから
$$(y-2)^2 = -12(x+1)$$

◀ 準線が x 軸に垂直であるから，"$y^2 =$" の形でおく。

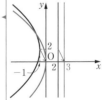

(2) 求める双曲線の中心 $(2,\ -1)$ が原点と一致するように
x 軸方向に -2，y 軸方向に 1 だけ平行移動した双曲線の
方程式を $\dfrac{x^2}{a^2} - \dfrac{y^2}{b^2} = -1\ (a > 0,\ b > 0)$ とおくと

点 $(0,\ 1)$ を通るから，$-\dfrac{1}{b^2} = -1$ より $b^2 = 1$ …①

焦点は $(0,\ 2)$，$(0,\ -2)$ となるから
$$\sqrt{a^2 + b^2} = 2 \quad すなわち \quad a^2 + b^2 = 4 \quad \cdots ②$$

①，② より $a = \sqrt{3}$，$b = 1$

よって，求める双曲線は $\dfrac{x^2}{3} - y^2 = -1$ を x 軸方向に 2，
y 軸方向に -1 だけ平行移動したものであるから
$$\frac{(x-2)^2}{3} - (y+1)^2 = -1$$

◀ 焦点が y 軸上にあるから，右辺は -1 である。

◀ 焦点は $(0,\ 2)$，$(0,\ -2)$ に移り，通る点は $(0,\ 1)$ に移る。

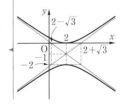

練習 67 次の２次曲線の方程式を求めよ。
(1) 頂点 $(1,\ 3)$，準線 $y = 2$ の放物線
(2) ２点 $(1,\ 4)$，$(1,\ 0)$ を焦点とし，点 $(3,\ 2)$ を通る楕円
(3) ２点 $(5,\ 2)$，$(-5,\ 2)$ を焦点とし，頂点の１つが $(3,\ 2)$ である双曲線

２次曲線は様々な性質をもつことが知られています。ここでいくつか紹介してみましょう。

(1)　放物線，楕円とその接線について

　右の図において，点 F は放物線の焦点，直線 l は放物線上の点 P における接線，直線 m は点 P を通り，放物線の軸（x 軸）に平行な直線であるとする。

　このとき，点 P の位置にかかわらず

　　　∠APC ＝ ∠BPF

> 放物線のこの性質は，私たちの身近にあるものの形状に応用されているんだよ。何か分かるかな？
> ヒントは，放物線を英語に直すと parabola だよ。

> あっ！！，パラボラアンテナだ！！
> だから，アンテナの方向を合わせると，微弱な電波を焦点に反射させて増幅して集めることができるんだ！

　また，右の図において，点 F, F′ は楕円の焦点，直線 l は楕円上の点 P における接線とする。

　このとき，点 P の位置にかかわらず

　　　∠APF ＝ ∠BPF′

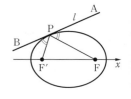

(2)　直円錐と２次曲線

　直円錐を頂点を通らない平面で切ったとき

(ア)　ある母線に平行な平面で切断すると，その切り口に放物線

(イ)　すべての母線と交わる平面で切断すると，その切り口に楕円

(ウ)　(ア), (イ) 以外の平面で切断すると，その切り口に双曲線の一部分

が現れます。

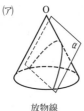

(ア)

放物線

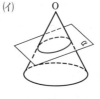

(イ)

楕円

(ウ)

双曲線

　このことから，２次曲線は **円錐曲線** ともよばれます。

54
★★☆☆
$p \neq 0$ とする。
(1) 点 $F(p, 0)$ からの距離と直線 $x = -p$ からの距離が等しい点 P の軌跡を求めよ。
(2) 点 $F(0, p)$ からの距離と直線 $y = -p$ からの距離が等しい点 P の軌跡を求めよ。

55
★★☆☆
p を正の定数とする。放物線 $y^2 = 4px$ と直線 $x = p$ との交点を A, B, 放物線 $y^2 = 8px$ と直線 $x = 2p$ との交点を C, D とする。△OAB と △OCD の面積比を求めよ。

56
★★★☆
円 $C_1 : (x+3)^2 + y^2 = 64$ に内接し, 点 $(3, 0)$ を通る円 C_2 の中心 P の軌跡を求めよ。

57
★★☆☆
楕円 $2x^2 + y^2 = 2a^2$ の焦点, 頂点の座標, および長軸, 短軸の長さを求め, その概形をかけ。ただし, $a > 0$ とする。

58
★★☆☆
4 つの頂点がすべて座標軸上にあり, それら 4 つの頂点を結んでできる四角形の面積が 24, 周の長さが 20 である楕円の方程式を求めよ。さらに, この楕円の焦点の座標を求めよ。

59
★★☆☆
次の 2 次曲線 C 上の点 P の x 座標を a 倍, y 座標を b 倍した点を Q とする。点 P が曲線 C 上を動くとき, 点 Q の軌跡を求めよ。ただし, $a > 0$, $b > 0$ とする。
(1) $x^2 + y^2 = 1$ (2) $y = x^2$

60
★★★☆
円 $C_1 : (x+2)^2 + y^2 = 12$ に外接し, 点 $(2, 0)$ を通る円 C_2 の中心 P の軌跡を求めよ。

61
★★☆☆
双曲線 $3x^2 - y^2 = 3$ 上の点 P から直線 $x = \dfrac{1}{2}$ までの距離は，常に P から点 A$(2, 0)$ までの距離の $\dfrac{1}{2}$ 倍であることを示せ。

62
★★★☆
中心が原点，主軸が x 軸または y 軸であり，2 点 $(2, \sqrt{2})$，$(-2\sqrt{3}, 2)$ を通る双曲線の方程式を求めよ。

63
★★★☆
双曲線 $\dfrac{x^2}{a^2} - \dfrac{y^2}{b^2} = 1$ $(a > 0,\ b > 0)$ 上の任意の点 P を通り，漸近線と平行な 2 つの直線が漸近線と交わる点を Q，R とする。原点 O からの距離 OQ，OR の積は一定値をとることを証明せよ。

64
★★★☆
直線 $x = -2$ に接し，円 $C_1 : (x-1)^2 + y^2 = 1$ と内接する円 C_2 の中心 P の軌跡を求めよ。

65
★★★☆
x 軸および y 軸上にそれぞれ点 P，Q をとる。2 点 P，Q が PQ $= 2a$ $(a > 0)$ を満たしながら動くとき，線分 PQ を $3 : 1$ に外分する点 R の軌跡を求めよ。

66
★★★☆
曲線 $11x^2 - 24xy + 4y^2 = 20$ を C とする。直線 $y = 3x$ に関して，曲線 C と対称な曲線 C' の方程式を求めよ。

67
★★★☆
次の条件を満たす 2 次曲線の方程式を求めよ。
(1) 直線 $y = 1$ を軸とし，2 点 $(-1, 3)$，$(2, -3)$ を通る放物線
(2) 軸が座標軸と平行で，3 点 $(2, 1)$，$(2, 5)$，$(5, -1)$ を通る放物線
(3) 2 直線 $y = x + 3$，$y = -x - 1$ を漸近線とし，点 $(1, 1 + \sqrt{7})$ を通る双曲線

1 (1) 放物線 $y^2 = -12x$ の焦点の座標，準線の方程式を求め，その概形をかけ。

   (2) 焦点が点 $\left(0, \ \dfrac{5}{4}\right)$，準線が $y = -\dfrac{5}{4}$ である放物線の方程式を求めよ。

◀例題55

2 (1) 楕円 $4x^2 + y^2 = 12$ の焦点の座標，長軸と短軸の長さを求め，その概形をかけ。

   (2) 焦点が点 $(2, \ 0)$，$(-2, \ 0)$ で，点 $(\sqrt{3}, \ 1)$ を通る楕円の方程式を求めよ。

◀例題57, 58

3 (1) 双曲線 $5x^2 - 7y^2 = -35$ の頂点と焦点の座標，漸近線の方程式を求め，その概形をかけ。

   (2) 焦点が点 $(\sqrt{6}, \ 0)$，$(-\sqrt{6}, \ 0)$ で，2本の漸近線の傾きが $\dfrac{1}{\sqrt{3}}$，$-\dfrac{1}{\sqrt{3}}$ である双曲線の方程式を求めよ。

◀例題61, 62

4 2直線 $l_1 : y - kx = 0$，$l_2 : x + 2ky = 1$ の交点をP とする。k が $0 < k < 1$ の範囲で変化するとき，P の軌跡を図示せよ。

◀例題65

5 次の方程式で表される2次曲線が，放物線のときは焦点の座標と準線の方程式，楕円や双曲線のときは焦点の座標を求め，その概形をかけ。

   (1) $4x^2 + 9y^2 - 8x + 36y + 4 = 0$

   (2) $x^2 - 6x - 4y + 1 = 0$

   (3) $5x^2 - 4y^2 + 20x - 8y - 4 = 0$

◀例題66

2
章
5
2次曲線

まとめ **6** ｜ 2次曲線と直線

1 ｜ 2次曲線と直線

直線と2次曲線の方程式を連立してできる x または y の2次方程式の判別式を D とすると，この直線と2次曲線の位置関係は

(ア) $D > 0 \iff$ **異なる2点で交わる**

(イ) $D = 0 \iff$ **接する**

(ウ) $D < 0 \iff$ **共有点をもたない**

> 例 楕円 $x^2 + \dfrac{y^2}{4} = 1$ … ① と直線 $y = x - 1$ … ② について
>
> ② を ① に代入して $x^2 + \dfrac{(x-1)^2}{4} = 1$
>
> 整理して $5x^2 - 2x - 3 = 0$
>
> この2次方程式の判別式を D とすると
>
> $\dfrac{D}{4} = (-1)^2 - 5 \cdot (-3) = 16 > 0$
>
> よって，① と ② は異なる2点で交わる。

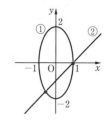

2 ｜ 接線の方程式

接点が $(x_1,\ y_1)$ のとき，2次曲線の接線の方程式は次のようになる。

(1) 放物線 $y^2 = 4px$ の接線 $\implies y_1 y = 2p(x + x_1)$

　　　　$x^2 = 4py$ の接線 $\implies x_1 x = 2p(y + y_1)$

(2) 楕円 $\dfrac{x^2}{a^2} + \dfrac{y^2}{b^2} = 1$ の接線 $\implies \dfrac{x_1 x}{a^2} + \dfrac{y_1 y}{b^2} = 1$

(3) 双曲線 $\dfrac{x^2}{a^2} - \dfrac{y^2}{b^2} = 1$ の接線 $\implies \dfrac{x_1 x}{a^2} - \dfrac{y_1 y}{b^2} = 1$

　　　　$\dfrac{x^2}{a^2} - \dfrac{y^2}{b^2} = -1$ の接線 $\implies \dfrac{x_1 x}{a^2} - \dfrac{y_1 y}{b^2} = -1$

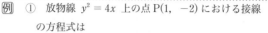

> 例 ① 放物線 $y^2 = 4x$ 上の点 $\mathrm{P}(1,\ -2)$ における接線
> の方程式は
>
> $-2y = 2 \cdot 1(x + 1)$ より $y = -x - 1$

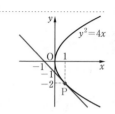

> ② 楕円 $\dfrac{x^2}{4} + \dfrac{y^2}{2} = 1$ 上の点 $\mathrm{P}(-\sqrt{2},\ 1)$ における
> 接線の方程式は
>
> $\dfrac{-\sqrt{2}\,x}{4} + \dfrac{1 \cdot y}{2} = 1$ より $y = \dfrac{\sqrt{2}}{2}x + 2$

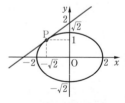

定点 F からの距離 PF と定直線 l からの距離 PH の比の値 e が
一定である点 P の軌跡は，F を焦点の1つとする2次曲線とな
る。この e の値を2次曲線の **離心率**，直線 l を **準線** という。

(ア) $0 < e < 1$ のとき　楕円

(イ) $e = 1$ のとき　　放物線

(ウ) $e > 1$ のとき　　双曲線

であることが知られている。

$$\frac{PF}{PH} = e$$

▶▶解答編 p.106

Quick Check 6

2次曲線と直線

① 〔1〕　直線 $y = -x + 3$ と次の曲線の位置関係をいえ。

(1)　$y^2 = -3x$

(2)　$\dfrac{x^2}{6} + \dfrac{y^2}{3} = 1$

(3)　$x^2 - \dfrac{y^2}{4} = 1$

〔2〕　次の直線と曲線の共有点の座標を求めよ。

(1)　$y = x - 3$　と　$y^2 = 4x$

(2)　$y = x - 2$　と　$x^2 + \dfrac{y^2}{3} = 1$

(3)　$x = 4$　　　と　$x^2 - 4y^2 = 4$

〔3〕　楕円 $\dfrac{x^2}{2} + y^2 = 1$ …① と直線 $y = mx - 2$ …② が接するように，定数 m
の値を定めよ。また，このときの接点の座標を求めよ。

接線の方程式

② 次の接線の方程式を求めよ。

(1)　放物線 $y^2 = 8x$ 上の点 $(2,\ 4)$ における接線

(2)　楕円 $\dfrac{x^2}{3} + \dfrac{y^2}{6} = 1$ 上の点 $(1,\ 2)$ における接線

(3)　双曲線 $\dfrac{x^2}{4} - y^2 = 1$ 上の点 $(4,\ \sqrt{3})$ における接線

楕円 $2x^2+y^2=2$ と直線 $y=x+k$ の共有点の個数は，定数 k の値によってどのように変わるかを調べよ。

既知の問題に帰着

Action>> ２つのグラフの共有点は，２式を連立したときの実数解とせよ

$f(x, \ y)=0$ と $g(x, \ y)=0$ のグラフの共有点の個数 $\longleftrightarrow$ 連立方程式 $\begin{cases} f(x, \ y)=0 \\ g(x, \ y)=0 \end{cases}$ の実数解の個数

解 ２式を連立して y を消去すると $\qquad 2x^2+(x+k)^2=2$

よって $\qquad 3x^2+2kx+k^2-2=0$ $\quad\cdots$①

楕円と直線の共有点の個数と２次方程式①の実数解の個数は一致するから，方程式①の判別式を D とすると

$$\frac{D}{4}=k^2-3(k^2-2)=-2\big(k+\sqrt{3}\,\big)\big(k-\sqrt{3}\,\big)$$

(ア) $D>0$ のとき

$\qquad -2\big(k+\sqrt{3}\,\big)\big(k-\sqrt{3}\,\big)>0$

より $\qquad -\sqrt{3}<k<\sqrt{3}$

このとき，共有点は２個。

(イ) $D=0$ のとき

$\qquad -2\big(k+\sqrt{3}\,\big)\big(k-\sqrt{3}\,\big)=0$

より $\qquad k=\pm\sqrt{3}$

このとき，共有点は１個。

(ウ) $D<0$ のとき

$\qquad -2\big(k+\sqrt{3}\,\big)\big(k-\sqrt{3}\,\big)<0$ より $\qquad k<-\sqrt{3},\ \sqrt{3}<k$

このとき，共有点はなし。

(ア)～(ウ) より，共有点の個数は

$$\begin{cases} -\sqrt{3}<k<\sqrt{3} \ \text{のとき} & \text{2個} \\ k=\pm\sqrt{3} \ \text{のとき} & \text{1個} \\ k<-\sqrt{3},\ \sqrt{3}<k \ \text{のとき} & \text{0個} \end{cases}$$

◀ 楕円と直線の方程式を連立し，x または y の２次方程式をつくる。

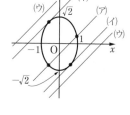

◀ 共有点の個数は
$\begin{cases} D>0 \ \text{のとき} & 2\text{個} \\ D=0 \ \text{のとき} & 1\text{個} \\ D<0 \ \text{のとき} & 0\text{個} \end{cases}$

Point.... ２次曲線と直線の共有点の個数

２次曲線と直線の共有点の x 座標（y 座標）は，２つの方程式を連立してできる x の（y の）２次方程式の実数解であるから，その判別式 D の符号によって共有点の個数を調べることができる。

練習68 放物線 $y^2=x$ と直線 $y=kx+k$ の共有点の個数は，定数 k の値によってどのように変わるかを調べよ。

➡ p.146 問題68

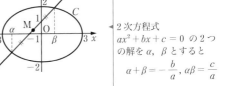

例題 **69** 弦の中点と長さ
★★☆☆

> 直線 $l:y=x+1$ が楕円 $C:4x^2+9y^2=36$ によって切り取られる弦 AB の中点 M の座標および弦 AB の長さを求めよ。

思考のプロセス

素直に考えると…

直線 l と楕円 C の交点 A, B の座標を求め，中点 M，弦の長さを求める。

$\longrightarrow$ 2 式を連立すると $\quad x=\dfrac{-9\pm\sqrt{9^2+13\cdot27}}{13}$ …(大変)

見方を変える

2 交点の x 座標を α, β とおく。$\longrightarrow$ 2 交点 $(\alpha,\ \boxed{})$, $(\beta,\ \boxed{})$ 　┌直線 l 上の点┐

$\downarrow$ 　　　　　　　　　　　　　　　　　　　　　$\downarrow$

解と係数の関係により

$\alpha+\beta$, $\alpha\beta$ の値が求まる。 $\xrightarrow{\text{利用}}$ $\begin{cases}\text{中点 M}\left(\dfrac{\alpha+\beta}{2},\ \boxed{}\right)\\[2mm]\text{AB}=(\alpha,\ \beta\ \text{の式})\end{cases}$

Action>> 2次曲線の弦の中点や長さは，解と係数の関係を利用せよ

解 2 式を連立して y を消去すると

$4x^2+9(x+1)^2=36$

すなわち $13x^2+18x-27=0$

この 2 解は直線 l と楕円 C の交点の x 座標であり，これらを α, β とおくと，解と係数の関係により

$\alpha+\beta=-\dfrac{18}{13}$, $\alpha\beta=-\dfrac{27}{13}$

◀ 2次方程式
$ax^2+bx+c=0$ の 2 つの解を α, β とすると
$\alpha+\beta=-\dfrac{b}{a}$, $\alpha\beta=\dfrac{c}{a}$

このとき，弦 AB の両端の座標は $(\alpha,\ \alpha+1)$, $(\beta,\ \beta+1)$ であるから，弦 AB の中点 M の座標は

$\left(\dfrac{\alpha+\beta}{2},\ \dfrac{\alpha+\beta}{2}+1\right)$ すなわち $\left(-\dfrac{9}{13},\ \dfrac{4}{13}\right)$

◀ 弦の両端の点は直線 l 上の点であるから，その y 座標はそれぞれ $\alpha+1$, $\beta+1$

また，弦 AB の長さは

$\begin{aligned}\text{AB}&=\sqrt{(\alpha-\beta)^2+\{(\alpha+1)-(\beta+1)\}^2}\\&=\sqrt{2(\alpha-\beta)^2}=\sqrt{2\{(\alpha+\beta)^2-4\alpha\beta\}}\\&=\sqrt{2\left\{\left(-\dfrac{18}{13}\right)^2-4\cdot\left(-\dfrac{27}{13}\right)\right\}}=\dfrac{24\sqrt{6}}{13}\end{aligned}$

◀ $(\alpha-\beta)^2=(\alpha+\beta)^2-4\alpha\beta$

Point....弦の中点

2 次曲線と直線 $y=mx+k$ が異なる 2 点 A$(\alpha,\ m\alpha+k)$, B$(\beta,\ m\beta+k)$ で交わるとき，弦 AB の中点 M の座標は $\quad$ M$\left(\dfrac{\alpha+\beta}{2},\ m\cdot\dfrac{\alpha+\beta}{2}+k\right)$

このとき，$\alpha+\beta$ の値は解と係数の関係から求めるとよい。

練習 69 直線 $y=x-1$ …① が楕円 $9x^2+4y^2=36$ …② によって切り取られる弦の中点の座標および弦の長さを求めよ。

➡ p.146 問題69

双曲線 $x^2 - y^2 = 2$ …① と直線 $y = 3x + k$ …② が異なる2点A, Bで交わるとき, 線分 AB の中点 M の軌跡を求めよ。

思考のプロセス

段階的に考える **軌跡**の問題である。

1 軌跡を求める点 M を (X, Y) とおく。

2 与えられた条件を X, Y, k の式で表す。

≪⑯Action 2次曲線の弦の中点や長さは, 解と係数の関係を利用せよ ◀例題69

①, ② を連立した方程式の2解を α, β とする。 ⟹ A$(\alpha, \boxed{})$, B$(\beta, \boxed{})$

3 2の式から k を消去して, X, Y の式を導く。

4 **除外点**がないか調べる。
⟹ もし k に範囲があれば, 連動して X, Y にも範囲がある。

Action≫ 軌跡を求めるときは, 除外点がないか確かめよ

解 ①, ② を連立すると
$$x^2 - (3x + k)^2 = 2$$
$$8x^2 + 6kx + k^2 + 2 = 0 \quad \cdots ③$$

双曲線 ① と直線 ② が異なる2点で交わるとき, ③ の判別式を D とすると $D > 0$

よって $\dfrac{D}{4} = (3k)^2 - 8(k^2 + 2) = k^2 - 16 > 0$

ゆえに $k < -4, \ 4 < k \quad \cdots ④$

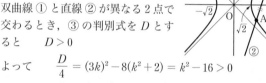

このとき, ③ の実数解を α, β とおくと, 解と係数の関係により $\alpha + \beta = -\dfrac{3}{4}k \quad \cdots ⑤$

このとき, A$(\alpha, 3\alpha + k)$, B$(\beta, 3\beta + k)$ であるから, 線分 AB の中点 M の座標を (X, Y) とおくと

$$X = \dfrac{\alpha + \beta}{2} \cdots ⑥, \quad Y = 3X + k \cdots ⑦$$

⑤, ⑥ より $k = -\dfrac{8}{3}X \quad \cdots ⑧$

⑧ を ⑦ に代入すると $Y = \dfrac{1}{3}X$

また, ⑧ を ④ に代入すると

$-\dfrac{8}{3}X < -4, \ 4 < -\dfrac{8}{3}X$ より $X < -\dfrac{3}{2}, \ \dfrac{3}{2} < X$

したがって, 中点 M の軌跡は

直線 $y = \dfrac{1}{3}x$ の $x < -\dfrac{3}{2}, \ \dfrac{3}{2} < x$ の部分

右側注釈:
- 2次方程式 ③ は異なる2つの実数解をもつ。
- $(k + 4)(k - 4) > 0$
- 実際に A, B の座標を求めてから中点の座標を求めると計算が大変である。
- 点 M は直線 ② 上にあるから $Y = 3X + k$
- X のとり得る値の範囲を求める。 $k = -\dfrac{8}{3}X$ を ④ に代入する。

例題 69

練習70 放物線 $y^2 = 2x$ …① と直線 $x - my - 3 = 0$ …② が異なる2点A, Bで交わるとき, 線分 AB の中点の軌跡の方程式を求めよ。

→p.146 問題70

2次曲線の接線

D
★☆☆☆

> 楕円 $\dfrac{x^2}{4} + \dfrac{y^2}{9} = 1$ の接線のうち，次の接線の方程式を求めよ。
>
> (1) 楕円上の点 $\left(\sqrt{3}, \ \dfrac{3}{2}\right)$ における接線　　(2) 点 $(-2, \ 1)$ を通る接線

思考のプロセス

公式の利用　接点が分かれば公式が利用できる。

(1) 楕円上の点 $(\bigcirc, \ \triangle)$ における接線 $\longrightarrow$ $(\bigcirc, \ \triangle)$ が接点

(2) 点 $(\bigcirc, \ \triangle)$ を通る接線 $\longrightarrow$ $(\bigcirc, \ \triangle)$ は接点とは限らない

未知のものを文字でおく

接点を $(x_1, \ y_1)$ とおくと，接線は $\boxed{} = 1 \ \cdots \ ①$

$\Longrightarrow \begin{cases} ① \text{ は } (-2, \ 1) \text{ を通る} \\ (x_1, \ y_1) \text{ は楕円上の点} \end{cases}$ 2つの条件から $x_1, \ y_1$ を求める

Action≫ 楕円 $\dfrac{x^2}{a^2} + \dfrac{y^2}{b^2} = 1$ 上の点 $(x_1, \ y_1)$ における接線は，$\dfrac{x_1 x}{a^2} + \dfrac{y_1 y}{b^2} = 1$ とせよ

解 (1) $\dfrac{\sqrt{3}\,x}{4} + \dfrac{\frac{3}{2}y}{9} = 1$　すなわち　$\dfrac{\sqrt{3}}{4}x + \dfrac{1}{6}y = 1$

◀ 楕円上の点 $(x_1, \ y_1)$ における接線の方程式
$$\dfrac{x_1 x}{a^2} + \dfrac{y_1 y}{b^2} = 1$$
にあてはめる。

(2) 接点を $(x_1, \ y_1)$ とおくと，接線の方程式は

$$\dfrac{x_1 x}{4} + \dfrac{y_1 y}{9} = 1 \qquad \cdots ①$$

① が点 $(-2, \ 1)$ を通るから

$$-\dfrac{x_1}{2} + \dfrac{y_1}{9} = 1 \ \text{より}\ \ y_1 = \dfrac{9}{2}x_1 + 9 \qquad \cdots ②$$

また，$(x_1, \ y_1)$ は楕円上の点であるから

$$\dfrac{x_1{}^2}{4} + \dfrac{y_1{}^2}{9} = 1 \ \text{より}\ \ 9x_1{}^2 + 4y_1{}^2 = 36 \qquad \cdots ③$$

②，③ を連立して　$5x_1{}^2 + 18x_1 + 16 = 0$

$(x_1 + 2)(5x_1 + 8) = 0$ より　$x_1 = -2, \ -\dfrac{8}{5}$

$x_1 = -2$ のとき $y_1 = 0$，$x_1 = -\dfrac{8}{5}$ のとき $y_1 = \dfrac{9}{5}$

したがって，求める接線の方程式は，① に代入して

$$x = -2, \ 2x - y + 5 = 0$$

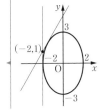

練習 **71** 放物線 $y^2 = 4x$ の接線のうち，次の接線の方程式を求めよ。

(1) 曲線上の点 $(1, \ 2)$ における接線　　(2) 点 $(-2, \ 1)$ を通る接線

➡ p.146　問題71

例題 72　一般の２次曲線の接線

D ★★☆☆

楕円 $C : 4x^2 + y^2 - 16x + 2y + 9 = 0$ 上の点 A$(3,\ 1)$ における接線の方程式を求めよ。

≪ReAction 平行移動した２次曲線は，中心や頂点を原点に移動して考えよ ◀例題67

思考のプロセス

段階的に考える

$\boxed{1}$ 楕円の中心を原点に移動　$\boxed{2}$ 接線を求める（公式利用）　$\boxed{3}$ 元の位置に戻す

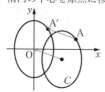　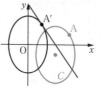　

解

例題67

$4x^2 + y^2 - 16x + 2y + 9 = 0$ を変形すると

$$\frac{(x-2)^2}{2} + \frac{(y+1)^2}{8} = 1 \quad \cdots ①$$

楕円①，点 A$(3,\ 1)$ を
x 軸方向に -2，y 軸方向に 1 だけ平行移動すると，それぞれ楕円
$$\frac{x^2}{2} + \frac{y^2}{8} = 1 \cdots ②,\ 点 A'(1,\ 2)$$
となる。

▶ $4(x^2 - 4x) + (y^2 + 2y) = -9$
$4\{(x-2)^2 - 4\} + (y+1)^2 - 1 = -9$
$4(x-2)^2 + (y+1)^2 = 8$

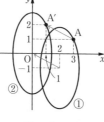

例題71

ここで，楕円② 上の点 A'$(1,\ 2)$ における接線の方程式は
$$\frac{x}{2} + \frac{y}{4} = 1 \quad より \quad 2x + y = 4$$
求める接線は，これを
x 軸方向に 2，y 軸方向に -1 だけ平行移動して
$$2(x-2) + (y+1) = 4 \quad すなわち \quad \mathbf{2x + y - 7 = 0}$$

▶ 楕円 $\frac{x^2}{a^2} + \frac{y^2}{b^2} = 1$ 上の点 $(x_1,\ y_1)$ における接線の方程式は
$$\frac{x_1 x}{a^2} + \frac{y_1 y}{b^2} = 1$$

▶ 楕円② が① の位置に戻るように平行移動する。

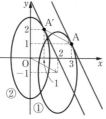

Point....楕円の接線の方程式

例題72 と同様に平行移動を利用すると，
楕円 $\dfrac{(x-p)^2}{a^2} + \dfrac{(y-q)^2}{b^2} = 1$ 上の点 $(x_1,\ y_1)$ における接線の方程式は
$$\frac{(x_1 - p)(x - p)}{a^2} + \frac{(y_1 - q)(y - q)}{b^2} = 1$$

〔例題72 の別解〕 $x_1 = 3,\ y_1 = 1,\ p = 2,\ q = -1,\ a^2 = 2,\ b^2 = 8$ を代入すると
$$\frac{(3-2)(x-2)}{2} + \frac{(1+1)(y+1)}{8} = 1 \quad すなわち \quad 2x + y - 7 = 0$$

練習72 双曲線 $2x^2 - 3y^2 + 4x + 12y - 16 = 0$ 上の点 A$(2,\ 0)$ における接線の方程式を求めよ。

➡ p.146 問題72

例題 **73** 放物線の性質 ★★☆☆

点 P$(-1, 1)$ から放物線 $y^2 = 4x$ …① に引いた 2 本の接線は直交することを示せ。

思考のプロセス

未知のものを文字でおく

点 P を通る放物線 ① の接線の傾きを m とおく。
$\Longrightarrow$ 接線の方程式は $\qquad y = \boxed{}$ …②

Action≫ 2直線の直交を示すときは，傾きの積 $m_1 m_2 = -1$ を示せ

条件の言い換え　**結論の言い換え**

条件 ＿＿＿$\Longrightarrow$ ① と ② を連立した 2 次方程式の判別式 D は $\qquad D = 0$
結論 ＿＿＿$\Longrightarrow$ $m_1 m_2 = -1 \longleftarrow$ m の 2 次方程式 $D = 0$ の 2 解を m_1, m_2 とする

解 点 P$(-1, 1)$ を通り，y 軸に平行な直線 $x = -1$ は放物線 ① の接線とはならないから，点 P を通る接線の傾きを m とおくと，その方程式は

$\qquad y - 1 = m(x+1)$ すなわち $y = m(x+1) + 1$ …②

①，② を連立して $\{m(x+1)+1\}^2 = 4x$

$\qquad m^2 x^2 + 2(m^2 + m - 2)x + m^2 + 2m + 1 = 0 \qquad$ …③

$m = 0$ のとき ② は，接線とはならないから $\qquad m \neq 0$

よって，2 次方程式 ③ の判別式を D とすると，放物線 ① と直線 ② が接するとき $\qquad D = 0$

よって $\qquad \dfrac{D}{4} = (m^2 + m - 2)^2 - m^2(m^2 + 2m + 1) = 0$

$m^2 + m - 1 = 0$ より $\qquad m = \dfrac{-1 \pm \sqrt{5}}{2}$

これら 2 つの解は，2 本の接線の傾きを表し，その積は

$\dfrac{-1+\sqrt{5}}{2} \cdot \dfrac{-1-\sqrt{5}}{2} = \dfrac{1-5}{4} = -1$

傾きの積が -1 であるから，2 本の接線は直交する。

▶ P$(-1, 1)$ を通り，傾き m の直線である。

▶ 直線 $y = 1$ はこの放物線とは接しない。

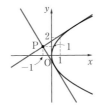

▶ $m^2 + m - 1 = 0$ の 2 つの解を m_1, m_2 とおいて，解と係数の関係から $m_1 m_2 = -1$ を導いてもよい。

Point.... 準線と放物線

一般に，放物線 C とその準線 l に対して，次が成り立つ。

(1) l 上の点から C に引いた 2 本の接線は直交する。

(2) ある点 P から C に引いた 2 本の接線が直交するとき，点 P は l 上にある。

また，(1), (2) において，2 つの接点を結んだ直線は必ず放物線 C の焦点を通る。（⇨問題 73）

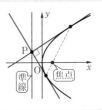

練習73 点 P$(0, 1)$ から放物線 $y^2 - 4x + 4 = 0$ に引いた 2 本の接線は直交することを示せ。

⇨ p.146 問題73

点 F$(1,\ 0)$ からの距離と直線 $l: x = -2$ からの距離の比が次のようにな
る点 P の軌跡を求めよ。

(1)　$1 : 1$　　　　　　(2)　$1 : 2$　　　　　　(3)　$2 : 1$

段階的に考える　**軌跡**の問題である。

≪**ReAction**　点 P の軌跡は，P$(x,\ y)$ とおいて $x,\ y$ の関係式を導け　◀例題 54

1　軌跡を求める点 P を $(x,\ y)$ とおく。

2　与えられた条件を $x,\ y$ の式で表す。
　　＿＿と＿＿の比 $\Longrightarrow$ 右の図の PF : PH

3　2 の式を整理して，軌跡を求める。

解　点 P の座標を $(x,\ y)$ とおき，点 P から直線 l へ下ろした
　垂線を PH とする。

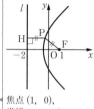

(1)　PF : PH $= 1 : 1$ より　　　PH = PF
　　　　　$|x + 2| = \sqrt{(x-1)^2 + y^2}$
　　2 乗して整理すると　　$y^2 = 6x + 3$

　　よって，求める軌跡は　　**放物線** $y^2 = 6\left(x + \dfrac{1}{2}\right)$

◀ 焦点 $(1,\ 0)$,
　準線 $x = -2$

(2)　PF : PH $= 1 : 2$ より　　　PH = 2PF
　　　　　$|x + 2| = 2\sqrt{(x-1)^2 + y^2}$
　　2 乗して整理すると　　$3x^2 - 12x + 4y^2 = 0$

　　よって，求める軌跡は　　**楕円** $\dfrac{(x-2)^2}{4} + \dfrac{y^2}{3} = 1$

◀ $3(x-2)^2 + 4y^2 = 12$
　両辺を 12 で割って標準形
　に直す。

(3)　PF : PH $= 2 : 1$ より　　　2PH = PF
　　　　　$2|x + 2| = \sqrt{(x-1)^2 + y^2}$
　　2 乗して整理すると　　$3x^2 + 18x + 15 - y^2 = 0$

　　よって，求める軌跡は　　**双曲線** $\dfrac{(x+3)^2}{4} - \dfrac{y^2}{12} = 1$

◀ $3(x+3)^2 - y^2 = 12$
　両辺を 12 で割って標準形
　に直す。

Point.... 2次曲線の離心率

一般に，定点 F と定直線 l からの距離の比が $e : 1$ $(e > 0)$
である点 P の軌跡は

(ア)　$0 < e < 1$ のとき　　　楕円

(イ)　$e = 1$ のとき　　　　　放物線

(ウ)　$e > 1$ のとき　　　　　双曲線

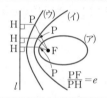

練習 74　点 F$(2,\ 0)$ からの距離と直線 $l: x = -1$ からの距離の比が次のようになる点
　　　P の軌跡を求めよ。

　　　(1)　$1 : 1$　　　　　(2)　$1 : 2$　　　　　(3)　$2 : 1$

⇒ p.146　問題74

> 定直線 l と l 上にない定点 A からの距離の比の値が一定値 e $(e>0)$ である点 P の軌跡は 2 次曲線となります。離心率とよばれるこの値 e について，ここでその図形的な意味を考えてみましょう。

楕円 $\dfrac{x^2}{a^2}+\dfrac{y^2}{b^2}=1$ $(a>b>0)$ の焦点の 1 つを F$(c,\ 0)$ $(c>0)$ とすると，離心率は

$e=\dfrac{c}{a}=\dfrac{\sqrt{a^2-b^2}}{a}$ となります。

この式からも，楕円の離心率は $0<e<1$ となることが確認できます。

〈例〉　次の楕円の概形をかき，その焦点の座標と離心率 e の値を求めてみよう。

(1) $\dfrac{x^2}{25}+\dfrac{y^2}{16}=1$　　　(2) $\dfrac{x^2}{25}+\dfrac{y^2}{9}=1$　　　(3) $\dfrac{x^2}{25}+y^2=1$

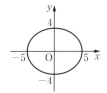 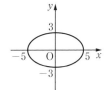 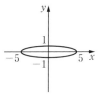

$c=\sqrt{25-16}=3$ より　　$c=\sqrt{25-9}=4$　　　$c=\sqrt{25-1}=2\sqrt{6}$

焦点は $(\pm3,\ 0)$　　　　　焦点は $(\pm4,\ 0)$　　　　焦点は $(\pm2\sqrt{6},\ 0)$

離心率 $e=\dfrac{3}{5}=0.6$　　離心率 $e=\dfrac{4}{5}=0.8$　　離心率 $e=\dfrac{2\sqrt{6}}{5}≒0.9798$

上の例から，離心率 e の値が 1 に近づくにしたがって，焦点 F が中心 O から離れていき，楕円が平たくなっていくのが分かりますね。逆に，離心率 e の値が 0 に近づくにしたがって，焦点が中心 O に近づき楕円が円に近い形になります。

また，離心率の等しい 2 つの楕円は相似となります。

> 楕円の離心率は楕円の形状を示す数値なのですね。

同じように，双曲線 $\dfrac{x^2}{a^2}-\dfrac{y^2}{b^2}=1$ $(a>0,\ b>0)$ の焦点の 1 つを

F$(c,\ 0)$ $(c>0)$ とするとき，この双曲線の離心率は $e=\dfrac{c}{a}=\dfrac{\sqrt{a^2+b^2}}{a}$ (>1) となります。

68
★★★☆
直線 $y = m(x+3)$ と次の曲線の共有点の個数を調べよ。
(1) 放物線 $y^2 = x$ (2) 楕円 $x^2 + 4y^2 = 4$
(3) 双曲線 $x^2 - y^2 = -1$

69
★★☆☆
直線 $l : 2x - y - 5 = 0$ と双曲線 $C : x^2 - y^2 = 1$ の交点を A, B とするとき, 線分 AB の中点の座標および線分 AB の長さを求めよ。

70
★★★☆
楕円 $9x^2 + 4y^2 = 36$ … ① と直線 $y = 2x + k$ … ② が異なる 2 点 A, B で交わるとき, 線分 AB の中点 P の軌跡の方程式を求めよ。

71
★★☆☆
点 $(3,\ 1)$ を通り, 次の曲線に接する直線の方程式を求めよ。
(1) $y^2 = -x$ (2) $\dfrac{x^2}{9} + \dfrac{y^2}{4} = 1$ (3) $\dfrac{x^2}{9} - \dfrac{y^2}{4} = 1$

72
★★☆☆
放物線 $y^2 + 2y - 2x + 5 = 0$ 上の点 A(10, 3) における接線の方程式を求めよ。

73
★★★☆
放物線 $y^2 = 4px$ に準線上の 1 点から 2 本の接線を引く。このとき, 2 つの接点を結んだ直線は, 焦点を通ることを示せ。

74
★★☆☆
点 F$(0,\ -2)$ からの距離と直線 $l : y = 6$ からの距離の比が次のようになる点 P の軌跡を求めよ。
(1) 1 : 1   (2) 1 : 3   (3) 3 : 1

1 放物線 $y = \dfrac{3}{4}x^2$ と楕円 $x^2 + \dfrac{y^2}{4} = 1$ の共通接線を求めよ。　◀例題68

2 直線 $l : y = x + k$ と楕円 $C : x^2 + 4y^2 = 4$ が異なる 2 点 A，B で交わっている。
(1) 定数 k の値の範囲を求めよ。
(2) 原点を O とするとき，$\triangle$OAB の面積の最大値を求めよ。　◀例題69

3 (1) 曲線 $x^2 - y^2 = 1$ と直線 $y = kx + 2$ が相異なる 2 点で交わるような実数 k の範囲を求めよ。
(2) 曲線 $x^2 - y^2 = 1$ と直線 $y = kx + 2$ が相異なる 2 点 P，Q で交わるとき，P と Q の中点を R とする。
　(i) R の座標 $(X,\ Y)$ を k の式で表せ。
　(ii) k が変化するとき，R はある 2 次曲線 C の一部分を動く。C を表す方程式を求めよ。　◀例題70

4 次の曲線の接線のうち，与えられた点を通るものをそれぞれ求めよ。
(1) 曲線 $y^2 = 2x$，点 $(0,\ -5)$
(2) 曲線 $3x^2 + y^2 = 12$，点 $(8,\ 4)$
(3) 曲線 $2x^2 - y^2 = 16$，点 $(-1,\ 2)$　◀例題71

1 曲線の媒介変数表示

平面上の曲線がある変数 t によって
$$\begin{cases} x = f(t) \\ y = g(t) \end{cases} \quad (t \text{ は実数})$$
のような形で表されるとき，これをその曲線の **媒介変数表示** といい，t を **媒介変数** という。

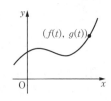

(1) 直線の媒介変数表示

$a \neq 0$，$b \neq 0$ のとき
$$\begin{cases} x = x_1 + at \\ y = y_1 + bt \end{cases} \iff y - y_1 = \frac{b}{a}(x - x_1)$$

(2) 2次曲線の媒介変数表示

$a \neq 0$，$b \neq 0$ のとき

(ア) 楕円
$$\begin{cases} x = a\cos\theta \\ y = b\sin\theta \end{cases} \iff \frac{x^2}{a^2} + \frac{y^2}{b^2} = 1$$

(イ) 双曲線
$$\begin{cases} x = \dfrac{a}{\cos\theta} \\ y = b\tan\theta \end{cases} \iff \frac{x^2}{a^2} - \frac{y^2}{b^2} = 1$$

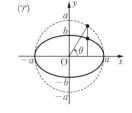

(ウ) 放物線
$$\begin{cases} x = pt^2 \\ y = 2pt \end{cases} \iff y^2 = 4px$$

例 ① 媒介変数表示 $\begin{cases} x = 1 + t \\ y = 2t \end{cases}$ で表された図形は

$x = 1 + t$ より $t = x - 1$

これを $y = 2t$ に代入して $y = 2(x - 1)$

よって，直線 $y = 2x - 2$ を表す。

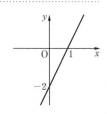

② 媒介変数表示 $\begin{cases} x = 2\cos\theta \\ y = 3\sin\theta \end{cases}$ で表される図形は

$\cos\theta = \dfrac{x}{2}$，$\sin\theta = \dfrac{y}{3}$ を $\sin^2\theta + \cos^2\theta = 1$ に

代入して $\dfrac{x^2}{4} + \dfrac{y^2}{9} = 1$

よって，楕円 $\dfrac{x^2}{4} + \dfrac{y^2}{9} = 1$ を表す。

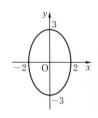

1つの円が定直線に接しながら,すべることなく回転するとき,その円上の定点がえがく曲線を **サイクロイド** という。

サイクロイドの媒介変数表示は

$$\begin{cases} x = a(\theta - \sin\theta) \\ y = a(1 - \cos\theta) \end{cases} \quad (a > 0)$$

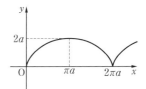

例 円 $x^2 + (y-1)^2 = 1$ が x 軸に接しながら,すべることなく x 軸の正の方向に角 θ だけ回転するとき,はじめ原点 O の位置にあった円上の点 P がえがく曲線はサイクロイドでありその媒介変数表示は

$$\begin{cases} x = \theta - \sin\theta \\ y = 1 - \cos\theta \end{cases}$$

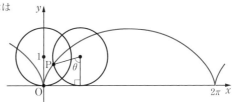

Quick Check 7

▶▶解答編 p.120

曲線の媒介変数表示

① 媒介変数 t または θ を消去して,x と y の関係式を求めよ。

(1) $\begin{cases} x = t - 1 \\ y = 3 - 2t \end{cases}$ (2) $\begin{cases} x = 3\cos\theta \\ y = 3\sin\theta \end{cases}$

(3) $\begin{cases} x = 4\cos\theta \\ y = 3\sin\theta \end{cases}$ (4) $\begin{cases} x = \dfrac{1}{\cos\theta} \\ y = \tan\theta \end{cases}$

サイクロイド

② サイクロイド $\begin{cases} x = 2(\theta - \sin\theta) \\ y = 2(1 - \cos\theta) \end{cases}$ について,次の θ の値に対応する曲線上の点の座標を求め,このサイクロイドの概形をかけ。

(1) $\theta = 0$ (2) $\theta = \dfrac{\pi}{2}$ (3) $\theta = \pi$

(4) $\theta = \dfrac{3}{2}\pi$ (5) $\theta = 2\pi$

次の媒介変数表示が表す図形の概形をかけ。

(1) $\begin{cases} x = 3+2t \\ y = -1+4t \end{cases}$ (2) $\begin{cases} x = t+1 \\ y = 2t^2+4t \end{cases}$ (3) $\begin{cases} x = \sqrt{t}+1 \\ y = -t+3 \end{cases}$

思考のプロセス

変数を減らす

〔1〕 $t = (x \text{ の式})$ または $t = (y \text{ の式})$ と変形して他方に代入する
   媒介変数 t を消去して，**x と y だけの式**をつくる。

〔2〕 x, y のとり得る値の範囲を調べる。

Action>> 媒介変数表示された曲線は，媒介変数を消去し x, y の式をつくれ

解 (1) $x = 3+2t$ より $t = \dfrac{x-3}{2}$

これを $y = -1+4t$ に代入すると

$$y = -1+4 \cdot \dfrac{x-3}{2} = 2x-7$$

よって，この図形は直線
$y = 2x-7$ であり，概形は**右の図**。

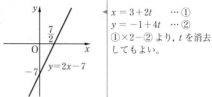

$x = 3+2t$ …①
$y = -1+4t$ …②
①×2−②より，t を消去
してもよい。

(2) $x = t+1$ より $t = x-1$

これを $y = 2t^2+4t$ に代入すると
$$y = 2(x-1)^2+4(x-1) = 2x^2-2$$
よって，この図形は放物線
$y = 2x^2-2$ であり，概形は**右の図**。

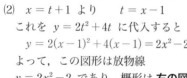

(3) $x = \sqrt{t}+1$ より $\sqrt{t} = x-1$ …①

両辺を2乗して $t = (x-1)^2$

これを $y = -t+3$ に代入すると
$$y = -(x-1)^2+3$$
ここで，$\sqrt{t} \geqq 0$ であるから，① より
$$x-1 \geqq 0 \quad \text{すなわち} \quad x \geqq 1$$
よって，この図形は放物線
$y = -(x-1)^2+3$ の $x \geqq 1$ の部
分であり，概形は**右の図**。

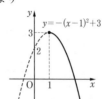

x のとり得る値の範囲に
注意する。

練習 **75** 次の媒介変数表示が表す曲線の概形をかけ。

(1) $\begin{cases} x = 5+3t \\ y = 2-4t \end{cases}$ (2) $\begin{cases} x = t-1 \\ y = t^2-3t \end{cases}$ (3) $\begin{cases} x = -\sqrt{t}+2 \\ y = t-3 \end{cases}$

⇒ p.160 問題75

次の媒介変数表示が表す曲線の概形をかけ。

(1) $\begin{cases} x = 1 + 2\cos\theta \\ y = -2 + \sin\theta \end{cases}$　　(2) $\begin{cases} x = 1 + \sin\theta \\ y = \cos 2\theta + 4\sin\theta \end{cases}$

《**Re**Action** 媒介変数表示された曲線は，媒介変数を消去し x, y の式をつくれ ◀例題 75

変数を減らす

(1) $\sin\theta = \boxed{}$, $\cos\theta = \boxed{}$ の形をつくり，相互関係 $\sin^2\theta + \cos^2\theta = \boxed{}$ を利用して θ を消去する。

(2) 2 倍角の公式 $\cos 2\theta = \boxed{}$ を利用する。

Action≫ 媒介変数表示された曲線は，x, y のとり得る値の範囲に注意せよ

媒介変数にとり得る値の範囲の制限がなくても，x や y のとり得る値が制限されることがある。

$$\boxed{} \leq \sin\theta \leq \boxed{}, \quad \boxed{} \leq \cos\theta \leq \boxed{}$$

解 (1) $x = 1 + 2\cos\theta$, $y = -2 + \sin\theta$ より

$$\cos\theta = \frac{x-1}{2}, \quad \sin\theta = y + 2$$

これを $\sin^2\theta + \cos^2\theta = 1$ に代入すると

$$(y+2)^2 + \left(\frac{x-1}{2}\right)^2 = 1$$

よって，この曲線は

楕円 $\dfrac{(x-1)^2}{4} + (y+2)^2 = 1$

であり，概形は **右の図**。

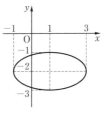

三角関数の相互関係を利用して，θ を消去する。

$-1 \leq \cos\theta \leq 1$ より，$-1 \leq x \leq 3$ となるが，これは楕円の方程式において，x のとり得る値の範囲と一致するから，この範囲を特に述べなくてよい。

(2) $x = 1 + \sin\theta$ より　　$\sin\theta = x - 1$　　… ①

また　　$y = \cos 2\theta + 4\sin\theta$

$\qquad = (1 - 2\sin^2\theta) + 4\sin\theta$

① を代入すると

$\qquad y = 1 - 2(x-1)^2 + 4(x-1)$

$\qquad = -2(x-2)^2 + 3$

ここで，$-1 \leq \sin\theta \leq 1$ であるから　　$-1 \leq x-1 \leq 1$

すなわち　　$0 \leq x \leq 2$

よって，放物線 $y = -2(x-2)^2 + 3$

の $0 \leq x \leq 2$ の部分で概形は **右の図**。

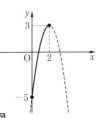

2 倍角の公式
$\cos 2\theta = 1 - 2\sin^2\theta$
x が $\sin\theta$ の式であるから，y を $\sin\theta$ の式で表して，θ を消去する。

$-1 \leq \sin\theta \leq 1$ から，x のとり得る値の範囲を考える。

練習 76 次の媒介変数表示が表す曲線の概形をかけ。

(1) $\begin{cases} x = 2 - \cos\theta \\ y = 1 + \sin\theta \end{cases}$　(2) $\begin{cases} x = \dfrac{2}{\cos\theta} - 1 \\ y = 3\tan\theta - 2 \end{cases}$　(3) $\begin{cases} x = 1 - \sin\theta \\ y = -\cos 2\theta - 2\sin\theta \end{cases}$

➡ p.160　問題 76

次の媒介変数表示が表す曲線の概形をかけ。

(1) $\begin{cases} x = \sin\theta + \cos\theta \\ y = 1 - 2\sin\theta\cos\theta \end{cases}$ $(0 \leqq \theta \leqq \pi)$

(2) $\begin{cases} x = t + \dfrac{1}{t} \\ y = t^2 + \dfrac{1}{t^2} + 1 \end{cases}$ $(t > 0)$

思考のプロセス

変数を減らす

《**ReAction** 媒介変数表示された曲線は，媒介変数を消去し x，y の式をつくれ ◀例題 75

(1) $x = \underset{\text{和}}{\underline{\sin\theta + \cos\theta}}$ から $y = 1 - \underset{\text{積}}{\underline{2\sin\theta\cos\theta}}$ をつくるには？

《**ReAction** 媒介変数表示された曲線は，x，y のとり得る値の範囲に注意せよ ◀例題 76

(2) 相加平均と相乗平均の関係を利用すると $x = t + \dfrac{1}{t} \geqq \boxed{}$ $(t > 0)$

解 (1) $x^2 = 1 + 2\sin\theta\cos\theta$ より $2\sin\theta\cos\theta = x^2 - 1$

$y = 1 - 2\sin\theta\cos\theta$ に代入すると $y = -x^2 + 2$

ここで $x = \sin\theta + \cos\theta = \sqrt{2}\sin\left(\theta + \dfrac{\pi}{4}\right)$

$0 \leqq \theta \leqq \pi$ より，$\dfrac{\pi}{4} \leqq \theta + \dfrac{\pi}{4} \leqq \dfrac{5}{4}\pi$ であるから

$-\dfrac{1}{\sqrt{2}} \leqq \sin\left(\theta + \dfrac{\pi}{4}\right) \leqq 1$

よって $-1 \leqq x \leqq \sqrt{2}$

ゆえに，この曲線は放物線

$y = -x^2 + 2$ の $-1 \leqq x \leqq \sqrt{2}$ の

部分で，概形は **右の図**。

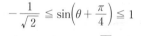

$\blacktriangleleft x^2 = \sin^2\theta + 2\sin\theta\cos\theta + \cos^2\theta$
$ = 1 + 2\sin\theta\cos\theta$

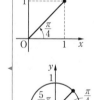

(2) $x^2 = t^2 + \dfrac{1}{t^2} + 2$ より $t^2 + \dfrac{1}{t^2} = x^2 - 2$

$y = t^2 + \dfrac{1}{t^2} + 1$ に代入すると $y = x^2 - 1$

$t > 0$ であるから，相加平均と相乗平均の関係により

$x = t + \dfrac{1}{t} \geqq 2\sqrt{t \cdot \dfrac{1}{t}} = 2$

よって，この曲線は放物線 $y = x^2 - 1$ の $x \geqq 2$ の部分で，概形は **右の図**。

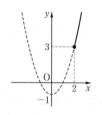

$\blacktriangleleft x^2 = \left(t + \dfrac{1}{t}\right)^2$
$ = t^2 + \dfrac{1}{t^2} + 2$

$\blacktriangleleft t > 0$ より $\dfrac{1}{t} > 0$

$\blacktriangleleft$ 等号は $t = \dfrac{1}{t}$ すなわち
$t = 1$ のとき成り立つ。

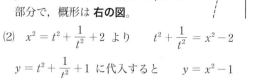

練習 77 次の媒介変数表示が表す曲線の概形をかけ。

(1) $\begin{cases} x = \sin\theta - \cos\theta \\ y = \sin\theta\cos\theta \end{cases}$ $(0 \leqq \theta \leqq \pi)$

(2) $\begin{cases} x = t + \dfrac{1}{t} \\ y = 2\left(t^2 + \dfrac{1}{t^2}\right) \end{cases}$ $(t > 0)$

➡ p.160 問題77

例題 **78** 曲線の媒介変数表示〔4〕 D ★★★☆

t を媒介変数とするとき，$x = \dfrac{1-t^2}{1+t^2}$，$y = \dfrac{2t}{1+t^2}$ が表す図形の概形をかけ。

◀例題 75

≪ReAction 媒介変数表示された曲線は，媒介変数を消去し x，y の式をつくれ

思考のプロセス

___ は x と t^2 の式，___ は y と t と t^2 の式 ── 種類が少ない ___ に注目。

⇩ 変数を減らす 次数を下げる

t を消去 $(x, y$ の関係式)

解 $x = \dfrac{1-t^2}{1+t^2}$ より $(1+x)t^2 = 1-x$

$x = -1$ のときこの式は成り立たないから $x \neq -1$

よって $t^2 = \dfrac{1-x}{1+x}$ …①

$y = \dfrac{2t}{1+t^2}$ より $y(1+t^2) = 2t$

①を代入すると $y\left(1 + \dfrac{1-x}{1+x}\right) = 2t$

これを整理して $y = t(1+x)$

両辺を2乗すると $y^2 = t^2(1+x)^2$

①を代入すると $y^2 = \dfrac{1-x}{1+x}(1+x)^2$

$y^2 = 1-x^2$

よって $x^2 + y^2 = 1$ $(x \neq -1)$

したがって，円 $x^2 + y^2 = 1$ から点 $(-1, 0)$ を除いた図形であり，概形は**右の図**。

（別解） 両辺を2乗して，辺々を加えると

$x^2 + y^2 = \left(\dfrac{1-t^2}{1+t^2}\right)^2 + \left(\dfrac{2t}{1+t^2}\right)^2 = \dfrac{(1+t^2)^2}{(1+t^2)^2} = 1$

また $x = \dfrac{1-t^2}{1+t^2} = \dfrac{-(1+t^2)+2}{1+t^2}$

$= -1 + \dfrac{2}{1+t^2} \neq -1$

よって，円 $x^2 + y^2 = 1$ ただし点 $(-1, 0)$ は除く。

（右側注記）
$x = -1$ のとき，$0 \cdot t^2 = 2$ を満たす t は存在しない。

$y\left(\dfrac{1+x}{1+x} + \dfrac{1-x}{1+x}\right) = 2t$
$y \cdot \dfrac{2}{1+x} = 2t$
$2y = 2t(1+x)$

$x = -1$ のとき $y = 0$

t は実数より $\dfrac{2}{1+t^2} \neq 0$

練習 78 t を媒介変数とするとき，次の式が表す図形の概形をかけ。

(1) $x = \dfrac{3(1-t^2)}{1+t^2}$，$y = \dfrac{8t}{1+t^2}$ (2) $x = \dfrac{2(1+t^2)}{1-t^2}$，$y = \dfrac{4t}{1-t^2}$

➡ p.160 問題78

例題 78 で学習したように，媒介変数表示 $x = \dfrac{1-t^2}{1+t^2}$，

$y = \dfrac{2t}{1+t^2}$ が表す曲線は円 $x^2 + y^2 = 1$ から点 $(-1,\ 0)$ を

除いた図形になります。

実は，この媒介変数表示には次のような図形的な意味があり
ます。

円 $x^2 + y^2 = 1$ 上の点 $A(-1,\ 0)$ 以外の点 $P(x,\ y)$ について，点 P を，
この円と点 A を通る傾き t の直線との交点とみると
$$\begin{cases} x^2 + y^2 = 1 \\ y = t(x+1) \end{cases} \quad \text{が成り立つ。}$$
これより　　$x^2 + t^2(x+1)^2 - 1 = 0$
$$(x+1)\{(1+t^2)x - 1 + t^2\} = 0$$
$x \neq -1$ であるから　　$x = \dfrac{1-t^2}{1+t^2}$

また　　$y = t(x+1) = t\left(\dfrac{1-t^2}{1+t^2} + 1\right) = \dfrac{2t}{1+t^2}$

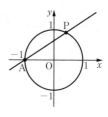

つまり，この媒介変数表示は，点 $A(-1,\ 0)$ を通る傾き t の直線と円 $x^2 + y^2 = 1$ の交
点のうち，点 A と異なる方の点 P の軌跡を表しているのです。

なるほど，t は直線の傾きなのですね。そ
のため，t の値をどんなに大きくしても点
P が点 A に重なることはなく，この媒介変
数表示で表された曲線は点 $A(-1,\ 0)$ が除
かれるのですね。

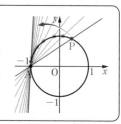

次に，点 P は円 $x^2 + y^2 = 1$ 上の点なので，媒介変数 θ を用いて
$$x = \cos\theta, \quad y = \sin\theta$$
と表すこともできます。このとき，$\angle \mathrm{PAO} = \dfrac{\theta}{2}$ となり，直線

AP の傾きは $\tan\dfrac{\theta}{2}$ となります。

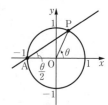

このことから，2 つの媒介変数 t と θ の間には次のような関係式
が成り立ちます。

$$\tan\dfrac{\theta}{2} = t, \quad \sin\theta = \dfrac{2t}{1+t^2}, \quad \cos\theta = \dfrac{1-t^2}{1+t^2}$$

> 楕円 $5x^2 + 4y^2 = 20$ に内接し，各辺が両座標軸に平行である長方形の面積の最大値を求めよ。

思考のプロセス

Action>> 楕円 $\dfrac{x^2}{a^2} + \dfrac{y^2}{b^2} = 1$ 上の点は，$(a\cos\theta,\ b\sin\theta)$ とおけ

$5x^2 + 4y^2 = 20$ より $\dfrac{x^2}{\boxed{}} + \dfrac{y^2}{\boxed{}} = 1$

変数を減らす

第1象限にある楕円上の点 P は

$P(\boxed{}\cos\theta,\ \boxed{}\sin\theta)\ (\boxed{} < \theta < \boxed{})$ とおける。

すると，長方形の面積 S は $S = \boxed{}$
　　　　　　　　　　　　　　└─ θ だけの式

解 楕円の方程式を標準形にすると

$$\frac{x^2}{4} + \frac{y^2}{5} = 1$$

第1象限にある長方形の頂点の座標を

$$P\left(2\cos\theta,\ \sqrt{5}\sin\theta\right)\left(0 < \theta < \frac{\pi}{2}\right)$$

とおく。

このとき，内接する長方形の面積を S とすると

$$S = 4 \cdot 2\cos\theta \cdot \sqrt{5}\sin\theta = 4\sqrt{5}\sin 2\theta$$

ここで，$0 < \theta < \dfrac{\pi}{2}$ であるから　　$0 < 2\theta < \pi$

よって，$0 < \sin 2\theta \leqq 1$ より　　$0 < 4\sqrt{5}\sin 2\theta \leqq 4\sqrt{5}$

すなわち $0 < S \leqq 4\sqrt{5}$ となり，S の最大値は　**$4\sqrt{5}$**

◀ 楕円上にある。

◀ S は第1象限の部分の長方形の4倍である。また $2\sin\theta\cos\theta = \sin 2\theta$

◀ このとき $\sin 2\theta = 1$ より $\theta = \dfrac{\pi}{4}$ である。

Point....楕円上の点の媒介変数表示

例題 59 で学んだように，楕円 $\dfrac{x^2}{a^2} + \dfrac{y^2}{b^2} = 1$ は円

$x^2 + y^2 = a^2$ を y 軸方向に $\dfrac{b}{a}$ 倍に拡大（縮小）したも

のである。円上の点 $P(X,\ Y)$ と楕円上の点 $Q(x,\ y)$ を

図のようにとり，動径 OP が x 軸の正の部分となす角を

θ とおくと　　$X = a\cos\theta,\ Y = a\sin\theta$

よって　　$x = X = a\cos\theta,\ y = \dfrac{b}{a}Y = b\sin\theta$

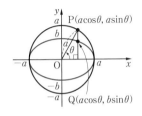

練習 **79** 楕円 $2x^2 + 3y^2 = 6$ に内接し，各辺が両座標軸に平行である長方形の面積の最大値を求めよ。

$x^2 + 9y^2 = 9$ のとき, $x^2 + 4\sqrt{3}\,xy - 3y^2$ の最大値およびそのときの x, y の値を求めよ。

思考のプロセス

条件付きの 2 変数関数である。

条件＿＿より x または y を消去してはどうか？
　　　　⟶ ＿＿の xy の項が複雑になってしまう。
　　　　＿＿$= k$ とおいて図形的に考えてはどうか？
　　　　⟶ これが表す図形は考えにくい。

見方を変える

点 $(x,\ y)$ が楕円 $x^2 + 9y^2 = 9$ 上にある

変数を減らす

2変数　　1変数
↓　　　↓
$\begin{cases} x = \boxed{}\cos\theta \\ y = \boxed{}\sin\theta \end{cases}$ とおく

≪**ReAction**　楕円 $\dfrac{x^2}{a^2} + \dfrac{y^2}{b^2} = 1$ 上の点は, $(a\cos\theta,\ b\sin\theta)$ とおけ　◀例題 79

解　$x^2 + 9y^2 = 9$ より　　$\dfrac{x^2}{9} + y^2 = 1$　　…①

よって, x, y は θ を媒介変数として, $x = 3\cos\theta$, $y = \sin\theta$
$(0 \le \theta < 2\pi)$ と表されるから

$\qquad x^2 + 4\sqrt{3}\,xy - 3y^2$
$\qquad = 9\cos^2\theta + 12\sqrt{3}\,\sin\theta\cos\theta - 3\sin^2\theta$
$\qquad = 9 \cdot \dfrac{1 + \cos2\theta}{2} + 6\sqrt{3}\,\sin2\theta - 3 \cdot \dfrac{1 - \cos2\theta}{2}$
$\qquad = 6\sqrt{3}\,\sin2\theta + 6\cos2\theta + 3$
$\qquad = 12\sin\left(2\theta + \dfrac{\pi}{6}\right) + 3$

ここで, $0 \le \theta < 2\pi$ より　　$\dfrac{\pi}{6} \le 2\theta + \dfrac{\pi}{6} < \dfrac{25}{6}\pi$

よって, $2\theta + \dfrac{\pi}{6} = \dfrac{\pi}{2}, \dfrac{5}{2}\pi$, すなわち, $\theta = \dfrac{\pi}{6}, \dfrac{7}{6}\pi$ の
とき最大値 15 をとる。

$\theta = \dfrac{\pi}{6}$ のとき　$x = 3\cos\dfrac{\pi}{6} = \dfrac{3\sqrt{3}}{2}$, $y = \sin\dfrac{\pi}{6} = \dfrac{1}{2}$

$\theta = \dfrac{7}{6}\pi$ のとき　$x = 3\cos\dfrac{7}{6}\pi = -\dfrac{3\sqrt{3}}{2}$, $y = \sin\dfrac{7}{6}\pi = -\dfrac{1}{2}$

したがって, $x^2 + 4\sqrt{3}\,xy - 3y^2$ は

$(x,\ y) = \left(\dfrac{3\sqrt{3}}{2},\ \dfrac{1}{2}\right), \left(-\dfrac{3\sqrt{3}}{2},\ -\dfrac{1}{2}\right)$ **のとき最大値 15**

点 $(x,\ y)$ は楕円
$\dfrac{x^2}{9} + y^2 = 1$ 上である。

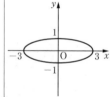

$2\sin\theta\cos\theta = \sin2\theta$
$\cos^2\theta = \dfrac{1 + \cos2\theta}{2}$
$\sin^2\theta = \dfrac{1 - \cos2\theta}{2}$

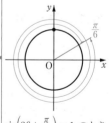

$\sin\left(2\theta + \dfrac{\pi}{6}\right) = 1$ のとき
最大値をとる。

練習80　$3x^2 + 4y^2 = 12$ のとき, $2x^2 - xy + 2y^2$ の最大値およびそのときの x, y の値
を求めよ。

⇒ p.160　問題80

例題 81 サイクロイド ★★★☆

右の図のように，半径 a の円 C が x 軸に接しながら，すべらずに x 軸の正の方向に回転する。円 C 上の点 P がはじめ原点 O の位置にあったとし，円 C が角 θ だけ回転したときの点 P の座標を (x, y) とおく。

(1) 円 C が角 θ $(0 \leqq \theta < 2\pi)$ だけ回転したときの円 C の中心 A の座標を θ で表せ。

(2) x, y をそれぞれ θ で表せ。

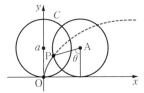

思考のプロセス

図1

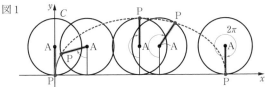

図2

(1) **対応を考える** 条件＿＿ ⟹ 図2の ■ の長さが等しい。

$$(\text{A の } x \text{ 座標}) = \text{OB} = \overgroup{\text{BP}} = (\theta \text{ の式})$$

(2) 原点 O に対する P の位置 ← 考えにくい
　　中心 A に対する P の位置 ← 考えやすい

見方を変える

点 P の座標 ⟹ $\overrightarrow{\text{OP}}$ の成分 ⟹ $\overrightarrow{\text{OP}} = \overrightarrow{\text{OA}} + \overrightarrow{\text{AP}}$
　　　　　　　　　　　　　　　　　(1)　　↳ $(a\cos\boxed{}, a\sin\boxed{})$

Action≫ すべらずに回転する円上の点の軌跡は，長さが等しい弧を利用せよ

解 (1) 円 C が角 θ だけ回転したとき，円の中心 A から x 軸に垂線 AB を下ろす。

$\text{OB} = \overgroup{\text{BP}} = a\theta$, $\text{AB} = a$ であるから　$\text{A}(a\theta, a)$

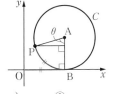

◀ 扇形 APB の弧 PB の長さは
　(半径)×(中心角)$= a\theta$
◀ AB は円の半径 a である。

(2) $\text{P}(x, y)$ とおくと　$\overrightarrow{\text{OP}} = (x, y)$ … ①

また $\overrightarrow{\text{AP}} = \left(a\cos\left(\dfrac{3}{2}\pi - \theta\right), a\sin\left(\dfrac{3}{2}\pi - \theta\right)\right)$

$= (-a\sin\theta, -a\cos\theta)$ であるから

$\overrightarrow{\text{OP}} = \overrightarrow{\text{OA}} + \overrightarrow{\text{AP}}$

$= (a\theta, a) + (-a\sin\theta, -a\cos\theta)$

$= (a(\theta - \sin\theta), a(1 - \cos\theta))$ … ②

よって，①，② より　$\begin{cases} x = a(\theta - \sin\theta) \\ y = a(1 - \cos\theta) \end{cases}$

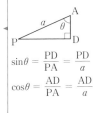

$\sin\theta = \dfrac{\text{PD}}{\text{PA}} = \dfrac{\text{PD}}{a}$

$\cos\theta = \dfrac{\text{AD}}{\text{PA}} = \dfrac{\text{AD}}{a}$

◀ この曲線を **サイクロイド** という。

練習81 例題 81 において，$a = 3$, $\theta = \dfrac{\pi}{3}$ のとき，点 P の座標を求めよ。

→ p.160 問題81

原点を中心とする半径3の円 C に半径1の円 C' が内接し，すべらずに回転する。円 C' 上の点Pがはじめ点A(3, 0)にあり，円 C' の中心 O' と原点を結ぶ線分 OO' が x 軸の正の向きとなす角を θ とするとき，点P(x, y)の軌跡を媒介変数 θ を用いて表せ。

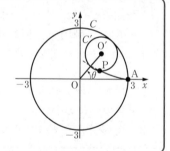

思考のプロセス

≪®Action すべらずに回転する円上の点の軌跡は，長さが等しい弧を利用せよ　◀例題81

対応を考える

条件___ ⟹ 図の▬▬の長さが等しい。

⟹ $\alpha = \boxed{}$ （θの式）

見方を変える

点Pの座標 ⟹ $\overrightarrow{\mathrm{OP}} = \overrightarrow{\mathrm{OO'}} + \underset{\parallel}{\overrightarrow{\mathrm{O'P}}}$

$(\cos(\theta-\alpha),\ \sin(\theta-\alpha))$

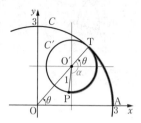

解 右の図のように，円 C と円 C' の接点を T とする。

$\overset{\frown}{\mathrm{TP}} = \overset{\frown}{\mathrm{TA}}$ であるから

$1 \cdot \angle \mathrm{PO'T} = 3 \cdot \theta$

よって　　$\angle \mathrm{PO'T} = 3\theta$

図のように，点 O' から x 軸に平行に引いた直線と円 C' の交点を Q とすると，円 C' において O'Q を始線としたとき，動径 O'P の表す角は　　$\theta - 3\theta = -2\theta$

よって　　$\overrightarrow{\mathrm{O'P}} = (1 \cdot \cos(-2\theta),\ 1 \cdot \sin(-2\theta))$

$= (\cos 2\theta,\ -\sin 2\theta)$

$\overrightarrow{\mathrm{OO'}} = (2\cos\theta,\ 2\sin\theta)$

ゆえに　　$\overrightarrow{\mathrm{OP}} = \overrightarrow{\mathrm{OO'}} + \overrightarrow{\mathrm{O'P}}$

$= (2\cos\theta,\ 2\sin\theta) + (\cos 2\theta,\ -\sin 2\theta)$

$= (2\cos\theta + \cos 2\theta,\ 2\sin\theta - \sin 2\theta)$

したがって，点Pの軌跡は $\begin{cases} x = 2\cos\theta + \cos 2\theta \\ y = 2\sin\theta - \sin 2\theta \end{cases}$

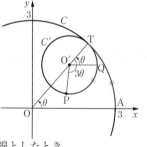

半径 r，中心角 θ の扇形の弧の長さを l とすると
$l = r\theta$

O'P = 1

OO' = OT − O'T = 2

練習 82 例題82において，円 C の半径を4としたとき，点Pの軌跡を媒介変数 θ を用いて表せ。

➡ p.160　問題82

Go Ahead 5　内サイクロイドと外サイクロイド

定直線に接しながら円がすべらずに回転するとき，円上の定点 P の軌跡をサイクロイドとよぶことは例題 81 で学習しました。ここでは，例題 82 のように，定円に接しながらもう 1 つの円がすべらずに回転するとき，この円の円上の定点 P の軌跡を考えてみよう。

半径 R の定円に内接しながら半径 r の円がすべらずに回転するとき，回転する円上の定点 P の軌跡を **内サイクロイド** またはハイポサイクロイド（hypocloid）といいます。内サイクロイドの形状は，2 つの円の半径の比 $R:r$ によって定まります。
例題 82 の曲線はデルトイドといい，内サイクロイドの 1 つです。

(1) $r = \dfrac{1}{3}R$
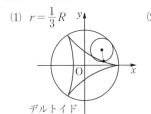
デルトイド

(2) $r = \dfrac{1}{4}R$
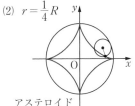
アステロイド

(3) $r = \dfrac{1}{5}R$
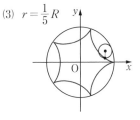

内サイクロイドの方程式を媒介変数表示すると次のようになることが分かっています。

$$\begin{cases} x = (R-r)\cos\theta + r\cos\left(\dfrac{R-r}{r}\theta\right) \\ y = (R-r)\sin\theta - r\sin\left(\dfrac{R-r}{r}\theta\right) \end{cases}$$

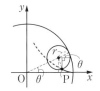

次に，半径 R の定円に外接しながら半径 r の円がすべらずに回転するとき，回転する円上の定点 P の軌跡を **外サイクロイド** またはエピサイクロイド（epicycloid）といいます。外サイクロイドの形状も，2 つの円の半径の比 $R:r$ によって定まります。
次の曲線は外サイクロイドの 1 つです。

(4) $r = \dfrac{1}{2}R$
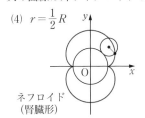
ネフロイド
（腎臓形）

(5) $r = R$
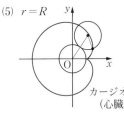
カージオイド
（心臓形）

(6) $r = 2R$
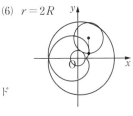

外サイクロイドの方程式を媒介変数表示すると次のようになることが分かっています。

$$\begin{cases} x = (R+r)\cos\theta - r\cos\left(\dfrac{R+r}{r}\theta\right) \\ y = (R+r)\sin\theta - r\sin\left(\dfrac{R+r}{r}\theta\right) \end{cases}$$

75
★★☆☆
次の媒介変数表示が表す曲線の概形をかけ。

(1) $\begin{cases} x = t^4 - 2t^2 \\ y = -t^2 + 2 \end{cases}$ (2) $\begin{cases} x = \sqrt{t-1} \\ y = \sqrt{t} \end{cases}$

76
★★☆☆
媒介変数表示 $\begin{cases} x = \dfrac{1}{2\sin\theta} \\ y = \dfrac{1}{\tan\theta} \end{cases}$ が表す曲線の概形をかけ。

77
★★☆☆
x, y が $x = \sin\theta + \cos\theta + 1$, $y = \sin 3\theta - \cos 3\theta$ と表されるとき，x, y の関係式を求めよ。

78
★★★☆
t を媒介変数とし，$x = \dfrac{6}{1+t^2}$，$y = \dfrac{(1-t)^2}{1+t^2}$ とするとき

(1) $x-3$，$y-1$ を t を用いて表せ。

(2) t を消去し，x と y の関係式を求めよ。また，この式で表される図形の概形をかけ。

79
★★★☆
双曲線 $xy = 1$ に楕円 $b^2x^2 + a^2y^2 = a^2b^2$ が接しているとき，ab の値を求めよ。さらに，座標軸に平行な辺をもち，この楕円に内接する長方形の面積の最大値を求めよ。ただし，$a > 0$，$b > 0$ とする。

80
★★★☆
楕円 $C: x^2 + \dfrac{y^2}{4} = 1$ 上にあり，直線 $l: 2x + y - 4 = 0$ との距離が最小となる点を P とするとき，点 P と直線 l の距離および点 P の座標を求めよ。

81
★★★☆
半径が a である円板上に点 P があり，中心が $(0, a)$，点 P が $\left(0, \dfrac{a}{2}\right)$ の位置にある。この位置から，円板が x 軸に接しながら，すべることなく x 軸の正の方向に角 θ だけ回転したとき，点 P の座標を θ で表せ。

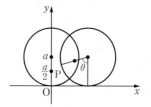

82
★★★☆
原点を中心とする半径 2 の円 C に半径 1 の円 C' が外接し，すべることなく回転する。円 C' 上の点 P がはじめ点 A(2, 0) にあったとするとき，点 P の軌跡の媒介変数表示を求めよ。

1 次の媒介変数表示が表す曲線の概形をかけ。

(1) $\begin{cases} x = 1 + |t| \\ y = 3 + |t| \end{cases}$

(2) $\begin{cases} x = 2 + \sin\theta \\ y = 4\cos^2\dfrac{\theta}{2} \end{cases} \quad (0 \le \theta < 2\pi)$

(3) $\begin{cases} x = \dfrac{t}{1+t^2} \\ 1 - y = \dfrac{1+t^4}{1+2t^2+t^4} \end{cases}$

◀例題75〜77

2 次の空欄をうめよ。

媒介変数表示 $x = 3^{t+1} + 3^{-t+1} + 1$, $y = 3^t - 3^{-t}$ で表される図形は，x, y についての方程式 $\boxed{} = 1$ で定まる双曲線 C の $x > 0$ の部分である。また，C の傾きが正の漸近線の方程式は $y = \boxed{}$ である。

◀例題77

3 楕円 $C : \dfrac{(x-1)^2}{4} + y^2 = 1$ 上の点 $P(x, y)$ について，$x + 2y^2$ の値の最大値と最小値を求めよ。

◀例題80

4 半径 a の円 C が，原点 O を中心とする半径 1 の定円 C_0 に右の図のように接しながらすべらずに回転する。最初 C の中心 Q が点 $Q_0(1+a, 0)$ にあり，P が点 $A(1, 0)$ にあるとする。C が動いたときの P の座標を a と $\angle Q_0OQ = \theta$ で表せ。

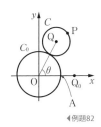

◀例題82

1 | 極座標

(1) 極座標

平面上に点 O と半直線 OX を定めると，平面上の点 P を，点 O
からの距離 r と OX を始線とする動径 OP の表す角 θ で定める
ことができる。このとき，$(r,\ \theta)$ を点 P の **極座標** といい，点
O を **極**，θ を **偏角**，r を動径 OP の **長さ** または **大きさ** という。

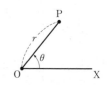

(2) 極座標と直交座標

極座標に対して，今まで用いた $(x,\ y)$ で表された座標を **直
交座標** という。直交座標の原点 O を極，x 軸の正の部分を始
線 OX とする極座標をとると

$$\begin{cases} x = r\cos\theta \\ y = r\sin\theta \end{cases} \iff \begin{cases} r = \sqrt{x^2 + y^2} \\ \cos\theta = \dfrac{x}{r},\ \sin\theta = \dfrac{y}{r} \end{cases}$$

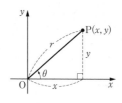

> 例 ① 右の点 P の極座標は　$P\left(2,\ \dfrac{2}{3}\pi\right)$
>
> この点 P の直交座標は
>
> $$x = 2\cos\dfrac{2}{3}\pi = -1,\ y = 2\sin\dfrac{2}{3}\pi = \sqrt{3}$$
>
> よって，$P(-1,\ \sqrt{3}\,)$ である。

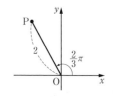

> ② 極座標で表された点 $Q\left(3,\ \dfrac{5}{4}\pi\right)$ は，
>
> $Q\left(-3,\ \dfrac{\pi}{4}\right)$ と表すこともできる。

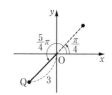

2 | 極方程式

曲線上の点の極座標 $(r,\ \theta)$ が $r = f(\theta)$ または $F(r,\ \theta) = 0$ で表されるとき，この
方程式を曲線の **極方程式** という。

極方程式を考えるとき，θ の値によっては r が負の値をとることもある。

このとき，$(r,\ \theta)$ は極座標 $(|r|,\ \theta + \pi)$ の点を表すものとする。

(1) 直線の極方程式

　(ア) 極を通り始線と α の角をなす直線

　　　$\theta = \alpha$

　(イ) $H(p,\ \alpha)$ を通り OH に垂直な直線

　　　$r\cos(\theta - \alpha) = p$

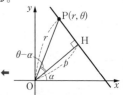

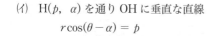

(2) 円の極方程式

(ア) 極が中心，半径 a の円

$$r = a$$

(イ) $C(a, 0)$ が中心，半径 a の円

$$r = 2a\cos\theta$$

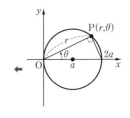

例 ① 極方程式 $\theta = \dfrac{\pi}{6}$ が表す図形は，極を通り x 軸の正の

方向と $\dfrac{\pi}{6}$ の角をなす直線である。

② 極方程式 $r = 3$ が表す図形は，極を中心とし，半径 3
の円である。

③ 中心 A の極座標が $(3, 0)$ で半径が 3 の円の極方程式
は，円上の点 P の極座標を (r, θ) とおくと

$$OP = 2OA\cos\theta$$

よって　$r = 6\cos\theta$

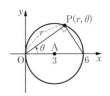

▶▶解答編 p.134

Quick Check 8

極座標

① 〔1〕　次の極座標で表された点を図示せよ。

$$A\left(\sqrt{2}, \ \frac{3}{4}\pi\right), \quad B\left(4, \ \frac{3}{2}\pi\right), \quad C\left(1, \ -\frac{5}{6}\pi\right)$$

〔2〕　次の極座標で表された点の直交座標を求めよ。

(1)　$\left(4, \ \dfrac{2}{3}\pi\right)$　　　　　　　　　(2)　$(3, \ \pi)$

〔3〕　次の直交座標で表された点の極座標 (r, θ) を求めよ。ただし，$r > 0$，
$0 \leqq \theta < 2\pi$ とする。

(1)　$(1, \ 1)$　　　　　　　　　　(2)　$(0, \ -1)$

極方程式

② 次の極方程式で表される図形をかけ。

(1)　$\theta = \dfrac{\pi}{3}$　　　　　　　　　　(2)　$r = 2$

〔1〕 極座標 $\left(\sqrt{2},\ -\dfrac{5}{4}\pi\right)$ で表された点の直交座標を求めよ。

〔2〕 次の直交座標で表された点の極座標 $(r,\ \theta)$ を求めよ。ただし，$0 \leqq \theta < 2\pi$ とする。

(1) $(-3\sqrt{3},\ -3)$　　　　　　　　(2) $(-1,\ 0)$

思考のプロセス

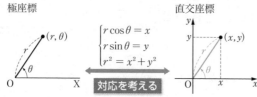

極座標　　　　　　　　　　　　　　　直交座標

$\begin{cases} r\cos\theta = x \\ r\sin\theta = y \\ r^2 = x^2 + y^2 \end{cases}$

対応を考える

〔1〕 極座標 $\left(\sqrt{2},\ -\dfrac{5}{4}\pi\right)$ より　$r = \boxed{}$，$\theta = \boxed{}$　$\longrightarrow$ $x,\ y$ を求める。

〔2〕 直交座標 $(-3\sqrt{3},\ -3)$ $\Longrightarrow$ $\begin{cases} r\cos\theta = -3\sqrt{3} \\ r\sin\theta = -3 \\ r = \sqrt{(-3\sqrt{3})^2 + (-3)^2} \end{cases}$ $r,\ \theta$ を求める。

Action≫ 直交座標と極座標の変換は，$x = r\cos\theta,\ y = r\sin\theta$ を利用せよ

解 〔1〕 $x = \sqrt{2}\cos\left(-\dfrac{5}{4}\pi\right) = -1,\ y = \sqrt{2}\sin\left(-\dfrac{5}{4}\pi\right) = 1$

よって，求める直交座標は　**$(-1,\ 1)$**

〔2〕 (1) $r = \sqrt{\left(-3\sqrt{3}\right)^2 + (-3)^2} = 6$ であり，

$\cos\theta = \dfrac{-3\sqrt{3}}{6} = -\dfrac{\sqrt{3}}{2},\ \sin\theta = \dfrac{-3}{6} = -\dfrac{1}{2}$

とおくと，$0 \leqq \theta < 2\pi$ の範囲で　$\theta = \dfrac{7}{6}\pi$

よって，求める極座標は　　$\left(6,\ \dfrac{7}{6}\pi\right)$

(2) $r = \sqrt{(-1)^2 + 0^2} = 1$

$\cos\theta = \dfrac{-1}{1} = -1,\ \sin\theta = \dfrac{0}{1} = 0$ とおくと，

$0 \leqq \theta < 2\pi$ の範囲で　$\theta = \pi$

よって，求める極座標は　　**$(1,\ \pi)$**

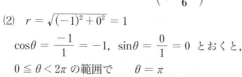

練習 83 〔1〕 次の極座標で表された点の直交座標を求めよ。

(1) $\left(3,\ \dfrac{5}{3}\pi\right)$　　　　　　　　(2) $\left(5,\ \dfrac{3}{2}\pi\right)$

〔2〕 次の直交座標で表された点の極座標 $(r,\ \theta)$ を求めよ。ただし，$0 \leqq \theta < 2\pi$ とする。

(1) $(-\sqrt{2},\ \sqrt{2})$　　　　　　　　(2) $(0,\ 3)$

➡ p.175 問題83

例題 84　2点間の距離，三角形の面積　★★☆☆

極を O，3 点 A，B，C の極座標が $A\left(8, \dfrac{\pi}{4}\right)$, $B\left(4, \dfrac{11}{12}\pi\right)$, $C\left(12, \dfrac{5}{12}\pi\right)$

であるとき

(1) 線分 AB の長さ，△OAB の面積を求めよ。

(2) △ABC の面積を求めよ。

(1) 素直に考えると …

　　A，B を直交座標で表して，2 点間の距離を求める。

　　　　偏角が $\dfrac{11}{12}\pi$ であり，計算が大変

　定理の利用

　極座標で表されているから，△OAB における

　OA，OB，∠AOB が容易に分かる。

(2) $\begin{cases} \text{∠ABC, ∠BCA, ∠CAB は求めにくいが, ∠AOC, ∠BOC は求めやすい。} \\ \text{AC, BC は求めにくいが, OB, OA は求めやすい。} \end{cases}$

　$\implies$　**図を分ける**　求めやすい三角形の面積を足し引きして考える。

(1)

(2)

Action≫ 極座標における角は，偏角の差をとれ

解 (1) $\angle AOB = \dfrac{11}{12}\pi - \dfrac{\pi}{4} = \dfrac{2}{3}\pi$

△AOB において余弦定理により

$$AB^2 = 8^2 + 4^2 - 2\cdot 8\cdot 4\cos\dfrac{2}{3}\pi$$
$$= 112$$

$AB > 0$ より　**$AB = 4\sqrt{7}$**

また　$\triangle OAB = \dfrac{1}{2}\cdot 8\cdot 4\sin\dfrac{2}{3}\pi = 8\sqrt{3}$

◀ $AB^2 = OA^2 + OB^2$
　$\quad -2OA\cdot OB\cos\angle AOB$

◀ $\triangle OAB$
$= \dfrac{1}{2}\cdot OA\cdot OB\sin\angle AOB$

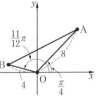

(2) $\angle COA = \dfrac{5}{12}\pi - \dfrac{\pi}{4} = \dfrac{\pi}{6}$,

$\angle BOC = \dfrac{11}{12}\pi - \dfrac{5}{12}\pi = \dfrac{\pi}{2}$ より

$\triangle OAC = \dfrac{1}{2}\cdot 8\cdot 12\sin\dfrac{\pi}{6} = 24$

$\triangle OBC = \dfrac{1}{2}\cdot 4\cdot 12\sin\dfrac{\pi}{2} = 24$

よって　$\triangle ABC = \triangle OAC + \triangle OBC - \triangle OAB$
$$= 24 + 24 - 8\sqrt{3} = 48 - 8\sqrt{3}$$

◀ $\triangle OBC$ は直角三角形であ
るから

$\triangle OBC = \dfrac{1}{2}\cdot 4\cdot 12 = 24$

としてもよい。

練習 84 極を O，3 点 A，B，C の極座標が $A\left(7, \dfrac{13}{12}\pi\right)$, $B\left(5, \dfrac{5}{12}\pi\right)$, $C\left(12, \dfrac{3}{4}\pi\right)$ で

あるとき

(1) 線分 AB の長さを求めよ。

(2) △OAB，△ABC の面積をそれぞれ求めよ。

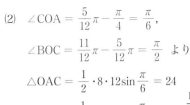

165

➡ p.175　問題84

次の方程式を極方程式で表せ。

(1) $\sqrt{3}\,x + y = -2$　　　(2) $y^2 = 4x$　　　(3) $x^2 + (y-1)^2 = 1$

思考のプロセス

《**ReAction**　直交座標と極座標の変換は，$x = r\cos\theta$，$y = r\sin\theta$ を利用せよ　◀例題83

対応を考える

$$
\begin{array}{ccc}
\boxed{\begin{array}{c}\text{直交座標の方程式}\\ x,\ y\ \text{の式}\end{array}} & \begin{cases} x = r\cos\theta \\ y = r\sin\theta \end{cases} & \boxed{\begin{array}{c}\text{極方程式}\\ r,\ \theta\ \text{の式}\end{array}}
\end{array}
$$

❗ 三角関数の相互関係や合成などを利用して，式を整理して答える。

解 (1)　$x = r\cos\theta$，$y = r\sin\theta$ を代入して

$$\sqrt{3}\,r\cos\theta + r\sin\theta = -2$$
$$r(\sin\theta + \sqrt{3}\cos\theta) = -2$$
$$2r\sin\left(\theta + \frac{\pi}{3}\right) = -2$$

よって　　$r\sin\left(\theta + \frac{\pi}{3}\right) = -1$

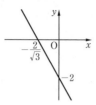

(2)　$x = r\cos\theta$，$y = r\sin\theta$ を代入して

$$(r\sin\theta)^2 = 4r\cos\theta$$
$$r(r\sin^2\theta - 4\cos\theta) = 0$$

よって

　$r = 0$　または　$r\sin^2\theta - 4\cos\theta = 0$

$r = 0$ は極 O を表し，これは
$r\sin^2\theta - 4\cos\theta = 0$ に含まれるから

　　$r\sin^2\theta - 4\cos\theta = 0$

(3)　$x = r\cos\theta$，$y = r\sin\theta$ を代入して

$$(r\cos\theta)^2 + (r\sin\theta - 1)^2 = 1$$
$$r^2(\sin^2\theta + \cos^2\theta) - 2r\sin\theta = 0$$
$$r(r - 2\sin\theta) = 0$$

よって

　$r = 0$　または　$r = 2\sin\theta$

$r = 0$ は極 O を表し，これは
$r = 2\sin\theta$ に含まれるから

　　$r = 2\sin\theta$

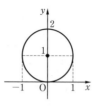

◀三角関数の合成

◀$r(\sin\theta + \sqrt{3}\cos\theta) = -2$,
$r = \dfrac{-2}{\sqrt{3}\cos\theta + \sin\theta}$,
$r = \dfrac{-1}{\sin\left(\theta + \dfrac{\pi}{3}\right)}$
などと答えてもよい。

◀$r\sin^2\theta - 4\cos\theta = 0$ において，$\theta = \dfrac{\pi}{2}$ のとき
$r = 0$ となる。

◀$r = \dfrac{4\cos\theta}{\sin^2\theta}$ と答えてもよい。

◀$\sin^2\theta + \cos^2\theta = 1$

◀$r = 2\sin\theta$ において，$\theta = 0$ のとき $r = 0$ となる。

練習 **85**　次の方程式を極方程式で表せ。

(1)　$x + y = 2$　　　(2)　$x^2 = 4y$　　　(3)　$(x-1)^2 + y^2 = 1$

➡ p.175　問題85

極方程式〔2〕…極方程式→直交座標の方程式 ★★☆☆ 重要

次の極方程式を直交座標の方程式で表せ。

(1) $r\cos\left(\theta + \dfrac{5}{6}\pi\right) = 1$　　　(2) $r = -2\sin\theta$　　　(3) $r^2\sin 2\theta = 2$

思考のプロセス

対応を考える

$$\begin{cases} r\cos\theta = x \\ r\sin\theta = y \\ r^2 = x^2 + y^2 \end{cases}$$

極方程式
$r,\ \theta$ の式 ⟷ 直交座標の方程式
x と y の式

(1) 左辺を $r\cos\theta,\ r\sin\theta$ で表したい。

(2) 右辺に $\sin\theta$ がある ⟹ $r\sin\theta$ をつくりたい。

(3) 左辺に $\sin 2\theta$ がある ⟹ まず，$\sin\theta$，$\cos\theta$ で表したい。

Action≫ 直交座標への変換は，$r\cos\theta = x,\ r\sin\theta = y,\ r^2 = x^2 + y^2$ を用いよ

解 (1) $r\cos\left(\theta + \dfrac{5}{6}\pi\right) = 1$ より

$$-\frac{\sqrt{3}}{2}r\cos\theta - \frac{1}{2}r\sin\theta = 1$$

よって　　$\sqrt{3}\,r\cos\theta + r\sin\theta = -2$

$r\cos\theta = x,\ r\sin\theta = y$ を代入して

$$\sqrt{3}\,x + y = -2$$

◀ 加法定理を用いて展開し，整理する。

(2) $r = -2\sin\theta$ の両辺に r を掛けて

$$r^2 = -2r\sin\theta$$

$r^2 = x^2 + y^2,\ r\sin\theta = y$ を代入して

$$x^2 + y^2 = -2y$$

よって　　$x^2 + (y+1)^2 = 1$

◀ $r^2,\ r\sin\theta$ の形をつくるために，両辺に r を掛ける。

(3) $r^2\sin 2\theta = 2$ より

$$r^2 \cdot 2\sin\theta\cos\theta = 2$$

$$r\sin\theta \cdot r\cos\theta = 1$$

$r\cos\theta = x,\ r\sin\theta = y$ を代入して

$$xy = 1$$

◀ $xy = 1$ より $y = \dfrac{1}{x}$
反比例のグラフである。

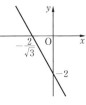

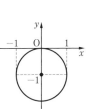

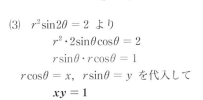

Point....極方程式を直交座標の方程式に直す

例題 86(2) において，r^2 の形をつくるために $r = -2\sin\theta$ の両辺を 2 乗すると $r^2 = 4\sin^2\theta$ となり，右辺の θ を消去することができない。両辺に r を掛けて $r^2 = -2\underline{r\sin\theta}$ とし r^2 と $r\sin\theta$ の形を同時につくることがポイントである。

練習86 次の極方程式を直交座標の方程式で表せ。

(1) $r\sin\left(\theta - \dfrac{\pi}{3}\right) = 2$　　　(2) $r^2\cos 2\theta = 1$

➡ p.175 問題86

> 極座標が $\left(2, \dfrac{\pi}{3}\right)$ である点 H を通り，OH に垂直な直線 l の極方程式を求めよ。

思考のプロセス

図で考える

直線上の点を P$(r,\ \theta)$ とおき，
図から r と θ の関係式を導く。
　　　　極方程式

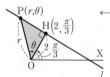

⟵ 点 H を垂線の足という。

Action≫ 直線の極方程式は，極・垂線の足・直線上の点を結んだ直角三角形を考えよ

解 直線 l 上の点 P の極座標を $(r,\ \theta)$
とすると，△OPH において
$$\text{OP}\cos\angle\text{POH} = \text{OH}$$
よって　　$r\cos\left(\theta - \dfrac{\pi}{3}\right) = 2$

◀ △OPH は $\angle\text{OHP} = \dfrac{\pi}{2}$
の直角三角形である。

◀ $\angle\text{POH} = \left|\theta - \dfrac{\pi}{3}\right|$ であり
$\cos\left|\theta - \dfrac{\pi}{3}\right| = \cos\left(\theta - \dfrac{\pi}{3}\right)$

〔別解〕

直交座標で考えると H$(1,\ \sqrt{3}\,)$ で直線 OH の傾きは
$\sqrt{3}$
直線 l は OH に直交し，点 H を通るから
$$y - \sqrt{3} = -\dfrac{1}{\sqrt{3}}(x-1)　\text{すなわち}　x + \sqrt{3}\,y - 4 = 0$$

$x = r\cos\theta,\ y = r\sin\theta$ を代入すると
$$r(\cos\theta + \sqrt{3}\sin\theta) - 4 = 0　\text{より}　r\sin\left(\theta + \dfrac{\pi}{6}\right) = 2$$

◀ 極 O を原点，始線を x 軸
の正の向きにとり，直交
座標で考える。

◀ **Re Action** 例題 83
「直交座標と極座標の変換
は，$x = r\cos\theta,\ y = r\sin\theta$
を利用せよ」

◀ $\sin\left(\theta + \dfrac{\pi}{6}\right) = \cos\left(\theta - \dfrac{\pi}{3}\right)$
より本解と一致する。

Point....直線の極方程式

(1) 極 O を通り，始線と α の角をなす直線の極方程式は　　$\theta = \alpha$

(2) H$(p,\ \alpha)$ を通り，OH に垂直な直線の極方程式は　　$r\cos(\theta - \alpha) = p$

練習 87 極 O を原点，始線を x 軸の正の向きにとる。このとき，次の極方程式を求めよ。

(1) 極座標が $\left(2, \dfrac{\pi}{6}\right)$ である点 H を通り，OH に垂直な直線 l

(2) 極座標が $(3,\ 0)$ である点 A を通り，x 軸に垂直な直線 m

(3) 極座標が $\left(2, \dfrac{3}{2}\pi\right)$ である点 B を通り，y 軸に垂直な直線 n

➡ p.175　問題87

> 極座標が $\left(2, \dfrac{\pi}{3}\right)$ である点 C を中心とする次の円の極方程式を求めよ。
>
> (1) 極 O を通る円　　　　　(2) 半径 1 の円

思考のプロセス

図で考える

円上の点を P$(r,\ \theta)$ とおき，
図から r と θ の関係式を導く。
　　　　極方程式

(1) 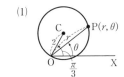　　(2)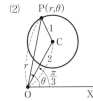

Action≫ 円の極方程式は，極・中心・円上の点を結んだ三角形を考えよ

解 (1) 円の直径 OA を考えると，点 A の極

座標は　　$A\left(4,\ \dfrac{\pi}{3}\right)$

円上の点 P の極座標を $(r,\ \theta)$ とすると

$\angle APO = \dfrac{\pi}{2}$ より，$\triangle APO$ において

　　$OP = OA\cos\angle AOP$

よって　$r = 4\cos\left(\dfrac{\pi}{3}-\theta\right)$ より　　**$r = 4\cos\left(\theta - \dfrac{\pi}{2}\right)$**

◀ OA が円の直径であるから
　　$\angle APO = \dfrac{\pi}{2}$

◀ $\angle AOP = \left|\dfrac{\pi}{3}-\theta\right|$ であり
　$\cos\left|\dfrac{\pi}{3}-\theta\right| = \cos\left(\dfrac{\pi}{3}-\theta\right)$
　　　　$= \cos\left(\theta - \dfrac{\pi}{3}\right)$

(2) 円上の点 P の極座標を $(r,\ \theta)$ とする

と，$\triangle OCP$ において，余弦定理により

　$CP^2 = OC^2 + OP^2 - 2OC\cdot OP\cos\angle POC$

　$1^2 = 2^2 + r^2 - 2\cdot 2r\cos\left(\theta - \dfrac{\pi}{3}\right)$

よって　　**$r^2 - 4r\cos\left(\theta - \dfrac{\pi}{3}\right) + 3 = 0$**

◀ $\angle POC = \left|\theta - \dfrac{\pi}{3}\right|$ であり
　$\cos\left|\theta - \dfrac{\pi}{3}\right| = \cos\left(\theta - \dfrac{\pi}{3}\right)$

〔別解〕 直交座標で考えると，点 $C(1,\ \sqrt{3})$ を中心とす

る半径 1 の円の方程式は　　$(x-1)^2 + \left(y - \sqrt{3}\right)^2 = 1$

　　　　$x^2 + y^2 - 2x - 2\sqrt{3}\,y + 3 = 0$

例題 85

$x = r\cos\theta,\ y = r\sin\theta,\ x^2 + y^2 = r^2$ を代入すると

　　　$r^2 - 2r\cos\theta - 2\sqrt{3}\,r\sin\theta + 3 = 0$

　　　$r^2 - 4r\left(\dfrac{1}{2}\cos\theta + \dfrac{\sqrt{3}}{2}\sin\theta\right) + 3 = 0$

よって　　$r^2 - 4r\cos\left(\theta - \dfrac{\pi}{3}\right) + 3 = 0$

◀ $2\cos\dfrac{\pi}{3} = 1$,
　$2\sin\dfrac{\pi}{3} = \sqrt{3}$ であるから，
　点 C の直交座標は
　　$C(1,\ \sqrt{3})$

◀ $r^2 - 4r\sin\left(\theta + \dfrac{\pi}{6}\right) + 3 = 0$
　としてもよい。

練習 88 極座標が $\left(6,\ \dfrac{\pi}{6}\right)$ である点 C を中心とする次の円の極方程式を求めよ。

(1) 極 O を通る円　　　　　(2) 半径 3 の円

例題 **89** 2次曲線の極方程式

★★☆☆

次の極方程式は，極Oを焦点とする2次曲線を表すことを示せ。

(1) $r = \dfrac{2}{1-\cos\theta}$　　　　　(2) $r = \dfrac{3}{2+\cos\theta}$

思考のプロセス

極方程式のままでは，どのような図形か分かりにくい。

段階的に考える

① 極方程式を直交座標の方程式に直す。

《《ReAction》 直交座標への変換は，$r\cos\theta = x$，$r\sin\theta = y$，$r^2 = x^2 + y^2$ を用いよ　◀例題86

② ①の方程式で表される曲線が，原点Oを焦点とする2次曲線であることを示す。

解 (1) $r = \dfrac{2}{1-\cos\theta}$ …① より　　$r - r\cos\theta = 2$

よって　　$r = r\cos\theta + 2$

両辺を2乗すると　　$r^2 = (r\cos\theta + 2)^2$

例題86

$r^2 = x^2 + y^2$，$r\cos\theta = x$ を代入すると

$\qquad x^2 + y^2 = (x+2)^2$

ゆえに　　$y^2 = 4(x+1)$

これは $(-1,\ 0)$ を頂点とする放物線
を表す。この放物線の焦点は $(0,\ 0)$
であるから，極方程式①は極Oを
焦点とする放物線を表す。

◀ 直交座標で考える。

◀ 放物線 $y^2 = 4x$ の焦点は
$(1,\ 0)$
放物線 $y^2 = 4(x+1)$ の
焦点は，これを x 軸方向
に -1 だけ平行移動すれ
ばよい。

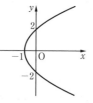

(2) $r = \dfrac{3}{2+\cos\theta}$ …② より　　$2r + r\cos\theta = 3$

よって　　$2r = 3 - r\cos\theta$

両辺を2乗すると　　$4r^2 = (3 - r\cos\theta)^2$

例題86

$r^2 = x^2 + y^2$，$r\cos\theta = x$ を代入すると

$\qquad 4(x^2 + y^2) = (3-x)^2$

ゆえに　　$\dfrac{(x+1)^2}{4} + \dfrac{y^2}{3} = 1$

これは $(-1,\ 0)$ を中心とする
楕円を表す。
この楕円の焦点の座標は，
$\left(\pm\sqrt{4-3}-1,\ 0\right)$ より
$(0,\ 0)$ と $(-2,\ 0)$ となる。
以上より，極方程式②は極Oを焦点の1つとする楕円
を表す。

◀ 楕円 $\dfrac{x^2}{4} + \dfrac{y^2}{3} = 1$ の焦
点は $(\pm\sqrt{4-3},\ 0)$
楕円 $\dfrac{(x+1)^2}{4} + \dfrac{y^2}{3} = 1$
の焦点は，これらを x 軸
方向に -1 だけ平行移動
すればよい。

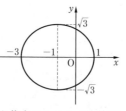

練習 89 次の極方程式は，極Oを焦点とする2次曲線を表すことを示せ。

(1) $r = \dfrac{1}{2+\sqrt{3}\cos\theta}$　　　　　(2) $r = \dfrac{\sqrt{3}}{1-\sqrt{3}\cos\theta}$

170

➡ p.176　問題89

Play Back 8　離心率と２次曲線の極方程式

一般に，定点 F と定直線 l への距離の比の値 e が一定である点 P
の軌跡は，F を１つの焦点とする２次曲線であり

(ア)　$0 < e < 1$ のとき楕円

(イ)　$e = 1$ のとき放物線

(ウ)　$e > 1$ のとき双曲線

であることは例題 74 で学習しました。

> はい。この e を **離心率**，直線 l を **準線** とよぶのでしたね。

では，このことを利用して，極 O を１つの焦点とし，離心率が e である２次曲線の極方
程式を求めてみましょう。

右の図のように，原点 O を１つの焦点にもつ２次曲線の準
線の方程式を $x = -d$ とする。また，O を極とし x 軸の
正の部分を始線とする極座標を考え，２次曲線上の任意の
点 P の極座標を (r, θ) とし，点 P から直線 l に垂線 PH を
下ろすと

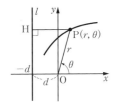

離心率が e であるから　　$\dfrac{PO}{PH} = e$

よって　　$PO = ePH$

ここで，$PO = r$，$PH = d + r\cos\theta$ より

　　$r = e(d + r\cos\theta)$

これを r について解くと　　$r = \dfrac{ed}{1 - e\cos\theta}$

> 極 O を１つの焦点とし，始線を x 軸とする２次
> 曲線の極方程式は離心率 e を用いて
> $r = \dfrac{ed}{1 - e\cos\theta}$　と表すことができるんですね！

> 放物線，楕円，双曲線を同じ形の式で表すことができるのです。

チャレンジ〈3〉　次の極方程式で表される２次曲線の離心率を答えよ。

(1)　$r = \dfrac{2}{1 - \cos\theta}$　　　　　(2)　$r = \dfrac{4}{2 - 3\cos\theta}$

（⇨ 解答編 p.139）

例題 90　極方程式の利用

★★★☆ D

(1) 楕円 $\dfrac{x^2}{4} + \dfrac{y^2}{3} = 1$ を C とする。焦点 $F(1, 0)$ を極，x 軸の正の部分を始線とする極座標において，楕円 C の極方程式を求めよ。

(2) (1)の楕円 C，点 F に対して，F を通る直線と楕円 C との2つの交点を A，B とするとき，$\dfrac{1}{\text{FA}} + \dfrac{1}{\text{FB}}$ は一定の値をとることを証明せよ。

《❼Action 直交座標と極座標の変換は，$x = r\cos\theta$，$y = r\sin\theta$ を利用せよ ◀例題83

思考のプロセス

(1) 図で考える
極が $F(1, 0)$

r と θ の式

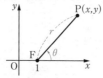

(参考)
極が $O(0, 0)$
$\begin{cases} x = r\cos\theta \\ y = r\sin\theta \end{cases}$

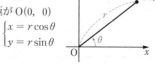

(2) 未知のものを文字でおく　極座標で $A(r_1, \theta_1)$，$B(r_2, \theta_2)$ とおく。
条件＿＿ $\Longrightarrow$ θ_1 と θ_2 の関係は？

解 (1) 楕円 C 上の点 $P(x, y)$ の極座標を (r, θ) $(r \geqq 0)$ とおくと　$\begin{cases} x = 1 + r\cos\theta \\ y = r\sin\theta \end{cases}$

楕円上の点を極座標で表す。

$\dfrac{x^2}{4} + \dfrac{y^2}{3} = 1$ に代入すると

$\dfrac{(1 + r\cos\theta)^2}{4} + \dfrac{(r\sin\theta)^2}{3} = 1$

$(4 - \cos^2\theta)r^2 + 6r\cos\theta - 9 = 0$

よって　$\{(2 + \cos\theta)r - 3\}\{(2 - \cos\theta)r + 3\} = 0$

$r \geqq 0$ より，求める極方程式は　$r = \dfrac{3}{2 + \cos\theta}$

◀$(2 - \cos\theta)r + 3 > 0$

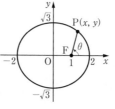

(2) A，B の極座標をそれぞれ (r_1, θ_1)，(r_2, θ_2) とおくと

$r_1 = \dfrac{3}{2 + \cos\theta_1}$，$r_2 = \dfrac{3}{2 + \cos\theta_2}$

ここで，$\theta_2 = \theta_1 + \pi$ であるから

$\dfrac{1}{\text{FA}} + \dfrac{1}{\text{FB}} = \dfrac{1}{r_1} + \dfrac{1}{r_2} = \dfrac{2 + \cos\theta_1}{3} + \dfrac{2 + \cos(\theta_1 + \pi)}{3}$

$= \dfrac{1}{3}(4 + \cos\theta_1 - \cos\theta_1) = \dfrac{4}{3}$

したがって，$\dfrac{1}{\text{FA}} + \dfrac{1}{\text{FB}}$ は一定である。

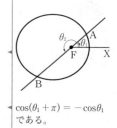

◀$\cos(\theta_1 + \pi) = -\cos\theta_1$
である。

練習 90　双曲線 $C : x^2 - y^2 = 1$ とする。焦点 $F(\sqrt{2}, 0)$ を極，x 軸の正の部分を始線とする極座標において，双曲線 C の極方程式を求めよ。また，F を通る直線と C の $x \geqq 1$ の部分との2つの交点を A，B とするとき，$\dfrac{1}{\text{FA}} + \dfrac{1}{\text{FB}}$ は一定の値をとることを証明せよ。

172

➡ p.176　問題90

例題 91　一般の極方程式　★★★☆

極方程式が $r = 2(1 + \cos\theta)$ で表される曲線について
(1) この曲線は始線に関して対称であることを示せ。
(2) この曲線の概形をかけ。

Action>> 極方程式の曲線は，対称性を調べ，具体的に点をとってかけ

思考のプロセス

対称性の利用

極方程式 $r = f(\theta)$ の対称性は

(ア)　$f(-\theta) = f(\theta)$ のとき
　　　… 始線に関して対称
(イ)　$f(\theta + \pi) = f(\theta)$ のとき
　　　… 極に関して対称

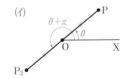

$f(\theta) = 2(1 + \cos\theta)$ のとき
$f(\boxed{}) = f(\theta)$ が成り立つから，曲線 $r = f(\theta)$ は $\boxed{}$ に関して対称

具体的に考える

$\boxed{} \leqq \theta \leqq \boxed{}$ の範囲で θ にいくつかの値を代入し，r の値を求めて点をとり，
それらをつないで概形をかく。
さらに，それを $\boxed{}$ に関して対称移動した曲線をかき加える。

解 (1)　この曲線上の点で偏角が θ，$-\theta$
　　　となる点をそれぞれ P，Q とすると
　　　$OP = 2(1 + \cos\theta)$
　　　$OQ = 2\{1 + \cos(-\theta)\} = 2(1 + \cos\theta)$
　　　よって　　$OP = OQ$
　　　ゆえに，点 P と点 Q は始線に関して対称である。
　　　したがって，この曲線は始線に関して対称である。

▸ 曲線 $r = f(\theta)$ が始線に
　関して対称であることを
　示すために，
　$f(-\theta) = f(\theta)$ を示す。

(2)　θ に適当な値を代入して，それに対応する r の値を求
　　めると，次の表のようになる。

θ	0	$\dfrac{\pi}{6}$	$\dfrac{\pi}{4}$	$\dfrac{\pi}{3}$	$\dfrac{\pi}{2}$	$\dfrac{2}{3}\pi$	$\dfrac{3}{4}\pi$	$\dfrac{5}{6}\pi$	π
r	4	$2+\sqrt{3}$	$2+\sqrt{2}$	3	2	1	$2-\sqrt{2}$	$2-\sqrt{3}$	0

これらの点をとり，グラフの対称
性から曲線の概形は **右の図** のよ
うになる。
(注)　この曲線はカージオイド（心
　　臓形）とよばれる。

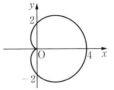

◂ 表の極座標で表された点
　(r, θ) を順にとり，曲線
　の概形をかく。

練習 91　極方程式が $r = 4(1 + \cos\theta)$ で表される曲線について
　　(1)　この曲線は始線に関して対称であることを示せ。
　　(2)　この曲線の概形をかけ。

> ここで，媒介変数や極方程式で表される曲線について整理しておこう。

a, b はすべて正の定数とし，n は 2 以上の自然数とする。

(1) 媒介変数で表される曲線

(ア) 楕円

$$\begin{cases} x = a\cos\theta \\ y = b\sin\theta \end{cases}$$
$$\left(\frac{x^2}{a^2} + \frac{y^2}{b^2} = 1 \right)$$

(イ) 双曲線

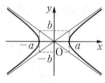

$$\begin{cases} x = \dfrac{a}{\cos\theta} \\ y = b\tan\theta \end{cases} \left(\frac{x^2}{a^2} - \frac{y^2}{b^2} = 1 \right)$$

(ウ) アステロイド

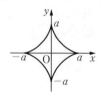

$$\begin{cases} x = a\cos^3\theta \\ y = a\sin^3\theta \end{cases}$$
$$\left(x^{\frac{2}{3}} + y^{\frac{2}{3}} = a^{\frac{2}{3}} \right)$$

(エ) サイクロイド

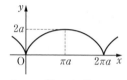

$$\begin{cases} x = a(\theta - \sin\theta) \\ y = a(1 - \cos\theta) \end{cases}$$

(オ) インボリュート（伸開線）

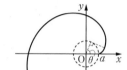

$$\begin{cases} x = a(\cos\theta + \theta\sin\theta) \\ y = a(\sin\theta - \theta\cos\theta) \end{cases}$$

(2) 極方程式で表される曲線

(ア) アルキメデスの渦巻線

$$r = a\theta$$

(イ) 正葉曲線

$$r = \sin2\theta$$

(ウ) カージオイド

（心臓形）

$$r = a(1 + \cos\theta)$$

(エ) レムニスケート

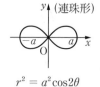
（連珠形）

$$r^2 = a^2\cos2\theta$$

さらに，次の 2 つの曲線も確認しておこう。

(ア) カテナリー（懸垂線）

$$y = \frac{a}{2}\left(e^{\frac{x}{a}} + e^{-\frac{x}{a}} \right)$$

(イ)

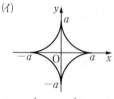

$$|x|^{\frac{1}{n}} + |y|^{\frac{1}{n}} = a^{\frac{1}{n}}$$

■　ここで，e は，自然対数の底とよばれる定数で，$e = 2.71828\cdots$ である。

83
★★☆☆

極座標 $\left(-2,\ \dfrac{\pi}{6}\right)$ で表された点 P を図示せよ。また，その直交座標を求めよ。

84
★★☆☆

極を O，2 点 A，B の極座標をそれぞれ $A\left(6,\ \dfrac{5}{6}\pi\right)$，$B\left(r,\ \dfrac{\pi}{6}\right)$ $(r>0)$ とする。
$AB = 2\sqrt{13}$ であるとき，点 B の極座標，$\triangle OAB$ の面積を求めよ。

85
★★☆☆

次の方程式を極方程式で表せ。

(1) $2x - y = k$ 　　　　(2) $y^2 = 4px$ 　　　　(3) $(x-a)^2 + (y-a)^2 = 2a^2$

86
★★☆☆

次の極方程式を直交座標の方程式で表せ。

(1) $r = \dfrac{\cos\theta}{\sin^2\theta}$ 　　　　　　　(2) $r = \dfrac{\sqrt{2}}{1 - \sqrt{2}\cos\theta}$

87
★★★☆

極座標で表された 2 点 $A\left(2,\ \dfrac{\pi}{3}\right)$，$B\left(4,\ \dfrac{2}{3}\pi\right)$ を通る直線の極方程式を求めよ。

88
★★☆☆
中心の極座標が $C(c, \alpha)$, 半径が a である円の極方程式を求めよ。

89
★★★☆
e を $0 < e < 1$ を満たす定数, a を正の定数とする。極方程式 $r = \dfrac{a(1-e^2)}{1+e\cos\theta}$ はどのような図形を表すか。

90
★★★☆
楕円 $\dfrac{x^2}{a^2} + \dfrac{y^2}{b^2} = 1 \ (a > b > 0)$ の焦点を $F(ae, \ 0)$ とする。F を通る2つの弦 PQ, RS が直交するとき, $\dfrac{1}{PF \cdot QF} + \dfrac{1}{RF \cdot SF}$ の値を求めよ。ただし, e は離心率とする。

91
★★★☆
極方程式が $r^2 = \cos 2\theta$ で表される曲線について
(1) この曲線は始線および極に関して対称であることを示せ。
(2) この曲線の概形をかけ。

☐1 次の方程式を極方程式で表せ。

(1) $x - \sqrt{3}\,y = 2\sqrt{3}$

(2) $(x+3)^2 + \left(y - \sqrt{3}\,\right)^2 = 12$

◀例題85

☐2 次の極方程式を直交座標の方程式で表せ。

(1) $r\cos\!\left(\theta + \dfrac{\pi}{3}\right) = 2$

(2) $r\cos 2\theta = \cos\theta$

◀例題86

☐3 (1) 極座標に関して，点 $\mathrm{A}\!\left(2a,\ \dfrac{5}{12}\pi\right)$ を通り，始線 OX と $\dfrac{3}{4}\pi$ の角をなす直線の極方程式を求めよ。ただし，$a>0$ とする。

(2) (1)で求めた直線と OX との交点を B とする。さらに，極 O を通り OX となす角が $\dfrac{7}{12}\pi$ である直線と直線 BA の交点を C とするとき，△OBC の面積を求めよ。

◀例題84, 87

☐4 極座標が $\left(4,\ \dfrac{5}{4}\pi\right)$ である点を C とする。点 C を中心とする次の円の極方程式を求めよ。

(1) 極 O を通る円

(2) 半径 2 の円

◀例題88

3章 複素数平面

例題MAP

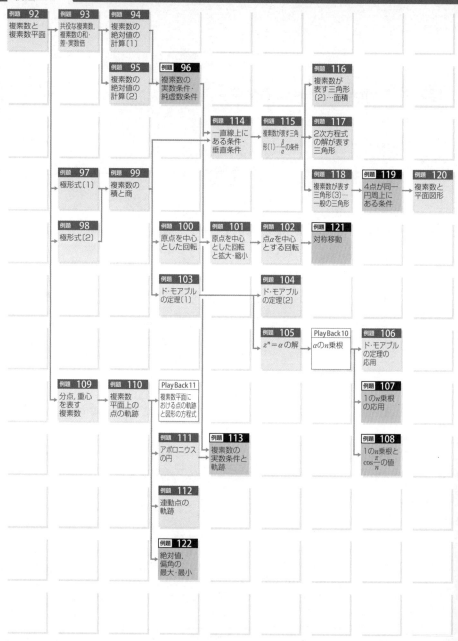

例題■は教科書の予習復習に，例題■は教科書学習後の実力 UP に適しています。
ある例題でつまずいたときは，→をたどって，基礎となる例題を復習しましょう。

この章の解説動画と
デジタルコンテンツは
こちら　　　　→

例題一覧

PB…Play Back, GA…Go Ahead　D…内容の解説のためのデジタルコンテンツが付いています。
重…特に重要な例題です。限られた時間で学習するときに取り組むと効果的です。

1 複素数平面

平面上に座標軸を定め，複素数 $z = x + yi$ に点 $(x,\ y)$ を対応させた平面を **複素数平面** という。

このとき，x 軸を **実軸**，y 軸を **虚軸** という。

また，複素数 z に対応する点 P を P(z) と表す。

単に点 z ということもある。

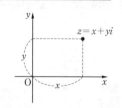

> 例 複素数平面上に 3 点 A$(2+3i)$，B(-2)，C$(-4-i)$
> を図示すると右のようになる。

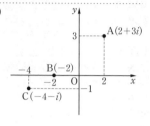

2 共役な複素数の性質

(1) 共役な複素数

複素数 $z = a + bi$（$a,\ b$ は実数）に対して，$a - bi$ を z と **共役な複素数** といい，$\overline{z}$ で表す。

(2) 共役な複素数の性質

(ア) $\overline{\alpha + \beta} = \overline{\alpha} + \overline{\beta}$ (イ) $\overline{\alpha - \beta} = \overline{\alpha} - \overline{\beta}$

(ウ) $\overline{\alpha\beta} = \overline{\alpha}\ \overline{\beta}$ (エ) $\overline{\left(\dfrac{\alpha}{\beta}\right)} = \dfrac{\overline{\alpha}}{\overline{\beta}}$

(3) 複素数平面における対称点

(ア) 点 z と点 $\overline{z}$ は実軸に関して対称

(イ) 点 z と点 $-z$ は原点に関して対称

(ウ) 点 z と点 $-\overline{z}$ は虚軸に関して対称

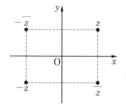

(4) 実数となるための条件，純虚数となるための条件

(ア) z が実数 $\iff \overline{z} = z$

(イ) z が純虚数 $\iff \overline{z} = -z,\ z \neq 0$

> 例 $\alpha = -1+2i,\ \beta = 3i,\ \gamma = 2$ のとき
> $$\overline{\alpha} = \overline{-1+2i} = -1-2i$$
> $$\overline{\beta} = \overline{3i} = \overline{0+3i} = 0-3i = -3i$$
> $$\overline{\gamma} = \overline{2} = \overline{2+0i} = 2-0i = 2$$
> また，$-\alpha = 1-2i$，$-\overline{\alpha} = 1+2i$ であるから，複素数平面
> 上に 4 点 α，$\overline{\alpha}$，$-\alpha$，$-\overline{\alpha}$ を図示すると右のようになる。

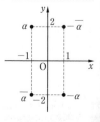

3 | 複素数の絶対値

(1) 複素数の絶対値

点 z と原点 O の距離を複素数 z の **絶対値** といい，$|z|$ で表す。

$z = a + bi$ （a，b は実数）のとき $\quad |z| = \sqrt{a^2 + b^2}$

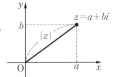

(2) 複素数の絶対値の性質

(ア) $|z| \geqq 0$ 特に $|z| = 0 \iff z = 0$

(イ) $|z| = |-z| = |\overline{z}|$

(ウ) $|z|^2 = z\overline{z}$

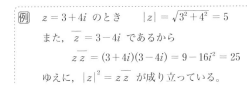

例 $z = 3 + 4i$ のとき $\quad |z| = \sqrt{3^2 + 4^2} = 5$

また，$\overline{z} = 3 - 4i$ であるから

$\quad z\overline{z} = (3 + 4i)(3 - 4i) = 9 - 16i^2 = 25$

ゆえに，$|z|^2 = z\overline{z}$ が成り立っている。

4 | 複素数平面と複素数の実数倍，和と差

(1) 複素数の実数倍

z を 0 でない複素数，k を 0 でない実数とする。

O を原点とする複素数平面において，3 点 O，P(z)，Q(kz) は一直線上にあり

$\quad \text{OQ} = |k|\text{OP}$

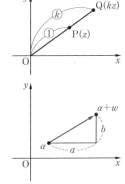

$k > 0$ のとき

(2) 複素数の和と差

$w = a + bi$ （a，b は実数） とする。

複素数平面上において，点 $\alpha + w$ は点 α を実軸方向に a，虚軸方向に b だけ平行移動した点である。

これを，複素数 α を複素数 w だけ平行移動するという。

(3) 2 点間の距離

2 点 A(α)，B(β) の距離は $\quad \mathbf{AB} = |\boldsymbol{\beta} - \boldsymbol{\alpha}|$

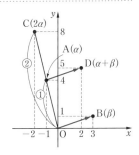

例 $\alpha = -1 + 4i$，$\beta = 3 + i$ とし，A(α)，B(β) とする。

① 点 C(2α)，すなわち，C($-2 + 8i$) は，半直線 OA 上にあり OC = 2OA を満たす点である。

② 点 D($\alpha + \beta$)，すなわち，D($2 + 5i$) は，点 A(α) を $3 + i$ だけ平行移動した点である。

③ 2 点 A，B の距離は

$\quad \text{AB} = |(3 + i) - (-1 + 4i)| = |4 - 3i|$

$\quad\quad = \sqrt{4^2 + (-3)^2} = 5$

5 │ 複素数の極形式

(1) 極形式

複素数平面において，0 でない複素数 $z = a + bi$（a，b は実数）が表す点を P とする。

点 P と原点 O の距離を r，実軸の正の部分を始線としたときの動径 OP が表す角を θ とするとき

$$z = r(\cos\theta + i\sin\theta)$$

と表される。これを z の **極形式** という。

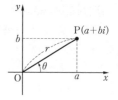

このとき

$$r = \sqrt{a^2 + b^2} = |z|, \quad \cos\theta = \frac{a}{r}, \ \sin\theta = \frac{b}{r}$$

また，θ を複素数 z の **偏角** といい，$\theta = \arg z$ で表す。

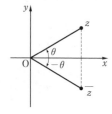

(2) 共役な複素数の偏角

$z \neq 0$ のとき　$\arg \overline{z} = -\arg z$

> 例　$1 + i$ を極形式で表すと
>
> $$1 + i = \sqrt{2}\left(\cos\frac{\pi}{4} + i\sin\frac{\pi}{4}\right)$$
>
> また　$\arg(1 + i) = \dfrac{\pi}{4}$

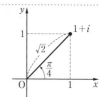

6 │ 複素数の積と商

(1) 複素数の積と商

0 でない 2 つの複素数 $z_1 = r_1(\cos\theta_1 + i\sin\theta_1)$，$z_2 = r_2(\cos\theta_2 + i\sin\theta_2)$ について

(ア)　$z_1 z_2 = r_1 r_2\{\cos(\theta_1 + \theta_2) + i\sin(\theta_1 + \theta_2)\}$ が成り立つから

$$|z_1 z_2| = |z_1||z_2|, \ \arg(z_1 z_2) = \arg z_1 + \arg z_2$$

(イ)　$\dfrac{z_1}{z_2} = \dfrac{r_1}{r_2}\{\cos(\theta_1 - \theta_2) + i\sin(\theta_1 - \theta_2)\}$ が成り立つから

$$\left|\frac{z_1}{z_2}\right| = \frac{|z_1|}{|z_2|}, \ \arg\left(\frac{z_1}{z_2}\right) = \arg z_1 - \arg z_2$$

(2) 複素数平面における回転移動

α を 0 でない複素数とする。

複素数平面において，点 α を原点 O を中心に角 θ だけ回転した点 z を表す複素数は

$$z = \alpha(\cos\theta + i\sin\theta)$$

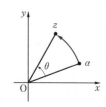

例 ① $\alpha = 6\left(\cos\dfrac{\pi}{2} + i\sin\dfrac{\pi}{2}\right)$, $\beta = 2\left(\cos\dfrac{\pi}{6} + i\sin\dfrac{\pi}{6}\right)$ のとき

$$\alpha\beta = 6\cdot2\left\{\cos\left(\dfrac{\pi}{2} + \dfrac{\pi}{6}\right) + i\sin\left(\dfrac{\pi}{2} + \dfrac{\pi}{6}\right)\right\} = 12\left(\cos\dfrac{2}{3}\pi + i\sin\dfrac{2}{3}\pi\right)$$

$$\dfrac{\alpha}{\beta} = \dfrac{6}{2}\left\{\cos\left(\dfrac{\pi}{2} - \dfrac{\pi}{6}\right) + i\sin\left(\dfrac{\pi}{2} - \dfrac{\pi}{6}\right)\right\} = 3\left(\cos\dfrac{\pi}{3} + i\sin\dfrac{\pi}{3}\right)$$

② 複素数平面において，点 $4+2i$ を原点 O を中心に $\dfrac{\pi}{4}$

だけ回転した点を表す複素数は

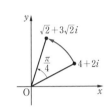

$$(4+2i)\left(\cos\dfrac{\pi}{4} + i\sin\dfrac{\pi}{4}\right) = (4+2i)\cdot\dfrac{\sqrt{2}}{2}(1+i)$$
$$= \sqrt{2} + 3\sqrt{2}\,i$$

7 | ド・モアブルの定理

(1) ド・モアブルの定理

整数 n に対して $\quad (\cos\theta + i\sin\theta)^n = \cos n\theta + i\sin n\theta$

(2) α の n 乗根

自然数 n に対して，方程式 $z^n = \alpha$ を満たす複素数 z を

α の n 乗根 という。

(3) 1 の n 乗根

1 の n 乗根は，次の n 個の複素数である。

$$z_k = \cos\left(\dfrac{2\pi}{n}\times k\right) + i\sin\left(\dfrac{2\pi}{n}\times k\right)$$
$$(k = 0,\ 1,\ 2,\ \cdots,\ n-1)$$

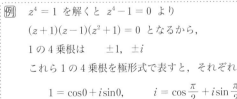

1 の n 乗根が表す点 z_k はすべて複素数平面上の単位円上にあり，点 z_k は点 1 を 1 つの頂点とする正 n 角形の頂点になっている。

例 $z^4 = 1$ を解くと $z^4 - 1 = 0$ より

$(z+1)(z-1)(z^2+1) = 0$ となるから，

1 の 4 乗根は $\quad \pm1,\ \pm i$

これら 1 の 4 乗根を極形式で表すと，それぞれ

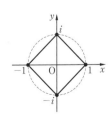

$$1 = \cos0 + i\sin0, \qquad i = \cos\dfrac{\pi}{2} + i\sin\dfrac{\pi}{2}$$

$$-1 = \cos\pi + i\sin\pi, \qquad -i = \cos\dfrac{3}{2}\pi + i\sin\dfrac{3}{2}\pi$$

Quick Check 9

▶▶解答編 p.149

複素数平面

① 複素数平面上に次の複素数で表される点をそれぞれ図示せよ。

   (1) $5+2i$ (2) $3-i$ (3) $-3+4i$ (4) 3 (5) $-i$

共役な複素数の性質

② 〔1〕 **①**(1)〜(5)の複素数の共役な複素数をそれぞれ求めよ。

   〔2〕 複素数 z について，次のことを証明せよ。

     (1) $\overline{z}=z$ ならば z は実数である。

     (2) 0 でない複素数 z について，$\overline{z}=-z$ ならば z は純虚数である。

複素数の絶対値

③ **①**(1)〜(5)の複素数の絶対値をそれぞれ求めよ。

複素数平面と複素数の実数倍，和と差

④ $P(1+3i)$ とする。

   (1) 点 P を $3-2i$ だけ平行移動した点が表す複素数を求めよ。

   (2) 点 P を w だけ平行移動した点が表す複素数が $-7+4i$ であった。w を求めよ。

複素数の極形式

⑤ 次の複素数を極形式で表せ。ただし，偏角 θ は $0 \leqq \theta < 2\pi$ とする。

   (1) $\sqrt{3}+i$ (2) $-1+i$ (3) $3-3i$ (4) -4 (5) i

複素数の積と商

⑥ 〔1〕 $\alpha = 2\left(\cos\dfrac{\pi}{3} + i\sin\dfrac{\pi}{3}\right)$, $\beta = 3\left(\cos\dfrac{\pi}{4} + i\sin\dfrac{\pi}{4}\right)$ のとき，$\alpha\beta$, $\dfrac{\alpha}{\beta}$, $\alpha\overline{\beta}$ をそ

   れぞれ極形式で表せ。

   〔2〕 複素数平面において，点 $P(2-6i)$ を原点 O を中心にして次の角だけ回転した

   点が表す複素数を求めよ。

     (1) $\dfrac{\pi}{2}$ (2) $\dfrac{2}{3}\pi$ (3) $-\dfrac{\pi}{6}$

ド・モアブルの定理

⑦ 〔1〕 次の計算をせよ。

     (1) $\left(\cos\dfrac{5}{12}\pi + i\sin\dfrac{5}{12}\pi\right)^{6}$ (2) $\left(\sqrt{3}+i\right)^{4}$

   〔2〕 1 の 3 乗根をすべて求め，極形式で答えよ。さらに，これらの複素数が表す点

   を複素数平面上に図示せよ。

例題 **92** 複素数と複素数平面 ★☆☆☆

> 複素数平面において，A$(5-i)$, B$(-2-3i)$ とする。
>
> (1) 点 A と実軸に関して対称な点 C を表す複素数，および点 B と原点に
>   関して対称な点 D を表す複素数をそれぞれ求めよ。
>
> (2) 線分 CD の長さを求めよ。
>
> (3) △OCD はどのような三角形か。

思考のプロセス

(1) **対応を考える**

　点 z と点 $\overline{z}$ は実軸に関して対称

　点 z と点 $-z$ は原点に関して対称

　点 z と点 $-\overline{z}$ は虚軸に関して対称

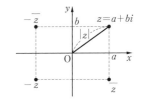

(2) 点 z と点 w の距離は　　$|z-w|$

　　特に，原点 O と点 z の距離は　　$|z|$

Action>> 複素数平面における 2 点間の距離は，複素数の差の絶対値を計算せよ

解 (1) 点 A と実軸に関して対称な点 C を表す複素数は

$$\overline{5-i} = 5+i$$

　　また，点 B と原点に関して対称な点 D を表す複素数は

$$-(-2-3i) = 2+3i$$

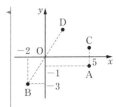

(2) $$CD = |(2+3i)-(5+i)|$$
$$= |-3+2i|$$
$$= \sqrt{(-3)^2+2^2} = \sqrt{13}$$

(3) $$OC = |5+i| = \sqrt{5^2+1^2}$$
$$= \sqrt{26}$$

$$OD = |2+3i| = \sqrt{2^2+3^2}$$
$$= \sqrt{13}$$

OD$=$CD かつ OD$^2+$CD$^2=$OC^2 であるから，△OCD は

$$\angle D = \frac{\pi}{2} \text{ の直角二等辺三角形}$$

練習 92 複素数平面において，A$(-4+\sqrt{3}\,i)$, B$(-3+4\sqrt{3}\,i)$ とする。

(1) 点 A と原点に関して対称な点 C を表す複素数，および点 B と虚軸に関し
    て対称な点 D を表す複素数をそれぞれ求めよ。

(2) 線分 AC，AD の長さをそれぞれ求めよ。

(3) △ACD はどのような三角形か。

→p.204 問題92

93 共役な複素数，複素数の和・差・実数倍

> $\alpha = 2+i,\ \beta = 1-i,\ \gamma = a+3i$ について
> (1) 複素数平面上に，点 $A(\alpha),\ B(\beta),\ B'(\overline{\beta}),\ P(2\alpha+\beta),\ Q(\alpha-3\beta),$
> $R(\overline{2\alpha}+\overline{\beta})$ を図示せよ。
> (2) 3点 $0,\ \alpha,\ \gamma$ が一直線上にあるとき，実数 a の値を求めよ。

思考の
プロセス

(1) **対応を考える**

$z = a+bi$ （$a,\ b$ は実数）のとき

点 $z \longleftrightarrow$ 点 $(a,\ b)$

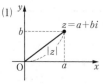

(2) **図で考える**

3点 $0,\ \alpha,\ \gamma$ が一直線上 $\Longrightarrow \gamma = (実数) \times \alpha$ で表される。

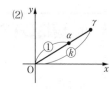

Action≫ 3点 $0,\ \alpha,\ \beta$ が一直線上にあるときは，$\beta = k\alpha$ とせよ

解 (1) 点 $A(\alpha)$ は点 $(2,\ 1)$ に，点 $B(\beta)$ は点 $(1,\ -1)$ に対応
する。点 $B'(\overline{\beta})$ は，$\overline{\beta} = 1+i$ より点 $(1,\ 1)$ に対応す
る。
次に　$2\alpha+\beta = 2(2+i)+(1-i) = 5+i$
より，点 $P(2\alpha+\beta)$ は点 $(5,\ 1)$ に対応する。
また
　　$\alpha - 3\beta = (2+i) - 3(1-i)$
　　　　　　$= -1+4i$
よって，点 $Q(\alpha-3\beta)$ は
点 $(-1,\ 4)$ に対応する。
次に，点 $R(\overline{2\alpha}+\overline{\beta})$ は
　　$\overline{2\alpha}+\overline{\beta} = 2(2-i)+1+i$
　　　　　　$= 5-i$
よって，点 $(5,\ -1)$ に対応する。
したがって，6点 $A,\ B,\ B',\ P,\ Q,\ R$ は**上の図**。

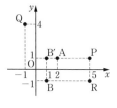

(2) $\gamma = k\alpha$ となる実数 k が存在するから
　　　$a+3i = k(2+i) = 2k+ki$
$a,\ k$ は実数より　　$a = 2k,\ 3 = k$
したがって　　$a = 6$

◀ B と B' は実軸に関して対称である。

◀ 点 $A(\alpha)$ に対して，点 $C(2\alpha)$ をとるとき，線分 $OC,\ OB$ を2辺とする平行四辺形の残りの頂点が P である。点 $B(\beta)$ に対して，点 $D(-3\beta)$ をとるとき，線分 $OA,\ OD$ を2辺とする平行四辺形の残りの頂点が Q である。

◀ $\overline{2\alpha+\beta} = 5-i$ より，$\overline{2\alpha}+\overline{\beta} = \overline{2\alpha+\beta}$ であることも分かる。

◀ $a,\ b,\ c,\ d$ が実数のとき $a+bi = c+di$ $\Longleftrightarrow a = c,\ b = d$

練習**93** $\alpha = 3-i,\ \beta = -2+3i,\ \gamma = a+i$ について
　　(1) 次の複素数で表される点を，複素数平面上に図示せよ。
　　　(ア) $\alpha+\beta$ 　　　　　　　　　　　(イ) $2\alpha-\beta$
　　(2) 3点 $0,\ \beta,\ \gamma$ が一直線上にあるとき，定数 a の値を求めよ。

⇒ p.204 問題93

例題 **94** 複素数の絶対値の計算〔1〕 ★★☆☆

> (1) $z = 2 - 3i$ のとき，$|2z + \overline{z}|$ の値を求めよ。
>
> (2) $|z| = 2$ のとき，$\left| z + \dfrac{2}{z} \right|$ の値を求めよ。

思考のプロセス

(1) $\overset{\text{具体的}}{z = 2 - 3i}$ が与えられている。

$\implies$ ① $2z + \overline{z}$ を具体的に計算　② その絶対値を計算

(2) 絶対値の条件のみ（z が具体的でない）

α が 実数 の場合は「$|\alpha| = 2 \implies \alpha = \pm 2$」であったが，

複素数の場合は，$|\alpha| = 2$ となる α は無数にある。

⬇ **公式の利用**

「$|\alpha|$ は2乗して，$|\alpha|^2 = \alpha\overline{\alpha}$」を用いる。

⬅ $\alpha = a + bi$ のとき $|\alpha| = \sqrt{a^2 + b^2}$

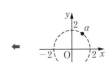

Action>> 複素数の絶対値は，$|z|^2 = z\overline{z}$ を用いよ

解 (1) $z = 2 - 3i$ のとき，$\overline{z} = 2 + 3i$ であるから

$$2z + \overline{z} = 2(2 - 3i) + 2 + 3i = 6 - 3i$$

よって

$$|2z + \overline{z}| = |6 - 3i| = \sqrt{6^2 + (-3)^2} = 3\sqrt{5}$$

◀ $|2z + \overline{z}| = 2|z| + |\overline{z}|$ としてはいけない。

◀ $z = a + bi$ のとき $|z| = \sqrt{a^2 + b^2}$

(2) $\left| z + \dfrac{2}{z} \right|^2 = \left(z + \dfrac{2}{z} \right)\overline{\left(z + \dfrac{2}{z} \right)}$

$\phantom{\left| z + \dfrac{2}{z} \right|^2} = \left(z + \dfrac{2}{z} \right)\left(\overline{z} + \dfrac{2}{\overline{z}} \right)$

$\phantom{\left| z + \dfrac{2}{z} \right|^2} = z\overline{z} + \dfrac{4}{z\overline{z}} + 4 = |z|^2 + \dfrac{4}{|z|^2} + 4$

$|z| = 2$ より $\left| z + \dfrac{2}{z} \right|^2 = 2^2 + \dfrac{4}{2^2} + 4 = 9$

$\left| z + \dfrac{2}{z} \right| \geqq 0$ であるから $\left| z + \dfrac{2}{z} \right| = 3$

◀ 複素数 z が与えられていないから，$|z|^2 = z\overline{z}$ を利用する（**Point** 参照）。

$\overline{\left(z + \dfrac{2}{z} \right)} = \overline{z} + \dfrac{2}{(\overline{z})}$

$\phantom{\overline{\left(z + \dfrac{2}{z} \right)}} = \overline{z} + \dfrac{2}{\overline{z}}$

Point....共役な複素数の性質

複素数 $\alpha = a + bi$（a, b は実数）に対して，$\overline{\alpha} = a - bi$ を α と **共役な複素数** という。
共役な複素数について，次のことが成り立つ。

(1) $\overline{\alpha + \beta} = \overline{\alpha} + \overline{\beta}$ 　　　　(2) $\overline{\alpha - \beta} = \overline{\alpha} - \overline{\beta}$

(3) $\overline{\alpha\beta} = \overline{\alpha}\,\overline{\beta}$ 　　　　(4) $\overline{\left(\dfrac{\alpha}{\beta} \right)} = \dfrac{\overline{\alpha}}{\overline{\beta}}$ 　　　　(5) $\overline{(\overline{\alpha})} = \alpha$

練習 94 (1) $z = 1 + 2i$ のとき，$\left| \dfrac{5}{z} + 3\overline{z} \right|$ の値を求めよ。

(2) $|z| = \sqrt{2}$ のとき，$\left| 3\overline{z} - \dfrac{1}{z} \right|$ の値を求めよ。

187

➡ p.204 問題94

α, β を複素数とするとき，次を証明せよ。

(1) $|\alpha+\beta|^2+|\alpha-\beta|^2=2(|\alpha|^2+|\beta|^2)$

(2) $|\alpha+3|=|\alpha-3i|$ ならば　　$\alpha=-i\overline{\alpha}$

思考のプロセス

α, β は複素数であるから，$|\alpha+\beta|^2=\alpha^2+2|\alpha\beta|+\beta^2$ は誤り

≪**ReAction** 複素数の絶対値は，$|z|^2=z\overline{z}$ を用いよ　◀例題94

(1) **公式の利用**

左辺は $\begin{cases} |\alpha+\beta|^2=(\alpha+\beta)(\overline{\alpha+\beta}) \\ |\alpha-\beta|^2=(\alpha-\beta)(\overline{\alpha-\beta}) \end{cases}$ を用いる。

(2) $|\alpha+3|=|\alpha-3i|$ のままでは計算が進まない。

$\Longrightarrow$ 2乗して $|\alpha+3|^2=|\alpha-3i|^2$ を用いる。

解 (1) $(左辺)=(\alpha+\beta)(\overline{\alpha+\beta})+(\alpha-\beta)(\overline{\alpha-\beta})$

$\qquad =(\alpha+\beta)(\overline{\alpha}+\overline{\beta})+(\alpha-\beta)(\overline{\alpha}-\overline{\beta})$

$\qquad =(\alpha\overline{\alpha}+\alpha\overline{\beta}+\overline{\alpha}\beta+\beta\overline{\beta})$

$\qquad\qquad +(\alpha\overline{\alpha}-\alpha\overline{\beta}-\overline{\alpha}\beta+\beta\overline{\beta})$

例題94

$\qquad =2(\alpha\overline{\alpha}+\beta\overline{\beta})=2(|\alpha|^2+|\beta|^2)=(右辺)$

したがって

$\qquad |\alpha+\beta|^2+|\alpha-\beta|^2=2(|\alpha|^2+|\beta|^2)$

(2) $|\alpha+3|=|\alpha-3i|$ の両辺を2乗すると

例題94

$\qquad\qquad |\alpha+3|^2=|\alpha-3i|^2$

$\qquad (\alpha+3)(\overline{\alpha+3})=(\alpha-3i)(\overline{\alpha-3i})$

$\qquad (\alpha+3)(\overline{\alpha}+3)=(\alpha-3i)(\overline{\alpha}+3i)$

$\alpha\overline{\alpha}+3\alpha+3\overline{\alpha}+9=\alpha\overline{\alpha}+3i\alpha-3i\overline{\alpha}+9$

整理すると $\qquad (1-i)\alpha=-(1+i)\overline{\alpha}$

よって $\qquad \alpha=-\dfrac{1+i}{1-i}\overline{\alpha}=-i\overline{\alpha}$

したがって

$\qquad |\alpha+3|=|\alpha-3i|$ ならば　　$\alpha=-i\overline{\alpha}$

右側注:

◀ $|z|^2=z\overline{z}$

◀ 共役な複素数の性質

$\overline{\alpha+\beta}=\overline{\alpha}+\overline{\beta}$

$\overline{\alpha-\beta}=\overline{\alpha}-\overline{\beta}$

$\overline{\alpha+3}=\overline{\alpha}+\overline{3}=\overline{\alpha}+3$

$\overline{\alpha-3i}=\overline{\alpha}-\overline{3i}$

$\qquad =\overline{\alpha}-(-3i)$

$\qquad =\overline{\alpha}+3i$

分母・分子に $1+i$ を掛けて分母を実数化する。

$\dfrac{1+i}{1-i}=\dfrac{(1+i)^2}{(1-i)(1+i)}$

$\qquad =\dfrac{2i}{2}=i$

Point....複素数の絶対値と基本性質

α, β を複素数とするとき，次の等式が成り立つ。

(1) $|\alpha|=|\overline{\alpha}|=|-\alpha|$ (2) $|\alpha|^2=\alpha\overline{\alpha}$ (3) $|\alpha\beta|=|\alpha||\beta|$

(4) $\left|\dfrac{\alpha}{\beta}\right|=\dfrac{|\alpha|}{|\beta|}$ $(\beta\neq0)$ (5) $|\alpha|=1\iff\overline{\alpha}=\dfrac{1}{\alpha}$ (6) $|\alpha|^n=|\alpha^n|$

練習95 α, β を複素数とするとき，次を証明せよ。

(1) $|\alpha+\beta|^2-|\alpha-\beta|^2=2(\alpha\overline{\beta}+\overline{\alpha}\beta)$

(2) $|\alpha|=1$ のとき $\qquad |1-\overline{\alpha}\beta|=|\alpha-\beta|$

➡p.204 問題95

> 虚数 z に対して，$w = z + \dfrac{1}{z}$ とおく。次のことを証明せよ。
>
> (1) w が実数ならば，$|z| = 1$ である。
>
> (2) w が純虚数ならば，z も純虚数である。

思考のプロセス

$\alpha = a + bi$ $(a,\ b$ は実数$)$ に対して，$\overline{\alpha} = a - bi$ より

$\overset{b=0}{\alpha \text{ が実数}} \iff \overline{\alpha} = \alpha$ 　　　$\overset{a=0 \text{ かつ } b \neq 0}{\alpha \text{ が純虚数}} \iff \overline{\alpha} = -\alpha,\ \alpha \neq 0$

条件の言い換え 　　　　　　　　　　　　　　　　　　　結論の言い換え

(1) $\underset{\Updownarrow}{w \text{ が実数}}$ 　　　　　　　　　　　　　　　　　$\underset{\Updownarrow}{|z| = 1}$

$\overline{w} = w \longrightarrow \overline{\left(z + \dfrac{1}{z}\right)} = z + \dfrac{1}{z} \longrightarrow \cdots \longrightarrow z\overline{z} = 1$

(2) $\underset{\Updownarrow}{w \text{ が純虚数}}$ 　　　　　　　　　　　　　　　$\underset{\Updownarrow}{z \text{ が純虚数}}$

$\begin{cases} \overline{w} = -w \\ w \neq 0 \end{cases} \longrightarrow \overline{\left(z + \dfrac{1}{z}\right)} = -\left(z + \dfrac{1}{z}\right) \longrightarrow \cdots \longrightarrow \begin{cases} \overline{z} = -z \\ z \neq 0 \end{cases}$

Action>> 複素数 z が実数ならば $\overline{z} = z$，純虚数ならば $\overline{z} = -z,\ z \neq 0$ とせよ

解 (1) w が実数のとき $\overline{w} = w$ が成り立つから

$$\overline{\left(z + \dfrac{1}{z}\right)} = z + \dfrac{1}{z} \quad \text{よって} \quad \overline{z} + \dfrac{1}{\overline{z}} = z + \dfrac{1}{z}$$

分母をはらって $\quad z(\overline{z})^2 + z = \overline{z}z^2 + \overline{z}$

整理して因数分解すると $\quad (z\overline{z} - 1)(\overline{z} - z) = 0$

例題94 z は虚数より $z \neq \overline{z}$ であるから $\quad z\overline{z} = 1$

よって $\quad |z|^2 = 1$

したがって，$|z| \geqq 0$ より $\quad |z| = 1$

(2) w が純虚数のとき $\overline{w} = -w$ が成り立つから

$$\overline{\left(z + \dfrac{1}{z}\right)} = -\left(z + \dfrac{1}{z}\right) \quad \text{よって} \quad \overline{z} + \dfrac{1}{\overline{z}} = -z - \dfrac{1}{z}$$

分母をはらって $\quad z(\overline{z})^2 + z = -\overline{z}z^2 - \overline{z}$

整理して因数分解すると $\quad (z\overline{z} + 1)(z + \overline{z}) = 0$

例題94 $z\overline{z} + 1 = |z|^2 + 1 > 0$ であるから $\quad z + \overline{z} = 0$

よって $\quad \overline{z} = -z$

また，z は虚数であるから，$z \neq 0$ である。

したがって，z は純虚数である。

◀ w 実数 $\iff \overline{w} = w$

◀ $z(\overline{z})^2 - \overline{z}z^2 + z - \overline{z} = 0$
　$z\overline{z}(\overline{z} - z) - (\overline{z} - z) = 0$
　$(z\overline{z} - 1)(\overline{z} - z) = 0$

◀ $z\overline{z} = |z|^2$

◀ w が純虚数
　$\iff \overline{w} = -w,\ w \neq 0$

◀ $z(\overline{z})^2 + \overline{z}z^2 + z + \overline{z} = 0$
　$z\overline{z}(\overline{z} + z) + (z + \overline{z}) = 0$
　$(z\overline{z} + 1)(z + \overline{z}) = 0$

練習96 $z \neq \pm i$ を満たす虚数 z に対して，$w = z + \dfrac{1}{z}$ とおく。次のことを証明せよ。

(1) $|z| = 1$ ならば，w は実数である。

(2) z が純虚数ならば，w も純虚数である。

➡ p.204 問題96

次の複素数を極形式で表せ。ただし，偏角 θ は $0 \leqq \theta < 2\pi$ とする。

(1) $3 + \sqrt{3}\,i$ (2) $\dfrac{1+5i}{2-3i}$

思考のプロセス

図で考える

$z = a + bi$ $\xrightarrow{\text{極形式で表す}}$ 右の図の r, θ に対して

$z = \underset{\text{絶対値}}{r}(\cos\theta + i\sin\theta)$ $\underset{\text{偏角}}{\uparrow}$

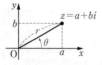

(2) $\dfrac{1+5i}{2-3i}$ $\longrightarrow$ 分母に i を含む $\longrightarrow$ $(a+bi)(a-bi)$ の利用

Action>> 極形式は，まず絶対値を求め，正弦・余弦から偏角を求めよ

解 (1) $\left|3+\sqrt{3}\,i\right| = \sqrt{3^2 + \left(\sqrt{3}\right)^2} = 2\sqrt{3}$

$\cos\theta = \dfrac{3}{2\sqrt{3}} = \dfrac{\sqrt{3}}{2}$, $\sin\theta = \dfrac{\sqrt{3}}{2\sqrt{3}} = \dfrac{1}{2}$ とおくと，

$0 \leqq \theta < 2\pi$ の範囲で $\theta = \dfrac{\pi}{6}$

よって $3 + \sqrt{3}\,i = 2\sqrt{3}\left(\cos\dfrac{\pi}{6} + i\sin\dfrac{\pi}{6}\right)$

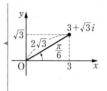

(2) $\dfrac{1+5i}{2-3i} = \dfrac{(1+5i)(2+3i)}{(2-3i)(2+3i)} = \dfrac{-13+13i}{13} = -1+i$

$|-1+i| = \sqrt{(-1)^2 + 1^2} = \sqrt{2}$

$\cos\theta = \dfrac{-1}{\sqrt{2}} = -\dfrac{1}{\sqrt{2}}$, $\sin\theta = \dfrac{1}{\sqrt{2}}$ とおくと，

$0 \leqq \theta < 2\pi$ の範囲で $\theta = \dfrac{3}{4}\pi$

よって $\dfrac{1+5i}{2-3i} = \sqrt{2}\left(\cos\dfrac{3}{4}\pi + i\sin\dfrac{3}{4}\pi\right)$

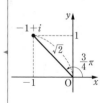

Point....複素数の極形式

0 でない複素数 $z = a + bi$（a, b は実数）に対して

(1) 絶対値は $|z| = r = \sqrt{a^2 + b^2}$ ($r > 0$)

(2) 偏角 $\arg z = \theta$ は $\cos\theta = \dfrac{a}{r}$, $\sin\theta = \dfrac{b}{r}$ を満たす角である。

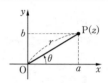

練習 97 次の複素数を極形式で表せ。ただし，偏角 θ は $0 \leqq \theta < 2\pi$ とする。

(1) $2\sqrt{3} + 2i$ (2) $\dfrac{-1-7i}{3-4i}$ (3) $(1+2i)(1+3i)$

⇒ p.204 問題97

次の複素数を極形式で表せ。

(1)　$2\cos\alpha - 2i\sin\alpha$　　(2)　$\sin\alpha + i\cos\alpha$　　(3)　$1 + i\tan\alpha \left(0 \leq \alpha < \dfrac{\pi}{2}\right)$

思考のプロセス

段階的に考える

(1)　② $2(\cos\alpha - i\sin\alpha)$ は極形式ではない。
　　　　　　　　　　　　＋でなければならない。

　　（与式）$= 2\{\cos\alpha + i(-\sin\alpha)\}$
　　　　　　　$\cos\square$ かつ $\sin\square$ となる $\square$ は？

(2)　② $\sin\alpha + i\cos\alpha$ は極形式ではない。
　　　　cos　かつ　sin でなければならない。

　　（与式）$= \sin\alpha + i\cos\alpha$
　　　　　　　$\cos\square$ かつ $\sin\square$ となる $\square$ は？

≪®Action　極形式は，まず絶対値を求め，正弦・余弦から偏角を求めよ　◀例題 97

(3)　$r = |1 + i\tan\alpha| = \bigcirc$

　　$1 + i\tan\alpha = \bigcirc\left(\dfrac{1}{\bigcirc} + i\dfrac{\tan\alpha}{\bigcirc}\right) = \bigcirc(\cos\boxed{} + i\sin\boxed{})$
　　　　　　　　　　　　　　　　　　　　　　　　　　　　　　　　← 求める →

解 (1)　$|2\cos\alpha - 2i\sin\alpha| = \sqrt{(2\cos\alpha)^2 + (-2\sin\alpha)^2}$
　　　　　　　　　　　　　　　　$= \sqrt{4(\cos^2\alpha + \sin^2\alpha)} = 2$

　　偏角を θ とすると

　　　　$\cos\theta = \cos\alpha = \cos(-\alpha),\ \ \sin\theta = -\sin\alpha = \sin(-\alpha)$

　　ゆえに　　$2\cos\alpha - 2i\sin\alpha = 2\{\cos(-\alpha) + i\sin(-\alpha)\}$

(2)　$|\sin\alpha + i\cos\alpha| = \sqrt{\sin^2\alpha + \cos^2\alpha} = 1$

　　偏角を θ とすると

　　　　$\cos\theta = \sin\alpha = \cos\left(\dfrac{\pi}{2} - \alpha\right),\ \ \sin\theta = \cos\alpha = \sin\left(\dfrac{\pi}{2} - \alpha\right)$

　　ゆえに　　$\sin\alpha + i\cos\alpha = \cos\left(\dfrac{\pi}{2} - \alpha\right) + i\sin\left(\dfrac{\pi}{2} - \alpha\right)$

(3)　$|1 + i\tan\alpha| = \sqrt{1^2 + \tan^2\alpha} = \sqrt{\dfrac{1}{\cos^2\alpha}} = \dfrac{1}{|\cos\alpha|}$

　　$0 \leq \alpha < \dfrac{\pi}{2}$ より $\cos\alpha > 0$ だから $|1 + i\tan\alpha| = \dfrac{1}{\cos\alpha}$

　　偏角を θ とすると

　　　　$\cos\theta = \dfrac{1}{\dfrac{1}{\cos\alpha}} = \cos\alpha,\ \ \sin\theta = \dfrac{\tan\alpha}{\dfrac{1}{\cos\alpha}} = \sin\alpha$

　　よって，偏角 θ の1つは　　$\theta = \alpha$

　　ゆえに　　$1 + i\tan\alpha = \dfrac{1}{\cos\alpha}(\cos\alpha + i\sin\alpha)$

◀ 偏角 θ は　$\theta = -\alpha$

◀ 極形式 $r(\cos\theta + i\sin\theta)$ では，必ず $r > 0$ で，i の前は「＋」でなければならない。$2(\cos\alpha - i\sin\alpha)$ は，極形式ではない。

◀ 偏角 θ は　$\theta = \dfrac{\pi}{2} - \alpha$

◀ $1 + \tan^2\alpha = \dfrac{1}{\cos^2\alpha}$

◀ $\tan\alpha = \dfrac{\sin\alpha}{\cos\alpha}$ より　$\tan\alpha\cos\alpha = \sin\alpha$

練習 98　次の複素数を極形式で表せ。

(1)　$-\sin\alpha + i\cos\alpha$　　(2)　$3\sin\alpha - 3i\cos\alpha$　　(3)　$\tan\alpha + i \left(0 \leq \alpha < \dfrac{\pi}{2}\right)$

3 章

9

複素数平面

➡ p.205　問題98

例題 **99**　複素数の積と商

$z_1 = -\dfrac{1}{2} + \dfrac{\sqrt{3}}{2}i$, $z_2 = 1 + i$ のとき，次の複素数を極形式で表せ。

ただし，偏角 θ の範囲は $0 \le \theta < 2\pi$ とする。

(1)　$z_1 z_2$　　　　　(2)　$\dfrac{z_1}{z_2}$　　　　　(3)　$\overline{z_1 z_2}$

思考のプロセス

(1)　「積を計算 ⟶ 極形式」の順で考えると …

$z_1 z_2 = -\dfrac{\sqrt{3}+1}{2} + \dfrac{\sqrt{3}-1}{2}i$　⟵　偏角を求めにくい。

「極形式で表す ⟶ 積を計算」の順で考えると

公式の利用

$\begin{cases} z_1 = r_1(\cos\theta_1 + i\sin\theta_1) \\ z_2 = r_2(\cos\theta_2 + i\sin\theta_2) \end{cases}$ ⟹ 積 $z_1 z_2 = \underset{積}{r_1 r_2}\{\cos\underset{和}{(\theta_1 + \theta_2)} + i\sin(\theta_1 + \theta_2)\}$

商 $\dfrac{z_1}{z_2} = \underset{商}{\dfrac{r_1}{r_2}}\{\cos\underset{差}{(\theta_1 - \theta_2)} + i\sin(\theta_1 - \theta_2)\}$

Action>> 複素数の積（商）は，絶対値の積（商）と偏角の和（差）を求めよ

解　$z_1 = \cos\dfrac{2}{3}\pi + i\sin\dfrac{2}{3}\pi$, $z_2 = \sqrt{2}\left(\cos\dfrac{\pi}{4} + i\sin\dfrac{\pi}{4}\right)$ より
　　　　　　　　　　　　　　　　　　　　　　　　　　│ z_1, z_2 をそれぞれ極形式
　$|z_1| = 1$, $|z_2| = \sqrt{2}$, $\arg z_1 = \dfrac{2}{3}\pi$, $\arg z_2 = \dfrac{\pi}{4}$　│ で表す。
　　　　　　　　　　　　　　　　　　　　　　　　　　│ $z_2 = \sqrt{2}\left(\dfrac{1}{\sqrt{2}} + \dfrac{1}{\sqrt{2}}i\right)$

(1)　$|z_1 z_2| = |z_1||z_2| = \sqrt{2}$, $\arg z_1 z_2 = \arg z_1 + \arg z_2 = \dfrac{11}{12}\pi$　│ $\dfrac{2}{3}\pi + \dfrac{\pi}{4} = \dfrac{11}{12}\pi$

　　よって　$z_1 z_2 = \sqrt{2}\left(\cos\dfrac{11}{12}\pi + i\sin\dfrac{11}{12}\pi\right)$

(2)　$\left|\dfrac{z_1}{z_2}\right| = \dfrac{|z_1|}{|z_2|} = \dfrac{\sqrt{2}}{2}$, $\arg\dfrac{z_1}{z_2} = \arg z_1 - \arg z_2 = \dfrac{5}{12}\pi$　│ $\dfrac{2}{3}\pi - \dfrac{\pi}{4} = \dfrac{5}{12}\pi$

　　よって　$\dfrac{z_1}{z_2} = \dfrac{\sqrt{2}}{2}\left(\cos\dfrac{5}{12}\pi + i\sin\dfrac{5}{12}\pi\right)$

(3)　$|\overline{z_1}| = |z_1| = 1$, $\arg\overline{z_1} = -\arg z_1 = -\dfrac{2}{3}\pi$ であるから

　$|\overline{z_1}z_2| = |\overline{z_1}||z_2| = \sqrt{2}$, $\arg\overline{z_1}z_2 = \arg\overline{z_1} + \arg z_2 = -\dfrac{5}{12}\pi$

　　　　　　　　　　　　　　　　　　　│ 偏角 θ は $0 \le \theta < 2\pi$ で考
　　よって　$\overline{z_1}z_2 = \sqrt{2}\left(\cos\dfrac{19}{12}\pi + i\sin\dfrac{19}{12}\pi\right)$　│ えるから，$\overline{z_1}z_2$ の偏角は
　　　　　　　　　　　　　　　　　　　│ $-\dfrac{5}{12}\pi + 2\pi = \dfrac{19}{12}\pi$

練習99　$z_1 = 1 - i$, $z_2 = 3 + \sqrt{3}i$ のとき，次の複素数を極形式で表せ。ただし，偏角 θ の範囲は $0 \le \theta < 2\pi$ とする。

(1)　$z_1 z_2$　　　　　(2)　$\dfrac{z_1}{z_2}$　　　　　(3)　$\overline{z_1 z_2}$

⟹ p.205　問題99

複素数平面上に点 $P(2+4i)$ がある。次の点を表す複素数を求めよ。

(1) 点 P を，原点を中心に $\dfrac{\pi}{4}$ だけ回転した点 Q

(2) $\triangle OPR$ が正三角形となるような点 R

思考のプロセス

公式の利用

点 z を原点を中心に θ だけ回転する。 $\cdots z(\cos\theta + i\sin\theta)$

点 z を原点からの距離を r 倍する。 $\cdots z \times r$

⇩

点 z を原点を中心に θ だけ回転し， $\cdots z \times r(\cos\theta + i\sin\theta)$
原点からの距離を r 倍する。

Action≫ 原点中心の回転，拡大・縮小は，複素数 $r(\cos\theta + i\sin\theta)$ を掛けよ

解 (1) 点 Q を表す複素数は

$$(2+4i)\left(\cos\frac{\pi}{4} + i\sin\frac{\pi}{4}\right)$$

$$= 2(1+2i)\cdot\frac{1}{\sqrt{2}}(1+i)$$

$$= -\sqrt{2} + 3\sqrt{2}\,i$$

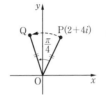

◀ 複素数 $\cos\theta + i\sin\theta$ との積は，原点を中心に θ だけ回転移動することを表す。

(2) 点 R は，点 P を原点を中心に $\pm\dfrac{\pi}{3}$ だけ回転した点であるから，点 R を表す複素数は

◀ 点 R は 2 つ存在する。

$$(2+4i)\left\{\cos\left(\pm\frac{\pi}{3}\right) + i\sin\left(\pm\frac{\pi}{3}\right)\right\}$$

$$= 2(1+2i)\left(\frac{1}{2} \pm \frac{\sqrt{3}}{2}i\right)$$

$$= (1+2i)(1 \pm \sqrt{3}\,i)$$

$$= (1 \mp 2\sqrt{3}) + (2 \pm \sqrt{3})i \quad \textbf{(複号同順)}$$

練習 100 複素数平面上に点 $P(2-4i)$ がある。次の点を表す複素数を求めよ。

(1) 点 P を，原点を中心に $\dfrac{\pi}{6}$ だけ回転した点 Q

(2) $\triangle OPR$ が正三角形となるような点 R

例題 101 原点を中心とした回転と拡大・縮小 ★★☆☆

複素数平面上に点 $A(2+6i)$ がある。

(1) 点 A を，原点を中心に $-\dfrac{\pi}{3}$ だけ回転し，原点からの距離を 2 倍に拡大した点を表す複素数を求めよ。

(2) 線分 OA を対角線とする正方形の残りの頂点を表す複素数を求めよ。

思考のプロセス

見方を変える

(2) 残りの点は，点 A を点 O を中心に ◯ だけ回転し，原点からの距離を ▭ 倍するとみる。

$\Longrightarrow$ $z \times$ ▭ $(\cos ◯ + i\sin ◯)$ となる。

≪®Action 原点中心の回転，拡大・縮小は，複素数 $r(\cos\theta+i\sin\theta)$ を掛けよ ◀例題100

解 (1) 求める点を表す複素数は

例題
100

$$(2+6i)\cdot 2\left\{\cos\left(-\frac{\pi}{3}\right)+i\sin\left(-\frac{\pi}{3}\right)\right\}$$

$$= (2+6i)(1-\sqrt{3}\,i)$$

$$= \left(2+6\sqrt{3}\right)+\left(6-2\sqrt{3}\right)i$$

◀ 複素数 $r(\cos\theta+i\sin\theta)$ との積は，原点を中心に θ だけ回転し，原点からの距離を r 倍に拡大（縮小）することを表す。

例題
100

(2) 正方形の残りの頂点は，点 A を原点を中心に $\pm\dfrac{\pi}{4}$ だけ回転し，原点からの距離を $\dfrac{1}{\sqrt{2}}$ 倍に縮小した点であるから，頂点を表す複素数は

◀ 点は2つ存在する。

$$(2+6i)\cdot\frac{1}{\sqrt{2}}\left\{\cos\left(\pm\frac{\pi}{4}\right)+i\sin\left(\pm\frac{\pi}{4}\right)\right\}$$

$$= 2(1+3i)\cdot\frac{1}{2}(1\pm i)$$

$$= (1+3i)(1\pm i) \quad (複号同順)$$

したがって，求める複素数は

$$-2+4i, \ \ 4+2i$$

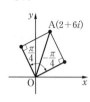

練習 101 複素数平面上に点 $A(3+2i)$ がある。

(1) 点 A を，原点を中心に $\dfrac{\pi}{6}$ だけ回転し，原点からの距離を 2 倍に拡大した点を表す複素数を求めよ。

(2) $\triangle OAB$ が $\angle OAB = \dfrac{\pi}{2}$ の直角二等辺三角形となるような頂点 B を表す複素数を求めよ。

➡p.205 問題101

例題 102 点 α を中心とする回転 ★★☆☆

複素数 $\alpha = 2 + 2i$, $\beta = 3 + 5i$ について, 点 β を点 α を中心に $\dfrac{\pi}{3}$ だけ回転した点を表す複素数 γ を求めよ。

思考のプロセス

例題 100 との違い … 回転の中心が原点ではない。

$\longrightarrow$ 既知の問題に帰着 回転の中心を原点に移動して考える。

段階的に考える

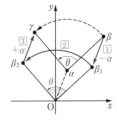

① 点 β を, 回転の中心が α から原点になるように平行移動

$\quad \beta - \alpha$

② ①の点を原点を中心に $\theta \left(= \dfrac{\pi}{3} \right)$ だけ回転

$\quad (\beta - \alpha)(\cos\theta + i\sin\theta)$

③ ②の点を α だけ平行移動 (①の移動分をもとに戻す)

$\quad (\beta - \alpha)(\cos\theta + i\sin\theta) + \alpha$

Action>> 点 α を中心とする点 β の回転は, 平行移動して点 $\beta - \alpha$ を原点を中心に回転せよ

解

例題
100

点 β を $-\alpha$ だけ平行移動した点を β_1 とし, 点 β_1 を原点 O を中心に $\dfrac{\pi}{3}$ だけ回転した点を β_2 とすると

$$\beta_2 = \beta_1 \left(\cos\frac{\pi}{3} + i\sin\frac{\pi}{3} \right)$$

$$= (\beta - \alpha)\left(\cos\frac{\pi}{3} + i\sin\frac{\pi}{3} \right)$$

点 β_2 を α だけ平行移動した点が, 求める点 γ であるから

$$\gamma = \beta_2 + \alpha = (\beta - \alpha)\left(\cos\frac{\pi}{3} + i\sin\frac{\pi}{3} \right) + \alpha$$

$$= \{(3 + 5i) - (2 + 2i)\}\left(\frac{1}{2} + \frac{\sqrt{3}}{2}i \right) + (2 + 2i)$$

$$= \frac{5 - 3\sqrt{3}}{2} + \frac{7 + \sqrt{3}}{2}i$$

◀ 点 α が原点と重なるように点 β を平行移動する。

◀ 原点中心の回転は, 回転を表す複素数 $\cos\theta + i\sin\theta$ を掛ける。

◀ $(1 + 3i)\left(\dfrac{1}{2} + \dfrac{\sqrt{3}}{2}i \right)$
$= \dfrac{1 - 3\sqrt{3}}{2} + \dfrac{3 + \sqrt{3}}{2}i$

Point....原点以外の点を中心とする点の回転とベクトルのイメージ

点 A(α) を中心に点 B(β) を θ だけ回転した点を C(γ) とすると

$$\gamma = (\beta - \alpha)(\cos\theta + i\sin\theta) + \alpha$$

これはベクトルと結び付けて, $\beta - \alpha$ を $\overrightarrow{AB}$, $\gamma - \alpha$ を $\overrightarrow{AC}$ と対応させて考えると, イメージしやすい。

$$\underset{\overrightarrow{AC}}{\underline{\gamma - \alpha}} = \underset{\overrightarrow{AB}}{\underline{(\beta - \alpha)}}(\cos\theta + i\sin\theta)$$

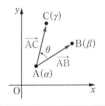

練習 102 複素数 $\alpha = 2 - 3i$, $\beta = 1 - 2i$ について, 点 β を点 α を中心に $\dfrac{3}{4}\pi$ だけ回転した点を表す複素数 γ を求めよ。

➡ p.205 問題102

次の値を計算せよ。

(1) $\left(\dfrac{1+\sqrt{3}\,i}{2}\right)^4$　　　(2) $\left(-3+\sqrt{3}\,i\right)^5$　　　(3) $\dfrac{1}{(1-i)^7}$

思考のプロセス

$\left(\dfrac{1+\sqrt{3}\,i}{2}\right)^4$, $(-3+\sqrt{3}\,i)^5$, $\dfrac{1}{(1-i)^7}$ を展開するのは大変。

$\Longrightarrow$ まず，（ ）内の複素数を極形式で表す。

定理の利用 〔ド・モアブルの定理〕

$\{r(\cos\theta+i\sin\theta)\}^n=r^n(\cos n\theta+i\sin n\theta)$ （n は整数）

Action>> 複素数の n 乗は，極形式で表してド・モアブルの定理を用いよ

解 (1) $\dfrac{1+\sqrt{3}\,i}{2}=\cos\dfrac{\pi}{3}+i\sin\dfrac{\pi}{3}$ であるから

$$\left(\dfrac{1+\sqrt{3}\,i}{2}\right)^4=\left(\cos\dfrac{\pi}{3}+i\sin\dfrac{\pi}{3}\right)^4$$

$$=\cos\dfrac{4}{3}\pi+i\sin\dfrac{4}{3}\pi=-\dfrac{1}{2}-\dfrac{\sqrt{3}}{2}i$$

(2) $-3+\sqrt{3}\,i=2\sqrt{3}\left(\cos\dfrac{5}{6}\pi+i\sin\dfrac{5}{6}\pi\right)$ であるから

$$(-3+\sqrt{3}\,i)^5=\left\{2\sqrt{3}\left(\cos\dfrac{5}{6}\pi+i\sin\dfrac{5}{6}\pi\right)\right\}^5$$

$$=(2\sqrt{3})^5\left(\cos\dfrac{25}{6}\pi+i\sin\dfrac{25}{6}\pi\right)$$

$$=432+144\sqrt{3}\,i$$

(3) $1-i=\sqrt{2}\left\{\cos\left(-\dfrac{\pi}{4}\right)+i\sin\left(-\dfrac{\pi}{4}\right)\right\}$ であるから

$$\dfrac{1}{(1-i)^7}=(1-i)^{-7}=\left[\sqrt{2}\left\{\cos\left(-\dfrac{\pi}{4}\right)+i\sin\left(-\dfrac{\pi}{4}\right)\right\}\right]^{-7}$$

$$=(\sqrt{2})^{-7}\left(\cos\dfrac{7}{4}\pi+i\sin\dfrac{7}{4}\pi\right)=\dfrac{1}{16}-\dfrac{1}{16}i$$

(注意) $\dfrac{1}{1-i}=\dfrac{1}{\sqrt{2}\left\{\cos\left(-\dfrac{\pi}{4}\right)+i\sin\left(-\dfrac{\pi}{4}\right)\right\}}$

$$=\dfrac{1}{\sqrt{2}}\left(\cos\dfrac{\pi}{4}+i\sin\dfrac{\pi}{4}\right)$$

の 7 乗を求めてもよい。

◀複素数 $z=a+bi$ を極形式で表す。偏角 θ は，$-\pi<\theta\leqq\pi$ の範囲で求めると，$n\theta$ の絶対値が小さくなり計算が簡単である。

練習103 次の値を計算せよ。

(1) $\left(\dfrac{-1+\sqrt{3}\,i}{2}\right)^5$　　　(2) $\left(\sqrt{3}+3i\right)^9$　　　(3) $\left(\dfrac{2}{-1-i}\right)^8$

⇒ p.205 問題103

例題 104 ド・モアブルの定理〔2〕

次の値を計算せよ。

(1) $\left(\dfrac{-1+i}{1+\sqrt{3}\,i}\right)^{8}$　　　　　(2) $\left(\dfrac{-5+i}{2-3i}\right)^{10}$

«® Action　複素数の n 乗は，極形式で表してド・モアブルの定理を用いよ ◀例題 103

段階的に考える

$$\left(\frac{分子}{分母}\right)^{n} \xrightarrow[\;\;\uparrow\;\;]{極形式} \{r(\cos\theta+i\sin\theta)\}^{n} \xrightarrow[\text{の定理}]{\text{ド・モアブル}} r^{n}(\cos n\theta+i\sin n\theta)$$

分母・分子の偏角が

$\begin{cases} 分かる & \cdots 「それぞれ極形式で表す \longrightarrow 商を計算」の順 \\ 分からない & \cdots 「商を計算 \longrightarrow 極形式で表す」の順 \end{cases}$

　　　　　　分母の実数化

解 (1) $\dfrac{-1+i}{1+\sqrt{3}\,i} = \dfrac{\sqrt{2}\left(\cos\dfrac{3}{4}\pi+i\sin\dfrac{3}{4}\pi\right)}{2\left(\cos\dfrac{\pi}{3}+i\sin\dfrac{\pi}{3}\right)}$

分子・分母の複素数の偏角を求めることができる。
⇨ それぞれ極形式で表す。

$\quad = \dfrac{\sqrt{2}}{2}\left\{\cos\left(\dfrac{3}{4}\pi-\dfrac{\pi}{3}\right)+i\sin\left(\dfrac{3}{4}\pi-\dfrac{\pi}{3}\right)\right\}$

$z_1 \neq 0$ のとき
$\left|\dfrac{z_2}{z_1}\right| = \dfrac{|z_2|}{|z_1|}$
$\arg\left(\dfrac{z_2}{z_1}\right) = \arg z_2 - \arg z_1$

$\quad = \dfrac{1}{\sqrt{2}}\left(\cos\dfrac{5}{12}\pi+i\sin\dfrac{5}{12}\pi\right)$

よって

例題 103

$\left(\dfrac{-1+i}{1+\sqrt{3}\,i}\right)^{8} = \left\{\dfrac{1}{\sqrt{2}}\left(\cos\dfrac{5}{12}\pi+i\sin\dfrac{5}{12}\pi\right)\right\}^{8}$

$\quad = \left(\dfrac{1}{\sqrt{2}}\right)^{8}\left(\cos\dfrac{10}{3}\pi+i\sin\dfrac{10}{3}\pi\right)$

$\quad = -\dfrac{1}{32}-\dfrac{\sqrt{3}}{32}i$

(2) $\dfrac{-5+i}{2-3i} = \dfrac{(-5+i)(2+3i)}{(2-3i)(2+3i)} = \dfrac{-13-13i}{13} = -1-i$

分子・分母の複素数の偏角を求めることができない。
⇨ 分母の実数化をする。

$\quad = \sqrt{2}\left\{\cos\left(-\dfrac{3}{4}\pi\right)+i\sin\left(-\dfrac{3}{4}\pi\right)\right\}$

よって

例題 103

$\left(\dfrac{-5+i}{2-3i}\right)^{10} = \left[\sqrt{2}\left\{\cos\left(-\dfrac{3}{4}\pi\right)+i\sin\left(-\dfrac{3}{4}\pi\right)\right\}\right]^{10}$

$\quad = (\sqrt{2})^{10}\left\{\cos\left(-\dfrac{15}{2}\pi\right)+i\sin\left(-\dfrac{15}{2}\pi\right)\right\}$

$-\dfrac{15}{2}\pi = \dfrac{\pi}{2}-8\pi$

$\quad = 32i$

練習 104 次の値を計算せよ。

(1) $\left(\dfrac{1+\sqrt{3}\,i}{1+i}\right)^{8}$　　　(2) $\left(\dfrac{1+\sqrt{3}\,i}{\sqrt{3}-3i}\right)^{10}$　　　(3) $\left(\dfrac{-3+i}{2+i}\right)^{7}$

例題 105 $z^n = \alpha$ の解

重要

★★☆☆

次の方程式を解け。

(1) $z^6 = 1$

(2) $z^4 = -8(1+\sqrt{3}\,i)$

思考のプロセス

≪ReAction 複素数の n 乗は，極形式で表してド・モアブルの定理を用いよ ◀例題 103

z^6 や z^4 があるから，ド・モアブルの定理を用いることを考える。

未知のものを文字でおく ──→ 極形式を利用したい。

$z = r(\cos\theta + i\sin\theta)$ $(r > 0,\ 0 \leq \theta < 2\pi)$ とおくと

(1) $z^6 = 1 \Longrightarrow r^6(\cos 6\theta + i\sin 6\theta) = \cos 0 + i\sin 0$

$\Longrightarrow$ **対応を考える** 両辺の絶対値と偏角を比較する。

$$\begin{cases} r^6 = 1 \\ 6\theta = 0 + 2k\pi \end{cases} \longleftarrow まず，0 \leq \theta < 2\pi から k を具体的に絞り込む。$$
↳ **!** 一般角で考える

解 (1) $z = r(\cos\theta + i\sin\theta)$ $(r > 0,\ 0 \leq \theta < 2\pi)$ とおくと，

例題 103

ド・モアブルの定理により，与えられた方程式は

$$r^6(\cos 6\theta + i\sin 6\theta) = \cos 0 + i\sin 0$$

両辺の絶対値と偏角を比較すると

$$r^6 = 1 \ \cdots ①, \qquad 6\theta = 0 + 2k\pi \ (k \text{ は整数}) \ \cdots ②$$

$r > 0$ であるから，① より $\quad r = 1$

② より $\quad \theta = \dfrac{k}{3}\pi$

$0 \leq \theta < 2\pi$ の範囲で考えると $\quad k = 0,\ 1,\ 2,\ 3,\ 4,\ 5$

(ｱ) $k = 0$ のとき

$$z = \cos 0 + i\sin 0 = 1$$

(ｲ) $k = 1$ のとき

$$z = \cos\frac{\pi}{3} + i\sin\frac{\pi}{3} = \frac{1}{2} + \frac{\sqrt{3}}{2}i$$

(ｳ) $k = 2$ のとき

$$z = \cos\frac{2}{3}\pi + i\sin\frac{2}{3}\pi = -\frac{1}{2} + \frac{\sqrt{3}}{2}i$$

(ｴ) $k = 3$ のとき

$$z = \cos\pi + i\sin\pi = -1$$

(ｵ) $k = 4$ のとき

$$z = \cos\frac{4}{3}\pi + i\sin\frac{4}{3}\pi = -\frac{1}{2} - \frac{\sqrt{3}}{2}i$$

(ｶ) $k = 5$ のとき

$$z = \cos\frac{5}{3}\pi + i\sin\frac{5}{3}\pi = \frac{1}{2} - \frac{\sqrt{3}}{2}i$$

(ｱ)～(ｶ) より $\quad z = \pm 1,\ \dfrac{1}{2} \pm \dfrac{\sqrt{3}}{2}i,\ -\dfrac{1}{2} \pm \dfrac{\sqrt{3}}{2}i$

◀ $|1| = 1,\ \arg 1 = 0$ より
$1 = \cos 0 + i\sin 0$

◀ $z^6 = r^6(\cos 6\theta + i\sin 6\theta)$

◀ $\alpha = \beta$
$\Longleftrightarrow \begin{cases} |\alpha| = |\beta| \\ \arg\alpha = \arg\beta + 2k\pi \\ \quad (k \text{ は整数}) \end{cases}$

◀ 一般に，6次方程式
$z^6 = 1$ の解は6個あり，
k は6個となる。

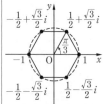

6個の解は，複素数平面上で点1を1つの頂点とする正6角形の頂点になっている。

198

〔別解〕

$z^6 = 1$ より　　$z^6 - 1 = 0$

$$(z^3 + 1)(z^3 - 1) = 0$$
$$(z + 1)(z^2 - z + 1)(z - 1)(z^2 + z + 1) = 0$$

$z^2 - z + 1 = 0$ を解くと　　$z = \dfrac{1 \pm \sqrt{3}\,i}{2}$

$z^2 + z + 1 = 0$ を解くと　　$z = \dfrac{-1 \pm \sqrt{3}\,i}{2}$

したがって，$z^6 = 1$ の解は

$$z = \pm 1, \quad \frac{1}{2} \pm \frac{\sqrt{3}}{2}i, \quad -\frac{1}{2} \pm \frac{\sqrt{3}}{2}i$$

> $z^3 = A$ とおくと
> $A^2 - 1 = 0$
> $(A + 1)(A - 1) = 0$
> よって
> $(z^3 + 1)(z^3 - 1) = 0$

(2)　$-8(1 + \sqrt{3}\,i) = 16\left(-\dfrac{1}{2} - \dfrac{\sqrt{3}}{2}i\right) = 16\left(\cos\dfrac{4}{3}\pi + i\sin\dfrac{4}{3}\pi\right)$

> $\left| -8(1 + \sqrt{3}\,i) \right|$
> $= |-8||1 + \sqrt{3}\,i|$
> $= 8 \times 2 = 16$

例題 103

であるから，$z = r(\cos\theta + i\sin\theta)$ $(r > 0,\ 0 \leqq \theta < 2\pi)$ とおくと，ド・モアブルの定理により，与えられた方程式は　　$r^4(\cos 4\theta + i\sin 4\theta) = 16\left(\cos\dfrac{4}{3}\pi + i\sin\dfrac{4}{3}\pi\right)$

両辺の絶対値と偏角を比較すると

$$r^4 = 16 \ \cdots\ ①, \qquad 4\theta = \frac{4}{3}\pi + 2k\pi \ (k\ \text{は整数}) \cdots\ ②$$

$r > 0$ であるから，① より　　$r = 2$

② より　　$\theta = \dfrac{\pi}{3} + \dfrac{k}{2}\pi$

> $\alpha = \beta$
> $\iff \begin{cases} |\alpha| = |\beta| \\ \arg\alpha = \arg\beta + 2k\pi \end{cases}$
> 　　$(k\ \text{は整数})$

$0 \leqq \theta < 2\pi$ の範囲で考えると　　$k = 0,\ 1,\ 2,\ 3$

> k は 4 個ある。

(ア)　$k = 0$ のとき

$$z = 2\left(\cos\frac{\pi}{3} + i\sin\frac{\pi}{3}\right) = 1 + \sqrt{3}\,i$$

(イ)　$k = 1$ のとき

$$z = 2\left(\cos\frac{5}{6}\pi + i\sin\frac{5}{6}\pi\right) = -\sqrt{3} + i$$

(ウ)　$k = 2$ のとき

$$z = 2\left(\cos\frac{4}{3}\pi + i\sin\frac{4}{3}\pi\right) = -1 - \sqrt{3}\,i$$

(エ)　$k = 3$ のとき

$$z = 2\left(\cos\frac{11}{6}\pi + i\sin\frac{11}{6}\pi\right) = \sqrt{3} - i$$

(ア)〜(エ) より　　$\boldsymbol{z = \pm(1 + \sqrt{3}\,i),\ \pm(\sqrt{3}\,i - i)}$

> 4 つの解は，半径が 2 の円に内接する正方形の頂点になっている。

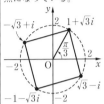

練習 105 次の方程式を解け。

(1)　$z^8 = 1$

(2)　$z^2 = i$

(3)　$z^3 = -8$

(4)　$z^4 = 8(-1 + \sqrt{3}\,i)$

例題 105 で 1 や α の n 乗根の求め方を学習しました。これらの関係について、少し調べてみましょう。

(1) $z^n = 1$ (n は自然数) の解は

$$z = \cos\frac{2k}{n}\pi + i\sin\frac{2k}{n}\pi \quad (k = 0, 1, 2, \cdots, n-1)$$

であり、これらが表す点は、**原点が中心で半径が 1 である円上に等間隔にあって、正 n 角形**をつくる。

$w = \cos\dfrac{2\pi}{n} + i\sin\dfrac{2\pi}{n}$ とおくと、これらの解は

$$z = 1, w, w^2, \cdots, w^{n-1}$$

と表すことができる。

例えば、1 の 3 乗根 ($z^3 = 1$ の解) は

$$w = \frac{-1+\sqrt{3}\,i}{2} = \cos\frac{2}{3}\pi + i\sin\frac{2}{3}\pi$$

とおくと

$$w^2 = \frac{-1-\sqrt{3}\,i}{2} = \cos\frac{4}{3}\pi + i\sin\frac{4}{3}\pi$$

となり、$z = 1, w, w^2$ となる。

これらの 3 点を複素数平面上にとると、正三角形をつくる。

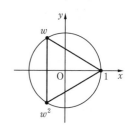

(2) $z^n = \alpha$ (n は自然数、$\alpha \neq 0$) の解の 1 つを α_0 とすると、$\alpha = \alpha_0{}^n$ であるから、方程式は $z^n = \alpha_0{}^n$ となる。

$\alpha_0 \neq 0$ であるから

$$\frac{z^n}{\alpha_0{}^n} = 1 \quad \text{すなわち} \quad \left(\frac{z}{\alpha_0}\right)^n = 1$$

よって

$$\frac{z}{\alpha_0} = 1, w, w^2, \cdots, w^{n-1}$$

したがって

$$z = \alpha_0, \alpha_0 w, \alpha_0 w^2, \cdots, \alpha_0 w^{n-1}$$

これらが表す点は、原点が中心で半径 $\sqrt[n]{|\alpha|}$ である円上に等間隔にあって、正 n 角形をつくる。

$z_k = \alpha_0 w^k$ ($k = 0, 1, 2, \cdots, n-1$) とおいてこれらの点を複素数平面上にとると右の図のようになる。

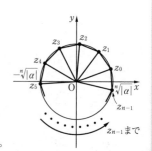

> 複素数 z が $z + \dfrac{1}{z} = \sqrt{3}$ を満たすとき，$w = z^{100} + \dfrac{1}{z^{100}}$ の値を求めよ。

思考のプロセス

$z^{100} + \dfrac{1}{z^{100}} = \left(z + \dfrac{1}{z}\right)^{100} - \boxed{}$ と考えるのは大変。

≪ⓇAction 複素数の n 乗は，極形式で表してド・モアブルの定理を用いよ ◀例題 103

具体的に考える

$z + \dfrac{1}{z} = \sqrt{3}$ より $z^2 - \sqrt{3}\,z + 1 = 0$

$\Longrightarrow z = \boxed{}$ ← 極形式

$\Longrightarrow \dfrac{1}{z^{100}} = z^{\boxed{}}$ と考える。

解 $z + \dfrac{1}{z} = \sqrt{3}$ の両辺に z を掛けて

$$z^2 + 1 = \sqrt{3}\,z$$

よって，$z^2 - \sqrt{3}\,z + 1 = 0$ となるから

$$z = \frac{\sqrt{3} \pm i}{2} = \cos\left(\pm\frac{\pi}{6}\right) + i\sin\left(\pm\frac{\pi}{6}\right) \quad \text{（複号同順）}$$

したがって

$$
\begin{aligned}
w &= z^{100} + \frac{1}{z^{100}} \\
&= z^{100} + z^{-100} \\
&= \left\{\cos\left(\pm\frac{\pi}{6}\right) + i\sin\left(\pm\frac{\pi}{6}\right)\right\}^{100} + \left\{\cos\left(\pm\frac{\pi}{6}\right) + i\sin\left(\pm\frac{\pi}{6}\right)\right\}^{-100} \\
&= \cos\left(\pm\frac{50}{3}\pi\right) + i\sin\left(\pm\frac{50}{3}\pi\right) + \cos\left(\mp\frac{50}{3}\pi\right) + i\sin\left(\mp\frac{50}{3}\pi\right) \\
&= \cos\frac{50}{3}\pi \pm i\sin\frac{50}{3}\pi + \cos\frac{50}{3}\pi \mp i\sin\frac{50}{3}\pi \quad \text{（複号同順）} \\
&= 2\cos\frac{50}{3}\pi = 2\cos\left(16\pi + \frac{2}{3}\pi\right) = 2\cos\frac{2}{3}\pi = 2\cdot\left(-\frac{1}{2}\right) = -1
\end{aligned}
$$

例題 103

◀2次方程式の解の公式を用いて z の値を求める。

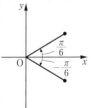

◀ド・モアブルの定理を用いる。
$\begin{cases} \cos(-\theta) = \cos\theta \\ \sin(-\theta) = -\sin\theta \end{cases}$

練習 106 複素数 z が $z + \dfrac{1}{z} = \sqrt{2}$ を満たすとき，$w = z^{100} + \dfrac{1}{z^{100}}$ の値を求めよ。

> 方程式 $z^5-1=0$ …① を満たす虚数の 1 つを α とするとき
> (1) $z=\alpha^2$, α^3, α^4 も方程式 ① を満たすことを示せ。
> (2) $(1-\alpha)(1-\alpha^2)(1-\alpha^3)(1-\alpha^4)$ の値を求めよ。

思考のプロセス

見方を変える

(2) 方程式 ① $\Longrightarrow$ $\begin{cases}(1) より，解は $z=1,\ \alpha,\ \alpha^2,\ \alpha^3,\ \alpha^4$ \\ 変形すると $(z-1)(z^4+z^3+z^2+z+1)=0$ \\ \qquad\qquad\qquad\qquad\qquad\ \| \\ \qquad (z-\boxed{})(z-\boxed{})\cdots(z-\boxed{}) と表せる。\end{cases}$

Action≫ α が $z^n=1$ の解ならば，1, α, α^2, $\cdots$, α^{n-1} も解であることを利用せよ

解 (1) α は ① を満たすから $\alpha^5=1$

　　このとき $(\alpha^2)^5-1=(\alpha^5)^2-1=1^2-1=0$

　　　　　　　$(\alpha^3)^5-1=(\alpha^5)^3-1=1^3-1=0$

　　　　　　　$(\alpha^4)^5-1=(\alpha^5)^4-1=1^4-1=0$

　　よって，$z=\alpha^2$, α^3, α^4 はいずれも ① を満たす。

◀ $z=\alpha^2$, α^3, α^4 のとき，いずれも $z^5-1=0$ を満たすことを示す。

(2) ① を変形すると $(z-1)(z^4+z^3+z^2+z+1)=0$

　　ここで，① は 5 次方程式であるから 5 つの解をもち，1,
α, α^2, α^3, α^4 はすべて異なるから，(1) より ① の解は

　　　　$z=1,\ \alpha,\ \alpha^2,\ \alpha^3,\ \alpha^4$

　　よって，方程式 $z^4+z^3+z^2+z+1=0$ …② の解は
$z=\alpha,\ \alpha^2,\ \alpha^3,\ \alpha^4$ であるから

　　　$z^4+z^3+z^2+z+1=(z-\alpha)(z-\alpha^2)(z-\alpha^3)(z-\alpha^4)$

　　両辺に $z=1$ を代入すると

　　　$(1-\alpha)(1-\alpha^2)(1-\alpha^3)(1-\alpha^4)=1^4+1^3+1^2+1+1=\mathbf{5}$

◀ ② の左辺はこのように因数分解される。この式は z についての恒等式である。

Point.... 1 の n 乗根の性質

例題 107 の結果は一般化できる（練習 107 参照）。$n \geqq 2$ のとき，
方程式 $z^n-1=0$ …① に対して，$\alpha=\cos\dfrac{2\pi}{n}+i\sin\dfrac{2\pi}{n}$ と
するとき，① の解は $z=1$, α, α^2, $\cdots$, α^{n-1} であり，次
の式が成り立つ。

　　　$(1-\alpha)(1-\alpha^2)(1-\alpha^3)\cdots(1-\alpha^{n-1})=n$

よって　$|1-\alpha||1-\alpha^2||1-\alpha^3|\cdots|1-\alpha^{n-1}|=n$ …②
この関係式には，次のような図形的な意味がある。
方程式 ① の解で表される点は，右の図の正 n 角形上の点
P_0, P_1, P_2, $\cdots$, P_{n-1} であり，② は $\quad P_0P_1\times P_0P_2\times P_0P_3\times\cdots\times P_0P_{n-1}=n$
よって，**半径 1 の円に内接する正 n 角形において，いずれか 1 つの頂点から他の各頂点
に引いた $(n-1)$ 本の線分の長さの積が n である。**

練習 107 $\alpha=\cos\dfrac{2\pi}{n}+i\sin\dfrac{2\pi}{n}$ （n は 2 以上の整数）とするとき，

　　　$(1-\alpha)(1-\alpha^2)(1-\alpha^3)\cdots(1-\alpha^{n-1})=n$ であることを示せ。

⇒ p.206 問題107

$\alpha = \cos\dfrac{2}{5}\pi + i\sin\dfrac{2}{5}\pi$ とする。

(1) α^5, $1+\alpha+\alpha^2+\alpha^3+\alpha^4$, $1+\alpha+\alpha^2+\overline{\alpha}+(\overline{\alpha})^2$ の値を求めよ。

(2) $\cos\dfrac{2}{5}\pi$ の値を求めよ。

思考のプロセス

(1) α^5 ⟹ ド・モアブルの定理を用いる。

　$\underline{1+\alpha+\alpha^2+\alpha^3+\alpha^4}$ ⟹ 因数分解 $x^5-1=(x-1)(x^4+x^3+x^2+x+1)$ を利用。

　　　　|前問の結果の利用|　α と $\overline{\alpha}$ の関係 $\alpha\overline{\alpha}=|\alpha|^2$ を利用

　　　　└→ $1+\alpha+\alpha^2+\overline{\alpha}+(\overline{\alpha})^2$ をつくる。

Action≫ $\alpha^{n-1}+\alpha^{n-2}+\cdots+\alpha+1$ は, α^n-1 の因数分解を利用せよ

(2) $\cos\dfrac{2}{5}\pi = (\alpha$ の実部$)$ ⟹ α, $\overline{\alpha}$ の式で $\cos\dfrac{2}{5}\pi$ を表すと？

Action≫ α の実部は, $\dfrac{1}{2}(\alpha+\overline{\alpha})$ を考えよ

解 (1) $\alpha^5 = \left(\cos\dfrac{2}{5}\pi + i\sin\dfrac{2}{5}\pi\right)^5 = \cos2\pi + i\sin2\pi = \boldsymbol{1}$　　◀ ド・モアブルの定理

これより　$\alpha^5-1=0$

よって　$(\alpha-1)(\alpha^4+\alpha^3+\alpha^2+\alpha+1)=0$

$\alpha \neq 1$ であるから　$\boldsymbol{1+\alpha+\alpha^2+\alpha^3+\alpha^4=0}$

$|\alpha|=1$ すなわち $\alpha\overline{\alpha}=1$ より, $\overline{\alpha}=\dfrac{1}{\alpha}$ であるから

$1+\alpha+\alpha^2+\overline{\alpha}+(\overline{\alpha})^2 = 1+\alpha+\alpha^2+\dfrac{1}{\alpha}+\dfrac{1}{\alpha^2}$

$\qquad\qquad = \dfrac{1+\alpha+\alpha^2+\alpha^3+\alpha^4}{\alpha^2} = \boldsymbol{0}$

◀ 一般に
x^n-1
$= (x-1)(x^{n-1}+x^{n-2}$
$\qquad\qquad +\cdots+1)$

◀ $|\alpha| = \left|\cos\dfrac{2}{5}\pi+i\sin\dfrac{2}{5}\pi\right|$
$\quad = 1$

◀ $1+\alpha+\alpha^2+\alpha^3+\alpha^4=0$
を代入する。

(2) $x=\cos\dfrac{2}{5}\pi$ とおくと, $\cos\dfrac{2}{5}\pi = \dfrac{1}{2}(\alpha+\overline{\alpha})$ である

から　$\alpha+\overline{\alpha}=2x$　$\cdots$①

また　$\alpha^2+(\overline{\alpha})^2 = (\alpha+\overline{\alpha})^2-2\alpha\overline{\alpha} = 4x^2-2$　$\cdots$②

(1)より, $1+(\alpha+\overline{\alpha})+\{\alpha^2+(\overline{\alpha})^2\}=0$ であるから,

①, ②を代入すると　$4x^2+2x-1=0$

$x = \cos\dfrac{2}{5}\pi > 0$ であるから　$\boldsymbol{\cos\dfrac{2}{5}\pi = \dfrac{-1+\sqrt{5}}{4}}$

◀ $\alpha\overline{\alpha}=|\alpha|^2=1$

◀ $x = \dfrac{-1\pm\sqrt{5}}{4}$

◀ $0 < \dfrac{2}{5}\pi < \dfrac{\pi}{2}$ より
$0 < \cos\dfrac{2}{5}\pi < 1$

練習 108 $\alpha = \cos\dfrac{2}{7}\pi + i\sin\dfrac{2}{7}\pi$ とする。

(1) $\alpha^6+\alpha^5+\alpha^4+\alpha^3+\alpha^2+\alpha+1$ の値を求めよ。

(2) $\alpha^3+(\overline{\alpha})^3+\alpha^2+(\overline{\alpha})^2+\alpha+\overline{\alpha}+1$ の値を求めよ。

(3) $\cos\dfrac{2}{7}\pi = x$ とすると, $8x^3+4x^2-4x=1$ であることを示せ。

92
★★☆☆
複素数平面において，A(i)，B($-4i$)，C($3-3i$)，D($-3+5i$) とする。
(1) 点 C と虚軸に関して対称な点 E を表す複素数を求めよ。
(2) 線分 AB，AC，AD の長さをそれぞれ求めよ。
(3) 4 点 B，C，D，E は同一円周上にあることを示せ。

93
★★☆☆
複素数平面上の原点 O，A($5+2i$)，B($1-i$) について
(1) 2 つの線分 OA，OB を 2 辺とする平行四辺形において，残りの頂点 C を表す複素数を求めよ。
(2) 線分 OA を 1 辺とし，線分 OB が対角線となるような平行四辺形において，残りの頂点 D を表す複素数を求めよ。また，このとき線分 AD の長さを求めよ。

94
★★☆☆
$|z| = \sqrt{3}$ のとき，$\left| tz + \dfrac{1}{z} \right|$ の値を最小にする実数 t の値を求めよ。

95
★★☆☆
複素数 α，β，γ が $\alpha+\beta+\gamma = 0$，$|\alpha| = |\beta| = |\gamma| = 1$ を満たすとき，次の値を求めよ。
(1) $|(\alpha+\beta)(\beta+\gamma)(\gamma+\alpha)|$　　　(2) $|\alpha-\beta|^2 + |\beta-\gamma|^2 + |\gamma-\alpha|^2$

96
★★★☆
絶対値が 1 である複素数 z について，$z^2 - z + \dfrac{2}{z^2}$ が実数となる z をすべて求めよ。

97
★★★☆
複素数 $1 - \cos\dfrac{\pi}{6} - i\sin\dfrac{\pi}{6}$ を極形式で表せ。ただし，偏角 θ は $0 \leq \theta < 2\pi$ とし，$\sin\dfrac{\pi}{12} = \dfrac{\sqrt{6}-\sqrt{2}}{4}$，$\cos\dfrac{\pi}{12} = \dfrac{\sqrt{6}+\sqrt{2}}{4}$ であることを利用してよい。

98
★★★☆
複素数 $1 + \cos\alpha + i\sin\alpha$ $(0 \leqq \alpha < \pi)$ を極形式で表せ。

99
★★★☆
$z = r(\cos\alpha + i\sin\alpha)$ $\left(r > 0, \ 0 < \alpha < \dfrac{\pi}{2}\right)$ とする。次の複素数の絶対値と偏角を，r，α で表せ。

(1) $(z + \overline{z})z$ (2) $\dfrac{z}{z - \overline{z}}$

100
★★☆☆
点 $P(1 + i)$ を，原点を中心に θ だけ回転した点が $Q\left(\dfrac{\sqrt{3} - 1}{2} + \dfrac{\sqrt{3} + 1}{2}i\right)$ となるような θ を求めよ。ただし，$0 \leqq \theta < 2\pi$ とする。

101
★★★☆
複素数平面上に点 $A(1 + 2i)$ がある。$\triangle OAB$ が，$\angle OAB$ の大きさが $\dfrac{\pi}{2}$，3 辺の比が $1 : 2 : \sqrt{3}$ であるとき，点 B を表す複素数を求めよ。

102
★★★☆
点 $A(2, \ 1)$ を点 P を中心に $\dfrac{\pi}{3}$ だけ回転した点の座標は $\left(\dfrac{3}{2} - \dfrac{3\sqrt{3}}{2}, \ -\dfrac{1}{2} + \dfrac{\sqrt{3}}{2}\right)$ であった。複素数平面を利用して，点 P の座標を求めよ。

103
★★☆☆
次の複素数を $a + bi$ の形で表せ。

(1) $\dfrac{2 + \sqrt{3} - i}{2 + \sqrt{3} + i}$ (2) $\left(\dfrac{2 + \sqrt{3} - i}{2 + \sqrt{3} + i}\right)^3$ (3) $\left(\dfrac{2 + \sqrt{3} - i}{2 + \sqrt{3} + i}\right)^{2015}$

（上智大 改）

104
★★☆☆
$\theta = \dfrac{\pi}{18}$ のとき，$\left\{ \dfrac{(\cos 8\theta + i\sin 8\theta)(\cos 3\theta - i\sin 3\theta)}{\cos 2\theta + i\sin 2\theta} \right\}^{10}$ の値を求めよ。

105
★★★☆
〔1〕 方程式 $z^5 = 1$ について

(1) $z^5 - 1 = (z-1)(z^4 + z^3 + z^2 + z + 1)$ を用いて解け。

(2) $z = r(\cos\theta + i\sin\theta)$ $(r > 0,\ 0 \le \theta < 2\pi)$ とおくことによって解け。

〔2〕 $z = \dfrac{\sqrt{3}}{2} + \dfrac{1}{2}i$ のとき，$(1 + \sqrt{3}\,i)z^n + 2i = 0$ を満たす自然数 n のうち，

最小のものを求めよ。

106
★★★☆
複素数 z は $z + \dfrac{1}{z} = 2\cos\theta$ $(0 \le \theta \le \pi)$ を満たすとする。自然数 n に対して，

$z^n + \dfrac{1}{z^n}$ を $\cos n\theta$ を用いて表せ。さらに，$\theta = \dfrac{\pi}{20}$ のとき，$\left(z^5 + \dfrac{1}{z^5} \right)^3$ の値を

求めよ。

（九州工業大　改）

107
★★★☆
$z = \cos\dfrac{2}{5}\pi + i\sin\dfrac{2}{5}\pi$ とする。

(1) $z^n = 1$ となる最小の正の整数 n を求めよ。

(2) $z^4 + z^3 + z^2 + z + 1$ の値を求めよ。

(3) $(1 + z)(1 + z^2)(1 + z^4)(1 + z^8)$ の値を求めよ。

(4) $\cos\dfrac{2}{5}\pi + \cos\dfrac{4}{5}\pi$ の値を求めよ。

（富山県立大）

108
★★★☆
$z = \cos\dfrac{2}{7}\pi + i\sin\dfrac{2}{7}\pi$ とおく。

(1) $z + z^2 + z^3 + z^4 + z^5 + z^6$ を求めよ。

(2) $\alpha = z + z^2 + z^4$ とするとき，$\alpha + \overline{\alpha}$，$\alpha\overline{\alpha}$ および α を求めよ。

（千葉大）

1 複素数 α, β, γ は $|\alpha| = |\beta| = |\gamma| = 1$ を満たしている。
このとき
$$\frac{(\beta + \gamma)(\gamma + \alpha)(\alpha + \beta)}{\alpha\beta\gamma}$$
は実数であることを証明せよ。 ◀例題96

2 (1) 複素数平面上の2点を z_1, z_2, それらの偏角をそれぞれ θ_1, θ_2 とするとき
$$z_1\overline{z_2} + \overline{z_1}z_2 = 2|z_1||z_2|\cos(\theta_1 - \theta_2)$$
であることを示せ。

(2) $|\alpha| = 2$, $|\beta| = 1$, $\arg\left(\dfrac{\beta}{\alpha}\right) = \dfrac{\pi}{3}$ のとき

(ア) $\alpha\overline{\beta} + \overline{\alpha}\beta$ を求めよ。 (イ) $|\alpha - \beta|$, $|\alpha + \beta|$ を求めよ。

◀例題94, 99

3 複素数平面上で, 2点 B, C を表す複素数をそれぞれ $1 + 2i$, 3 とする。
(1) BC を1辺とする正三角形 ABC の頂点 A を表す複素数を求めよ。
(2) (1)の BA, BC を2辺とする平行四辺形 ABCD の頂点 D を表す複素数を求めよ。

◀例題93, 102

4 次の計算をせよ。

(1) $(2 - i)^4(1 + 3i)^4$ (2) $\dfrac{(1 - i)^4}{\left(\sqrt{3} + i\right)^8}$ ◀例題103

5 複素数 $\alpha = 1 + \sqrt{3}\,i$, $\beta = 1 - \sqrt{3}\,i$ とする。

(1) $\dfrac{1}{\alpha^2} + \dfrac{1}{\beta^2}$ の値を求めよ。

(2) $\dfrac{\alpha^8}{\beta^7}$ の値を求めよ。

(3) $z^4 = -8\beta$ を満たす複素数 z を求めよ。 ◀例題104, 105

1 複素数平面上の分点

複素数平面上の3点 $A(\alpha)$, $B(\beta)$, $C(\gamma)$ について

(ア) 線分 AB を $m:n$ に内分する点は $\dfrac{n\alpha + m\beta}{m+n}$

特に，線分 AB の中点は $\dfrac{\alpha+\beta}{2}$

! $m:n$ に外分する点のときは，$m:(-n)$ に内分すると考える。

(イ) $\triangle ABC$ の重心は $\dfrac{\alpha+\beta+\gamma}{3}$

> **例** 3点 $A(2+5i)$, $B(-1+2i)$, $C(5-i)$ について
>
> ① 線分 AB を $1:2$ に内分する点 D を表す複素数は
> $$\frac{2(2+5i)+1(-1+2i)}{1+2} = 1+4i$$
>
> ② 線分 AB を $1:2$ に外分する点 E を表す複素数は，
> $-1:2$ に内分する点と考えて
> $$\frac{2(2+5i)+(-1)(-1+2i)}{-1+2} = 5+8i$$
>
> ③ $\triangle ABC$ の重心を表す複素数は
> $$\frac{(2+5i)+(-1+2i)+(5-i)}{3} = 2+2i$$

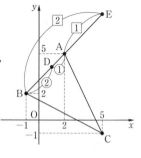

2 複素数平面上の図形

複素数平面上の異なる2点 $A(\alpha)$, $B(\beta)$ について

(1) 垂直二等分線と円

(ア) $|z-\alpha| = |z-\beta|$ $\iff$ 点 z は **線分 AB の垂直二等分線** をえがく。

(イ) $|z-\alpha| = r$ $(r>0)$ $\iff$ 点 z は **点 A を中心とする半径 r の円** をえがく。

(2) アポロニウスの円

m を，$m>0$, $m \neq 1$ を満たす定数とするとき

$|z-\alpha| = m|z-\beta|$ $\iff$ 点 z は **線分 AB を $m:1$ に内分する点と $m:1$ に外分する点を直径の両端とする円** をえがく。

この円を **アポロニウスの円** という。

(1) (ア)　　　　　(1) (イ)　　　　　(2)

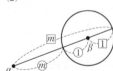

例 ① $|z-1| = |z-i|$ を満たす点 z は，2 点 A(1)，B(i) を
結ぶ線分 AB の垂直二等分線をえがく。

② $|z-2i| = 2$ を満たす点 z は，点 C($2i$) を中心とする
半径 2 の円をえがく。

3 | 複素数と三角形

O を原点とする複素数平面上の異なる 3 点 P(z_1)，Q(z_2)，R(z_3) に対して

(1) 2 直線のなす角

$$\angle QPR = \arg\left(\frac{z_3 - z_1}{z_2 - z_1}\right) \quad 特に \quad \angle POQ = \arg\left(\frac{z_2}{z_1}\right)$$

■ $\angle QPR$，$\angle POQ$ は向きを含めて考えた角である。

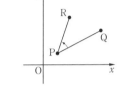

(2) 一直線上にあるための条件，垂直に交わるための条件

(ア) 3 点 P，Q，R が一直線上にある $\Longleftrightarrow$ $\dfrac{z_3 - z_1}{z_2 - z_1}$ が実数

(イ) 2 直線 PQ，PR が垂直に交わる $\Longleftrightarrow$ $\dfrac{z_3 - z_1}{z_2 - z_1}$ が純虚数

例 ① 2 点 P($2+i$)，Q($1+3i$) について

$$\frac{1+3i}{2+i} = 1+i$$
$$= \sqrt{2}\left(\cos\frac{\pi}{4} + i\sin\frac{\pi}{4}\right)$$

であるから

$$\angle POQ = \arg\left(\frac{1+3i}{2+i}\right) = \frac{\pi}{4}$$

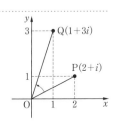

② 3 点 P(3)，Q($2+3i$)，R($-3-2i$) について

$$\frac{(-3-2i)-3}{(2+3i)-3} = \frac{-6-2i}{-1+3i} = 2i$$
$$= 2\left(\cos\frac{\pi}{2} + i\sin\frac{\pi}{2}\right)$$

であるから

$$\angle QPR = \arg\left\{\frac{(-3-2i)-3}{(2+3i)-3}\right\} = \frac{\pi}{2}$$

すなわち，2 直線 PQ，PR は垂直に交わる。

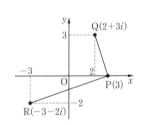

Quick Check 10

▶▶解答編 p.178

複素数平面上の分点

① 複素数平面上の 3 点 A$(-2+5i)$, B$(7-10i)$, C$(1+2i)$ について

(1) 線分 AB を $2:3$ に内分する点を表す複素数を求めよ。

(2) 線分 BC の中点を表す複素数を求めよ。

(3) 線分 CA を $2:3$ に外分する点を表す複素数を求めよ。

(4) △ABC の重心を表す複素数を求めよ。

複素数平面上の図形

② 次の条件を満たす点 z はどのような図形をえがくか。

(1) $|z| = |z+2i|$　　　　　　　(2) $|z-1+2i| = 2$

複素数と三角形

③ 〔1〕 O を原点とする複素数平面において，次の角を求めよ。

(1) A$(2-i)$, B$(1+2i)$ のとき，$\angle$AOB

(2) A$(2+3i)$, B(4), C$(3+8i)$ のとき，$\angle$BAC

〔2〕 3 点 O, A$(2-4i)$, B$\left(1+2\sqrt{3}+(-2+\sqrt{3})i\right)$ を頂点とする △OAB は正三角形であることを示せ。

〔3〕 O を原点とする複素数平面上に O と異なる 2 点 A(α), B(β) がある。α と β が次のような条件を満たすとき，△OAB はどのような三角形か。

(1) $\beta = i\alpha$　　　　　　　(2) $\beta = 2\left(\cos\dfrac{\pi}{3} + i\sin\dfrac{\pi}{3}\right)\alpha$

例題 109 分点，重心を表す複素数 ★☆☆☆

複素数平面上に，3点 A$(-3+4i)$，B$(4-3i)$，C$(-1+6i)$ がある。

(1) 線分 AB を $3:4$ に内分する点 D を表す複素数を求めよ。

(2) 線分 AC を $1:3$ に外分する点 E を表す複素数を求めよ。

(3) (1)，(2)のとき，△ODE の重心 G を表す複素数を求めよ。

思考のプロセス

公式の利用

座標平面やベクトルにおける内分点・外分点，重心の公式と同じように考える。

点 A(α)，B(β)，C(γ) に対して

線分 AB を $m:n$ に内分する点 P(z_1) は

$$z_1 = \frac{n\alpha + m\beta}{m+n}$$

! $m:n$ に外分する点は $m:(-n)$ に内分すると考える。

△ABC の重心 G(z_2) は $\quad z_2 = \dfrac{\alpha + \beta + \gamma}{3}$

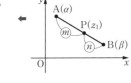

Action>> 線分 AB を $m:n$ に分ける点は，$\dfrac{n\alpha + m\beta}{m+n}$ とせよ

解 (1) 点 D を表す複素数は

$$\frac{4(-3+4i)+3(4-3i)}{3+4}$$

$$= \frac{7i}{7} = i$$

よって $\quad$ **D(i)**

(2) 点 E を表す複素数は

$$\frac{3(-3+4i)+(-1)(-1+6i)}{-1+3}$$

$$= \frac{-8+6i}{2} = -4+3i$$

よって $\quad$ **E$(-4+3i)$**

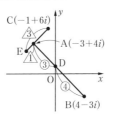

◀ $-1:3$ に内分する点と考えて公式を用いる。
$1:(-3)$ に内分する点と考えてもよい。

(3) △ODE の重心 G を表す複素数は

$$\frac{0+i+(-4+3i)}{3} = -\frac{4}{3} + \frac{4}{3}i$$

よって $\quad$ **G$\left(-\dfrac{4}{3} + \dfrac{4}{3}i\right)$**

◀ 3点 A(α)，B(β)，C(γ) において，△ABC の重心を表す複素数は
$\dfrac{\alpha+\beta+\gamma}{3}$

練習 109 複素数平面上に，2点 A$(-1+2i)$，B$(5+3i)$ がある。

(1) 線分 AB を $3:2$ に内分する点 C を表す複素数を求めよ。

(2) 線分 AB を $3:2$ に外分する点 D を表す複素数を求めよ。

(3) (1)，(2)のとき，△CDE の重心が原点 O となるような点 E を表す複素数を求めよ。

211

➡ p.226 問題109

例題 **110** 複素数平面上の点の軌跡

D　重要
★☆☆☆

複素数 z が次の方程式を満たすとき，複素数平面において点 z はどのような図形をえがくか。

(1)　$|z-1| = |z+i|$　　　　　　(2)　$|2z-1-i| = 4$

思考のプロセス

点 z が表す図形 $\Longrightarrow$ 点 z の軌跡

見方を変える

点 $A(\alpha)$，$B(\beta)$，$P(z)$ とすると

(ア)　$|z-\alpha| = |z-\beta|$
　　　$\Longrightarrow$（点 z と点 α の距離）=（点 z と点 β の距離）
　　　$\Longrightarrow$ AP = BP を満たす点 P の軌跡

(イ)　$|z-\alpha| = r$ （一定）
　　　$\Longrightarrow$（点 z と点 α の距離）= r
　　　$\Longrightarrow$ AP = r を満たす点 P の軌跡

Action>> 絶対値 $|z-\alpha|$ は，点 z と点 α の距離とみよ

(ア)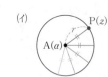

(イ)

解 (1)　$|z-1|$ は点 z と点 1 の距離を表し，$|z+i|$ は点 z と点 $-i$ の距離を表す。

よって，点 z は 2 点 1，$-i$ からの距離が等しい点であるから，点 z は **2 点 1，$-i$ を結ぶ線分の垂直二等分線** をえがく。

◀ $|z+i| = |z-(-i)|$

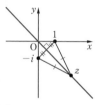

(2)　$|2z-1-i| = 4$ の両辺を 2 で割ると

$$\left|z - \frac{1+i}{2}\right| = 2$$

$\left|z - \dfrac{1+i}{2}\right|$ は点 z と点 $\dfrac{1+i}{2}$ の距離を表すから，点 z は **点 $\dfrac{1+i}{2}$ を中心とする半径 2 の円** をえがく。

◀ z の係数を 1 にするために，両辺を 2 で割る。

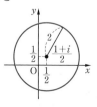

Point.... 2点間の距離で表された軌跡

2 点 $A(\alpha)$，$B(\beta)$ において，$\alpha \neq \beta$，$r > 0$ のとき
$|z-\alpha| = |z-\beta|$　$\Rightarrow$　点 $P(z)$ は **線分 AB の垂直二等分線** をえがく。
$|z-\alpha| = r$　　　　　$\Rightarrow$　点 $P(z)$ は **点 $A(\alpha)$ を中心とする半径 r の円** をえがく。

練習 110 複素数 z が次の方程式を満たすとき，複素数平面において点 z はどのような図形をえがくか。

(1)　$|z-3| = |z-2i|$　　　　　　(2)　$|2-z| = |z+1+i|$

(3)　$|z-i| = 3$　　　　　　　　　(4)　$|3z-1+2i| = 6$

212

➡ p.226　問題110

例題 110 において，複素数平面上の点 z の軌跡を求める問題を学習しました。例題では，図形のもつ性質を利用して軌跡を求めましたが，他に xy 平面における図形の方程式を利用して軌跡を求める解法があります。ここで紹介しましょう。

〈例題 110 の別解〉

(1) $|z-1| = |z+i|$ … ① を満たす点 P(z) の軌跡を考える。

$z = x + yi$ （x, y は実数） とおくと

$$z - 1 = (x-1) + yi, \quad z + i = x + (y+1)i$$

よって $\quad |z-1| = \sqrt{(x-1)^2 + y^2}, \quad |z+i| = \sqrt{x^2 + (y+1)^2}$

① より，$|z-1|^2 = |z+i|^2$ であるから

$$(x-1)^2 + y^2 = x^2 + (y+1)^2$$

これを整理して，点 P の軌跡は　直線 $y = -x$

すなわち，点 z は 2 点 1，$-i$ を結ぶ線分の垂直二等分線をえがく。

(2) $|2z-1-i| = 4$ … ② を満たす点 P(z) の軌跡を考える。

$z = x + yi$ （x, y は実数） とおくと

$$2z - 1 - i = (2x-1) + (2y-1)i$$

よって $\quad |2z-1-i| = \sqrt{(2x-1)^2 + (2y-1)^2}$

② より，$|2z-1-i|^2 = 16$ であるから

$$(2x-1)^2 + (2y-1)^2 = 16$$

$4\left(x - \dfrac{1}{2}\right)^2 + 4\left(y - \dfrac{1}{2}\right)^2 = 16$ より　$\left(x - \dfrac{1}{2}\right)^2 + \left(y - \dfrac{1}{2}\right)^2 = 4$

よって，点 P の軌跡は　円 $\left(x - \dfrac{1}{2}\right)^2 + \left(y - \dfrac{1}{2}\right)^2 = 4$

すなわち，点 z は点 $\dfrac{1}{2} + \dfrac{1}{2}i$ を中心とする半径 2 の円をえがく。

先生，分かりやすい解法ですね。

数学 II で学習した図形の方程式や軌跡の考え方がそのまま使えるので，こちらの解法の方が理解しやすい人もいるかもしれませんね。
ただし，$z = x + yi$ （x, y は実数） とおくので，2 つの変数 x, y を扱うことになり，計算が大変になる場合があるので注意しましょう。

例題 **111** アポロニウスの円

複素数平面において，次の方程式を満たす点 z はどのような図形をえがくか。
(1)　$|z+2| = 2|z-1|$　　　　　　(2)　$|z-5i| = 3|z+3i|$

思考のプロセス

(1)　$A(-2)$，$B(1)$，$P(z)$ とすると，$AP = 2BP$ より　$AP : BP = 2 : 1$
　⇩　⟶ 点 z の軌跡は円（アポロニウスの円）と予想
与式を $|z-\bigcirc| = (一定)$ の形に変形したい。

段階的に考える

① $|\alpha|^2 = \alpha\overline{\alpha}$ を用いて展開する。　　② $\alpha\overline{\alpha} = |\alpha|^2$ を用いてまとめる。

$$|z+2| = 2|z-1|$$
$$|z+2|^2 = 4|z-1|^2$$
$$(z+2)\overline{(z+2)} = 4(z-1)\overline{(z-1)}$$
$$\vdots$$
$$z\overline{z}+2z+2\overline{z}+4 = 4(z\overline{z}+\cdots)$$

①　②

$$|z+\bigcirc| = (一定)$$
$$|z+\bigcirc|^2 = (一定)$$
$$(z+\bigcirc)\overline{(z+\bigcirc)} = (一定)$$
$$\vdots$$

整理 ⟶ $z\overline{z} + \boxed{}z + \boxed{}\overline{z} + \boxed{} = 0$

Action》 方程式 $z\overline{z} - \overline{\alpha}z - \alpha\overline{z} = 0$ は，$(z-\alpha)(\overline{z}-\overline{\alpha}) = \alpha\overline{\alpha}$ とせよ

解

例題94 (1)　与式の両辺を 2 乗すると　　　$|z+2|^2 = 4|z-1|^2$

$$(z+2)\overline{(z+2)} = 4(z-1)\overline{(z-1)}$$
$$(z+2)(\overline{z}+2) = 4(z-1)(\overline{z}-1)$$
$$z\overline{z}+2z+2\overline{z}+4 = 4(z\overline{z}-z-\overline{z}+1)$$

整理すると　　$z\overline{z}-2z-2\overline{z} = 0$

例題94 よって　　$(z-2)(\overline{z}-2) = 4$
$$(z-2)\overline{(z-2)} = 4$$
ゆえに　　$|z-2|^2 = 4$
$|z-2| \geqq 0$ より　　$|z-2| = 2$
したがって，点 z は **点 2 を中心とする半径 2 の円** をえがく。

◀ 2 も 2 乗することに注意する。

◀ $|\alpha|^2 = \alpha\overline{\alpha}$

◀ $\overline{z+2} = \overline{z} + \overline{2}$
　　$= \overline{z} + 2$

◀ z と $\overline{z}$ の係数に着目して
$z\overline{z}-2z-2\overline{z}$
$= (z-2)(\overline{z}-2)-4$
と変形する。

例題94 (2)　与式の両辺を 2 乗すると　　　$|z-5i|^2 = 9|z+3i|^2$

$$(z-5i)\overline{(z-5i)} = 9(z+3i)\overline{(z+3i)}$$
$$(z-5i)(\overline{z}+5i) = 9(z+3i)(\overline{z}-3i)$$
$$z\overline{z}+5iz-5i\overline{z}+25 = 9(z\overline{z}-3iz+3i\overline{z}+9)$$

整理すると　　$z\overline{z}-4iz+4i\overline{z}+7 = 0$

よって　　$(z+4i)(\overline{z}-4i) = 9$

例題94 $$(z+4i)\overline{(z+4i)} = 9$$
ゆえに　　$|z+4i|^2 = 9$
$|z+4i| \geqq 0$ より　　$|z+4i| = 3$
したがって，点 z は **点 $-4i$ を中心**
とする半径 3 の円 をえがく。

◀ $\overline{z-5i} = \overline{z} - \overline{5i}$
　　$= \overline{z}-(-5i)$
　　$= \overline{z}+5i$

◀ $z\overline{z}-4iz+4i\overline{z}$
$= (z+4i)(\overline{z}-4i)-16$

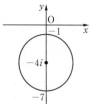

練習 111 複素数平面において，次の方程式を満たす点 z はどのような図形をえがくか。
(1)　$|z+1| = 2|z-2|$　　　　　　(2)　$|z-7i| = 3|z+i|$

➡ p.226　問題111

例題 112 連動点の軌跡　 **D** **重要**
★★☆☆

複素数平面上で，点 z が原点を中心とする半径 2 の円上を動くとき，次の条件を満たす点 w はどのような図形をえがくか。

(1) $w = 2z + i$

(2) $w = \dfrac{3z - 2i}{z - 2}$ $(z \neq 2)$

求めるのは点 w の軌跡 $\Longrightarrow$ 図形が分かるような w の方程式を求める。

条件の言い換え

条件＿＿より $|z| = 2$ ── 条件＿＿より $z = (w\text{の式})$ ── w の式 ── $|w - \bigcirc| = $ 一定 or $|w - \bigcirc| = |w - \square|$ の形にしたい。　例題 110 参照

Action≫ 点 z と連動する点 w の軌跡は，z を消去して w の式をつくれ

解 点 z は原点を中心とする半径 2 の円上を動くから
$$|z| = 2 \quad \cdots ①$$

（動点 z が満たす方程式を求める。）

(1) $w = 2z + i$ より $z = \dfrac{w - i}{2}$

（z について解く。）

① に代入すると $\left| \dfrac{w - i}{2} \right| = 2$

$\left| \dfrac{\alpha}{\beta} \right| = \dfrac{|\alpha|}{|\beta|}$ $(\beta \neq 0)$

$$\dfrac{|w - i|}{2} = 2$$
よって $|w - i| = 4$
したがって，点 w は **点 i を中心とする半径 4 の円** をえがく。

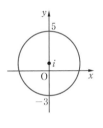

w のえがく図形は，① の円を原点を中心に 2 倍に拡大して，i だけ平行移動したものである。

(2) $w = \dfrac{3z - 2i}{z - 2}$ より $w(z - 2) = 3z - 2i$

整理すると $(w - 3)z = 2w - 2i$

（z について解く。）

$w - 3 \neq 0$ であるから $z = \dfrac{2w - 2i}{w - 3}$

$w - 3 = 0$ とすると $0 = 6 - 2i$ となり，矛盾。

① に代入すると $\left| \dfrac{2w - 2i}{w - 3} \right| = 2$

$$\dfrac{2|w - i|}{|w - 3|} = 2$$
よって $|w - i| = |w - 3|$
したがって，点 w は **2 点 i, 3 を結ぶ線分の垂直二等分線** をえがく。

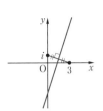

練習 112 複素数平面上で，点 z が原点を中心とする半径 3 の円上を動くとき，次の条件を満たす点 w はどのような図形をえがくか。

(1) $w = 2z - i$

(2) $w = \dfrac{z + 3i}{z - 3}$ $(z \neq 3)$

3 章

10

図形への応用

215

→ p.226 問題 112

> $z + \dfrac{4}{z}$ が実数となるように複素数 z が変化するとき，複素数平面において
>
> z が表す点はどのような図形をえがくか．また，それを図示せよ．

思考のプロセス

求めるものは点 z の軌跡 $\Longrightarrow$ 図形が分かるような z の方程式を求める．

条件の言い換え

≪**ReAction** 複素数 z が実数ならば $\overline{z} = z$，純虚数ならば $\overline{z} = -z$，$z \neq 0$ とせよ　◀例題 96

$z + \dfrac{4}{z}$ が実数 $\Longrightarrow \overline{\left(z + \dfrac{4}{z}\right)} = z + \dfrac{4}{z}$　　　←　展開・整理する。

解
例題
96

$z + \dfrac{4}{z}$ が実数であるから　　$\overline{\left(z + \dfrac{4}{z}\right)} = z + \dfrac{4}{z}$

よって　　$\overline{z} + \dfrac{4}{\overline{z}} = z + \dfrac{4}{z}$

両辺の分母をはらうと　　　　　　　　　　　　　　　◀ 両辺を $z\overline{z}$ 倍する。

$\qquad z(\overline{z})^2 + 4z = z^2\overline{z} + 4\overline{z}$　かつ　$z \neq 0$

整理すると

$\qquad (z\overline{z} - 4)(z - \overline{z}) = 0$　　　　　　　　◀ $z^2\overline{z} - z(\overline{z})^2 - 4z + 4\overline{z} = 0$
$\qquad (|z|^2 - 4)(z - \overline{z}) = 0$　　　　　　　　　　$z\overline{z}(z - \overline{z}) - 4(z - \overline{z}) = 0$
　　　　　　　　　　　　　　　　　　　　　　　　　　よって
$|z|^2 - 4 = 0$ のとき　　$|z| = 2$　　　　　　　　　　$(z\overline{z} - 4)(z - \overline{z}) = 0$
したがって

$\qquad |z| = 2$　または　$z = \overline{z}$　　　　　　　◀ $z = \overline{z} \Longleftrightarrow z$ は実数
ただし，$z = 0$ を除く。　　　　　　　　　　　　　　　　　　　$\Longleftrightarrow z$ は実軸上

よって，点 z は，**原点を中心とす**
る半径 2 の円および原点を除く実
軸 をえがき，右の図。　　　　　　　　　　　　　　◀ 原点は除かれることに注
意する。

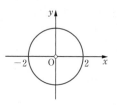

Point....$z + \dfrac{a^2}{z}$ が実数となる条件

$z + \dfrac{a^2}{z}$ $(a > 0)$ が実数のとき

$\qquad \overline{\left(z + \dfrac{a^2}{z}\right)} = z + \dfrac{a^2}{z} \Longleftrightarrow \overline{z} + \dfrac{a^2}{\overline{z}} = z + \dfrac{a^2}{z}$

分母をはらって整理すると

$\qquad (z\overline{z} - a^2)(z - \overline{z}) = 0$

したがって　　$|z| = a,\ z = \overline{z}$　ただし，$z \neq 0$

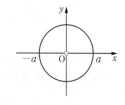

練習113 z が複素数で $\dfrac{(i-1)z}{i(z-2)}$ が実数になるように変わるとき，z は複素数平面上で，
どのような曲線をえがくか。
　　　　　　　　　　　　　　　　　　　　　　　　　　　　　　　　　　　　　　　(神戸大)

➡p.226　問題113

> 複素数平面上の 3 点 $A(3+i)$, $B(4+4i)$, $C(-3+ai)$ が次のようになるとき，実数 a の値を求めよ。
> (1) 3 点 A, B, C が一直線上にある
> (2) $AB \perp AC$

思考のプロセス

Action>> 3点 $A(\alpha)$, $B(\beta)$, $C(\gamma)$ のつくる角は，$\angle BAC = \arg\left(\dfrac{\gamma-\alpha}{\beta-\alpha}\right)$ を用いよ

条件の言い換え

(1) 3 点 $A(\alpha)$, $B(\beta)$, $C(\gamma)$ が一直線上
$\implies \arg\boxed{} = 0,\ \pi$
  └→ 実数となる

(2) $AB \perp AC$
$\implies \arg\boxed{} = \pm\dfrac{\pi}{2}$
  └→ 純虚数となる

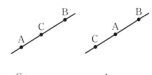

解 3 点 A, B, C を表す複素数をそれぞれ α, β, γ とすると

$$\frac{\gamma-\alpha}{\beta-\alpha} = \frac{(-3+ai)-(3+i)}{(4+4i)-(3+i)}$$
$$= \frac{-6+(a-1)i}{1+3i}$$
$$= \frac{(3a-9)+(a+17)i}{10}$$

(1) 3 点 A, B, C が一直線上にある
とき $\dfrac{\gamma-\alpha}{\beta-\alpha}$ は実数となるから，
$a+17 = 0$ より $\quad \boldsymbol{a = -17}$

(2) $AB \perp AC$ となるとき，$\dfrac{\gamma-\alpha}{\beta-\alpha}$
は純虚数となるから
$3a-9 = 0$ かつ $a+17 \neq 0$
ゆえに $\quad \boldsymbol{a = 3}$

右側注:
$$\frac{-6+(a-1)i}{1+3i}$$
$$= \frac{\{-6+(a-1)i\}(1-3i)}{(1+3i)(1-3i)}$$
$$= \frac{(3a-9)+(a+17)i}{10}$$

$\angle BAC = \arg\left(\dfrac{\gamma-\alpha}{\beta-\alpha}\right) = 0,\ \pi$

$\angle BAC = \arg\left(\dfrac{\gamma-\alpha}{\beta-\alpha}\right) = \pm\dfrac{\pi}{2}$

純虚数 $\iff$
実部 $= 0$ かつ 虚部 $\neq 0$

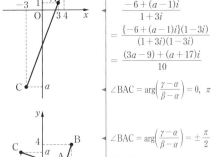

Point.... 一直線上にある条件・垂直条件

複素数平面上の異なる 3 点 $A(\alpha)$, $B(\beta)$, $C(\gamma)$ について，以下が成り立つ。

(1) $\dfrac{\gamma-\alpha}{\beta-\alpha}$ が実数 $\iff$ 3 点 A, B, C が一直線上にある

(2) $\dfrac{\gamma-\alpha}{\beta-\alpha}$ が純虚数 $\iff$ $AB \perp AC$

練習114 複素数平面上の 3 点 $A(7i)$, $B(3+i)$, $C(a+5i)$ が次のようになるとき，実数 a の値を求めよ。
(1) 3 点 A, B, C が一直線上にある　　(2) $AB \perp AC$

右余白縦書き: 3章 10 図形への応用

例題 115 複素数が表す三角形〔1〕… $\dfrac{\beta}{\alpha}$ の条件

D　重要
★★☆☆

> 複素数平面上で，原点 O と異なる 2 点 A(α)，B(β) がある。α，β が次の
> 関係式を満たすとき，△OAB はどのような三角形か。
>
> (1) $\dfrac{\beta}{\alpha} = \dfrac{1+\sqrt{3}\,i}{2}$　　　　　(2) $\beta = (1+i)\alpha$

思考のプロセス

図で考える　△OAB の形状 $\Longrightarrow$ 辺の比や角の大きさを求めたい。

(2) $\beta = (1+i)\alpha = \sqrt{2}\left(\cos\dfrac{\pi}{4} + i\sin\dfrac{\pi}{4}\right)\alpha$

$\Longrightarrow$ 点 B(β)は，点 A(α)を原点を中心に $\dfrac{\pi}{4}$ だけ回転し，

　　　　　原点からの距離を $\sqrt{2}$ 倍した点

$\Longrightarrow$ △OAB はどのような三角形か？

Action≫ △OAB の形状は，$\dfrac{\beta}{\alpha}$ の絶対値と偏角から求めよ

解
例題100

(1) $\dfrac{\beta}{\alpha} = \dfrac{1+\sqrt{3}\,i}{2} = \cos\dfrac{\pi}{3} + i\sin\dfrac{\pi}{3}$

よって，$\left|\dfrac{\beta}{\alpha}\right| = 1$ より　　OA：OB $= |\alpha|：|\beta| = 1：1$

ゆえに　　OA = OB

また　　$\angle\text{AOB} = \arg\left(\dfrac{\beta}{\alpha}\right) = \dfrac{\pi}{3}$

したがって，△OAB は **正三角形**

$\blacktriangleleft$ $\beta = \left(\cos\dfrac{\pi}{3} + i\sin\dfrac{\pi}{3}\right)\alpha$
より，点 B は点 A を原点
を中心に $\dfrac{\pi}{3}$ だけ回転し
た点である。
$\left|\dfrac{\beta}{\alpha}\right| = \dfrac{|\beta|}{|\alpha|} = \dfrac{\text{OB}}{\text{OA}}$

例題100

(2) $\beta = \sqrt{2}\left(\cos\dfrac{\pi}{4} + i\sin\dfrac{\pi}{4}\right)\alpha$

よって，$\left|\dfrac{\beta}{\alpha}\right| = \sqrt{2}$ より　　OA：OB $= |\alpha|：|\beta| = 1：\sqrt{2}$

また　　$\angle\text{AOB} = \arg\left(\dfrac{\beta}{\alpha}\right) = \dfrac{\pi}{4}$

したがって，△OAB は

$\angle\text{A} = \dfrac{\pi}{2}$ の直角二等辺三角形

$\blacktriangleleft$ $\angle\text{AOB} = \dfrac{\pi}{4}$,
OB $= \sqrt{2}$ OA より
$\angle\text{OAB} = \dfrac{\pi}{2}$

Point....△OAB の形状

> 原点 O と異なる 2 点 A(α)，B(β) について，$\dfrac{\beta}{\alpha} = r(\cos\theta + i\sin\theta)$ のとき
>
> $\text{OA}：\text{OB} = |\alpha|：|\beta| = 1：r$, $\angle\text{AOB} = \arg\left(\dfrac{\beta}{\alpha}\right) = \theta$
>
> 2 辺の比とその間の角から，△OAB の形状を考える。

練習 115 複素数平面上で，原点 O と異なる 2 点 A(α)，B(β) がある。α，β が次の関係
式を満たすとき，△OAB はどのような三角形か。

(1) $2\beta = (1+i)\alpha$　　　　　(2) $\beta = (1+\sqrt{3}\,i)\alpha$

218

→ p.226　問題115

例題 116 複素数が表す三角形〔2〕…面積 ★★☆☆

複素数平面上で, 2 点 A(α), B(β) が, $|\alpha| = 2$, $\beta = (4+3i)\alpha$ の関係を満たすとき

(1) △OAB の面積 S を求めよ。　　(2) 2 点 A, B 間の距離を求めよ。

思考のプロセス

対応を考える

(1) $\triangle OAB = \dfrac{1}{2} \cdot \underset{|\alpha|}{OA} \cdot \underset{|\beta|}{OB} \cdot \underset{\arg\left(\frac{\beta}{\alpha}\right)}{\sin \angle AOB}$ から求める。$\Longrightarrow \dfrac{\beta}{\alpha} = r(\cos\theta + i\sin\theta)$

≪®Action △OAB の形状は, $\dfrac{\beta}{\alpha}$ の絶対値と偏角から求めよ ◀例題 115

(2) (2 点 A, B 間の距離) $= |\beta - \alpha|$

解 (1) $|\alpha| = 2$, $\beta = (4+3i)\alpha$ より

OA $= |\alpha| = 2$

OB $= |\beta| = |(4+3i)\alpha| = |4+3i||\alpha| = 5 \cdot 2 = 10$ ◀ $|4+3i| = \sqrt{4^2+3^2} = 5$

また, $\alpha \neq 0$ より $\dfrac{\beta}{\alpha} = 4+3i$ … ① ◀ 点 A は原点と異なるから $\alpha \neq 0$

$\left|\dfrac{\beta}{\alpha}\right| = 5$ より, $\angle AOB = \theta$ と ◀ $\left|\dfrac{\beta}{\alpha}\right| = |4+3i| = 5$

おくと

$\dfrac{\beta}{\alpha} = 5(\cos\theta + i\sin\theta)$ … ②

①, ② より

$4 + 3i = 5(\cos\theta + i\sin\theta)$

よって $\cos\theta = \dfrac{4}{5}$, $\sin\theta = \dfrac{3}{5}$ ◀ θ を具体的に求めることはできないが, $\sin\theta$, $\cos\theta$ の値は求められる。

ゆえに, $0 < \theta < \dfrac{\pi}{2}$ であるから

$S = \dfrac{1}{2} OA \cdot OB \sin\theta = \dfrac{1}{2} \cdot 2 \cdot 10 \cdot \dfrac{3}{5} = 6$

(2) AB $= |\beta - \alpha| = |(4+3i)\alpha - \alpha| = |(3+3i)\alpha|$

$= |3+3i||\alpha| = 3\sqrt{2} \cdot 2 = 6\sqrt{2}$

〔別解〕

余弦定理により

AB^2 = OA^2 + OB^2 - 2OA $\cdot$ OB$\cos\theta$ ◀ (1) より $\cos\theta = \dfrac{4}{5}$

$= 72$

よって AB $= 6\sqrt{2}$

練習 116 複素数平面上で, 2 点 A(α), B(β) が, $|\alpha| = 4$, $\beta = (1+2i)\alpha$ の関係を満たすとき

(1) △OAB の面積 S を求めよ。　　(2) 2 点 A, B 間の距離を求めよ。

➡ p.227 問題116

> 複素数平面上に原点 O と異なる 2 点 A(α), B(β) があり,α, β は等式
> $3\alpha^2 - 6\alpha\beta + 4\beta^2 = 0$ を満たしている。
>
> (1) $\dfrac{\beta}{\alpha}$ の値を求めよ。　　　　(2) △OAB はどのような三角形か。

«®Action △OAB の形状は,$\dfrac{\beta}{\alpha}$ の絶対値と偏角から求めよ ◀例題 115

思考のプロセス

既知の問題に帰着

例題 115 のように,$\dfrac{\beta}{\alpha}$ の値を求めたい。

$\Longrightarrow$ $3\alpha^2 - 6\alpha\beta + 4\beta^2 = 0$
$3 - 6 \cdot \dfrac{\beta}{\alpha} + 4 \cdot \left(\dfrac{\beta}{\alpha}\right)^2 = 0$ $\Big\}$ $\dfrac{\beta}{\alpha}$ の式にするために,両辺を α^2 で割る。

解 (1) $\alpha \neq 0$ より $3\alpha^2 - 6\alpha\beta + 4\beta^2 = 0$ の両辺を α^2 で割ると

$$3 - 6 \cdot \dfrac{\beta}{\alpha} + 4 \cdot \left(\dfrac{\beta}{\alpha}\right)^2 = 0$$

解の公式により $\dfrac{\beta}{\alpha} = \dfrac{3 \pm \sqrt{3}\,i}{4}$

例題 115 (2) $\dfrac{\beta}{\alpha} = \dfrac{\sqrt{3}}{2}\left(\dfrac{\sqrt{3}}{2} \pm \dfrac{1}{2}i\right)$

$= \dfrac{\sqrt{3}}{2}\left\{\cos\left(\pm\dfrac{\pi}{6}\right) + i\sin\left(\pm\dfrac{\pi}{6}\right)\right\}$ （複号同順）

よって $\arg\left(\dfrac{\beta}{\alpha}\right) = \pm\dfrac{\pi}{6}$, $\left|\dfrac{\beta}{\alpha}\right| = \dfrac{\sqrt{3}}{2}$

ゆえに,$\angle O = \dfrac{\pi}{6}$, $OA:OB = 2:\sqrt{3}$

したがって,△OAB は $\angle O = \dfrac{\pi}{6}$, $\angle B = \dfrac{\pi}{2}$ の直角三

角形

点 A は原点と異なるから
$\alpha \neq 0$

$\dfrac{\beta}{\alpha} = z$ とおくと
$4z^2 - 6z + 3 = 0$
Point 参照。

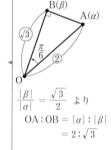

$\dfrac{|\beta|}{|\alpha|} = \dfrac{\sqrt{3}}{2}$ より
$OA:OB = |\alpha|:|\beta|$
$= 2:\sqrt{3}$

Point.... 2次方程式の解と点の位置関係

原点 O と異なる 2 点 A(α), B(β) が $a\alpha^2 + b\alpha\beta + c\beta^2 = 0$ $(ac \neq 0)$ を満たすとき,

両辺を α^2 で割ると $a + b\left(\dfrac{\beta}{\alpha}\right) + c\left(\dfrac{\beta}{\alpha}\right)^2 = 0$

$\dfrac{\beta}{\alpha} = z$ とおいた 2 次方程式 $cz^2 + bz + a = 0$ …① について

(ア) ① が実数解をもつ $\Longrightarrow$ 3 点 O, A, B が一直線上にある

(イ) ① が虚数解 γ をもつ $\Longrightarrow$ $\angle AOB = \arg\gamma$, $OA:OB = 1:|\gamma|$

練習 117 複素数平面上に原点 O と異なる 2 点 A(α), B(β) があり,α, β は次の等式を
満たすとき,△OAB はどのような三角形か。
(1) $\alpha^2 + \beta^2 = 0$ 　　　　(2) $\alpha^2 - \alpha\beta + \beta^2 = 0$

➡ p.227 問題117

> 複素数平面上で，$\alpha = 2i$，$\beta = -\sqrt{3} + 7i$，$\gamma = \sqrt{3} + 4i$ で表される点を
> それぞれ A，B，C とする。
>
> (1) $\dfrac{\beta - \alpha}{\gamma - \alpha}$ の値を求めよ。　　　　(2) △ABC はどのような三角形か。

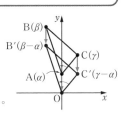

思考のプロセス

例題 115〜117 との違い … 三角形の頂点に原点 O を含まない。

既知の問題に帰着

$$\frac{\beta - \alpha}{\gamma - \alpha} = r(\cos\theta + i\sin\theta)$$

⇒ 中心○とし，線分□を r 倍，θ 回転すると□となる。

(1)の結果から，AB : AC が求まると，△ABC の形状が決まる。

$$\left| \frac{\beta - \alpha}{\gamma - \alpha} \right| = \frac{AB}{AC}$$

Action>> △ABC の形状は，$\dfrac{\beta - \alpha}{\gamma - \alpha}$ の絶対値と偏角から求めよ

解 (1)
$$\frac{\beta - \alpha}{\gamma - \alpha} = \frac{(-\sqrt{3} + 7i) - 2i}{(\sqrt{3} + 4i) - 2i}$$

$$= \frac{-\sqrt{3} + 5i}{\sqrt{3} + 2i}$$

$$= \frac{(-\sqrt{3} + 5i)(\sqrt{3} - 2i)}{(\sqrt{3} + 2i)(\sqrt{3} - 2i)}$$

$$= 1 + \sqrt{3}\,i$$

◀ $1 + \sqrt{3}\,i = 2\left(\dfrac{1}{2} + \dfrac{\sqrt{3}}{2}i\right)$
$= 2\left(\cos\dfrac{\pi}{3} + i\sin\dfrac{\pi}{3}\right)$

(2) (1) より　$\dfrac{\beta - \alpha}{\gamma - \alpha} = 2\left(\cos\dfrac{\pi}{3} + i\sin\dfrac{\pi}{3}\right)$

例題115

よって，$\arg\left(\dfrac{\beta - \alpha}{\gamma - \alpha}\right) = \dfrac{\pi}{3}$　より　　∠CAB $= \dfrac{\pi}{3}$

◀ ∠CAB $= \arg\left(\dfrac{\beta - \alpha}{\gamma - \alpha}\right)$

また　$\left| \dfrac{\beta - \alpha}{\gamma - \alpha} \right| = 2$

$\dfrac{|\beta - \alpha|}{|\gamma - \alpha|} = 2$　より　　AB = 2AC

◀ $|\beta - \alpha| = AB$，
$|\gamma - \alpha| = AC$

したがって，△ABC は

AB = 2AC，∠A $= \dfrac{\pi}{3}$ の直角三角形

◀ ∠ACB が直角であり，
AC : AB : BC $= 1 : 2 : \sqrt{3}$
の直角三角形である。

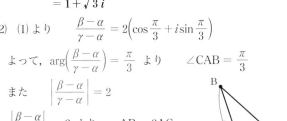

練習 118 複素数平面上で $\alpha = 1 + 2i$，$\beta = (1 - \sqrt{3}) + (2 + \sqrt{3})i$，$\gamma = 2 + 3i$ で表され
る点を，それぞれ A，B，C とする。

(1) $\dfrac{\beta - \alpha}{\gamma - \alpha}$ の値を求めよ。　　　(2) △ABC はどのような三角形か。

→ p.227　問題118

$\alpha = 4$, $\beta = 2-i$, $\gamma = 1+i$, $\delta = 3+2i$ とする。複素数平面上の 4 点 A(α), B(β), C(γ), D(δ) は同一円周上にあることを示せ。

思考のプロセス

結論の言い換え

結論 $\longrightarrow$ $\angle\text{ABC} + \angle\text{CDA} = 180°$

$\hookrightarrow$ $\angle\text{BCA} = \angle\text{BDA}$ 〔解答〕

$\Longrightarrow$ $\dfrac{\alpha-\gamma}{\beta-\gamma}$ と $\dfrac{\alpha-\delta}{\beta-\delta}$ を極形式で表す。

❗ 複素数平面上の角を考えるときには、回転の向きに注意する（ ⤴ の回転が正の向き）。

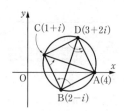

Action>> 3 点 A(α), B(β), C(γ) のつくる角は、$\angle\text{BAC} = \arg\left(\dfrac{\gamma-\alpha}{\beta-\alpha}\right)$ を用いよ

解 4 点 A, B, C, D を複素数平面上に図示すると右の図のようになる。

$$\frac{\alpha-\gamma}{\beta-\gamma} = \frac{4-(1+i)}{(2-i)-(1+i)}$$

$$= \frac{3-i}{1-2i} = 1+i$$

$$= \sqrt{2}\left(\cos\frac{\pi}{4} + i\sin\frac{\pi}{4}\right)$$

◀ 4 点の位置関係を調べ、比べる角を決める。

よって $\angle\text{BCA} = \arg\left(\dfrac{\alpha-\gamma}{\beta-\gamma}\right) = \dfrac{\pi}{4}$

また $\dfrac{\alpha-\delta}{\beta-\delta} = \dfrac{4-(3+2i)}{(2-i)-(3+2i)} = \dfrac{1-2i}{-1-3i}$

$$= \frac{1+i}{2} = \frac{\sqrt{2}}{2}\left(\cos\frac{\pi}{4} + i\sin\frac{\pi}{4}\right)$$

よって $\angle\text{BDA} = \arg\left(\dfrac{\alpha-\delta}{\beta-\delta}\right) = \dfrac{\pi}{4}$

ゆえに $\angle\text{BCA} = \angle\text{BDA}$

2 点 C, D は直線 AB に関して同じ側にあるから、円周角の定理の逆により、4 点 A, B, C, D は同一円周上にある。

◀ $\arg\left(\dfrac{\alpha-\gamma}{\beta-\gamma}\right)$ が具体的に求められないときには、下の **Point** を利用する。

$$z = \frac{\alpha-\gamma}{\beta-\gamma} = 1+i$$

$$w = \frac{\alpha-\delta}{\beta-\delta} = \frac{1+i}{2}$$

より、z, w は実数ではない。$\dfrac{w}{z} = \dfrac{1}{2}$ より $\dfrac{w}{z}$ は実数。よって、4 点 A, B, C, D は同一円周上にあるとしてもよい。

Point.... 4 点が同一円周上にある条件

4 点 A, B, C, D において、A, B, C, D が同一円周上にある

$\Longleftrightarrow$ (ア) $\underline{\angle\text{ACB} = \angle\text{ADB}}$ または (イ) $\underline{\angle\text{BCA} + \angle\text{ADB} = \pi}$

A(α), B(β), C(γ), D(δ) とし、$z = \dfrac{\alpha-\gamma}{\beta-\gamma}$, $w = \dfrac{\alpha-\delta}{\beta-\delta}$ とするとき、

z, w が実数でなく、$\dfrac{w}{z}$ が実数 $\Longleftrightarrow$ 4 点 A, B, C, D は同一円周上

(ア) (イ)

練習**119** $\alpha = -1-5i$, $\beta = 2i$, $\gamma = 6+2i$, $\delta = 7+i$ とする。複素数平面上の 4 点 A(α), B(β), C(γ), D(δ) は同一円周上にあることを示せ。

⇒p.227 問題119

例題 120 複素数と平面図形 ★★☆☆

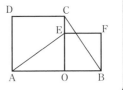

右の図のように，線分 AB 上に 1 点 O をとり，線分
AB に対して同じ側に正方形 AOCD，OBFE をつく
る。このとき，AE ⊥ BC かつ AE = BC であるこ
とを複素数平面を用いて証明せよ。

思考のプロセス

結論の言い換え

点 O を原点とする複素数平面で考える。A(a)，B(b)，C(γ)，E(δ) とする。

~~AB を実軸上にとると考えやすい~~

(1) AE ⊥ BC $\Longrightarrow$ $\arg\left(\dfrac{\gamma-b}{\delta-a}\right)$ を求める。

(2) AE = BC $\Longrightarrow$ $\left|\dfrac{\gamma-b}{\delta-a}\right|$ を求める。

Action≫ 2直線 AB，CD の直交を示すときは，$\dfrac{\delta-\gamma}{\beta-\alpha}$ が純虚数であることを導け

解 点 O を原点とし，直線 AB
を実軸，直線 OC を虚軸と
する複素数平面を考える。
2 点 A，B を表す複素数を
それぞれ a, b (a, b は実数，
$a<0$, $b>0$) とする。

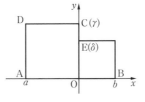

2 点 C，E を表す複素数をそれぞれ γ, δ とおくと

$$\gamma = -ai, \quad \delta = bi$$

よって

$$\frac{\gamma-b}{\delta-a} = \frac{-ai-b}{bi-a} = \frac{-ai+bi^2}{bi-a} = \frac{(bi-a)i}{bi-a} = i$$

ゆえに，$\dfrac{\gamma-b}{\delta-a}$ が純虚数であるから　　AE ⊥ BC

また，$\left|\dfrac{\gamma-b}{\delta-a}\right| = 1$ より，$\dfrac{BC}{AE} = 1$ であるから　AE = BC

◀ 点 γ は，点 a を原点を中心に $-\dfrac{\pi}{2}$ だけ回転した点である。

◀ 分母・分子に $-a-bi$ を掛けてもよい。

◀ $\dfrac{\gamma-b}{\delta-a}$ が純虚数
$\Longleftrightarrow$ AE ⊥ BC
（問題 114 参照）

Point....複素数を用いて図形の性質を証明する手順

① 複素数平面を設定する（原点，実軸，虚軸を定める）。
② 基本となる点を表す複素数を定める。
③ 必要となる点を表す複素数を求める。
④ 与えられた線分の長さや角を，複素数の絶対値や偏角で表す。

練習 120 右の図のように，△ABC の 2 辺 AB，AC をそれ
ぞれ 1 辺とする正方形 ABDE，ACFG をこの三
角形の外側につくるとき，BG = CE，BG ⊥ CE
であることを証明せよ。

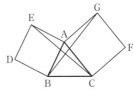

223

→ p.227 問題 120

例題 **121** 対称移動

D
★★★☆

$\alpha = 3+4i$, $\beta = 1+3i$ とするとき，原点 O と点 A(α) を通る直線 l に関して点 B(β) と対称な点 C を表す複素数 γ を求めよ。

思考のプロセス

段階的に考える

1 対称軸が実軸と
なるように回転

2 実軸に関して対称

3 1 と逆の回転

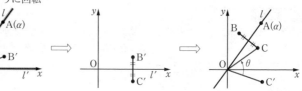

Action≫ 線対称は，対称軸が実軸に重なるように回転して共役複素数をとれ

解 α の偏角を θ とすると　　$\alpha = |\alpha|(\cos\theta + i\sin\theta)$

また　　$\overline{\alpha} = |\alpha|\{\cos(-\theta) + i\sin(-\theta)\}$

よって，点 B を原点を中心に $-\theta$
だけ回転した点を B$'(\beta')$ とすると

$\beta' = \beta\{\cos(-\theta) + i\sin(-\theta)\}$

$\quad = \beta \cdot \dfrac{1}{|\alpha|}\overline{\alpha}$

点 B$'$ を実軸に関して対称移動し
た点を C$'(\gamma')$ とすると

$$\gamma' = \overline{\beta'} = \frac{1}{|\alpha|}\alpha\overline{\beta}$$

点 z と点 $\overline{z}$ は実軸に関
して対称の位置にある。

点 C(γ) は点 C$'$ を原点を中心に θ だけ回転した点であるか

ら　　$\gamma = \gamma'(\cos\theta + i\sin\theta) = \gamma' \cdot \dfrac{1}{|\alpha|}\alpha$

$\quad = \dfrac{1}{|\alpha|}\alpha\overline{\beta} \cdot \dfrac{1}{|\alpha|}\alpha = \dfrac{1}{|\alpha|^2}\alpha^2\overline{\beta} = \dfrac{\alpha}{\alpha}\overline{\beta}$

$\quad = \dfrac{3+4i}{3-4i} \cdot (1-3i) = \dfrac{13}{5} + \dfrac{9}{5}i$

$|\alpha|^2 = \alpha\overline{\alpha}$

Point....複素数平面における線対称

複素数平面上の点 A(α)，B(β) に対して，直線 OA に関して点 B の対称点を C(γ) とす

ると　　$\gamma = \dfrac{\alpha}{\alpha}\overline{\beta}$

また，$\arg\alpha = \theta$ $(0 \leqq \theta < 2\pi)$ とすると　　$\gamma = (\cos 2\theta + i\sin 2\theta)\overline{\beta}$　（問題 121 参照）

練習 121 $\alpha = 3+i$, $\beta = 2+4i$ とするとき，原点 O と点 A(α) を通る直線 l に関して点
B(β) と対称な点 C を表す複素数 γ を求めよ。

⇒ p.227 問題121

例題 **122** 絶対値，偏角の最大・最小　★★★☆　D

> 不等式 $|z-2-2i| \leqq \sqrt{2}$ を満たす複素数 z について
> (1) 複素数平面上の点 $P(z)$ の存在範囲を図示せよ。
> (2) $|z-1|$ の最大値，最小値を求めよ。
> (3) z の偏角を θ $(0 \leqq \theta < 2\pi)$ とするとき，θ の最大値を求めよ。

≪ⓇeAction 絶対値 $|z-\alpha|$ は，点 z と点 α の距離とみよ　◀例題110

思考のプロセス

(1) 不等式 ＿＿ ⟹（点 z と点 ▢ の距離）$\leqq \sqrt{2}$

図で考える

(2) $|z-1|$ の最大・最小
　　⟹ 点 z と点 1 の距離の最大・最小
(3) z の偏角 θ の最大
　　⟹ OP と実軸の正の向きとのなす角
　　　の最大

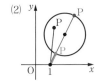

解 (1) $|z-2-2i| \leqq \sqrt{2}$ より
$$|z-(2+2i)| \leqq \sqrt{2}$$
よって，点 $P(z)$ の存在範囲は**右の図の斜線部分**。ただし，**境界線を含む**。

▶ 点 $2+2i$ からの距離が $\sqrt{2}$ 以下となる点であるから，中心が点 $A(2+2i)$，半径が $\sqrt{2}$ の円 C の周および内部となる。

(2) $|z-1|$ は，(1) で求めた領域内の点 z と点 1 の距離を表す。
円の半径は $\sqrt{2}$ であり，点 1 と点 $A(2+2i)$ の距離は
$$|(2+2i)-1| = |1+2i| = \sqrt{5}$$
よって，$|z-1|$ は
最大値 $\sqrt{5}+\sqrt{2}$，最小値 $\sqrt{5}-\sqrt{2}$

▶ $|1+2i| = \sqrt{1^2+2^2} = \sqrt{5}$

▶ 最大・最小となるのは，点 z が点 1 と円 C の中心 A を通る直線と円 C の交点になるときである。

(3) z の偏角 θ が最大となるのは，直線 OP が右の図のように，円 C に接するときである。このとき
$$AP : OA = \sqrt{2} : 2\sqrt{2} = 1 : 2$$
$$\angle OPA = \frac{\pi}{2} \text{ より } \angle AOP = \frac{\pi}{6}$$
また，直線 OA と実軸の正の部分のなす角は $\dfrac{\pi}{4}$
よって，θ は **最大値 $\dfrac{\pi}{4} + \dfrac{\pi}{6} = \dfrac{5}{12}\pi$**

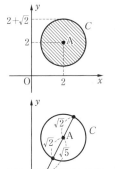

▶ $OA = \sqrt{2^2+2^2} = 2\sqrt{2}$

▶ △POA は直角三角形。

▶ 点 A を表す複素数は $2+2i$ であり $\arg(2+2i) = \dfrac{\pi}{4}$

練習122 不等式 $|z+1-\sqrt{3}\,i| \leqq \sqrt{2}$ を満たす複素数 z について
(1) $|z-2\sqrt{3}\,i|$ の最大値，最小値を求めよ。
(2) z の偏角を θ $(0 \leqq \theta < 2\pi)$ とするとき，θ の最大値，最小値およびそのときの z の値を求めよ。

➡ p.227　問題122

225

109
★★☆☆
複素数平面上に，3 点 A(z_1)，B(z_2)，C(z_3) を頂点にもつ △ABC がある。

(1) 辺 BC，CA，AB をそれぞれ 2:1 に内分する点を D(w_1)，E(w_2)，F(w_3) とするとき，w_1，w_2，w_3 を z_1，z_2，z_3 を用いて表せ。

(2) △ABC の重心と △DEF の重心は一致することを示せ。

110
★★☆☆
複素数 z が次の条件を満たすとき，複素数平面において点 z はどのような図形をえがくか。

(1) $(z-1)(\overline{z}-1) = 9$

(2) $|z+2i| \leqq 2$

111
★★☆☆
複素数 z が $3|z-4-4i| = |z|$ を満たすとき，複素数平面において点 z はどのような図形をえがくか。

112
★★☆☆
複素数平面上で，点 z が $|z| = 1$ を満たしながら動くとき，次の条件を満たす点 w はどのような図形をえがくか。

(1) 点 $4i$ と点 z を結ぶ線分の中点 w

(2) $w = \dfrac{4z+i}{2z-i}$

113
★★★☆
$\dfrac{(1+i)(z-1)}{z}$ が純虚数のとき，複素数平面において z が表す点はどのような図形をえがくか。

114
★★★☆
複素数平面上の異なる 4 点 A(α)，B(β)，C(γ)，D(δ) について，次を示せ。

(1) $\dfrac{\delta-\gamma}{\beta-\alpha}$ が実数 $\iff$ AB ∥ CD

(2) $\dfrac{\delta-\gamma}{\beta-\alpha}$ が純虚数 $\iff$ AB ⊥ CD

115
★★★☆
複素数平面上で，原点 O と異なる 2 点 A(α)，B(β) がある。△OAB が直角二等辺三角形であるとき，$\dfrac{\beta}{\alpha}$ の値を求めよ。

116
★★★☆ 複素数平面上で，2点 A(α)，B(β) が，$|\alpha| = 3$，$\beta = (6+ki)\alpha$ の関係を満たし，△OAB の面積は 9 になるという。このとき，実数 k の値を求めよ。ただし，$k > 0$ とする。

117
★★★☆ 複素数平面上に原点 O と異なる 2点 A(α)，B(β) があり，α，β は等式 $\beta^3 + 8\alpha^3 = 0$ を満たしている。このとき，3点 O，A，B を頂点とする三角形はどのような三角形か。

118
★★★☆ 複素数平面上で，複素数 α，β，γ で表される点をそれぞれ A，B，C とする。
(1) A，B，C が正三角形の 3 頂点であるとき，
$\alpha^2 + \beta^2 + \gamma^2 - \alpha\beta - \beta\gamma - \gamma\alpha = 0$ …（＊）が成立することを示せ。
(2) 逆に，この関係式（＊）が成立するとき，3点 A，B，C がすべて一致するか，または A，B，C が正三角形の 3 頂点となることを示せ。 （金沢大 改）

119
★★★☆ 複素数平面上の 4点 $1+i$，$7+i$，$-6i$，a が同一円周上にあるような，実数 a の値を求めよ。

120
★★☆☆ 右の図のように，△ABC の 2辺 AB，AC をそれぞれ 1辺とする正方形 ABDE，ACFG をこの三角形の外側につくる。線分 EG の中点を M とするとき，MA ⊥ BC，2MA = BC であることを証明せよ。

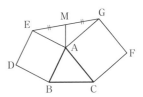

121
★★★☆ $\arg\alpha = \theta$ $(0 \leq \theta < 2\pi)$ とするとき，原点 O と点 A(α) を通る直線 l に関して，点 B(β) と対称な点を C(γ) とするとき，$\gamma = \dfrac{\alpha}{\overline{\alpha}}\overline{\beta} = (\cos 2\theta + i\sin 2\theta)\overline{\beta}$ が成り立つことを示せ。

122
★★★☆ (1) z が虚数で，$z + \dfrac{1}{z}$ が実数のとき，$|z|$ の値 a を求めよ。
(2) (1)の a に対して，$|z| = a$ を満たす z について，$w = \left(z + \sqrt{2} + \sqrt{2}\,i\right)^4$ の絶対値 r と偏角 θ $(0 \leq \theta < 2\pi)$ のとり得る値の範囲を求めよ。

1 複素数平面において，z が条件 $z\overline{z} + iz - i\overline{z} = 0$（ただし $\overline{z}$ は z の共役複素数）を満たすとき，z はどのような図形をえがくか。 ◀例題111

2 2つの複素数 z と w の間に，$w = \dfrac{z+i}{z+1}$ なる関係がある。ただし，$z+1 \neq 0$ である。

(1) z が複素数平面上の虚軸を動くとき，w の軌跡を求め，図示せよ。

(2) z が複素数平面上の原点を中心とする半径 1 の円上を動くとき，w の軌跡を求め，図示せよ。 ◀例題112, 113

3 α, β, γ を複素数とする。次について，正しければ証明し，正しくなければ反例を挙げよ。

α, β, γ が複素数平面の一直線上にあるとき，$\beta+\gamma$, $\gamma+\alpha$, $\alpha+\beta$ も一直線上にある。

ただし，α, β, γ はすべて異なるものとする。 ◀例題114

4 複素数平面上の原点 O と 2 点 A(α)，B(β) について

(1) α, β が $\dfrac{\alpha}{\beta} = \dfrac{1+\sqrt{3}\,i}{2}$ を満たすとき，△OAB は正三角形であることを示せ。

(2) α, β が $\alpha^2 + a\alpha\beta + b\beta^2 = 0$ を満たすとき，△OAB が角 O の大きさが $\dfrac{\pi}{4}$ である直角二等辺三角形となるように，実数 a, b の値を決めよ。 ◀例題115, 117

5 四角形 OABC について，$OA^2 + BC^2 = OC^2 + AB^2$ ならば $OB \perp AC$ であることを複素数を用いて証明せよ。 ◀例題120

入試編

融合例題　　　　　　　　　　　　　▶

共通テスト攻略例題　　　　　　　　▶

入試攻略　　　　　　　　　　　　　▶

O を原点とする座標平面上の放物線 $y = x^2$ 上に 2 点 A$(a,\ a^2)$, B$(b,\ b^2)$ をとり，$t = \overrightarrow{\mathrm{OA}} \cdot \overrightarrow{\mathrm{OB}}$ とおく。ただし，$a \leqq b$ とする。

(1) t の最小値を求めよ。

(2) 2 つのベクトル $\overrightarrow{\mathrm{OA}}$, $\overrightarrow{\mathrm{OB}}$ のなす角を θ とする。t が (1) で求めた最小値をとるとき，$\cos\theta$ の最小値，およびそのときの 2 点 A, B の座標を求めよ。

(3) $a > 0$ かつ $t = 2$ のとき，$\overrightarrow{\mathrm{OP}} = \overrightarrow{\mathrm{OA}} + \overrightarrow{\mathrm{OB}}$ とおく。点 P の存在範囲を図示せよ。

《**ReAction**》 2つのベクトルのなす角は，内積の定義を利用せよ　◀例題11

Action》 積 ab が一定のとき，$a+b$ の値の範囲は相加・相乗平均の関係を用いよ

解 (1) $\overrightarrow{\mathrm{OA}} = (a,\ a^2)$, $\overrightarrow{\mathrm{OB}} = (b,\ b^2)$ であるから

$$t = a \times b + a^2 \times b^2 = (ab)^2 + ab = \left(ab + \frac{1}{2}\right)^2 - \frac{1}{4}$$

ab はすべての実数値をとるから，t は

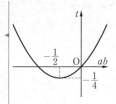

$$ab = -\frac{1}{2}\ \text{のとき}\quad \textbf{最小値}\ -\frac{1}{4}$$

(2) $ab = -\dfrac{1}{2}$ のとき，$(ab)^2 = \dfrac{1}{4}$ より

$$
\begin{aligned}
|\overrightarrow{\mathrm{OA}}|^2 |\overrightarrow{\mathrm{OB}}|^2 &= (a^2 + a^4)(b^2 + b^4) \\
&= (ab)^2 \{1 + a^2 + b^2 + (ab)^2\} \\
&= \frac{1}{4}\left(a^2 + b^2 + \frac{5}{4}\right)\quad \cdots ①
\end{aligned}
$$

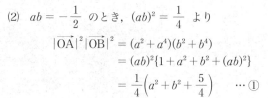

$\blacktriangleleft\ |\overrightarrow{\mathrm{OA}}|^2 = \left(\sqrt{a^2 + (a^2)^2}\right)^2$
$|\overrightarrow{\mathrm{OB}}|^2 = \left(\sqrt{b^2 + (b^2)^2}\right)^2$

ここで $a^2 \geqq 0$, $b^2 \geqq 0$ であるから，相加平均と相乗平均の関係により

$$a^2 + b^2 \geqq 2\sqrt{a^2 b^2} = 2\sqrt{(ab)^2} = 1\quad \cdots ②$$

等号が成立するのは $a^2 = b^2$ すなわち $b = \pm a$ のときであり，$ab = -\dfrac{1}{2}$, $a \leqq b$ より $a = -\dfrac{\sqrt{2}}{2}$, $b = \dfrac{\sqrt{2}}{2}$

$\blacktriangleleft\ ab = -\dfrac{1}{2}$ より
$2\sqrt{(ab)^2} = 2\sqrt{\dfrac{1}{4}} = 1$

①，② より　$|\overrightarrow{\mathrm{OA}}|^2 |\overrightarrow{\mathrm{OB}}|^2 \geqq \dfrac{1}{4}\left(1 + \dfrac{5}{4}\right) = \dfrac{9}{16}$

$|\overrightarrow{\mathrm{OA}}| \geqq 0$, $|\overrightarrow{\mathrm{OB}}| \geqq 0$ であるから　$|\overrightarrow{\mathrm{OA}}||\overrightarrow{\mathrm{OB}}| \geqq \dfrac{3}{4}$

$\blacktriangleleft\ X > 0$, $k > 0$ のとき
$X^2 \geqq k \Longleftrightarrow X \geqq \sqrt{k}$

よって　$\cos\theta = \dfrac{\overrightarrow{\mathrm{OA}} \cdot \overrightarrow{\mathrm{OB}}}{|\overrightarrow{\mathrm{OA}}||\overrightarrow{\mathrm{OB}}|} \geqq \dfrac{-\dfrac{1}{4}}{\dfrac{3}{4}} = -\dfrac{1}{3}$

$\blacktriangleleft\ \dfrac{1}{|\overrightarrow{\mathrm{OA}}||\overrightarrow{\mathrm{OB}}|} \leqq \dfrac{4}{3}$ の両辺に $\overrightarrow{\mathrm{OA}} \cdot \overrightarrow{\mathrm{OB}}$ を掛ける。

例題 11

したがって，$\cos\theta$ の **最小値は** $-\dfrac{1}{3}$ であり，このとき

$$\mathrm{A}\left(-\frac{\sqrt{2}}{2},\ \frac{1}{2}\right),\ \mathrm{B}\left(\frac{\sqrt{2}}{2},\ \frac{1}{2}\right)$$

(3) $t=2$ のとき，$(ab)^2+ab=2$ より

$$(ab+2)(ab-1)=0$$

$0<a\leqq b$ より，$ab>0$ であるから　　$ab=1$

$$\overrightarrow{\mathrm{OP}}=\overrightarrow{\mathrm{OA}}+\overrightarrow{\mathrm{OB}}$$
$$=(a,\ a^2)+(b,\ b^2)=(a+b,\ a^2+b^2)$$

ここで，$\overrightarrow{\mathrm{OP}}=(x,\ y)$ とおくと

$$x=a+b,\ y=a^2+b^2$$

ゆえに　　$y=(a+b)^2-2ab=x^2-2$

ただし，$0<a\leqq b$ であるから，
相加平均と相乗平均の関係により

$$x=a+b\geqq 2\sqrt{ab}=2$$

等号は $a=b=1$ のとき成立する。したがって，点 P の存在範囲は放物線 $y=x^2-2$ の $x\geqq 2$ の部分で **右の図**。

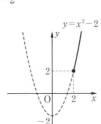

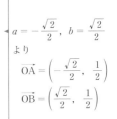

$a=-\dfrac{\sqrt{2}}{2},\ b=\dfrac{\sqrt{2}}{2}$
より
$$\overrightarrow{\mathrm{OA}}=\left(-\frac{\sqrt{2}}{2},\ \frac{1}{2}\right)$$
$$\overrightarrow{\mathrm{OB}}=\left(\frac{\sqrt{2}}{2},\ \frac{1}{2}\right)$$

$0<a\leqq b$ より
$x=a+b>0$ だけでは
不十分である。

練習 1　O を原点とする座標平面上の放物線 $y=-\dfrac{1}{2}x^2$ 上に 2 点 $\mathrm{A}\left(a,\ -\dfrac{1}{2}a^2\right)$，$\mathrm{B}\left(b,\ -\dfrac{1}{2}b^2\right)$ をとり，$t=\overrightarrow{\mathrm{OA}}\cdot\overrightarrow{\mathrm{OB}}$ とおく。ただし，$a\leqq b$ とする。

(1) t の最小値 t_0 を求めよ。

(2) $\overrightarrow{\mathrm{OA}}$ と $\overrightarrow{\mathrm{OB}}$ のなす角を θ とおく。$t=t_0$ のとき，$\cos\theta$ の最小値およびそのときの 2 点 A，B の座標を求めよ。

(3) $\overrightarrow{\mathrm{OP}}=\overrightarrow{\mathrm{OA}}+\overrightarrow{\mathrm{OB}}$ とおく。$a>0$ かつ $t=3$ のとき，点 P の存在範囲を図示せよ。

問題 1　xy 平面上に 3 点 $\mathrm{O}(0,\ 0)$，$\mathrm{P}(p_x,\ p_y)$，$\mathrm{Q}(q_x,\ q_y)$ がある。P は曲線 $y=\dfrac{1}{x}$ 上に，また Q は曲線 $y=-\dfrac{1}{x}$ 上にあり，$q_x<0<p_x$ かつ $\overrightarrow{\mathrm{OP}}\cdot\overrightarrow{\mathrm{OQ}}=0$ である。$p=p_x$ とするとき，次の問に答えよ。

(1) q_x，q_y をそれぞれ p の式として表せ。

(2) $\overrightarrow{\mathrm{OR}}=\dfrac{1}{2}(\overrightarrow{\mathrm{OP}}+\overrightarrow{\mathrm{OQ}})$ となる点 R の座標を $(r,\ s)$ とおくとき，s を r の式として，p を含まない形で表せ。

(3) $\triangle\mathrm{OPQ}$ の面積 S を p を用いて表し，S の最小値と，そのときの p の値を求めよ。

（山梨大　改）

融合例題

融合例題 2　立体を平面で切った断面の面積

> 　1辺の長さが1の正方形を底面とする直方体 OABC－DEFG を考える。3点 P, Q, R をそれぞれ辺 AE, BF, CG 上に，4点 O, P, Q, R が同一平面上にあるようにとる。さらに，∠AOP ＝ α，∠COR ＝ β，四角形 OPQR の面積を S とおく。
>
> (1) S を $\tan\alpha$ と $\tan\beta$ を用いて表せ。
>
> (2) $\alpha+\beta=\dfrac{\pi}{4}$，$S=\dfrac{7}{6}$ であるとき，$\tan\alpha+\tan\beta$ の値を求めよ。
>
> 　　さらに，$\alpha \leqq \beta$ のとき，$\tan\alpha$ の値を求めよ。　　　　　　(東京大)

≪⓭Action 平面 ABC 上の点 P は，$\overrightarrow{\mathrm{AP}} = s\overrightarrow{\mathrm{AB}} + t\overrightarrow{\mathrm{AC}}$ とおけ　◀例題45

Action≫ △ABC の面積は，$\dfrac{1}{2}\sqrt{|\overrightarrow{\mathrm{AB}}|^2|\overrightarrow{\mathrm{AC}}|^2-(\overrightarrow{\mathrm{AB}}\cdot\overrightarrow{\mathrm{AC}})^2}$ を利用せよ

解 (1) O を原点とし，OA を x 軸，OC を y 軸，OD を z 軸とする空間座標を考える。

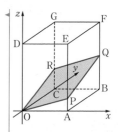

$$\mathrm{OA}=\mathrm{OC}=1, \quad \angle\mathrm{OAP}=\angle\mathrm{OCR}=\frac{\pi}{2}$$
$$\angle\mathrm{AOP}=\alpha, \quad \angle\mathrm{COR}=\beta$$

であるから　　$\mathrm{AP}=\tan\alpha$，$\mathrm{CR}=\tan\beta$

よって，点 P, R の座標はそれぞれ

$$\mathrm{P}(1,\ 0,\ \tan\alpha),\ \mathrm{R}(0,\ 1,\ \tan\beta)$$

例題45

次に，4点 O, P, Q, R は同一平面上にあるから

$$\overrightarrow{\mathrm{OQ}}=s\overrightarrow{\mathrm{OP}}+t\overrightarrow{\mathrm{OR}} \quad (s,\ t\ \text{は実数}) \quad \cdots ①$$

とおける。よって

$$\overrightarrow{\mathrm{OQ}}=s(1,\ 0,\ \tan\alpha)+t(0,\ 1,\ \tan\beta)$$
$$=(s,\ t,\ s\tan\alpha+t\tan\beta)$$

一方，点 Q の x 座標，y 座標はともに 1 であるから

$$s=t=1$$

これを ① に代入すると　　$\overrightarrow{\mathrm{OQ}}=\overrightarrow{\mathrm{OP}}+\overrightarrow{\mathrm{OR}}$

ゆえに，四角形 OPQR は平行四辺形である。

例題18

さらに　　$|\overrightarrow{\mathrm{OP}}|=\sqrt{1+\tan^2\alpha}$，$|\overrightarrow{\mathrm{OR}}|=\sqrt{1+\tan^2\beta}$

$\overrightarrow{\mathrm{OP}}\cdot\overrightarrow{\mathrm{OR}}=\tan\alpha\tan\beta$ より

$$S=2\times\triangle\mathrm{OPR}$$
$$=2\times\frac{1}{2}\sqrt{|\overrightarrow{\mathrm{OP}}|^2|\overrightarrow{\mathrm{OR}}|^2-(\overrightarrow{\mathrm{OP}}\cdot\overrightarrow{\mathrm{OR}})^2}$$
$$=\sqrt{(1+\tan^2\alpha)(1+\tan^2\beta)-(\tan\alpha\tan\beta)^2}$$
$$=\sqrt{1+\tan^2\alpha+\tan^2\beta}$$

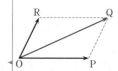

$\overrightarrow{\mathrm{OP}}=(1,\ 0,\ \tan\alpha)$
$\overrightarrow{\mathrm{OQ}}=(0,\ 1,\ \tan\beta)$

◀平行四辺形 OPQR の面積は，△OPR の面積の2倍である。

(2) まず $u = \tan\alpha + \tan\beta$, $v = \tan\alpha\tan\beta$ とおく。

α, β はともに鋭角であるから $\quad u > 0$, $v > 0$

$\alpha + \beta = \dfrac{\pi}{4}$ より $\quad \tan(\alpha + \beta) = 1$

$\dfrac{\tan\alpha + \tan\beta}{1 - \tan\alpha\tan\beta} = 1$ より $\quad \dfrac{u}{1 - v} = 1$ ◀ 加法定理

$u = 1 - v$ となり $\quad v = 1 - u \quad \cdots$ ②

次に $S = \dfrac{7}{6}$ と(1)の結果より

$$1 + \tan^2\alpha + \tan^2\beta = \left(\dfrac{7}{6}\right)^2 = \dfrac{49}{36}$$

◀ $\tan\alpha$, $\tan\beta$ の対称式である。

$$(\tan\alpha + \tan\beta)^2 - 2\tan\alpha\tan\beta = \dfrac{13}{36}$$

$$36(u^2 - 2v) = 13$$

② を代入して $\quad 36(u^2 + 2u - 2) = 13$

$$36u^2 + 72u - 85 = 0$$

$$(6u + 17)(6u - 5) = 0$$

$u > 0$ であるから $\quad u = \tan\alpha + \tan\beta = \dfrac{5}{6}$

これを ② に代入して $\quad v = \tan\alpha\tan\beta = \dfrac{1}{6}$

よって，$\tan\alpha$, $\tan\beta$ は 2 次方程式 $t^2 - \dfrac{5}{6}t + \dfrac{1}{6} = 0$ の ◀ 解と係数の関係

解であり，これを解くと $\quad t = \dfrac{1}{2}$, $\dfrac{1}{3}$

◀ $6t^2 - 5t + 1 = 0$
$(2t - 1)(3t - 1) = 0$
より $\quad t = \dfrac{1}{2}$, $\dfrac{1}{3}$

$0 < \alpha \leqq \beta < \dfrac{\pi}{2}$ のとき，$\tan\alpha \leqq \tan\beta$ であるから

求める $\tan\alpha$ の値は $\quad \boldsymbol{\tan\alpha = \dfrac{1}{3}}$

練習 2 O$(0,\ 0,\ 0)$, A$(2,\ 0,\ 0)$, C$(0,\ 3,\ 0)$, D$\left(-1,\ 0,\ \sqrt{6}\right)$ であるような平行六面体 OABC－DEFG において，辺 AB の中点を M とし，辺 DG 上の点 N を MN $= 4$ かつ DN $<$ GN を満たすように定める。

(1) N の座標を求めよ。

(2) 3 点 E，M，N を通る平面と y 軸との交点 P の座標を求めよ。

(3) 3 点 E，M，N を通る平面による平行六面体 OABC－DEFG の切り口の面積を求めよ。 (東北大)

問題 2 1 辺の長さが 2 の正方形を底面とし，高さが 1 の直方体を K とする。2 点 A，B を直方体 K の同じ面に属さない 2 つの頂点とする。直線 AB を含む平面で直方体 K を切ったときの断面積の最大値と最小値を求めよ。 (一橋大)

座標平面上の楕円 $C : \dfrac{x^2}{a^2} + \dfrac{y^2}{a^2 - c^2} = 1 \ (a > c > 0)$ について，楕円 C の

2つの焦点のうち x 座標が小さい方の焦点を F とする。

(1) 点 F を極とし，F から x 軸の正方向に向かう半直線を始線とする極座標 (r, θ) で表された楕円 C の極方程式を $r = f(\theta)$ とする。$f(\theta)$ を求めよ。

(2) 点 F で直交する 2 直線 l_1，l_2 について，l_1 と楕円 C の交点を P，Q，l_2 と楕円 C の交点を R，S とする。$\dfrac{1}{\mathrm{FP} \cdot \mathrm{FQ}} + \dfrac{1}{\mathrm{FR} \cdot \mathrm{FS}}$ の値は一定であることを示せ。

≪®Action 楕円 $\dfrac{x^2}{a^2} + \dfrac{y^2}{b^2} = 1$ は，焦点が x 軸上か y 軸上かに注意せよ　◀例題57

Action≫ 極が原点と異なる極座標は，図をかいて x，y と r，θ の対応を考えよ

解
例題57
例題85

(1) $a^2 > a^2 - c^2$ であるから，楕円 C の 2 つの焦点は x 軸上にあり，x 座標が小さい方の焦点 F の座標は $(-c, 0)$

$\begin{aligned} &\sqrt{a^2 - (a^2 - c^2)} \\ &= \sqrt{c^2} = |c| = c \end{aligned}$

楕円 C 上の点 $\mathrm{P}(x, y)$ に対して，FP の長さを r，FP と x 軸の正の方向がなす角を θ とおくと

右の図より　$x + c = r\cos\theta$，$y = r\sin\theta$

よって　$x = r\cos\theta - c$，$y = r\sin\theta$

これらを $\dfrac{x^2}{a^2} + \dfrac{y^2}{a^2 - c^2} = 1$ に代入すると

$$\frac{(r\cos\theta - c)^2}{a^2} + \frac{(r\sin\theta)^2}{a^2 - c^2} = 1$$

$r^2\{a^2\sin^2\theta + (a^2 - c^2)\cos^2\theta\}$
$\qquad - 2r(a^2 - c^2)c\cos\theta + c^2(a^2 - c^2) = a^2(a^2 - c^2)$

◀分母をはらって整理する。

$r^2(a^2 - c^2\cos^2\theta) - 2r(a^2 - c^2)c\cos\theta - (a^2 - c^2)^2 = 0$

r についての 2 次方程式とみて，判別式を D とおくと

$$\frac{D}{4} = (a^2 - c^2)^2 c^2\cos^2\theta + (a^2 - c^2\cos^2\theta)(a^2 - c^2)^2$$

$$= (a^2 - c^2)^2 a^2$$

$a > c \geqq c\cos\theta$ であり，解の公式により

$$r = \frac{(a^2 - c^2)c\cos\theta \pm \sqrt{(a^2 - c^2)^2 a^2}}{a^2 - c^2\cos^2\theta}$$

$\begin{aligned} &\sqrt{(a^2 - c^2)^2 a^2} \\ &= |(a^2 - c^2)a| \\ &= (a^2 - c^2)a \end{aligned}$

$$= \frac{(a^2 - c^2)c\cos\theta \pm (a^2 - c^2)a}{(a + c\cos\theta)(a - c\cos\theta)}$$

$$= \frac{(a^2 - c^2)(c\cos\theta \pm a)}{(a + c\cos\theta)(a - c\cos\theta)}$$

$r > 0$ であるから

$$r = \frac{(a^2 - c^2)(c\cos\theta + a)}{(a + c\cos\theta)(a - c\cos\theta)} = \frac{a^2 - c^2}{a - c\cos\theta}$$

$a > c > 0$，
$-1 \leqq \cos\theta \leqq 1$ より
$a^2 - c^2 > 0$，
$a + c\cos\theta > 0$，
$a - c\cos\theta > 0$

したがって $f(\theta) = \dfrac{a^2 - c^2}{a - c\cos\theta}$

(2) (1)で考えた極座標において，点 P の偏角を α とし，
$\mathrm{FP} = r_1$，$\mathrm{FQ} = r_2$，$\mathrm{FR} = r_3$，$\mathrm{FS} = r_4$ とおくと，P，Q，
R，S の極座標はそれぞれ

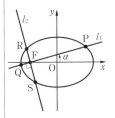

$$\mathrm{P}(r_1,\ \alpha),\ \mathrm{Q}(r_2,\ \alpha + \pi)$$
$$\mathrm{R}\!\left(r_3,\ \alpha + \frac{\pi}{2}\right),\ \mathrm{S}\!\left(r_4,\ \alpha + \frac{3}{2}\pi\right)$$

(1)の結果より

$$r_1 = \frac{a^2 - c^2}{a - c\cos\alpha}$$

$$r_2 = \frac{a^2 - c^2}{a - c\cos(\alpha + \pi)} = \frac{a^2 - c^2}{a + c\cos\alpha} \qquad \blacktriangleleft\ \cos(\alpha + \pi) = -\cos\alpha$$

$$r_3 = \frac{a^2 - c^2}{a - c\cos\!\left(\alpha + \dfrac{\pi}{2}\right)} = \frac{a^2 - c^2}{a + c\sin\alpha} \qquad \blacktriangleleft\ \cos\!\left(\alpha + \frac{\pi}{2}\right) = -\sin\alpha$$

$$r_4 = \frac{a^2 - c^2}{a - c\cos\!\left(\alpha + \dfrac{3}{2}\pi\right)} = \frac{a^2 - c^2}{a - c\sin\alpha} \qquad \blacktriangleleft\ \cos\!\left(\alpha + \frac{3}{2}\pi\right) = \sin\alpha$$

したがって

$$\frac{1}{\mathrm{FP}\cdot\mathrm{FQ}} + \frac{1}{\mathrm{FR}\cdot\mathrm{FS}} = \frac{1}{r_1 r_2} + \frac{1}{r_3 r_4}$$
$$= \frac{a^2 - c^2\cos^2\alpha}{(a^2 - c^2)^2} + \frac{a^2 - c^2\sin^2\alpha}{(a^2 - c^2)^2}$$
$$= \frac{2a^2 - c^2(\cos^2\alpha + \sin^2\alpha)}{(a^2 - c^2)^2} = \frac{2a^2 - c^2}{(a^2 - c^2)^2}$$

a，c は定数であるから，この値は一定である。

融合例題

練習 3 座標平面上の楕円 $C:\dfrac{x^2}{9} + \dfrac{y^2}{5} = 1$ について，楕円の2つの焦点のうち x 座標が小さい方の焦点を F とする。

(1) 点 F を極とし，F から x 軸の正方向に向かう半直線を始線とする極座標 $(r,\ \theta)$ で表された楕円 C の極方程式を $r = f(\theta)$ とする。$f(\theta)$ を求めよ。

(2) 点 F で直交する2直線 l_1，l_2 について，l_1 と楕円 C の交点を P，Q，l_2 と楕円 C の交点を R，S とする。$\dfrac{1}{\mathrm{FP}\cdot\mathrm{FQ}} + \dfrac{1}{\mathrm{FR}\cdot\mathrm{FS}}$ の値を求めよ。

問題 3 座標平面上の放物線 $C:y^2 = 4px$（$p > 0$）について，焦点を F とする。

(1) 点 F を極とし，F から x 軸の正方向に向かう半直線を始線とする極座標 $(r,\ \theta)$ で表された放物線 C の極方程式を $r = f(\theta)$ とする。$f(\theta)$ を求めよ。

(2) 点 F で直交する2直線 l_1，l_2 について，l_1 と放物線 C の交点を P，Q，l_2 と放物線 C の交点を R，S とする。$\dfrac{1}{\mathrm{FP}\cdot\mathrm{FQ}} + \dfrac{1}{\mathrm{FR}\cdot\mathrm{FS}}$ の値は一定であることを示せ。

融合例題 4　複素数平面上の領域

複素数平面上の異なる 2 点 z_1, z_2 と，$s \geqq 0$, $t \geqq 0$ を満たす実数 s, t に対して，$z = s z_1 + t z_2$ とおく。

(1) $|z_1| = 2\sqrt{3}$，$|z_2| = \sqrt{6}$，$\arg\dfrac{z_1}{z_2} = \dfrac{\pi}{4}$ とする。

　s, t が等式 $s + t = 1$ を満たしながら変化するとき，複素数平面上の点 z が動いてできる図形の長さ l を求めよ。

　また，s, t が不等式 $2 \leqq s + t \leqq 3$ を満たしながら変化するとき，複素数平面上の点 z が動いてできる図形の面積 S を求めよ。

(2) $z_1 = -2 + 2i$ とし，点 z_2 は等式 $|z_2 - 2i| = 1$ を満たしながら動くとする。s, t が等式 $s + t = 1$ を満たしながら変化するとき，複素数 z の偏角 θ の最大値および最小値を求めよ。ただし，$0 \leqq \theta < 2\pi$ とする。

(千葉大)

Action>> $z = s z_1 + t z_2$ を満たす点 P(z) の存在範囲は，ベクトル方程式を利用せよ

Action>> 複素数の偏角は，複素数平面上に図示して考えよ

解 (1)　P(z)，A(z_1)，B(z_2) とおくと，

例題115

$|z_1| = 2\sqrt{3}$，$|z_2| = \sqrt{6}$，$\arg\dfrac{z_1}{z_2} = \dfrac{\pi}{4}$ より

$$OA = 2\sqrt{3}, \quad OB = \sqrt{6}, \quad \angle BOA = \frac{\pi}{4}$$

例題31

また，$z = s z_1 + t z_2$ より　　$\overrightarrow{OP} = s\overrightarrow{OA} + t\overrightarrow{OB}$

s, t が等式 $s + t = 1$ を満たしながら変化するとき

$\overrightarrow{OP} = s\overrightarrow{OA} + t\overrightarrow{OB}$, $s + t = 1$, $s \geqq 0$, $t \geqq 0$

よって，点 P(z) は線分 AB 上を動くから，△OAB について余弦定理により

$$l^2 = \left(2\sqrt{3}\right)^2 + \left(\sqrt{6}\right)^2 - 2 \cdot 2\sqrt{3} \cdot \sqrt{6} \cdot \cos\frac{\pi}{4} = 6$$

$l > 0$ より　　$\boldsymbol{l = \sqrt{6}}$

例題31

次に，s, t が不等式 $2 \leqq s + t \leqq 3$ を満たしながら変化するとき

$\overrightarrow{OP} = s\overrightarrow{OA} + t\overrightarrow{OB}$, $2 \leqq s + t \leqq 3$, $s \geqq 0$, $t \geqq 0$

よって，C($2z_1$)，D($3z_1$)，E($2z_2$)，F($3z_2$) とおくと，
点 P(z) は台形 CDFE の周および内部を動くから

$$S = \triangle ODF - \triangle OCE$$
$$= (3^2 - 2^2)\triangle OAB$$
$$= 5 \cdot \frac{1}{2} \cdot 2\sqrt{3} \cdot \sqrt{6} \sin\frac{\pi}{4} = \boldsymbol{15}$$

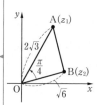

OA：OB $= \sqrt{2} : 1$ より
△OAB は直角二等辺三角形である。

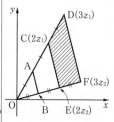

△ODF ∽ △OAB であり，
相似比が 3：1 であるから
　△ODF $= 3^2 \triangle$OAB
同様に
　△OCE $= 2^2 \triangle$OAB

(2) P(z), A(z_1), B(z_2), C($2i$) とおく。

$|z_2 - 2i| = 1$ より, 点 B(z_2) は点 C を中心とする半径 1 の円 C 上を動く。

さらに, s, t が等式 $s + t = 1$ を満たしながら変化するとき, 点 P(z) は線分 AB 上を動く。

よって, 点 P(z) の存在範囲は右の図の斜線部分である。

ただし, 境界線を含む。

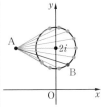

$|z - \alpha| = r \ (r > 0)$
$\iff$ P(z) は点 A(α) を中心とする半径 r の円上を動く。

(ア) $\theta = \arg z$ が最大となるのは $z = -2 + 2i$ のときであり

$$\arg(-2 + 2i) = \frac{3}{4}\pi$$

よって, θ の最大値は $\dfrac{3}{4}\pi$

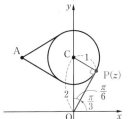

(イ) $\theta = \arg z$ が最小となるのは右の図のように直線 OP が円 C に接するときである。

$OC = 2$, $CP = 1$, $\angle OPC = \dfrac{\pi}{2}$

より $\angle POC = \dfrac{\pi}{6}$

よって, θ の最小値は $\dfrac{\pi}{3}$

$\dfrac{\pi}{2} - \dfrac{\pi}{6} = \dfrac{\pi}{3}$

融合例題

練習 4 複素数平面上の異なる 2 点 z_1, z_2 と, $s \geqq 0$, $t \geqq 0$ を満たす実数 s, t に対して, $z = sz_1 + tz_2$ とおく。

(1) $|z_1| = 3$, $|z_2| = 2$, $\arg \dfrac{z_1}{z_2} = \dfrac{\pi}{3}$ とする。

s, t が等式 $s + t = 1$ を満たしながら変化するとき, 複素数平面上の点 z が動いてできる図形の長さ l を求めよ。

また, s, t が不等式 $0 \leqq s \leqq 1$, $1 \leqq t \leqq 3$ を満たしながら変化するとき, 複素数平面上の点 z が動いてできる図形の面積 S を求めよ。

(2) $z_1 = 1 + \sqrt{3}\,i$ とし, 点 z_2 は等式 $|z_2 - 3\sqrt{2}| = 3$ を満たしながら動くとする。s, t が等式 $s + t = 1$ を満たしながら変化するとき, 複素数 z の偏角 θ の最大値および最小値を求めよ。ただし, $-\dfrac{\pi}{2} \leqq \theta \leqq \dfrac{\pi}{2}$ とする。

問題 4 複素数 α, β が $|\alpha| = |\beta| = 1$, $\dfrac{\beta}{\alpha}$ の偏角は $\dfrac{2}{3}\pi$ を満たす定角であるとき, $\gamma = (1 - t)\alpha + t\beta$, $0 \leqq t \leqq 1$ を満たす複素数 γ は複素数平面上のどのような図形上にあるか。

(九州工業大 改)

融合例題**5** 2次曲線と回転移動

> (1) 座標平面上の点 $P(x, y)$ を原点 O を中心に $60°$ だけ回転させた点を $Q(X, Y)$ とする。x, y をそれぞれ X, Y の式で表せ。
>
> (2) 座標平面上において、方程式 $15x^2 + 13y^2 + 2\sqrt{3}\,xy = 192$ で表される 2次曲線を C とする。2次曲線 C を原点 O を中心に $60°$ だけ回転させた図形の方程式を求めよ。また、2次曲線 C の頂点、焦点の座標を求め、その概形をかけ。

≪®Action 原点中心の回転、拡大・縮小は、複素数 $r(\cos\theta + i\sin\theta)$ を掛けよ ◀例題100

Action≫ 楕円の頂点・焦点は、標準形 $\dfrac{x^2}{a^2} + \dfrac{y^2}{b^2} = 1$ を利用せよ

解 (1) 複素数平面において考える。

例題100

点 $P(x + yi)$ を原点 O を中心に $60°$ だけ回転させた点を $Q(X + Yi)$ とすると

$$X + Yi = (\cos 60° + i\sin 60°)(x + yi)$$

よって

$$x + yi = (\cos 60° + i\sin 60°)^{-1}(X + Yi)$$
$$= \{\cos(-60°) + i\sin(-60°)\}(X + Yi)$$
$$= \frac{1}{2}(1 - \sqrt{3}\,i)(X + Yi)$$
$$= \frac{1}{2}\{(X + \sqrt{3}\,Y) + (-\sqrt{3}\,X + Y)i\}$$

x, y, X, Y はすべて実数であるから

$$x = \frac{1}{2}(X + \sqrt{3}\,Y), \quad y = \frac{1}{2}(-\sqrt{3}\,X + Y) \quad \cdots ①$$

(2) 曲線 C 上の点を (x, y) とし、点 (x, y) を原点 O を中心に $60°$ だけ回転させた点を (X, Y) とすると、① が成り立つ。曲線 C の方程式に ① を代入すると

$$\frac{15}{4}(X + \sqrt{3}\,Y)^2 + \frac{13}{4}(-\sqrt{3}\,X + Y)^2$$
$$+ \frac{2\sqrt{3}}{4}(X + \sqrt{3}\,Y)(-\sqrt{3}\,X + Y) = 192$$

整理すると、$48X^2 + 64Y^2 = 768$ より $\dfrac{X^2}{16} + \dfrac{Y^2}{12} = 1$

よって、曲線 C を原点 O を中心に $60°$ だけ回転させた曲線 C' の方程式は $\dfrac{x^2}{16} + \dfrac{y^2}{12} = 1$

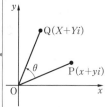

点 $P(z)$ を原点 O を中心に角 θ だけ回転させた点 Q を表す複素数は $(\cos\theta + i\sin\theta)z$

◀ $X + \sqrt{3}\,Y$, $-\sqrt{3}\,X + Y$ も実数である。

◀ 点 $P(x, y)$ が曲線 C 上を動くとき、点 P を原点 O を中心に $60°$ だけ回転させた点 Q の軌跡と考える。

ゆえに，曲線 C' は原点 O を中心とし，x 軸を長軸とする楕円であるから，曲線 C は，x 軸を原点 O を中心に $-60°$ だけ回転させた直線 $y = -\sqrt{3}\,x$ を長軸とする楕円である。

例題 57
楕円 C' の頂点の座標は　　　$(\pm 4,\ 0),\ (0,\ \pm 2\sqrt{3})$

例題 100
複素数平面上で，4 点 $\pm 4,\ \pm 2\sqrt{3}\,i$ を原点を中心にそれぞれ $-60°$ だけ回転させた点を表す複素数は

$$\pm 4\{\cos(-60°) + i\sin(-60°)\} = \pm 2 \mp 2\sqrt{3}\,i$$
$$\pm 2\sqrt{3}\,i\{\cos(-60°) + i\sin(-60°)\} = \pm 3 \pm \sqrt{3}\,i$$

（複号同順）

よって，楕円 C の頂点の座標は

$$(2,\ -2\sqrt{3}),\ (-2,\ 2\sqrt{3}),\ (3,\ \sqrt{3}),\ (-3,\ -\sqrt{3})$$

例題 57
また，曲線 C' の 2 つの焦点の座標は　　　$(\pm 2,\ 0)$

例題 100
複素数平面上で，2 点 ± 2 を原点を中心にそれぞれ $-60°$ だけ回転させた点を表す複素数は

$$2\{\cos(-60°) + i\sin(-60°)\} = 1 - \sqrt{3}\,i$$
$$-2\{\cos(-60°) + i\sin(-60°)\} = -1 + \sqrt{3}\,i$$

よって，楕円 C の 2 つの焦点の座標は

$$(-1,\ \sqrt{3}),$$
$$(1,\ -\sqrt{3})$$

したがって，楕円 C の概形は **右の図**。

（右段）
x 軸を原点 O を中心に $-60°$ だけ回転させた直線の傾きは
$$\tan(-60°) = -\sqrt{3}$$

楕円 C' の頂点，焦点を原点を中心にそれぞれ $-60°$ だけ回転させた点が，楕円 C の頂点，焦点である。

楕円 $\dfrac{x^2}{a^2} + \dfrac{y^2}{b^2} = 1$
$(a > b > 0)$
の焦点の座標は
$(\pm\sqrt{a^2 - b^2},\ 0)$

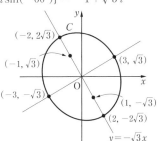

融合例題

練習 5 (1) 座標平面上の点 $P(x,\ y)$ を原点 O を中心に $45°$ だけ回転させた点を $Q(X,\ Y)$ とするとき，$x,\ y$ をそれぞれ $X,\ Y$ の式で表せ。

(2) 座標平面上において，方程式 $x^2 + y^2 - 2xy - 8x - 8y = 0$ で表される 2 次曲線を C とする。2 次曲線 C を原点 O を中心として $45°$ だけ回転させた図形の方程式を求めよ。また，この結果から 2 次曲線 C の概形をかけ。さらに，2 次曲線 C の焦点の座標を求めよ。

問題 5 (1) 座標平面上の点 $P(x,\ y)$ を原点 O を中心に $30°$ だけ回転させた点を $Q(X,\ Y)$ とするとき，$x,\ y$ をそれぞれ $X,\ Y$ の式で表せ。

(2) 座標平面上において，方程式 $11x^2 - 39y^2 - 50\sqrt{3}\,xy = 576$ で表される 2 次曲線を C とする。2 次曲線 C を原点 O を中心に $30°$ だけ回転させた図形の方程式を求めよ。また，この結果から 2 次曲線 C の概形をかけ。さらに，2 次曲線 C の焦点の座標を求めよ。

> 1辺の長さが1，∠AOB = 120° であるひし形 OACB において，対角線 AB を1:3 に内分する点を P とし，辺 BC 上に $\overrightarrow{\mathrm{OP}} \perp \overrightarrow{\mathrm{OQ}}$ となる点 Q をとる。
>
> (1) $\overrightarrow{\mathrm{OP}} = \dfrac{\boxed{\text{ア}}}{\boxed{\text{イ}}}\overrightarrow{\mathrm{OA}} + \dfrac{\boxed{\text{ウ}}}{\boxed{\text{イ}}}\overrightarrow{\mathrm{OB}}$ である。
>
> 　また，実数 t を用いて，$\overrightarrow{\mathrm{OQ}} = (1-t)\overrightarrow{\mathrm{OB}} + t\overrightarrow{\mathrm{OC}}$ と表される。
>
> 　ここで，$\overrightarrow{\mathrm{OA}} \cdot \overrightarrow{\mathrm{OB}} = \dfrac{\boxed{\text{エオ}}}{\boxed{\text{カ}}}$，$\overrightarrow{\mathrm{OP}} \cdot \overrightarrow{\mathrm{OQ}} = \boxed{\text{キ}}$ であることから，
>
> $t = \dfrac{\boxed{\text{ク}}}{\boxed{\text{ケ}}}$ であり，$|\overrightarrow{\mathrm{OP}}| = \dfrac{\sqrt{\boxed{\text{コ}}}}{\boxed{\text{サ}}}$，$|\overrightarrow{\mathrm{OQ}}| = \dfrac{\sqrt{\boxed{\text{シス}}}}{\boxed{\text{セ}}}$ である。
>
> 　よって，三角形 OPQ の面積 S_1 は，$S_1 = \dfrac{\boxed{\text{ソ}}\sqrt{\boxed{\text{タ}}}}{\boxed{\text{チツ}}}$ である。
>
> 　$\boxed{\text{ア}}$ ～ $\boxed{\text{チツ}}$ に当てはまる数を答えよ。
>
> (2) 線分 PQ と OC の交点を T とする。
>
> 　T は線分 OC 上の点であり，線分 PQ 上の点でもあるから，実数 k, s を用いて，次のように表せる。
>
> $$\overrightarrow{\mathrm{OT}} = k\overrightarrow{\mathrm{OC}}, \quad \overrightarrow{\mathrm{OT}} = (1-s)\overrightarrow{\mathrm{OP}} + s\overrightarrow{\mathrm{OQ}}$$
>
> $k = \dfrac{\boxed{\text{テ}}}{\boxed{\text{トナ}}}$，$s = \dfrac{\boxed{\text{ニ}}}{\boxed{\text{ヌネ}}}$ であるから，三角形 OPQ の面積 S_1 と，三角形 PCT の面積 S_2 の面積比は，$S_1 : S_2 = \boxed{\text{ノハ}} : \boxed{\text{ヒフ}}$ である。
>
> 　$\boxed{\text{テ}}$ ～ $\boxed{\text{ヒフ}}$ に当てはまる数を答えよ。

《**ReAction** ベクトルの大きさは，2乗して内積を利用せよ　◀例題14

《**ReAction** 2直線の交点のベクトルは，1次独立なベクトルを用いて2通りに表せ　◀例題22

解 (1)　　　　$\overrightarrow{\mathrm{OP}} = \dfrac{3}{4}\overrightarrow{\mathrm{OA}} + \dfrac{1}{4}\overrightarrow{\mathrm{OB}}$

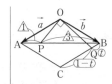

$\overrightarrow{\mathrm{OQ}} = (1-t)\overrightarrow{\mathrm{OB}} + t\overrightarrow{\mathrm{OC}}$

$\quad = (1-t)\overrightarrow{\mathrm{OB}} + t(\overrightarrow{\mathrm{OA}} + \overrightarrow{\mathrm{OB}}) = t\overrightarrow{\mathrm{OA}} + \overrightarrow{\mathrm{OB}}$

ここで　　$\overrightarrow{\mathrm{OA}} \cdot \overrightarrow{\mathrm{OB}} = |\overrightarrow{\mathrm{OA}}||\overrightarrow{\mathrm{OB}}|\cos 120°$

$\quad\quad\quad\quad\quad = 1 \times 1 \times \left(-\dfrac{1}{2}\right) = -\dfrac{1}{2}$

∠POQ = 90° より　　$\overrightarrow{\mathrm{OP}} \cdot \overrightarrow{\mathrm{OQ}} = 0$

よって

$\overrightarrow{\mathrm{OP}} \cdot \overrightarrow{\mathrm{OQ}} = \left(\dfrac{3}{4}\overrightarrow{\mathrm{OA}} + \dfrac{1}{4}\overrightarrow{\mathrm{OB}}\right) \cdot (t\overrightarrow{\mathrm{OA}} + \overrightarrow{\mathrm{OB}})$

$\quad\quad\quad = \dfrac{1}{4}\{3t|\overrightarrow{\mathrm{OA}}|^2 + (t+3)\overrightarrow{\mathrm{OA}} \cdot \overrightarrow{\mathrm{OB}} + |\overrightarrow{\mathrm{OB}}|^2\}$

$$= \frac{1}{4}\left\{3t \times 1^2 + (t+3)\times\left(-\frac{1}{2}\right) + 1^2\right\}$$

◀ $|\overrightarrow{OA}| = |\overrightarrow{OB}| = 1$

$$= \frac{1}{4}\left(\frac{5}{2}t - \frac{1}{2}\right)$$

$\overrightarrow{OP}\cdot\overrightarrow{OQ} = 0$ より $t = \dfrac{1}{5}$

したがって $\overrightarrow{OQ} = \dfrac{1}{5}\overrightarrow{OA} + \overrightarrow{OB}$

$$|\overrightarrow{OP}|^2 = \left|\frac{3}{4}\overrightarrow{OA} + \frac{1}{4}\overrightarrow{OB}\right|^2$$

◀ ベクトルの大きさは2乗して考える。

$$= \frac{1}{16}\left(9|\overrightarrow{OA}|^2 + 6\overrightarrow{OA}\cdot\overrightarrow{OB} + |\overrightarrow{OB}|^2\right)$$

$$= \frac{1}{16}\left\{9\times 1^2 + 6\times\left(-\frac{1}{2}\right) + 1^2\right\} = \frac{7}{16}$$

$|\overrightarrow{OP}| \geqq 0$ より $|\overrightarrow{OP}| = \dfrac{\sqrt{7}}{4}$

同様にして $|\overrightarrow{OQ}| = \dfrac{\sqrt{21}}{5}$

よって，三角形 OPQ の面積 S_1 は

$$S_1 = \frac{1}{2}\times|\overrightarrow{OP}|\times|\overrightarrow{OQ}| = \frac{1}{2}\times\frac{\sqrt{7}}{4}\times\frac{\sqrt{21}}{5} = \frac{7\sqrt{3}}{40}$$

◀ 三角形 OPQ は，
$\angle POQ = 90°$ の直角三角形である。

(2) $\overrightarrow{OT} = k\overrightarrow{OC}$ より $\overrightarrow{OT} = k(\vec{a}+\vec{b}) = k\vec{a} + k\vec{b}$ …①

$\overrightarrow{OT} = (1-s)\overrightarrow{OP} + s\overrightarrow{OQ}$ より

$$\overrightarrow{OT} = (1-s)\left(\frac{3}{4}\vec{a} + \frac{1}{4}\vec{b}\right) + s\left(\frac{1}{5}\vec{a} + \vec{b}\right)$$

$$= \left(\frac{3}{4} - \frac{11}{20}s\right)\vec{a} + \left(\frac{1}{4} + \frac{3}{4}s\right)\vec{b}$$ …②

$\vec{a} \neq \vec{0}$, $\vec{b} \neq \vec{0}$ であり，$\vec{a}$ と $\vec{b}$ は平行でないから，①，②

より $k = \dfrac{3}{4} - \dfrac{11}{20}s$, $k = \dfrac{1}{4} + \dfrac{3}{4}s$

これを解くと $k = \dfrac{7}{13}$, $s = \dfrac{5}{13}$

よって，OT : TC = 7 : 6, PT : TQ = 5 : 8 であるから

$$S_2 = \frac{6}{7}\triangle OPT = \frac{6}{7}\times\frac{5}{13}\triangle OPQ = \frac{30}{91}S_1$$

したがって $S_1 : S_2 = S_1 : \dfrac{30}{91}S_1 = \mathbf{91 : 30}$

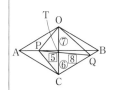

ア	イ	ウ	エ	オ	カ	キ	ク	ケ	コ	サ	シ	ス	セ	ソ	タ	チ	ツ
3	4	1	−	1	2	0	1	5	7	4	2	1	5	7	3	4	0

テ	ト	ナ	ニ	ヌ	ネ	ノ	ハ	ヒ	フ
7	1	3	5	1	3	9	1	3	0

座標平面上に，楕円 $C : \dfrac{x^2}{9} + \dfrac{y^2}{4} = 1$ …①，直線 $l : y = x + k$ …② がある。ただし，k は正の定数とする。

(1)　楕円 C と直線 l が共有点をもたないとき，k のとり得る値の範囲を求めよう。② を ① に代入して整理すると

$$\boxed{アイ}\, x^2 + \boxed{ウエ}\, kx + \boxed{オ}\, k^2 - \boxed{カキ} = 0 \qquad \cdots ③$$

x の 2 次方程式 ③ の判別式を D とすると，楕円 C と直線 l が共有点をもたないための条件は，$D \boxed{ク} 0$ である。

$D \boxed{ク} 0$ を満たす正の定数 k の値の範囲は，$k \boxed{ケ} \sqrt{\boxed{コサ}}$ である。

$\boxed{ク}$，$\boxed{ケ}$ の解答群（同じものを繰り返し選んでもよい。）

⓪　$\geqq$	①　$\leqq$	②　$=$	③　$>$	④　$<$

(2)　k が $k \boxed{ケ} \sqrt{\boxed{コサ}}$ を満たすある定数であるとき，楕円 C 上の点 P から直線 l に下ろした垂線を PH とする。このとき，線分 PH の長さの最小値を求めよう。

点 P の座標は，θ を用いて，P($\boxed{シ}\cos\theta$, $\boxed{ス}\sin\theta$) と表すことができる。ただし，$0 \leqq \theta < 2\pi$ とする。

このとき，線分 PH の長さは，$PH = \dfrac{\left| \boxed{セ}\cos\theta - \boxed{ソ}\sin\theta + k \right|}{\sqrt{\boxed{タ}}}$ である。

ここで，$\boxed{セ}\cos\theta - \boxed{ソ}\sin\theta = \sqrt{\boxed{チツ}}\sin(\theta + \alpha)$ である。

ただし，α は $\cos\alpha = \boxed{テ}$，$\sin\alpha = \boxed{ト}$ を満たす角である。

$k \boxed{ケ} \sqrt{\boxed{コサ}}$ であり，$\boxed{ナニ} \leqq \sin(\theta + \alpha) \leqq \boxed{ヌ}$ であるから，PH の長さの最小値は $\boxed{ネ}$ である。

$\boxed{テ}$，$\boxed{ト}$ の解答群（同じものを繰り返し選んでもよい。）

⓪　$\dfrac{\boxed{セ}}{\sqrt{\boxed{チツ}}}$	①　$\dfrac{\boxed{ソ}}{\sqrt{\boxed{チツ}}}$	②　$-\dfrac{\boxed{セ}}{\sqrt{\boxed{チツ}}}$	③　$-\dfrac{\boxed{ソ}}{\sqrt{\boxed{チツ}}}$

$\boxed{ネ}$ の解答群

⓪　$\dfrac{k + \sqrt{\boxed{チツ}}}{\sqrt{\boxed{タ}}}$	①　$\dfrac{k - \sqrt{\boxed{チツ}}}{\sqrt{\boxed{タ}}}$	②　$-\dfrac{k + \sqrt{\boxed{チツ}}}{\sqrt{\boxed{タ}}}$	③　$-\dfrac{k - \sqrt{\boxed{チツ}}}{\sqrt{\boxed{タ}}}$

解 (1)　②を①に代入すると　　$\dfrac{x^2}{9}+\dfrac{(x+k)^2}{4}=1$

整理すると
$$4x^2+9(x+k)^2=36$$
$$13x^2+18kx+9k^2-36=0\qquad\cdots③$$

x の2次方程式③の判別式を D とすると，楕円 C と直線 l が共有点をもたないための条件は，$D<0$ である。

ここで　　$\dfrac{D}{4}=(9k)^2-13\cdot(9k^2-36)=-36(k^2-13)$

よって，$D<0$ より　　$k<-\sqrt{13},\ k>\sqrt{13}$

$k>0$ であるから　　$\boldsymbol{k>\sqrt{13}}$

◀ x の2次方程式③が実数解をもたないとき，楕円 C と直線 l は共有点をもたない。

(2)　点 P の座標は，$\mathrm{P}(3\cos\theta,\ 2\sin\theta)$ と表すことができる。

◀ 楕円 $\dfrac{x^2}{3^2}+\dfrac{y^2}{2^2}=1$ 上の点は，$(3\cos\theta,\ 2\sin\theta)$ とおける。

直線 l の方程式は　$x-y+k=0$ であるから，線分 PH の長さは，点と直線の距離の公式により
$$\mathrm{PH}=\frac{|3\cos\theta-2\sin\theta+k|}{\sqrt{1^2+(-1)^2}}=\frac{|3\cos\theta-2\sin\theta+k|}{\sqrt{2}}$$

◀ 線分 PH の長さは，点 P と直線 l の距離に等しい。

ここで
$$3\cos\theta-2\sin\theta=\sqrt{3^2+(-2)^2}\sin(\theta+\alpha)=\sqrt{13}\sin(\theta+\alpha)$$
ただし，α は $\cos\alpha=-\dfrac{2}{\sqrt{13}},\ \sin\alpha=\dfrac{3}{\sqrt{13}}$ を満たす角である。

$\mathrm{PH}=\dfrac{|\sqrt{13}\sin(\theta+\alpha)+k|}{\sqrt{2}}$ であり，

$k>\sqrt{13},\ -1\leqq\sin(\theta+\alpha)\leqq1$ より

$\sqrt{13}\sin(\theta+\alpha)+k>0$ であるから
$$\mathrm{PH}=\frac{\sqrt{13}\sin(\theta+\alpha)+k}{\sqrt{2}}$$

よって，線分 PH の長さは，$\sin(\theta+\alpha)=-1$ のとき，

最小値 $\dfrac{k-\sqrt{13}}{\sqrt{2}}$ をとる。

ア	イ	ウ	エ	オ	カ	キ	ク	ケ	コ	サ
1	3	1	8	9	3	6	4	3	1	3

シ	ス	セ	ソ	タ	チ	ツ	テ	ト	ナ	ニ	ヌ	ネ
3	2	3	2	2	1	3	3	0	−	1	1	1

方程式 $x^2 - 4\sqrt{2}\,x + 16 = 0$ の解のうち，虚部が正であるものを α とする。
方程式 $|z - \alpha| = 2$ を満たす複素数 z を考える。

(1) z の中で絶対値が最大となるものは，$\boxed{\text{ア}}\sqrt{\boxed{\text{イ}}}(\boxed{\text{ウ}} + i)$ である。

(2) $\left|(1 + i)z - 3\sqrt{2}\,\right|$ の最大値を求めてみよう。

$$\left|(1 + i)z - 3\sqrt{2}\,\right| = \left|(1 + i)\left\{z - \frac{\boxed{\text{エ}}\sqrt{\boxed{\text{オ}}}}{\boxed{\text{カ}}}(1 - i)\right\}\right|$$
$$= \sqrt{\boxed{\text{キ}}}\,|z - \beta|$$

と変形できる。

ただし，$\beta = \dfrac{\boxed{\text{エ}}\sqrt{\boxed{\text{オ}}}}{\boxed{\text{カ}}}(1 - i)$ である。

$|\alpha - \beta| = \boxed{\text{ク}}$ であるから，$\left|(1 + i)z - 3\sqrt{2}\,\right|$ の最大値は，

$\boxed{\text{ケ}}\sqrt{\boxed{\text{コ}}}$ である。

(3) z の中で偏角が最大となるものを γ とする。ただし，z の偏角 θ は
$0 \leq \theta < 2\pi$ とする。

γ の偏角は $\dfrac{\boxed{\text{サ}}}{\boxed{\text{シス}}}\pi$ である。

γ^n が実数になる整数 n は，$1 \leq n \leq 100$ の範囲で $\boxed{\text{セ}}$ 個ある。

≪ Re Action 絶対値 $|z - \alpha|$ は，点 z と点 α の距離とみよ　◀例題110

≪ Re Action 複素数の n 乗は，極形式で表してド・モアブルの定理を用いよ　◀例題103

解 $x^2 - 4\sqrt{2}\,x + 16 = 0$ を解くと　　$x = 2\sqrt{2} \pm 2\sqrt{2}\,i$

よって　　$\alpha = 2\sqrt{2} + 2\sqrt{2}\,i = 2\sqrt{2}\,(1 + i)$

複素数 z が方程式 $|z - \alpha| = 2$ を満たすとき，複素数平面
において点 z は点 α を中心とする半径 2 の円上にある。

(1) $|z|$ は原点 O と点 z の距離で
あるから，最大となるのは，点
O, α, z がこの順で一直線上に
並ぶときである。
ここで

$|\alpha| = \sqrt{\left(2\sqrt{2}\,\right)^2 + \left(2\sqrt{2}\,\right)^2} = 4$

よって，$|z|$ の最大値は

$\qquad 4 + 2 = 6$

このとき，z は

$$z = \frac{6}{4}\alpha = \frac{3}{2} \cdot 2\sqrt{2}\,(1 + i) = 3\sqrt{2}\,(1 + i)$$

(2) $\dfrac{3\sqrt{2}}{1+i} = \dfrac{3\sqrt{2}\,(1-i)}{(1+i)(1-i)} = \dfrac{3\sqrt{2}\,(1-i)}{2}$

よって

$$\left|(1+i)z - 3\sqrt{2}\,\right| = \left|(1+i)\left\{z - \dfrac{3\sqrt{2}}{2}(1-i)\right\}\right|$$

$$= |1+i|\left|z - \dfrac{3\sqrt{2}}{2}(1-i)\right| = \sqrt{2}\,|z-\beta|$$

ここで

$$|\alpha-\beta| = \left|2\sqrt{2}\,(1+i) - \dfrac{3\sqrt{2}}{2}(1-i)\right|$$

$$= \left|\dfrac{\sqrt{2}}{2} + \dfrac{7\sqrt{2}}{2}i\right|$$

$$= \sqrt{\left(\dfrac{\sqrt{2}}{2}\right)^2 + \left(\dfrac{7\sqrt{2}}{2}\right)^2} = 5$$

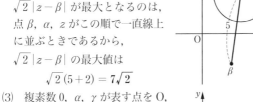

$\sqrt{2}\,|z-\beta|$ が最大となるのは，
点 β, α, z がこの順で一直線上
に並ぶときであるから，
$\sqrt{2}\,|z-\beta|$ の最大値は
$$\sqrt{2}\,(5+2) = 7\sqrt{2}$$

(3) 複素数 0, α, γ が表す点を O，
A，C とすると，$\triangle$OAC は右の
図のような直角三角形である。
OA $= |\alpha| = 4$,
AC $= |\gamma-\alpha| = 2$ であるから，
$\triangle$OAC は辺の比が $1:2:\sqrt{3}$ の
直角三角形である。

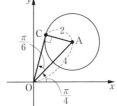

$$\arg\!\left(\dfrac{\gamma}{\alpha}\right) = \angle\mathrm{AOC} = \dfrac{\pi}{6}$$

また $\qquad \arg\alpha = \dfrac{\pi}{4}$

したがって

$$\arg\gamma = \arg\!\left(\dfrac{\gamma}{\alpha}\cdot\alpha\right) = \arg\!\left(\dfrac{\gamma}{\alpha}\right) + \arg\alpha = \dfrac{\pi}{6} + \dfrac{\pi}{4} = \dfrac{5}{12}\pi$$

◀ 積の偏角は，偏角の和と
等しい。

γ^n の偏角は $\qquad \arg\gamma^n = n\arg\gamma = \dfrac{5}{12}n\pi$

γ^n が実数になるのは，$\dfrac{5}{12}n$ が整数になるときであるか

◀ 偏角が $k\pi$（k は整数）の
とき，実数になる。

ら，$1 \leqq n \leqq 100$ の範囲では，12, 24, 36, 48, 60, 72,
84, 96 の **8 個**ある。

ア	イ	ウ	エ	オ	カ	キ	ク	ケ	コ	サ	シ	ス	セ
3	2	1	3	2	2	2	5	7	2	5	1	2	8

1章 ベクトル

▶▶解答編 p.211

1 △OAB があり，3 点 P，Q，R を

$$\overrightarrow{OP} = k\overrightarrow{BA}, \quad \overrightarrow{AQ} = k\overrightarrow{OB}, \quad \overrightarrow{BR} = k\overrightarrow{AO}$$

となるように定める。ただし，k は $0 < k < 1$ を満たす実数である。$\overrightarrow{OA} = \vec{a}$，$\overrightarrow{OB} = \vec{b}$ とおくとき，次の問に答えよ。

(1) $\overrightarrow{OP}$，$\overrightarrow{OQ}$，$\overrightarrow{OR}$ をそれぞれ $\vec{a}$，$\vec{b}$，k を用いて表せ。

(2) △OAB の重心と △PQR の重心が一致することを示せ。

(3) 辺 AB と辺 QR の交点を M とする。点 M は，k の値によらずに辺 QR を一定の比に内分することを示せ。

(茨城大)

2 AB = 4，BC = 2，AD = 3，AD // BC である四角形 ABCD において，$\overrightarrow{AB} = \vec{a}$，$\overrightarrow{AD} = \vec{b}$ とする。∠A の二等分線と辺 CD の交わる点を M，∠B の二等分線と辺 CD の交わる点を N とする。また，線分 AM と線分 BN との交点を P とする。$\overrightarrow{AM}$，$\overrightarrow{AN}$，$\overrightarrow{AP}$ をそれぞれ $\vec{a}$，$\vec{b}$ で表せ。

(東京理科大)

3 3 点 A，B，C が点 O を中心とする半径 1 の円上にあり，$13\overrightarrow{OA} + 12\overrightarrow{OB} + 5\overrightarrow{OC} = \vec{0}$ を満たしている。∠AOB = α，∠AOC = β として

(1) $\overrightarrow{OB} \perp \overrightarrow{OC}$ であることを示せ。

(2) $\cos\alpha$ および $\cos\beta$ を求めよ。

(3) A から BC へ引いた垂線と BC との交点を H とする。AH の長さを求めよ。

(長崎大)

4 三角形 ABC を 1 辺の長さが 1 の正三角形とする。次の問に答えよ。

(1) 実数 s，t が $s + t = 1$ を満たしながら動くとき，$\overrightarrow{AP} = s\overrightarrow{AB} + t\overrightarrow{AC}$ を満たす点 P の軌跡 G を正三角形 ABC とともに図示せよ。

(2) 実数 s，t が $s \geqq 0$，$t \geqq 0$，$1 \leqq s + t \leqq 2$ を満たしながら動くとき，$\overrightarrow{AP} = s\overrightarrow{AB} + t\overrightarrow{AC}$ を満たす点 P の存在範囲 D を正三角形 ABC とともに図示し，領域 D の面積を求めよ。

(3) 実数 s，t が $1 \leqq |s| + |t| \leqq 2$ を満たしながら動くとき，$\overrightarrow{AP} = s\overrightarrow{AB} + t\overrightarrow{AC}$ を満たす点 P の存在範囲 E を正三角形 ABC とともに図示し，領域 E の面積を求めよ。

(甲南大)

5 1辺の長さが1の正四面体 OABC において，$\overrightarrow{\text{OA}} = \vec{a}$, $\overrightarrow{\text{OB}} = \vec{b}$, $\overrightarrow{\text{OC}} = \vec{c}$ とする。線分 OA を $s:(1-s)$ に内分する点を L，線分 BC の中点を M，線分 LM を $t:(1-t)$ に内分する点を P とし，$\angle\text{POM} = \theta$ とする。$\angle\text{OPM} = 90°$, $\cos\theta = \dfrac{\sqrt{6}}{3}$ のとき，次の問に答えよ。

(1) 直角三角形 OPM において，内積 $\overrightarrow{\text{OP}} \cdot \overrightarrow{\text{OM}}$ を求めよ。

(2) $\overrightarrow{\text{OP}}$ を $\vec{a}$, $\vec{b}$, $\vec{c}$ を用いて表せ。

(3) 平面 OPC と直線 AB との交点を Q とするとき，$\overrightarrow{\text{OQ}}$ を $\vec{a}$, $\vec{b}$, $\vec{c}$ を用いて表せ。 (名古屋市立大)

6 O を原点とする空間内に 3 点 A(1, -2, 1)，B(2, -1, -1)，C(2, 2, 3) がある。空間内に点 D をとり，ベクトル $\overrightarrow{\text{OD}}$ は $\overrightarrow{\text{OD}} = \overrightarrow{\text{OA}} + \overrightarrow{\text{OB}}$ を満たしているとする。

(1) 点 D の座標を求めよ。

(2) ベクトル $\overrightarrow{\text{OA}}$ と $\overrightarrow{\text{OB}}$ のなす角 θ を求めよ。

(3) 四角形 OADB の面積 S を求めよ。

(4) 3 点 O, A, B が定める平面上に点 P をとる。ベクトル $\overrightarrow{\text{PC}}$ が 2 つのベクトル $\overrightarrow{\text{OA}}$ と $\overrightarrow{\text{OB}}$ に垂直であるとき，$\overrightarrow{\text{PC}}$ を求めよ。

(5) 底面を四角形 OADB とし，頂点を C とする四角錐の体積 V を求めよ。 (宮城教育大)

7 点 O を 1 つの頂点とする 4 面体 OABC を考える。$\overrightarrow{\text{OA}} = \vec{a}$, $\overrightarrow{\text{OB}} = \vec{b}$, $\overrightarrow{\text{OC}} = \vec{c}$ とし，$\vec{a}$ と $\vec{b}$, $\vec{b}$ と $\vec{c}$, $\vec{c}$ と $\vec{a}$ がそれぞれ直交するとき，次の問に答えよ。

(1) k, l, m を実数とする。空間の点 P を $\overrightarrow{\text{OP}} = k\vec{a} + l\vec{b} + m\vec{c}$ とするとき，内積 $\overrightarrow{\text{OP}} \cdot \overrightarrow{\text{AP}}$ を k, l, m, $\vec{a}$, $\vec{b}$, $\vec{c}$ を用いて表せ。

(2) 点 O から △ABC に下ろした垂線の足を H とする。$\overrightarrow{\text{OH}}$ を $\vec{a}$, $\vec{b}$, $\vec{c}$ を用いて表せ。

(3) △ABC の面積 S を $\vec{a}$, $\vec{b}$, $\vec{c}$ を用いて表せ。

(4) △OAB の面積を S_1，△OBC の面積を S_2，△OCA の面積を S_3 とする。△ABC の面積 S を S_1, S_2, S_3 を用いて表せ。 (同志社大)

8 空間内に 4 点 A(0, 0, 1)，B(2, 1, 0)，C(0, 2, -1)，D(0, 2, 1) がある。

(1) 点 C から直線 AB に下ろした垂線の足 H の座標を求めよ。

(2) 点 P が xy 平面上を動き，点 Q が直線 AB 上を動くとき，距離 DP, PQ の和 DP + PQ が最小となる P, Q の座標を求めよ。 (大阪市立大)

9 2つの放物線 $C_1: y = x^2$, $C_2: y = -4x^2 + a$ （a は正の定数）の2つの交点と原点を通る円の中心を F とする。点 F が放物線 C_2 の焦点になっているときの a の値と点 F の座標を求めよ。 （東京医科大）

10 点 $P(x, y)$ が双曲線 $\dfrac{x^2}{2} - y^2 = 1$ 上を動くとき，点 $P(x, y)$ と点 $A(a, 0)$ との距離の最小値を $f(a)$ とする。

(1) $f(a)$ を a で表せ。

(2) $f(a)$ を a の関数とみなすとき，ab 平面上に曲線 $b = f(a)$ の概形をかけ。 （筑波大）

11 座標平面上の楕円 $\dfrac{x^2}{4} + y^2 = 1$ の $x > 0$, $y > 0$ の部分を C で表す。曲線 C 上に点 $P(x_1, y_1)$ をとり，点 P での接線と2直線 $y = 1$ および $x = 2$ との交点をそれぞれ Q, R とする。点 $(2, 1)$ を A で表し，三角形 AQR の面積を S とする。このとき，次の問に答えよ。

(1) $x_1 + 2y_1 = k$ とおくとき，積 $x_1 y_1$ を k を用いて表せ。

(2) S を k を用いて表せ。

(3) 点 P が曲線 C 上を動くとき，S の最大値を求めよ。 （三重大）

12 曲線 C は極方程式 $r = 2\cos\theta$ で定義されているとする。このとき，次の問に答えよ。

(1) 曲線 C を直交座標 (x, y) に関する方程式で表し，さらに図示せよ。

(2) 点 $(-1, 0)$ を通る傾き k の直線を考える。この直線が曲線 C と2点で交わるような k の値の範囲を求めよ。

(3) (2)のもとで，2交点の中点の軌跡を求めよ。 （鹿児島大）

13 (1) 直交座標において，点 $A(\sqrt{3}, 0)$ と準線 $x = \dfrac{4}{\sqrt{3}}$ からの距離の比が $\sqrt{3} : 2$ である点 $P(x, y)$ の軌跡を求めよ。

(2) (1)における A を極，x 軸の正の部分の半直線 AX とのなす角 θ を偏角とする極座標を定める。このとき，P の軌跡を $r = f(\theta)$ の形の極方程式で求めよ。ただし，$0 \leqq \theta < 2\pi$, $r > 0$ とする。

(3) A を通る任意の直線と (1) で求めた曲線との交点を R, Q とする。このとき $\dfrac{1}{RA} + \dfrac{1}{QA}$ は一定であることを示せ。 （帯広畜産大）

14　$\alpha = \cos\dfrac{2}{5}\pi + i\sin\dfrac{2}{5}\pi$　とする。

(1)　$1 + \alpha + \alpha^2 + \alpha^3 + \alpha^4 = 0$　を示せ。

(2)　$u = \alpha + \alpha^4$, $v = \alpha^2 + \alpha^3$　とおくとき，$u + v$ と uv の値を求めよ。

(3)　$\cos\dfrac{2}{5}\pi$ の値を求めよ。　　　　　　　　　　　　　　　　（京都教育大）

15　$n = 1,\ 2,\ 3,\ \cdots$　に対して，$\alpha_n = (2 + i)\left(\dfrac{-\sqrt{2} + \sqrt{6}\,i}{2}\right)^n$　とおくとき，次の問に答えよ。

(1)　$\dfrac{-\sqrt{2} + \sqrt{6}\,i}{2}$ を極形式で表せ。

(2)　α_1, α_2, α_3 をそれぞれ $a + bi$　（$a,\ b$ は実数）の形で表せ。

(3)　α_n の実部と虚部がともに整数となるための n の条件と，そのときの α_n の値を求めよ。

(4)　複素数平面上で，原点を中心とする半径 100 の円の内部に存在する α_n の個数を求めよ。　　　　　　　　　　　　　　　　　　　　　　　　　（電気通信大）

16　(1)　方程式 $z^3 = i$ を解け。

(2)　任意の自然数 n に対して，複素数 z_n を $z_n = (\sqrt{3} + i)^n$ で定義する。
複素数平面上で z_{3n}, $z_{3(n+1)}$, $z_{3(n+2)}$ が表す 3 点をそれぞれ A，B，C とするとき，$\angle\mathrm{ABC}$ は直角であることを証明せよ。　　　　　　　　　（島根大）

17　複素数 $a,\ b,\ c$ は連立方程式 $\begin{cases} a - ib - ic = 0 \\ ia - ib - c = 0 \\ ac = 1 \end{cases}$ を満たすとする。

(1)　$a,\ b,\ c$ を求めよ。

(2)　複素数平面上の点 z が原点を中心とする半径 1 の円上を動くとき，
$w = \dfrac{bz + c}{az}$ で定まる点 w の軌跡を求めよ。　　　　　　　　　（愛媛大）

18　すべての複素数 z に対して，$|z|^2 + az + \overline{a}\ \overline{z} + 1 \geqq 0$ となる複素数 a の集合を求め，これを複素数平面上に図示せよ。　　　　　　　　　　　　（名古屋大）

1章 ベクトル

1 平面上のベクトル

Quick Check 1

① (1) $\overrightarrow{EF}$, $\overrightarrow{BC}$
　(2) $\overrightarrow{CA}$, $\overrightarrow{BD}$, $\overrightarrow{DB}$
　(3) $\overrightarrow{EB}$, $\overrightarrow{AB}$, $\overrightarrow{DF}$, $\overrightarrow{FC}$, $\overrightarrow{DC}$
　(4) $\overrightarrow{FA}$, $\overrightarrow{CE}$

② 〔1〕略
　〔2〕(1) $3\vec{a}+4\vec{b}$　　(2) $\vec{a}-\vec{b}$
　　　(3) $-\vec{a}+2\vec{b}$　　(4) $-\dfrac{13}{6}\vec{a}$
　〔3〕(1) $\pm\dfrac{\vec{a}}{5}$　　(2) $2\vec{e}$

③ (1) $k=-1$, $l=3$
　(2) $k=1$, $l=3$

練習

1 (1) $\vec{e}$, $\vec{f}$　　　(2) $\vec{c}$, $\vec{e}$, $\vec{g}$, $\vec{h}$
　(3) $\vec{e}$　　　　　　(4) $\vec{h}$
2 略
3 (1) $11\vec{a}-\vec{b}$
　(2) $\vec{x}=3\vec{a}-9\vec{b}$
　(3) $\vec{x}=2\vec{a}-3\vec{b}$
　　 $\vec{y}=3\vec{a}+2\vec{b}$
4 (1) $-\vec{a}$　　　　　(2) $\vec{a}-\vec{b}$
　(3) $-2\vec{a}+\vec{b}$　　(4) $\vec{a}-2\vec{b}$
5 (1) $\overrightarrow{AC}=3\vec{a}+3\vec{b}$
　　 $\overrightarrow{BD}=-3\vec{a}+3\vec{b}$
　　 $\overrightarrow{AE}=3\vec{a}+\vec{b}$
　(2) $\overrightarrow{AE}=\dfrac{2}{3}\vec{p}-\dfrac{1}{3}\vec{q}$

問題編 1

1 (1) $\vec{a}$ と $\vec{c}$ と $\vec{e}$ と $\vec{g}$ と $\vec{h}$，　$\vec{b}$ と $\vec{d}$ と $\vec{i}$
　(2) $\vec{a}$ と $\vec{h}$，　　$\vec{e}$ と $\vec{h}$，　$\vec{d}$ と $\vec{i}$
2 略
3 $\vec{x}=3\vec{a}+2\vec{b}$
　 $\vec{y}=-\vec{a}+\vec{b}$
　 $\vec{z}=\dfrac{1}{2}\vec{a}-\dfrac{3}{2}\vec{b}$
4 (1) $\dfrac{3}{2}\vec{a}+\dfrac{1}{2}\vec{b}$　　(2) $\dfrac{3}{2}\vec{a}+2\vec{b}$
　(3) $\dfrac{3}{2}\vec{b}$
5 $\dfrac{\sqrt{5}-1}{2}\vec{a}+\dfrac{3-\sqrt{5}}{2}\vec{b}$

2 平面上のベクトルの成分と内積

Quick Check 2

① 〔1〕(1) $\vec{a}+\vec{b}=(1,\ 5)$
　　　　 $|\vec{a}+\vec{b}|=\sqrt{26}$
　　(2) $\vec{a}-\vec{b}=(3,\ 1)$
　　　　 $|\vec{a}-\vec{b}|=\sqrt{10}$
　　(3) $2\vec{a}=(4,\ 6)$
　　　　 $|2\vec{a}|=2\sqrt{13}$
　　(4) $-3\vec{b}=(3,\ -6)$
　　　　 $|-3\vec{b}|=3\sqrt{5}$
　　(5) $3\vec{a}-2\vec{b}=(8,\ 5)$
　　　　 $|3\vec{a}-2\vec{b}|=\sqrt{89}$
　　(6) $3\vec{a}-3\vec{b}-(\vec{a}-2\vec{b})=(5,\ 4)$
　　　　 $|3\vec{a}-3\vec{b}-(\vec{a}-2\vec{b})|=\sqrt{41}$
　〔2〕(1) $\overrightarrow{AB}=(-4,\ 3)$
　　　　 $|\overrightarrow{AB}|=5$
　　(2) $\overrightarrow{BC}=(2,\ 3)$
　　　　 $|\overrightarrow{BC}|=\sqrt{13}$
　　(3) $\overrightarrow{CA}=(2,\ -6)$
　　　　 $|\overrightarrow{CA}|=2\sqrt{10}$
　〔3〕$x=6$

② 〔1〕(1) 2　　　　(2) -2　　　(3) -2
　〔2〕(1) $\theta=60°$
　　(2) $\theta=45°$
　　(3) $\theta=90°$
　〔3〕(1) 21　　　　　(2) 5

練習

6 (1) $\vec{a}=(3,\ 2)$, $\vec{b}=(4,\ 5)$
　　 $|\vec{a}|=\sqrt{13}$, $|\vec{b}|=\sqrt{41}$
　(2) $\vec{c}=-2\vec{a}+3\vec{b}$
7 (1) $\overrightarrow{AB}=(2,\ 3)$, $|\overrightarrow{AB}|=\sqrt{13}$
　　 $\overrightarrow{AC}=(-2,\ 4)$, $|\overrightarrow{AC}|=2\sqrt{5}$
　(2) $\left(\dfrac{2\sqrt{13}}{13},\ \dfrac{3\sqrt{13}}{13}\right)$
　(3) $(-\sqrt{5},\ 2\sqrt{5})$, $(\sqrt{5},\ -2\sqrt{5})$
8 (1) $(-6,\ 5)$
　(2) $(-6,\ 5)$, $(0,\ -13)$, $(10,\ 1)$
9 (1) $t=-1$ のとき　最小値 $\sqrt{10}$
　(2) $t=6$
10 (1) 1　　　　(2) 2　　　　(3) -2
11 〔1〕(1) $\theta=150°$　　(2) $\theta=180°$
　〔2〕$\angle BAC=45°$
12 $x=-\dfrac{1}{3}$, 3

13 (1) $x = -3$

(2) $\vec{p} = \left(\dfrac{6\sqrt{13}}{13}, \dfrac{4\sqrt{13}}{13} \right), \left(-\dfrac{6\sqrt{13}}{13}, -\dfrac{4\sqrt{13}}{13} \right)$

14 (1) $|\vec{a}+\vec{b}| = \sqrt{7}$

$|\vec{a}+3\vec{b}| = \sqrt{7}$

$|3\vec{a}+2\vec{b}| = 2\sqrt{21}$

(2) $\dfrac{1}{7}$

(3) $\beta = 90°$

15 $\theta = 90°$

16 (1) $t_0 = 2$ のとき 最小値 2

(2) 略

17 (1) -8 (2) $-\dfrac{2}{5}$ (3) $2\sqrt{21}$

18 (1) $2\sqrt{2}$ (2) $\dfrac{5}{2}$

問題編 2

6 $\vec{b} = \left(-\dfrac{1}{2}, \dfrac{\sqrt{3}}{2} \right), \vec{c} = \left(-\dfrac{1}{2}, -\dfrac{\sqrt{3}}{2} \right)$

または

$\vec{b} = \left(-\dfrac{1}{2}, -\dfrac{\sqrt{3}}{2} \right), \vec{c} = \left(-\dfrac{1}{2}, \dfrac{\sqrt{3}}{2} \right)$

7 $\left(\dfrac{63}{65}, -\dfrac{16}{65} \right), \left(-\dfrac{63}{65}, \dfrac{16}{65} \right),$

$\left(-\dfrac{12}{13}, \dfrac{5}{13} \right), \left(\dfrac{12}{13}, -\dfrac{5}{13} \right)$

8 $p = 1, q = 12, r = 4$ または

$p = -7, q = 4, r = -4$

9 (1) $x = -\dfrac{3}{2}$ (2) $x = \dfrac{1}{6}$

10 (1) 0 (2) -1 (3) $-\dfrac{3}{2}$

11 (1) -4 (2) $-\dfrac{\sqrt{5}}{5}$ (3) 4

12 $\vec{b} = (3, -4), (4, 3)$

13 $0 < k < 4$

14 (1) $-\dfrac{15}{2}$

(2) $|\vec{a}| = 3, |\vec{b}| = 5$

(3) $-\dfrac{16\sqrt{19}}{133}$

15 $|\vec{x}| = 2, |\vec{y}| = \sqrt{3}$

$\theta = 30°$

16 $t = -3 \pm 2\sqrt{2}$

17 (1) $|\vec{a}| = \sqrt{3}, |\vec{b}| = 2$

(2) $\dfrac{\sqrt{3}}{2}$

18 4

定期テスト攻略 ▶ 1・2

1 (1) ③と⑧, ④と⑦

(2) ①と⑤, ②と⑥, ③と⑦と⑧

(3) ③と⑧

---

(4) ②と⑥

2 (1) $-\vec{a}+\vec{b}$ (2) $-2\vec{a}$

(3) $2\vec{a}-2\vec{b}$ (4) $-\vec{a}-\vec{b}$

(5) $\vec{a}-2\vec{b}$ (6) $2\vec{a}-\vec{b}$

3 (1) $(-2, -3)$ (2) $\left(-\dfrac{5}{3}, -\dfrac{4}{3} \right)$

(3) $\left(\dfrac{11}{5}, -\dfrac{1}{5} \right)$

4 (1) $\overrightarrow{OC} = \dfrac{8}{9}\overrightarrow{OA} + \dfrac{2}{3}\overrightarrow{OB}$

(2) $(4, 6)$

5 (1) $\theta = 45°$ (2) $\theta = 90°$

6 (1) $x = -2, 1$ (2) $x = 0, 3$

7 (1) $t = -\dfrac{4}{3}$ (2) $t = -\dfrac{1}{7}$

(3) $t = -\dfrac{11}{17}$

8 (1) $\sqrt{13}$

(2) $t = \dfrac{3}{4}$ のとき 最小値 $\dfrac{3\sqrt{3}}{2}$

9 (1) 8 (2) $\dfrac{2}{3}$ (3) $2\sqrt{5}$

---

3 平面上の位置ベクトル

Quick Check 3

① 〔1〕 (1) $\dfrac{\vec{a}+\vec{b}}{2}$ (2) $\dfrac{2\vec{a}+3\vec{b}}{5}$

(3) $\dfrac{2\vec{b}+\vec{c}}{3}$ (4) $3\vec{a}-2\vec{b}$

(5) $\dfrac{\vec{a}+\vec{b}}{3}$

〔2〕 $x = -5$

② 〔1〕 (1) $\vec{p} = \vec{b} + t\vec{a}$ (2) $\vec{b} \cdot (\vec{p}-\vec{a}) = 0$

(3) $|\vec{p}-\vec{a}| = 3$ (4) $\left| \vec{p}-\dfrac{\vec{b}}{2} \right| = 2$

〔2〕 (1) $\begin{cases} x = t+3 \\ y = -2t+5 \end{cases}$

(2) $3x+2y+2 = 0$

練習

19 (1) $\dfrac{2\vec{b}+3\vec{c}}{5}$

(2) $\dfrac{\vec{c}+\vec{a}}{2}$

(3) $-2\vec{a}+3\vec{b}$

(4) $\dfrac{-15\vec{a}+34\vec{b}+11\vec{c}}{30}$

20 略

21 証明略, $DF : FE = 1 : 2$

22 (1) $\overrightarrow{OP} = \dfrac{9}{14}\vec{a} + \dfrac{1}{7}\vec{b}$

(2) $\overrightarrow{OQ} = \dfrac{9}{11}\vec{a} + \dfrac{2}{11}\vec{b}$

(3) $AQ:QB = 2:9$, $OP:PQ = 11:3$

〈1〉(1) $\overrightarrow{OP} = \dfrac{9}{14}\vec{a} + \dfrac{1}{7}\vec{b}$

(2) $\overrightarrow{OQ} = \dfrac{9}{11}\vec{a} + \dfrac{2}{11}\vec{b}$

(3) $AQ:QB = 2:9$, $OP:PQ = 11:3$

23 (1) $\overrightarrow{OE} = \dfrac{1}{3}\vec{a} + \dfrac{1}{4}\vec{b}$

(2) $\overrightarrow{OF} = \dfrac{4}{7}\vec{a} + \dfrac{3}{7}\vec{b}$

24 (1) $\overrightarrow{AP} = \dfrac{2\overrightarrow{AB} + 3\overrightarrow{AC}}{9}$

(2) 線分 BC を $3:2$ に内分する点 D に対し，線分 AD を $5:4$ に内分する点

(3) $4:2:3$

25 $\overrightarrow{AI} = \dfrac{1}{3}\overrightarrow{AB} + \dfrac{5}{18}\overrightarrow{AC}$

26 (1) 15

(2) $\overrightarrow{AO} = \dfrac{4}{15}\overrightarrow{AB} + \dfrac{7}{18}\overrightarrow{AC}$

27 略

28 (1) $\begin{cases} x = t + 5 \\ y = -2t - 4 \end{cases}$

(2) $\begin{cases} x = -5t + 2 \\ y = 5t + 4 \end{cases}$

29 平行な直線 $\vec{p} = \dfrac{1}{2}\vec{a} + \dfrac{1-2t}{2}\vec{b} + t\vec{c}$

垂直な直線 $\left(\vec{p} - \dfrac{\vec{a}+\vec{b}}{2}\right)\cdot(\vec{c}-\vec{b}) = 0$

30 (1) 線分 AB を $1:3$ に内分する点を中心とする半径 3 の円

(2) 点 B の原点に関して対称な点 B′ と線分 OA の中点 D に対し，線分 B′D を直径とする円

31 略

32 (1) $\theta = 90°$　　(2) $\theta = 45°$

問題編 3

19 $\overrightarrow{PQ} = \dfrac{1}{2}(\overrightarrow{AB} + \overrightarrow{DC})$

20 略

21 $m = 5$

22 (1) $\overrightarrow{AP} = \dfrac{9}{13}\vec{b} + \dfrac{4}{13}\vec{d}$

(2) $\overrightarrow{AQ} = \dfrac{9}{4}\vec{b} + \vec{d}$

23 $\overrightarrow{AP} = \dfrac{1}{3}\vec{b} + \dfrac{2}{3}\vec{f}$

24 $m = 5$

25 $\overrightarrow{OI} = \dfrac{b\vec{a} + a\vec{b}}{a + b + c}$

26 (1) $\dfrac{5}{2}$

(2) $\overrightarrow{AO} = \dfrac{16}{35}\overrightarrow{AB} + \dfrac{3}{7}\overrightarrow{AC}$

AO $= \dfrac{8\sqrt{7}}{7}$

27 正三角形

28 $\begin{cases} x = t + x_1 \\ y = mt + y_1 \end{cases}$　証明略

29 (1) $\vec{p} = \dfrac{5-t}{10}\vec{a} + \dfrac{3}{5}t\vec{b}$

(2) $(\vec{p} - \vec{b})\cdot(\vec{b} - \vec{a}) = 0$

30 (1) 線分 OB の中点を中心とし，2 点 A，B 間の距離の半分を半径とする円上の点

(2) 点 A を中心とし，半径が OA である円上の点

31 (1) $2\sqrt{5}$　　　　(2) $8\sqrt{5}$

32 $a = -2 \pm \sqrt{3}$

定期テスト攻略 ▶ 3

① (1) $\overrightarrow{EF} = \dfrac{-\vec{a} + 3\vec{c}}{12}$

(2) 略

② (1) $\overrightarrow{AE} = \dfrac{4\vec{b} + 3\vec{d}}{7}$，$\overrightarrow{AF} = \vec{d} - \dfrac{1}{3}\vec{b}$

(2) $\overrightarrow{AG} = \dfrac{4}{3}\vec{b} + \vec{d}$

③ (1) 平行な直線 $x + 2y + 1 = 0$
　　垂直な直線 $2x - y + 7 = 0$

(2) 平行な直線 $x = 1$
　　垂直な直線 $y = -4$

④ (1) 線分 OA の中点を中心とする半径 2 の円

(2) 線分 OA を $2:1$ に外分する点 C に対し，線分 OC を直径とする円上の点

⑤ (1) 2 点 $A'\left(\dfrac{5}{2},\ 5\right)$，$B'\left(5,\ \dfrac{5}{3}\right)$ を通る直線

(2) $A'\left(\dfrac{3}{2},\ 3\right)$，$B'(9,\ 3)$ としたときの，$\triangle OA'B'$ の周および内部

4　空間におけるベクトル

Quick Check 4

① (1) $B(2,\ 3,\ 0)$，$E(2,\ 0,\ 4)$，$F(2,\ 3,\ 4)$，$G(0,\ 3,\ 4)$

(2) $\sqrt{29}$

(3) 平面 ABFE の方程式 $x = 2$
　　平面 FBCG の方程式 $y = 3$
　　平面 DEFG の方程式 $z = 4$

② (1) $|\vec{a}| = \sqrt{6}$，　$|\vec{b}| = \sqrt{14}$

(2) $\vec{a} + \vec{b} = (3,\ -4,\ 3)$
　　$|\vec{a} + \vec{b}| = \sqrt{34}$
　　$3\vec{a} - 2\vec{b} = (-1,\ 3,\ 4)$
　　$|3\vec{a} - 2\vec{b}| = \sqrt{26}$

(3) $x = 3$，$y = -3$

③ (1) $\vec{a}\cdot\vec{b} = 5$

$\vec{b} \cdot \vec{c} = -15$

$\vec{c} \cdot \vec{a} = 1$

(2) $\theta = 120°$

(3) $x = -5$

④ (1) $M\left(\dfrac{1}{2},\ \dfrac{5}{2},\ -\dfrac{1}{2}\right)$

(2) $D\left(1,\ 2,\ -\dfrac{4}{3}\right)$

(3) $E(-4,\ 7,\ 7)$

(4) $G(2,\ 3,\ -1)$

⑤ (1) $x^2 + y^2 + z^2 = 9$

(2) $(x-1)^2 + (y-2)^2 + (z-3)^2 = 21$

練習

33 (1) $(4,\ -2,\ -3)$

(2) $(-4,\ -2,\ 3)$

(3) $(4,\ 2,\ -3)$

(4) $(-4,\ 2,\ 3)$

(5) $(-4,\ 2,\ -3)$

(6) $(4,\ 2,\ -1)$

34 (1) $P(0,\ 8,\ 0)$　　(2) $Q(12,\ 0,\ 11)$

35 (1) $-\vec{b} + \vec{c}$　　(2) $\vec{a} - \vec{b} - \vec{c}$

(3) $2\vec{a} + 2\vec{b}$

36 $\vec{p} = -\vec{a} + 2\vec{b} - 2\vec{c}$

37 (1) $\overrightarrow{AB} + \overrightarrow{AC} = (7,\ -1,\ -3)$

$|\overrightarrow{AB} + \overrightarrow{AC}| = \sqrt{59}$

(2) $D(5,\ -2,\ 0)$

38 (1) $t = -\dfrac{8}{7}$ のとき　最小値 $\dfrac{5\sqrt{21}}{7}$

(2) $t = -1$

39 (1) 3　　　(2) 0　　　　(3) -1

(4) 2　　　(5) 3

40 〔1〕 (1) $\theta = 120°$　　(2) $\theta = 90°$

〔2〕 $2\sqrt{3}$

41 $(2\sqrt{2},\ -3\sqrt{2},\ \sqrt{2})$,

$(-2\sqrt{2},\ 3\sqrt{2},\ -\sqrt{2})$

42 (1) $P(-8,\ 11,\ -3)$, $Q(16,\ -6,\ -8)$,

$R(-5,\ -3,\ 13)$

(2) $G\left(1,\ \dfrac{2}{3},\ \dfrac{2}{3}\right)$

43 略

44 $\overrightarrow{OP} = \dfrac{3}{20}\vec{a} + \dfrac{1}{10}\vec{b} + \dfrac{3}{4}\vec{c}$

45 (1) $P(0,\ 5,\ 5)$　　(2) $Q(-10,\ 0,\ 0)$

46 (1) $\overrightarrow{OR} = \dfrac{1}{5}(\vec{a} + \vec{b} + \vec{c})$

(2) $\overrightarrow{OP} = \dfrac{1}{3}\vec{a} + \dfrac{1}{3}\vec{b} + \dfrac{1}{3}\vec{c}$

47 (1) 6　　　(2) 略　　　(3) 6

48 $H\left(\dfrac{2}{3},\ \dfrac{5}{6},\ \dfrac{13}{6}\right)$

49 (1) $\overrightarrow{OG} = \dfrac{\vec{a} + \vec{b}}{3}$　　(2) 略

50 (1) $\overrightarrow{OP} = \dfrac{4\overrightarrow{OA} + 2\overrightarrow{OB} + \overrightarrow{OC}}{9}$

(2) $OP : PQ = 7 : 2$

(3) $OABC : PABC = 9 : 2$

(4) $OP = \dfrac{\sqrt{35}}{9}$

51 $P\left(-\dfrac{5}{14},\ \dfrac{25}{14},\ \dfrac{10}{7}\right)$

52 (1) $(x+3)^2 + (y+2)^2 + (z-1)^2 = 16$

(2) $(x+3)^2 + (y-1)^2 + (z-2)^2 = 21$

(3) $x^2 + y^2 + z^2 = 14$

(4) $(x-3)^2 + (y-3)^2 + (z+3)^2 = 9$

$(x-9)^2 + (y-9)^2 + (z+9)^2 = 81$

〈チャレンジ2〉(1) 線分 AB を $1:2$ に内分する点を通り，

$\vec{a} + \vec{b}$ に平行な直線

(2) 平面におけるベクトル方程式の場合，線分 AB を直径とする円

空間におけるベクトル方程式の場合，線分 AB を直径とする球

53 (1) $2x + y - 3z + 8 = 0$

(2) $H(6,\ -2,\ 6)$

距離 $\sqrt{14}$

問題編 4

33 $x = -2,\ y = 1,\ z = 4$

34 $\left(\dfrac{6+2\sqrt{3}}{3},\ \dfrac{6+2\sqrt{3}}{3},\ \dfrac{2\sqrt{3}}{3}\right)$,

$\left(\dfrac{6-2\sqrt{3}}{3},\ \dfrac{6-2\sqrt{3}}{3},\ -\dfrac{2\sqrt{3}}{3}\right)$

35 略

36 $\overrightarrow{AE} = 2\overrightarrow{AB} + \overrightarrow{AC} - 3\overrightarrow{AD}$

37 $D(0,\ -6,\ -3)$

38 3

39 (1) 2　　　　　　(2) -2

(3) 0　　　　　　(4) 1

40 $\dfrac{15}{2}$

41 $(-2,\ 1,\ -3),\ (3,\ 2,\ 1)$

42 (1) $A(2,\ 4,\ 3),\ B(-4,\ 6,\ 1),\ C(0,\ -2,\ -5)$

(2) $\left(-\dfrac{2}{3},\ \dfrac{8}{3},\ -\dfrac{1}{3}\right)$

43 証明略，$AN : NG = 2 : 1$

44 $\overrightarrow{OP} = \dfrac{1}{2}\vec{a} + \dfrac{1}{4}\vec{b} + \dfrac{1}{4}\vec{c}$

$\overrightarrow{OQ} = \dfrac{t}{1+3t}(2\vec{a} + \vec{b} + \vec{c})$

45 $m = -4$

46 $\overrightarrow{AR} = \dfrac{4}{7}\vec{a} + \dfrac{4}{7}\vec{b} + \dfrac{3}{7}\vec{c}$

47 面積 $\dfrac{\sqrt{11}}{2}$

体積 $\dfrac{11}{6}$

48 (1) $\sqrt{5}$　　　　　(2) $H(-2,\ 2,\ 1)$

解答

(3) $\dfrac{5}{3}$

49 略

50 (1) BR:RC $=1:2$, AQ:QR $=1:1$,
OP:PQ $=2:1$
(2) $3:3:2:1$
(3) OQ $= \dfrac{\sqrt{43}}{3}$

51 P(4, 3, 2), Q(0, -1, 2)

52 $(x+3)^2+(y-3)^2+(z-3)^2=9$
$(x+7)^2+(y-7)^2+(z-7)^2=49$

53 (1) H(-2, -4, 4)
(2) P(-4, -8, 8)

定期テスト攻略 ▶ 4

① (1) $\vec{c}=(1,\ -3,\ 2)$, $\vec{d}=(-3,\ 2,\ 1)$
(2) $|\vec{c}|=\sqrt{14}$, $|\vec{d}|=\sqrt{14}$
(3) -7
(4) $\theta=120°$

② (1) $\vec{b}=\left(3,\ -\dfrac{3}{2},\ 1\right)$
(2) $\vec{c}=\left(-\dfrac{4}{3},\ 2,\ 7\right)$

③ (1) $t=\dfrac{1}{5}$
(2) $t=\dfrac{1}{5}$ のとき 最小値 $\dfrac{\sqrt{345}}{5}$

④ (1) $\overrightarrow{OP}=\dfrac{1}{4}\overrightarrow{OA}+\dfrac{1}{4}\overrightarrow{OB}+\dfrac{1}{2}\overrightarrow{OC}$
(2) OP:OH $=1:4$

⑤ (1) $(x+1)^2+(y-2)^2+(z+3)^2=30$
(2) $(x+1)^2+(y+1)^2+(z-3)^2=14$
(3) $(x-1)^2+(y+2)^2+(z-4)^2=5$

⑥
ア	イ	ウ	エ	オ	カ	キ	ク	ケ	コ
1	1	$-$	1	3	2	2	1	4	3

サ	シ	ス	セ	ソ	タ	チ	ツ	テ	ト	ナ
2	3	1	8	2	3	2	3	$-$	4	3

2章 平面上の曲線

5 2次曲線

Quick Check 5

① 〔1〕 (1) 焦点 (3, 0), 準線 $x=-3$
図は略
(2) 焦点 (0, 1), 準線 $y=-1$
図は略
(3) 焦点 $\left(\dfrac{1}{4},\ 0\right)$, 準線 $x=-\dfrac{1}{4}$
図は略
〔2〕 (1) $y^2=4x$ (2) $x^2=-8y$

② 〔1〕 (1) 頂点 (5, 0), (-5, 0), (0, 3), (0, -3)
焦点 (4, 0), (-4, 0)
図は略
長軸の長さ 10
短軸の長さ 6
(2) 頂点 (1, 0), (-1, 0), (0, 2), (0, -2)
焦点 (0, $\sqrt{3}$), (0, $-\sqrt{3}$)
図は略
長軸の長さ 4
短軸の長さ 2
〔2〕 (1) $\dfrac{x^2}{4}+\dfrac{y^2}{9}=1$ (2) $\dfrac{x^2}{25}+\dfrac{y^2}{9}=1$

③ 〔1〕 (1) 頂点 (3, 0), (-3, 0)
焦点 (5, 0), (-5, 0)
漸近線 $y=\dfrac{4}{3}x$, $y=-\dfrac{4}{3}x$
図は略
(2) 頂点 (0, 1), (0, -1)
焦点 (0, $\sqrt{2}$), (0, $-\sqrt{2}$)
漸近線 $y=x$, $y=-x$
図は略
〔2〕 (1) $\dfrac{x^2}{4}-\dfrac{y^2}{5}=1$ (2) $\dfrac{x^2}{2}-\dfrac{y^2}{2}=-1$

④ (1) $(y+3)^2=4(x-2)$
(2) $(x-2)^2+\dfrac{(y+3)^2}{4}=1$
(3) $\dfrac{(x-2)^2}{4}-\dfrac{(y+3)^2}{9}=1$

練習

54 放物線 $y^2=-8x$

55 〔1〕 (1) 焦点 $\left(-\dfrac{1}{4},\ 0\right)$, 準線 $x=\dfrac{1}{4}$
図は略
(2) 焦点 $\left(0,\ \dfrac{1}{8}\right)$, 準線 $y=-\dfrac{1}{8}$
図は略
〔2〕 (1) $x^2=4\sqrt{2}\,y$
(2) $y^2=-8x$

56 楕円 $\dfrac{x^2}{12}+\dfrac{y^2}{16}=1$

57 (1) 頂点 $(\sqrt{5},\ 0)$, $(-\sqrt{5},\ 0)$, (0, 1), (0, -1)
焦点 (2, 0), (-2, 0)
長軸の長さ $2\sqrt{5}$
短軸の長さ 2
図は略
(2) 頂点 $(\sqrt{2},\ 0)$, $(-\sqrt{2},\ 0)$, (0, $\sqrt{3}$),
(0, $-\sqrt{3}$)
焦点 (0, 1), (0, -1)
長軸の長さ $2\sqrt{3}$
短軸の長さ $2\sqrt{2}$
図は略

58 (1) $x^2 + \dfrac{y^2}{3} = 1$ (2) $\dfrac{x^2}{8} + \dfrac{y^2}{2} = 1$

  (3) $\dfrac{x^2}{3} + \dfrac{y^2}{12} = 1$

59 (1) 楕円 $\dfrac{x^2}{4} + \dfrac{y^2}{36} = 1$

  (2) 楕円 $x^2 + \dfrac{y^2}{4} = 1$

60 双曲線 $x^2 - \dfrac{y^2}{4} = -1$

61 (1) 頂点 $(\sqrt{3},\ 0),\ (-\sqrt{3},\ 0)$
  焦点 $(2\sqrt{2},\ 0),\ (-2\sqrt{2},\ 0)$
  漸近線 $y = \pm\dfrac{\sqrt{15}}{3}x$
  図は略

  (2) 頂点 $(0,\ \sqrt{3}),\ (0,\ -\sqrt{3})$
  焦点 $(0,\ \sqrt{7}),\ (0,\ -\sqrt{7})$
  漸近線 $y = \pm\dfrac{\sqrt{3}}{2}x$
  図は略

62 (1) $\dfrac{x^2}{16} - \dfrac{y^2}{9} = -1$ (2) $\dfrac{x^2}{8} - \dfrac{y^2}{2} = 1$

63 略

64 放物線 $x^2 = -8(y-1)$

65 楕円 $\dfrac{x^2}{4} + \dfrac{y^2}{25} = 1$

66 〔1〕 (1) 頂点 $(2,\ 0)$, 焦点 $\left(\dfrac{3}{2},\ 0\right)$

    準線 $x = \dfrac{5}{2}$
    図は略

   (2) 頂点 $(-1,\ 3)$, 焦点 $\left(-\dfrac{1}{2},\ 3\right)$

    準線 $x = -\dfrac{3}{2}$
    図は略

  〔2〕 (1) 中心 $(0,\ 1)$
    焦点 $(2,\ 1),\ (-2,\ 1)$
    図は略
   (2) 中心 $(-1,\ 3)$
    焦点 $(-1,\ \sqrt{5}+3),\ (-1,\ -\sqrt{5}+3)$
    図は略

  〔3〕 (1) 中心 $(0,\ 2)$
    焦点 $(\sqrt{13},\ 2),\ (-\sqrt{13},\ 2)$
    漸近線 $y = \dfrac{3}{2}x+2,\ y = -\dfrac{3}{2}x+2$
    図は略
   (2) 中心 $(1,\ -2)$
    焦点 $(1,\ \sqrt{5}-2),\ (1,\ -\sqrt{5}-2)$
    漸近線 $y = 2x-4,\ y = -2x$
    図は略

67 (1) $(x-1)^2 = 4(y-3)$

  (2) $\dfrac{(x-1)^2}{4} + \dfrac{(y-2)^2}{8} = 1$

---

  (3) $\dfrac{x^2}{9} - \dfrac{(y-2)^2}{16} = 1$

問題編 **5**

54 (1) 放物線 $y^2 = 4px$
  (2) 放物線 $x^2 = 4py$

55 $\triangle\mathrm{OAB} : \triangle\mathrm{OCD} = 1 : 4$

56 楕円 $\dfrac{x^2}{16} + \dfrac{y^2}{7} = 1$

57 焦点 $(0,\ a),\ (0,\ -a)$
  頂点 $(a,\ 0),\ (-a,\ 0),\ (0,\ \sqrt{2}\,a),\ (0,\ -\sqrt{2}\,a)$
  長軸の長さ $2\sqrt{2}\,a$
  短軸の長さ $2a$
  図は略

58 楕円 $\dfrac{x^2}{9} + \dfrac{y^2}{16} = 1,\ \dfrac{x^2}{16} + \dfrac{y^2}{9} = 1$
  焦点 $(0,\ \pm\sqrt{7}),\ (\pm\sqrt{7},\ 0)$

59 (1) 楕円 $\dfrac{x^2}{a^2} + \dfrac{y^2}{b^2} = 1$

  (2) 放物線 $y = \dfrac{b}{a^2}x^2$

60 双曲線 $\dfrac{x^2}{3} - y^2 = 1\quad(x \geqq \sqrt{3})$

61 略

62 $\dfrac{x^2}{4} - y^2 = -1$

63 略

64 放物線 $y^2 = 4x$

65 楕円 $\dfrac{x^2}{a^2} + \dfrac{y^2}{9a^2} = 1$

66 $x^2 - \dfrac{y^2}{4} = 1$

67 (1) $(y-1)^2 = 4(x+2)$
  (2) $(y-3)^2 = 4(x-1)$
  (3) $\dfrac{(x+2)^2}{2} - \dfrac{(y-1)^2}{2} = 1$

定期テスト攻略 ▶ **5**

1 (1) 焦点 $(-3,\ 0)$
    準線 $x = 3$
    図は略
  (2) $x^2 = 5y$

2 (1) 焦点 $(0,\ 3),\ (0,\ -3)$
    長軸の長さ $4\sqrt{3}$
    短軸の長さ $2\sqrt{3}$
    図は略
  (2) $\dfrac{x^2}{6} + \dfrac{y^2}{2} = 1$

3 (1) 頂点 $(0,\ \sqrt{5}),\ (0,\ -\sqrt{5})$
    焦点 $(0,\ 2\sqrt{3}),\ (0,\ -2\sqrt{3})$
    漸近線 $y = \pm\dfrac{\sqrt{35}}{7}x$
    図は略
  (2) $\dfrac{2x^2}{9} - \dfrac{2y^2}{3} = 1$

④ 略

⑤ (1) 焦点 $(\sqrt{5}+1,\ -2),\ (-\sqrt{5}+1,\ -2)$
図は略

(2) 焦点 $(3,\ -1)$, 準線 $y=-3$
図は略

(3) 焦点 $(1,\ -1),\ (-5,\ -1)$
図は略

6　2次曲線と直線

Quick Check 6

① 〔1〕(1) 共有点をもたない。
(2) 接する。
(3) 異なる2点で交わる。

〔2〕(1) $(1,\ -2),\ (9,\ 6)$

(2) $\left(\dfrac{1}{2},\ -\dfrac{3}{2}\right)$

(3) $(4,\ \sqrt{3}\,),\ (4,\ -\sqrt{3}\,)$

〔3〕$m=\dfrac{\sqrt{6}}{2}$ のとき　接点 $\left(\dfrac{\sqrt{6}}{2},\ -\dfrac{1}{2}\right)$

$m=-\dfrac{\sqrt{6}}{2}$ のとき　接点 $\left(-\dfrac{\sqrt{6}}{2},\ -\dfrac{1}{2}\right)$

② (1) $y=x+2$　　(2) $x+y=3$

(3) $x-\sqrt{3}\,y=1$

練習

68 $\begin{cases} -\dfrac{1}{2}<k<0,\ 0<k<\dfrac{1}{2}\ \text{のとき}\ 2\text{個} \\ k=0,\ \pm\dfrac{1}{2}\ \text{のとき}\ 1\text{個} \\ k<-\dfrac{1}{2},\ \dfrac{1}{2}<k\ \text{のとき}\ 0\text{個} \end{cases}$

69 中点 $\left(\dfrac{4}{13},\ -\dfrac{9}{13}\right)$

弦の長さ $\dfrac{24\sqrt{6}}{13}$

70 放物線 $y^2=x-3$

71 (1) $y=x+1$
(2) $x+y+1=0,\ x-2y+4=0$

72 $x+y-2=0$

73 略

74 (1) 放物線 $y^2=6\left(x-\dfrac{1}{2}\right)$

(2) 楕円 $\dfrac{(x-3)^2}{4}+\dfrac{y^2}{3}=1$

(3) 双曲線 $\dfrac{(x+2)^2}{4}-\dfrac{y^2}{12}=1$

68 (1) $\begin{cases} -\dfrac{\sqrt{3}}{6}<m<0,\ 0<m<\dfrac{\sqrt{3}}{6}\ \text{のとき} \\ \qquad\qquad\qquad\qquad\qquad\qquad 2\text{個} \\ m=-\dfrac{\sqrt{3}}{6},\ 0,\ \dfrac{\sqrt{3}}{6}\ \text{のとき}\quad 1\text{個} \\ m<-\dfrac{\sqrt{3}}{6},\ \dfrac{\sqrt{3}}{6}<m\ \text{のとき}\quad 0\text{個} \end{cases}$

(2) $\begin{cases} -\dfrac{\sqrt{5}}{5}<m<\dfrac{\sqrt{5}}{5}\ \text{のとき}\quad 2\text{個} \\ m=-\dfrac{\sqrt{5}}{5},\ \dfrac{\sqrt{5}}{5}\ \text{のとき}\quad 1\text{個} \\ m<-\dfrac{\sqrt{5}}{5},\ \dfrac{\sqrt{5}}{5}<m\ \text{のとき}\ 0\text{個} \end{cases}$

(3) $\begin{cases} m<-1,\ -1<m<-\dfrac{\sqrt{10}}{10}, \\ \dfrac{\sqrt{10}}{10}<m<1,\ 1<m\ \text{のとき}\quad 2\text{個} \\ m=-1,\ -\dfrac{\sqrt{10}}{10},\ \dfrac{\sqrt{10}}{10},\ 1\ \text{のとき} \\ \qquad\qquad\qquad\qquad\qquad\qquad 1\text{個} \\ -\dfrac{\sqrt{10}}{10}<m<\dfrac{\sqrt{10}}{10}\ \text{のとき}\quad 0\text{個} \end{cases}$

69 中点 $\left(\dfrac{10}{3},\ \dfrac{5}{3}\right)$

$AB=\dfrac{2\sqrt{110}}{3}$

70 $y=-\dfrac{9}{8}x\ \left(-\dfrac{8}{5}<x<\dfrac{8}{5}\right)$

71 (1) $x-2y-1=0,\ x+6y-9=0$
(2) $x=3,\ x+2y-5=0$
(3) $x=3,\ 5x-6y-9=0$

72 $x-4y+2=0$

73 略

74 (1) 放物線 $x^2=-16(y-2)$

(2) 楕円 $\dfrac{x^2}{8}+\dfrac{(y+3)^2}{9}=1$

(3) 双曲線 $\dfrac{x^2}{72}-\dfrac{(y-7)^2}{9}=-1$

① $y=2\sqrt{3}\,x-4,\ y=-2\sqrt{3}\,x-4$

② (1) $-\sqrt{5}<k<\sqrt{5}$
(2) 1

③ (1) $-\sqrt{5}<k<-1,\ -1<k<1,\ 1<k<\sqrt{5}$

(2) (i) $X=\dfrac{2k}{1-k^2},\ Y=\dfrac{2}{1-k^2}$

(ii) $x^2-(y-1)^2=-1$

④ (1) $x=0,\ x+10y+50=0$
(2) $-x+15y=52,\ x-y=4$
(3) $2x-y=-4,\ 10x+7y=4$

7 曲線の媒介変数表示

Quick Check 7

① (1) $y = -2x + 1$

   (2) $x^2 + y^2 = 9$

   (3) $\dfrac{x^2}{16} + \dfrac{y^2}{9} = 1$

   (4) $x^2 - y^2 = 1$

② (1) $(0,\ 0)$　　　　(2) $(\pi - 2,\ 2)$

   (3) $(2\pi,\ 4)$　　　(4) $(3\pi + 2,\ 2)$

   (5) $(4\pi,\ 0)$　図は略

練習

75 (1) 略　　(2) 略　　(3) 略

76 (1) 略　　(2) 略　　(3) 略

77 (1) 略　　　　(2) 略

78 (1) 略　　　　(2) 略

79 $2\sqrt{6}$

80 $(x,\ y) = \left(-\sqrt{3},\ \dfrac{\sqrt{3}}{2}\right),\ \left(\sqrt{3},\ -\dfrac{\sqrt{3}}{2}\right)$ の

  とき　最大値 9

81 $\mathrm{P}\left(\pi - \dfrac{3\sqrt{3}}{2},\ \dfrac{3}{2}\right)$

82 $\begin{cases} x = 3\cos\theta + \cos 3\theta \\ y = 3\sin\theta - \sin 3\theta \end{cases}$

問題編 7

75 (1) 略　　　　(2) 略

76 略

77 $y = (x-1)(2x^2 - 4x - 1)$

  $(1 - \sqrt{2} \leqq x \leqq 1 + \sqrt{2})$

78 (1)　$x - 3 = \dfrac{3(1 - t^2)}{1 + t^2}$

     $y - 1 = -\dfrac{2t}{1 + t^2}$

  (2)　$\dfrac{(x-3)^2}{9} + (y-1)^2 = 1$　$(x \neq 0)$

    図は略

79 $ab = 2$

  S の最大値 4

80 点 P と直線 l の距離 $\dfrac{4\sqrt{5} - 2\sqrt{10}}{5}$

  $\mathrm{P}\left(\dfrac{\sqrt{2}}{2},\ \sqrt{2}\right)$

81 $\mathrm{P}\left(a\left(\theta - \dfrac{1}{2}\sin\theta\right),\ a\left(1 - \dfrac{1}{2}\cos\theta\right)\right)$

82 $\begin{cases} x = 3\cos\theta - \cos 3\theta \\ y = 3\sin\theta - \sin 3\theta \end{cases}$

定期テスト攻略 ▶ 7

1 (1) 略　　(2) 略　　(3) 略

2 $C : \dfrac{(x-1)^2}{36} - \dfrac{y^2}{4} = 1$

  漸近線 $y = \dfrac{1}{3}x - \dfrac{1}{3}$

3 最大値 $\dfrac{7}{2}$, 最小値 -1

4 $\mathrm{P}\Big((1+a)\cos\theta - a\cos\dfrac{a+1}{a}\theta,$

          $(1+a)\sin\theta - a\sin\dfrac{a+1}{a}\theta\Big)$

8 極座標と極方程式

Quick Check 8

① 〔1〕略

  〔2〕(1) $(-2,\ 2\sqrt{3})$

    (2) $(-3,\ 0)$

  〔3〕(1) $\left(\sqrt{2},\ \dfrac{\pi}{4}\right)$

    (2) $\left(1,\ \dfrac{3}{2}\pi\right)$

② (1) 略　　　　(2) 略

練習

83 〔1〕(1) $\left(\dfrac{3}{2},\ -\dfrac{3\sqrt{3}}{2}\right)$

    (2) $(0,\ -5)$

  〔2〕(1) $\left(2,\ \dfrac{3}{4}\pi\right)$　　(2) $\left(3,\ \dfrac{\pi}{2}\right)$

84 (1) $\mathrm{AB} = \sqrt{109}$

  (2) $\triangle \mathrm{OAB} = \dfrac{35\sqrt{3}}{4}$

    $\triangle \mathrm{ABC} = \dfrac{109\sqrt{3}}{4}$

85 (1) $r\sin\left(\theta + \dfrac{\pi}{4}\right) = \sqrt{2}$

  (2) $r\cos^2\theta - 4\sin\theta = 0$

  (3) $r = 2\cos\theta$

86 (1) $\sqrt{3}x - y = -4$　(2) $x^2 - y^2 = 1$

87 (1) $r\cos\left(\theta - \dfrac{\pi}{6}\right) = 2$

  (2) $r\cos\theta = 3$

  (3) $r\sin\theta = -2$

88 (1) $r = 12\cos\left(\theta - \dfrac{\pi}{6}\right)$

  (2) $r^2 - 12r\cos\left(\theta - \dfrac{\pi}{6}\right) + 27 = 0$

89 (1) 略　　　　(2) 略

〈**3**〉(1) 1　　　　(2) $\dfrac{3}{2}$

90 $r = \dfrac{1}{1 - \sqrt{2}\cos\theta}$　または　$r = -\dfrac{1}{1 + \sqrt{2}\cos\theta}$

  証明略

91 (1) 略　　　　(2) 略

問題編 8

83 図は略

  $(-\sqrt{3},\ -1)$

84 B の極座標 $\left(2,\ \dfrac{\pi}{6}\right)$

$\triangle OAB = 3\sqrt{3}$

85 (1) $r\sin(\theta + \alpha) = \dfrac{k}{\sqrt{5}}$

   ただし $\cos\alpha = -\dfrac{1}{\sqrt{5}}$, $\sin\alpha = \dfrac{2}{\sqrt{5}}$

   (2) $r\sin^2\theta - 4p\cos\theta = 0$

   (3) $r = 2\sqrt{2}\,a\sin\left(\theta + \dfrac{\pi}{4}\right)$

86 (1) $y^2 = x$ (2) $\dfrac{(x+2)^2}{2} - \dfrac{y^2}{2} = 1$

87 $r\sin\left(\theta + \dfrac{\pi}{6}\right) = 2$

88 $r^2 - 2cr\cos(\theta - \alpha) + c^2 - a^2 = 0$

89 楕円 $\dfrac{(x+ae)^2}{a^2} + \dfrac{y^2}{a^2(1-e^2)} = 1$

90 $\dfrac{2-e^2}{a^2(1-e^2)^2}$

91 (1) 略   (2) 略

定期テスト攻略 ▶ 8

1 (1) $r\sin\left(\theta + \dfrac{5}{6}\pi\right) = \sqrt{3}$

   (2) $r = 4\sqrt{3}\sin\left(\theta - \dfrac{\pi}{3}\right)$

2 (1) $x - \sqrt{3}\,y = 4$

   (2) $4\left(x - \dfrac{1}{2}\right)^2 - 4y^2 = 1$

3 (1) $r\cos\left(\theta - \dfrac{\pi}{4}\right) = \sqrt{3}\,a$

   (2) $\dfrac{3(\sqrt{3}+1)}{2}a^2$

4 (1) $r = 8\cos\left(\theta - \dfrac{5}{4}\pi\right)$

   (2) $r^2 - 8r\cos\left(\theta - \dfrac{5}{4}\pi\right) + 12 = 0$

3章 複素数平面

9 複素数平面

Quick Check 9

① 略

② 〔1〕 (1) $5 - 2i$ (2) $3 + i$

   (3) $-3 - 4i$ (4) 3

   (5) i

   〔2〕 (1) 略   (2) 略

③ (1) $\sqrt{29}$ (2) $\sqrt{10}$ (3) 5

   (4) 3 (5) 1

④ (1) $4 + i$ (2) $-8 + i$

⑤ (1) $2\left(\cos\dfrac{\pi}{6} + i\sin\dfrac{\pi}{6}\right)$

   (2) $\sqrt{2}\left(\cos\dfrac{3}{4}\pi + i\sin\dfrac{3}{4}\pi\right)$

   (3) $3\sqrt{2}\left(\cos\dfrac{7}{4}\pi + i\sin\dfrac{7}{4}\pi\right)$

   (4) $4(\cos\pi + i\sin\pi)$

   (5) $\cos\dfrac{\pi}{2} + i\sin\dfrac{\pi}{2}$

⑥ 〔1〕 $\alpha\beta = 6\left(\cos\dfrac{7}{12}\pi + i\sin\dfrac{7}{12}\pi\right)$

   $\dfrac{\alpha}{\beta} = \dfrac{2}{3}\left(\cos\dfrac{\pi}{12} + i\sin\dfrac{\pi}{12}\right)$

   $\alpha\overline{\beta} = 6\left(\cos\dfrac{\pi}{12} + i\sin\dfrac{\pi}{12}\right)$

   〔2〕 (1) $6 + 2i$

   (2) $(-1 + 3\sqrt{3}) + (3 + \sqrt{3})i$

   (3) $(-3 + \sqrt{3}) - (1 + 3\sqrt{3})i$

⑦ 〔1〕 (1) i (2) $-8 + 8\sqrt{3}i$

   〔2〕 $1 = \cos 0 + i\sin 0$

   $\dfrac{-1 + \sqrt{3}i}{2} = \cos\dfrac{2}{3}\pi + i\sin\dfrac{2}{3}\pi$

   $\dfrac{-1 - \sqrt{3}i}{2} = \cos\dfrac{4}{3}\pi + i\sin\dfrac{4}{3}\pi$

   図は略

練習

92 (1) 点 C を表す複素数 $4 - \sqrt{3}i$
   点 D を表す複素数 $3 + 4\sqrt{3}i$

   (2) $AC = 2\sqrt{19}$
   $AD = 2\sqrt{19}$

   (3) $\triangle ACD$ は正三角形

93 (1) 略   (2) $a = -\dfrac{2}{3}$

94 (1) $4\sqrt{5}$ (2) $\dfrac{5\sqrt{2}}{2}$

95 (1) 略   (2) 略

96 (1) 略   (2) 略

97 (1) $4\left(\cos\dfrac{\pi}{6} + i\sin\dfrac{\pi}{6}\right)$

   (2) $\sqrt{2}\left(\cos\dfrac{7}{4}\pi + i\sin\dfrac{7}{4}\pi\right)$

   (3) $5\sqrt{2}\left(\cos\dfrac{3}{4}\pi + i\sin\dfrac{3}{4}\pi\right)$

98 (1) $\cos\left(\dfrac{\pi}{2} + \alpha\right) + i\sin\left(\dfrac{\pi}{2} + \alpha\right)$

   (2) $3\left\{\cos\left(\alpha - \dfrac{\pi}{2}\right) + i\sin\left(\alpha - \dfrac{\pi}{2}\right)\right\}$

   (3) $\dfrac{1}{\cos\alpha}\left\{\cos\left(\dfrac{\pi}{2} - \alpha\right) + i\sin\left(\dfrac{\pi}{2} - \alpha\right)\right\}$

99 (1) $2\sqrt{6}\left(\cos\dfrac{23}{12}\pi + i\sin\dfrac{23}{12}\pi\right)$

   (2) $\dfrac{\sqrt{6}}{6}\left(\cos\dfrac{19}{12}\pi + i\sin\dfrac{19}{12}\pi\right)$

   (3) $2\sqrt{6}\left(\cos\dfrac{19}{12}\pi + i\sin\dfrac{19}{12}\pi\right)$

100 (1) $(2 + \sqrt{3}) + (1 - 2\sqrt{3})i$

   (2) $(1 \pm 2\sqrt{3}) + (-2 \pm \sqrt{3})i$　（複号同順）

101 (1) $(-2 + 3\sqrt{3}) + (3 + 2\sqrt{3})i$

   (2) $1 + 5i,\ 5 - i$

102 $\gamma = 2 - (3 + \sqrt{2})i$

103 (1) $-\dfrac{1}{2} - \dfrac{\sqrt{3}}{2}i$ (2) $-41472\sqrt{3}$

    (3) 16

104 (1) $-8 + 8\sqrt{3}i$ (2) $-\dfrac{1}{486} + \dfrac{\sqrt{3}}{486}i$

    (3) $-8 - 8i$

105 (1) $z = \pm 1, \ \pm i, \ \dfrac{\sqrt{2}}{2} \pm \dfrac{\sqrt{2}}{2}i, \ -\dfrac{\sqrt{2}}{2} \pm \dfrac{\sqrt{2}}{2}i$

    (2) $z = \pm\left(\dfrac{\sqrt{2}}{2} + \dfrac{\sqrt{2}}{2}i\right)$

    (3) $z = -2, \ 1 \pm \sqrt{3}i$

    (4) $z = \pm(\sqrt{3}+i), \ \pm(1 - \sqrt{3}i)$

106 $w = -2$

107 略

108 (1) 0 (2) 0 (3) 略

92 (1) $-3 - 3i$

    (2) $AB = 5$

       $AC = 5$

       $AD = 5$

    (3) 略

93 (1) $6 + i$

    (2) 点 D を表す複素数 $-4 - 3i$

       $AD = \sqrt{106}$

94 $t = -\dfrac{1}{3}$

95 (1) 1 (2) 9

96 $z = \pm 1, \ \dfrac{-1 \pm \sqrt{3}i}{2}$

97 $\dfrac{\sqrt{6} - \sqrt{2}}{2}\left(\cos\dfrac{19}{12}\pi + i\sin\dfrac{19}{12}\pi\right)$

98 $2\cos\dfrac{\alpha}{2}\left(\cos\dfrac{\alpha}{2} + i\sin\dfrac{\alpha}{2}\right)$

99 (1) $|(z + \overline{z})z| = 2r^2\cos\alpha$

      $\arg(z + \overline{z})z = \alpha$

    (2) $\left|\dfrac{z}{z - \overline{z}}\right| = \dfrac{1}{2\sin\alpha}$

      $\arg\dfrac{z}{z - \overline{z}} = \alpha - \dfrac{\pi}{2}$

100 $\theta = \dfrac{\pi}{6}$

101 $\dfrac{3 \mp 2\sqrt{3}}{3} + \dfrac{6 \pm \sqrt{3}}{3}i, \ (1 \mp 2\sqrt{3}) + (2 \pm \sqrt{3})i$
    (複号同順)

102 $P(1, \ -2)$

103 (1) $\dfrac{\sqrt{3}}{2} - \dfrac{1}{2}i$ (2) $-i$

    (3) $\dfrac{\sqrt{3}}{2} + \dfrac{1}{2}i$

104 $\dfrac{1}{2} - \dfrac{\sqrt{3}}{2}i$

105 〔1〕 (1) $z = 1, \ \dfrac{\sqrt{5}-1}{4} \pm \dfrac{\sqrt{10 + 2\sqrt{5}}}{4}i,$

        $-\dfrac{\sqrt{5}+1}{4} \pm \dfrac{\sqrt{10 - 2\sqrt{5}}}{4}i$

    (2) $z = 1, \ \cos\dfrac{2}{5}\pi + i\sin\dfrac{2}{5}\pi,$

       $\cos\dfrac{4}{5}\pi + i\sin\dfrac{4}{5}\pi, \ \cos\dfrac{6}{5}\pi + i\sin\dfrac{6}{5}\pi,$

       $\cos\dfrac{8}{5}\pi + i\sin\dfrac{8}{5}\pi$

    〔2〕 7

106 $z^n + \dfrac{1}{z^n} = 2\cos n\theta$

    $\left(z^5 + \dfrac{1}{z^5}\right)^3 = 2\sqrt{2}$

107 (1) $n = 5$ (2) 0

    (3) 1 (4) $-\dfrac{1}{2}$

108 (1) -1

    (2) $\alpha + \overline{\alpha} = -1$

      $\alpha\overline{\alpha} = 2$

      $\alpha = \dfrac{-1 + \sqrt{7}i}{2}$

1 略

2 (1) 略

    (2) (ア) 2

       (イ) $|\alpha - \beta| = \sqrt{3}$

         $|\alpha + \beta| = \sqrt{7}$

3 (1) $(2 + \sqrt{3}) + (1 + \sqrt{3})i,$

      $(2 - \sqrt{3}) + (1 - \sqrt{3})i$

    (2) $(4 + \sqrt{3}) + (-1 + \sqrt{3})i,$

      $(4 - \sqrt{3}) + (-1 - \sqrt{3})i$

4 (1) -2500 (2) $\dfrac{1}{128}(1 - \sqrt{3}i)$

5 (1) $-\dfrac{1}{4}$ (2) -2

    (3) $z = \sqrt{3} + i, \ -1 + \sqrt{3}i, \ -\sqrt{3} - i, \ 1 - \sqrt{3}i$

10 図形への応用

Quick Check 10

① (1) $\dfrac{8}{5} - i$ (2) $4 - 4i$

    (3) $7 - 4i$ (4) $2 - i$

② (1) 原点 O と点 $A(-2i)$ を結ぶ線分 OA の垂直二等分線

    (2) 点 $A(1 - 2i)$ を中心とする半径 2 の円

③ 〔1〕 (1) $\dfrac{\pi}{2}$ (2) $\dfrac{3}{4}\pi$

    〔2〕 略

    〔3〕 (1) $\angle AOB = \dfrac{\pi}{2}$ である直角二等辺三

角形

(2) $\angle A = \dfrac{\pi}{2}$, $\angle O = \dfrac{\pi}{3}$ の直角三角形

練習

109 (1) $\dfrac{13}{5} + \dfrac{13}{5}i$ (2) $17 + 5i$

     (3) $-\dfrac{98}{5} - \dfrac{38}{5}i$

110 (1) 2点 3, $2i$ を結ぶ線分の垂直二等分線

     (2) 2点 2, $-1-i$ を結ぶ線分の垂直二等分線

     (3) 点 i を中心とする半径 3 の円

     (4) 点 $\dfrac{1-2i}{3}$ を中心とする半径 2 の円

111 (1) 点 3 を中心とする半径 2 の円

     (2) 点 $-2i$ を中心とする半径 3 の円

112 (1) 点 $-i$ を中心とする半径 6 の円

     (2) 2点 $-i$, 1 を結ぶ線分の垂直二等分線

113 点 $1+i$ を中心とする半径 $\sqrt{2}$ の円。ただし、点 2 は除く。

114 (1) $a = 1$ (2) $a = -4$

115 (1) $\angle B = \dfrac{\pi}{2}$ の直角二等辺三角形

     (2) $\angle A = \dfrac{\pi}{2}$, $\angle O = \dfrac{\pi}{3}$ の直角三角形

116 (1) $S = 16$ (2) $AB = 8$

117 (1) $\angle O = \dfrac{\pi}{2}$ の直角二等辺三角形

     (2) 正三角形

118 (1) $\sqrt{3}\,i$

     (2) $AB = \sqrt{3}\,AC$, $\angle A = \dfrac{\pi}{2}$ の直角三角形

119 略

120 略

121 $\gamma = 4 - 2i$

122 (1) 最大値 $2 + \sqrt{2}$, 最小値 $2 - \sqrt{2}$

     (2) $z = -\dfrac{\sqrt{3}+1}{2} + \dfrac{\sqrt{3}-1}{2}i$ のとき

        最大値 $\dfrac{11}{12}\pi$

        $z = \dfrac{\sqrt{3}-1}{2} + \dfrac{\sqrt{3}+1}{2}i$ のとき

        最小値 $\dfrac{5}{12}\pi$

問題編 10

109 (1) $w_1 = \dfrac{z_2 + 2z_3}{3}$, $w_2 = \dfrac{z_3 + 2z_1}{3}$,

        $w_3 = \dfrac{z_1 + 2z_2}{3}$

     (2) 略

110 (1) 点 1 を中心とする半径 3 の円

     (2) 点 $-2i$ を中心とする半径 2 の円の周およびその内部

111 点 $\dfrac{9}{2}(1+i)$ を中心とする半径 $\dfrac{3\sqrt{2}}{2}$ の円

112 (1) 点 $2i$ を中心とする半径 $\dfrac{1}{2}$ の円

     (2) 点 3 を中心とする半径 2 の円

113 点 $\dfrac{1}{2} + \dfrac{1}{2}i$ を中心とする半径 $\dfrac{\sqrt{2}}{2}$ の円。ただし、原点と点 1 を除く。

114 (1) 略   (2) 略

115 $\dfrac{\beta}{\alpha} = \pm i$, $1 \pm i$, $\dfrac{1}{2} \pm \dfrac{1}{2}i$

116 $k = 2$

117 $\angle A = \dfrac{\pi}{2}$, $\angle O = \dfrac{\pi}{3}$ の直角三角形

118 (1) 略   (2) 略

119 $a = 0$, 8

120 略

121 略

122 (1) $a = 1$

     (2) $1 \le r \le 81$, $\dfrac{\pi}{3} \le \theta \le \dfrac{5}{3}\pi$

定期テスト攻略 ▶ 10

1. 点 i を中心とする半径 1 の円

2. (1) 点 $\dfrac{1+i}{2}$ を中心とする半径 $\dfrac{\sqrt{2}}{2}$ の円から、点 1 を除いた図形   図は略

     (2) 2点 1, i を結ぶ線分の垂直二等分線 図は略

3. 正しい, 証明略

4. (1) 略

     (2) $a = -1, b = \dfrac{1}{2}$ または $a = -2, b = 2$

5. 略

融合例題

練習 1 (1) $t_0 = -1$

     (2) 最小値 $-\dfrac{1}{3}$

        $A(-\sqrt{2},\ -1)$, $B(\sqrt{2},\ -1)$

     (3) 略

問題 1 (1) $q_x = -\dfrac{1}{p}$, $q_y = p$

     (2) $s = \sqrt{r^2 + 1}$

     (3) $S = \dfrac{1}{2}\left(p^2 + \dfrac{1}{p^2}\right)$

        $p = 1$ のとき, 最小値 1

練習 2 (1) $\left(-1,\ \dfrac{1}{2},\ \sqrt{6}\right)$

     (2) $(0,\ 2,\ 0)$

     (3) $\dfrac{\sqrt{151}}{2}$

問題 2 最大値 $2\sqrt{5}$, 最小値 $\dfrac{6\sqrt{5}}{5}$

練習 3 (1) $f(\theta) = \dfrac{5}{3 - 2\cos\theta}$

(2) $\dfrac{14}{25}$

問題 3 (1) $f(\theta) = \dfrac{2p}{1-\cos\theta}$

(2) 略

練習 4 (1) $l = \sqrt{7}$

$S = 6\sqrt{3}$

(2) 最大値 $\dfrac{\pi}{3}$

最小値 $-\dfrac{\pi}{4}$

問題 4 原点を中心とする半径 1 の円と半径 $\dfrac{1}{2}$ の

円に囲まれた領域内。

ただし、境界線を含む。

練習 5 $x = \dfrac{\sqrt{2}}{2}(X+Y)$, $y = \dfrac{\sqrt{2}}{2}(-X+Y)$

(2) $x^2 = 4\sqrt{2}\,y$, 図は略

焦点の座標 $(1,\ 1)$

問題 5 (1) $x = \dfrac{1}{2}(\sqrt{3}\,X + Y)$,

$y = \dfrac{1}{2}(-X + \sqrt{3}\,Y)$

(2) $\dfrac{x^2}{16} - \dfrac{y^2}{9} = 1$, 図は略

焦点の座標

$\left(\dfrac{5\sqrt{3}}{2},\ -\dfrac{5}{2}\right)$, $\left(-\dfrac{5\sqrt{3}}{2},\ \dfrac{5}{2}\right)$

入試攻略

1章 ベクトル

1 (1) $\overrightarrow{OP} = k(\vec{a}-\vec{b})$

$\overrightarrow{OQ} = \vec{a}+k\vec{b}$

$\overrightarrow{OR} = -k\vec{a}+\vec{b}$

(2) 略

(3) 略

2 $\overrightarrow{AM} = \dfrac{3}{5}\vec{a} + \dfrac{4}{5}\vec{b}$, $\overrightarrow{AN} = \dfrac{1}{3}\vec{a} + \dfrac{8}{9}\vec{b}$,

$\overrightarrow{AP} = \dfrac{1}{2}\vec{a} + \dfrac{2}{3}\vec{b}$

3 (1) 略

(2) $\cos\alpha = -\dfrac{12}{13}$, $\cos\beta = -\dfrac{5}{13}$

(3) $\dfrac{15\sqrt{2}}{13}$

4 (1) 略

(2) 図は略, 面積 $\dfrac{3\sqrt{3}}{4}$

(3) 図は略, 面積 $3\sqrt{3}$

5 (1) $\dfrac{1}{2}$

(2) $\overrightarrow{OP} = \dfrac{1}{2}\vec{a} + \dfrac{1}{6}\vec{b} + \dfrac{1}{6}\vec{c}$

(3) $\overrightarrow{OQ} = \dfrac{3}{4}\vec{a} + \dfrac{1}{4}\vec{b}$

6 (1) $(3,\ -3,\ 0)$

(2) $\theta = 60°$

(3) $S = 3\sqrt{3}$

(4) $\overrightarrow{PC} = \left(\dfrac{7}{3},\ \dfrac{7}{3},\ \dfrac{7}{3}\right)$

(5) $V = 7$

7 (1) $(k^2-k)|\vec{a}|^2 + l^2|\vec{b}|^2 + m^2|\vec{c}|^2$

(2) $\overrightarrow{OH}$

$= \dfrac{|\vec{b}|^2|\vec{c}|^2\vec{a} + |\vec{c}|^2|\vec{a}|^2\vec{b} + |\vec{a}|^2|\vec{b}|^2\vec{c}}{|\vec{a}|^2|\vec{b}|^2 + |\vec{b}|^2|\vec{c}|^2 + |\vec{c}|^2|\vec{a}|^2}$

(3) $S = \dfrac{1}{2}\sqrt{|\vec{a}|^2|\vec{b}|^2 + |\vec{b}|^2|\vec{c}|^2 + |\vec{c}|^2|\vec{a}|^2}$

(4) $S = \sqrt{S_1{}^2 + S_2{}^2 + S_3{}^2}$

8 (1) $H\left(\dfrac{4}{3},\ \dfrac{2}{3},\ \dfrac{1}{3}\right)$

(2) $P(1,\ 1,\ 0)$, $Q\left(\dfrac{4}{3},\ \dfrac{2}{3},\ \dfrac{1}{3}\right)$

2章 平面上の曲線

9 $a = \dfrac{5}{8}$

$F\left(0,\ \dfrac{9}{16}\right)$

10 (1) $f(a) = \begin{cases} \sqrt{\dfrac{a^2}{3} - 1} \\ \quad \left(a < -\dfrac{3\sqrt{2}}{2},\ \dfrac{3\sqrt{2}}{2} < a \text{ のとき}\right) \\ |a+\sqrt{2}| \\ \quad \left(-\dfrac{3\sqrt{2}}{2} \leqq a \leqq 0 \text{ のとき}\right) \\ |a-\sqrt{2}| \\ \quad \left(0 \leqq a \leqq \dfrac{3\sqrt{2}}{2} \text{ のとき}\right) \end{cases}$

(2) 略

11 (1) $x_1 y_1 = \dfrac{k^2-4}{4}$

(2) $S = \dfrac{2(k-2)}{k+2}$

(3) $6-4\sqrt{2}$

12 (1) $(x-1)^2 + y^2 = 1$, 図は略

(2) $-\dfrac{\sqrt{3}}{3} < k < \dfrac{\sqrt{3}}{3}$

(3) 円 $x^2 + y^2 = 1$ の $x > \dfrac{1}{2}$ の部分

13 (1) 楕円 $\dfrac{x^2}{4} + y^2 = 1$

(2) $r = \dfrac{1}{2 + \sqrt{3}\cos\theta}$

(3) 略

解答

14 (1) 略

(2) $u+v=-1$

$uv=-1$

(3) $\dfrac{-1+\sqrt{5}}{4}$

15 (1) $\sqrt{2}\left(\cos\dfrac{2}{3}\pi+i\sin\dfrac{2}{3}\pi\right)$

(2) $\alpha_1=-\dfrac{2\sqrt{2}+\sqrt{6}}{2}+\dfrac{-\sqrt{2}+2\sqrt{6}}{2}i$

$\alpha_2=(-2+\sqrt{3})+(-1-2\sqrt{3})i$

$\alpha_3=4\sqrt{2}+2\sqrt{2}\,i$

(3) n が 6 の倍数

$\alpha_n=2^{\frac{n+2}{2}}+2^{\frac{n}{2}}i$

(4) 10 個

16 (1) $z=\dfrac{\sqrt{3}+i}{2},\ \dfrac{-\sqrt{3}+i}{2},\ -i$

(2) 略

17 (1) $(a,\,b,\,c)=(i,\,1+i,\,-i),\,(-i,\,-1-i,\,i)$

(2) 点 $1-i$ を中心とする半径 1 の円

18 略

索引

[ま]

[や]

[ら]

[わ]